KNIME 数据科学案例教程

林 涛 著

U0344672

哈尔滨工业大学出版社

内 容 简 介

本书以若干数据处理任务为主线,循序渐进地引导读者使用 KNIME 开源数据平台。书中提供了一些富有趣味性的数据处理案例,在一步一步解决问题的过程中,帮助读者熟悉 KNIME 当中众多节点的使用方法,以便在其他数据任务中举一反三。作为大数据时代的"Excel",它将成为未来数字化、信息化社会工程师的必备工具之一。编写本书的目的就是以 KNIME 平台作为人与机器之间的有效媒介,助力各行各业高效发掘数据资产当中的价值。

本书适合初学者入门,精心设计的案例对于工作多年的开发者也有参考价值,并可作为高等院校和培训机构相关专业的教学参考书。

图书在版编目(CIP)数据

KNIME 数据科学案例教程/林涛著. —哈尔滨:哈尔滨工业大学出版社,2023.5
ISBN 978 - 7 - 5767 - 0816 - 5

Ⅰ.①K…　Ⅱ.①林…　Ⅲ.①数据处理-案例-高等学校-教材　Ⅳ.①TP274

中国国家版本馆 CIP 数据核字(2023)第 101029 号

责任编辑　杨秀华
封面设计　刘　乐
出版发行　哈尔滨工业大学出版社
社　　址　哈尔滨市南岗区复华四道街 10 号　邮编 150006
传　　真　0451 - 86414749
网　　址　http://hitpress.hit.edu.cn
印　　刷　哈尔滨市石桥印务有限公司
开　　本　787mm×1092mm　1/16　印张 29.75　字数 701 千字
版　　次　2023 年 5 月第 1 版　2023 年 5 月第 1 次印刷
书　　号　ISBN 978 - 7 - 5767 - 0816 - 5
定　　价　93.00 元

前　言

　　您好,亲爱的读者,欢迎您翻阅本书,我们的思维世界将在此完成一次奇妙的邂逅。

　　这是一本什么样的书,这决定了您是否有必要详细阅读,我有必要开宗明义介绍一下:KNIME 数据分析平台是一款强大、开源的数据挖掘软件平台,用于数据科学、数字化创新、机器学习等广泛领域,通过模块化节点、无代码的工作流方式固化和传递流程、链接算法资源,从而形成更为优化的人力组织模式,高效低成本实现灵活多变、时效性要求特别高的数字化需求。可以简单地将其理解为大数据时代的"Excel",是未来信息化社会人人必备的工具体系的一环,是数字化发展趋势下的必然产物,是方法论的具象工具之一。

　　这听上去只有 IT 人员、数据科学家才需要本书,不是嘛? 实则不然,数字化社会是需要全体工程人员参与的,数字化基础知识技能体系的建立将是一个破旧立新的痛苦过程。这一点我深有体会,我原本是从事传统制造业研发的工程师中的普通一员,数字化技能,诸如网络爬虫、数据库、网页技术等,曾经貌似与我关系并不大。但是,随着机电设备的不断智能化、信息化,基层技术人员的技能体系如果不能与时俱进,很难想象人机协同水平能进一步提高,IT 人员与业务人员的协作水平能进一步提升。信息在不同组织和人群中传递、加工和组织,需要方法论层面的创新,IT 人员全流程参与的成本太过高昂,技能体系的割裂、思维方式的差异会带来巨大的交流和沟通成本,使数据协同困难重重,信息不能以价值流的方式顺畅地流转,价值产生的时效性难以保证。

　　所以,编写本书的主要目的是帮助广泛层面的人员来建立一个科学的思维体系,正巧 KNIME 当中以节点的方式,封装了大量模块化的相对封闭的基础功能。通过理解KNIME 的操作,我们可以去理解网络爬虫的原理、数据透视表、正则表达式、脚本语言等基础的数字化技能概念,从而建立起直观的理解和基本的思路,在面对实际的数据处理需求、仿真预测模型,甚至是去使用其他软件工具才能够更加的得心应手。

　　更进一步,这样的科学思维体系的建立,包括对 KNIME,基于使用工作流链接外部优秀算法资源,组织现有资源模块化完成数字化需求这种方法论下产生的工具的熟练使用,可以在人群中产生一种强大的媒介作用。想象一下我们现在与外部的客户在使用什么工具传递信息,比如报价单;与内部的客户在使用什么工具传递数据中间结果,比如计算书。大家都知道是 Office Excel,但大家有没有想过为什么是它? 我们忘记了技能建立初期那些痛苦和枯燥的过程,比如输入数据、熟悉公式的写法和含义,绘制可视化数据图形,因为这些我们在大学的时候都经历过了,已经形成了一种基本技能体系。当你将建立的数据表格转给他人,它促使他人能读懂你的计算流程并进行进一步的处理,通过数据图形了解你要表达的意图。这一切的基础在于大家对同一种方法论下产生的工具的共同掌握,这是一个纽带和媒介,它使得跨领域、跨时间、跨空间的人人协作成为可能。

可以想象一下如果现在不允许使用 Excel,现代的企业里的数据管理、数字化工作将如何进行,这就是其重要性,它是组织学方法论之所以能落地实现的基础。

但是,时代是变化的,数字化技术发展一日千里,Excel 所对应的方法论所能解决的问题的场景,今天仍然存在,但新的场景更多,Excel 力有不逮。现在是机器替代人观察和记录世界的时代,海量数据无时无刻不在产生,这里还有视频数据、音频数据、数据库中的数据、网络上的数据,等等,各行各业都在面临数据治理的问题,不仅是对企业产生冲击,对每个个人都有压迫感,强迫人们走出舒适区,去迎接变化,拥抱变革,与机器协同起来,更有效地完成任务。这种需求就迫使大量新的方法论、各类工具如雨后春笋般应运而生,但是万变不离其宗,它们都是在解决上述的问题,就是在新的数字化信息爆炸式增长之下,人与人,人与机器如何更好地交流和协同,这一定需要通过人的改变和提升,人的不断努力参与才能够实现。人的科学的思维体系的建立,对人与机器关系的认知水平的提升,交流语言语境体系的建立,将成为未来的一个重要课题。毕竟,机器算力的提高是容易实现的,但人的提升是很慢的,思维观念的转变是困难的,很容易成为瓶颈。百年树人,这可能最终是一个教育的问题,需要社会各个方面共同努力才能得以解决。

基于以上的描述,大家可以认识到 KNIME 是很好用的工具,它将来在人人都熟练掌握的情况下,结合 Excel 能解决更多的数字化需求。但也会产生另外的疑问,是不是 Excel 的功能就够用了呢,是不是真的有必要花时间精力再学习一套工具,学了 KNIME 能额外带来什么优势呢? 这其实也很好理解,Excel 的功能已经越来越局限,越来越适合于个人使用,当然这也有成为最优方案的场景,但是大多数场景下,比如我们需要链接数据库,前端网络获取信息,或者对数据进行快速的清洗、分析、整理,Excel 不仅效率不高,而且很难重复,也没有太多算法可以对接,比如众多的 Python 库函数功能。这时候使用 KNIME 的优势就体现出来了,它不是完全替代 Excel 的功能,可以使其和 Excel、其他数据库、数据平台结合起来,形成高效解决方案,固化数据获取、分析、整理的流程,未来一键式重复执行,不涉及人的因素,没有数据处理质量上人的差异。工作流可以在团队内部分享,进一步维护拓展,所以它已经超越了单纯的工具的范畴,形成了一种组织模式创新的工具。另外,由于它可以链接众多模块化资源,调用封装的算法,且有可视化界面对接数据库及数据文件,可以快速形成形形色色的具体业务工具。这类软件工具开发周期长,特定需求多,无论自研还是外包,人力物力的投入都相当大,而且不易复用;但反观使用 KNIME 来实现,分分钟就能形成,真正实现了"工具自由",变"驾车飞驰"为"肋生双翼"。由于这样的工具,可能就是业务人员自己创建的,即想即得,即用即弃,不用考虑太多兼容性,开发效率异常高、开发成本异常低,直面需求本身,直接解决问题,省去了传统模式中的提需求、走流程、等发布等诸多环节。数字化需求是有时效性的,如果没有高效的模式与之匹配,数据中蕴含的价值就会大打折扣。

总之,基于 KNIME 工作流模式,建立基础的技能体系,拉通每个工程人员的思维世界,建立科学思维体系去实现人机协同、人人协作是数字化工作的重中之重,是一项基础性的任务,建立好数字化平台、数仓这类基础设施,只是开头,真正把数据资产用好、用出价值还有很长的路要走。KNIME 背后所代表的数字化技能体系,可以减少人员由于思维差异带来的沟通交流成本,在组织外部、组织内部、人与机器间都建立起流畅的媒介,真正实现一个公司、一套系统、一种理念去应对日益复杂的数字化任务。

不经一番寒彻骨,哪得梅花扑鼻香。为了达到这样的人力、算法、数据的多重组织,人的思维世界是需要加以改造和提升的,数字化不是人们什么都不做,等着IT人员提供产品就能够一蹴而就的。那么多业务上的经验和逻辑,需要我们的工程人员与机器、与其他行业的人员交流,共同在新的信息世界里高效尝试迭代去发现新知,固化人的经验和逻辑到人工智能体当中,不断迭代完善其功能,使其日臻成熟,这一切都是动态发展、螺旋上升的过程,不是通过等待就会自动实现。在未来的数字化社会,与机器一道,获取信息、分析信息、整理信息,这些看似今天IT人员才需要去掌握的技能会基本技能化,成为工程师的必备技能,这个趋势和变化是不以人的意志为转移的。就好比我们现在每天坐在电脑前面工作,30年前人们会认为这些只有科学家才需要掌握,人机协同的水平会进一步发展,脚步不会停止,分工协作会进一步发展,产生新的模式和方法论。

KNIME通过工作流的方式,固化了业务人员的业务逻辑和行业经验,他们所使用的模块是IT人员开发并加以封装的,这就形成了一种分工协作和解耦。在此基础之上,各个专业的人,也可以通过这样的方法论进行链接,跨越时间和空间的障碍传递思想,进行整合,产生创新,它的应用场景是没有边界的。希望本书能成为广大学生、工程师和管理者的案头必备,因为学生是最富有创新精神的人群,KNIME给他们提供了这样的工具环境;对于工程师,通过KNIME可以高效完成数字化任务,解放他们的时间和精力,投入到更有价值的工作环节;对于管理者,KINME可以用来完成组织创新,通过建立KNIME的思维模式来提升组织的效能。

最后,不得不说,这是一个伟大的时代,伟大的变革趋势孕育了新的方法论和工具,跨行业技术交流的瓶颈被逐渐打破,思想和技术通过固化的逻辑和流程在时空内加速流转,物理、思维、信息三极世界加速融合,为人类带来光明的未来。

作者
2023 年 1 月

目　　录

第 1 章　KNIME 产生的时代背景

从 30 万年前智人抬头望向苍穹的那一刻起,直至今天,信息和数据的传播就没有停止过,它们所借助的载体一再地发生着变化,从泥板、青铜器、羊皮、纸张直至互联网,每一次进步都大大促进了生产力的发展,推动了社会的进步。

人类改造物理世界是借助于思维世界,经验和技巧在师傅和徒弟中口口相传,技术的传播载体十分有限,传播的力度十分微弱,不知有多少智慧大脑中的灵光一现,消失在历史沉重的铁幕之后。人类思维世界的创造性具有极大的穿透力,甚至可以超越当时的时代条件,但需要在现实世界当中加以验证,这需要非常复杂的过程,甚至耗费一个人一辈子的时间去完成。随着计算机的出现,算力得以释放,计算机联网形成网络,信息世界的雏形形成,人的思维世界的奇思妙想可以在虚拟世界中驰骋遨游,不同的思维世界可以碰撞融合,技术可以通过固化在信息世界高速流转传播,带来了新的变革。

海量数据和丰富应用场景是我们国家数字化战略的核心竞争优势。近些年,从“数据二十条”出台到中华人民共和国国家发展和改革委员会重磅支持数据生产要素,可以很清楚地看到未来利用数据进行数字化转型、打造数据驱动的业务和组织是确定的趋势和必做功课。现代的数字化企业,如果信息世界和物理世界实现完全打通,体力劳动被机器完全替代,那么可以设想智能工厂的输入及输出,都将是数据(信息),工厂的主要工作就是加工和维护信息,从这个意义上说,数据就是智能工厂的基石。智能工厂的本质目的还是为客户提供更有价值的产品和服务,变化来自于信息世界建立发展带来的新情况,如何在新的技术条件下,优化组织模式,提升组织效能,使组织更加“耳聪目明”“头脑灵活”“身手敏捷”,能够针对外部需求,给出更优化的响应,高效快速产生价值。

为了实现这一目的,产生了大量的工具和技术,很多组织从不同的角度进行切入。但是任何事物的发展都需要遵循自身的规律,不可能一蹴而就,甚至还会有挫折和倒退。就好比蒸汽火车刚刚出现的时候,速度甚至不如马车,AI 在制造领域的应用,也是曲折前进的,需要不断试错、不断总结、不断完善,才能量变为质变。现在出现的各种工具和方法论,必然会面临数据孤岛效应,其实数据孤岛只是表象,内在还有更为复杂的思维鸿沟和技能体系跃迁需要解决,组织内部的人员、工具、生产资料(包括数据)要形成有效流转,还有待完成很多细致而复杂的工作。人力资源,或者说思维世界是具有创造性和总结力的,那些直观的感觉和经验,需要通过算法的途径固化在信息世界当中,这里面既有两个世界的连通,也有世界间的连通,人与人,人与机器,机器与机器都需要打通。

说到 SCADA、MES、ERP 等技术,其实都是在解决这一个大的框架背景目的下的分支解决方案。当信息的组织需求复杂了之后,以人力为中心的组织方式和架构设计无以为继,需要引入机器,接管人对信息组织和加工的主体地位。人在里面也不是就退出了,需要有效协同机器,人机协同、人人协作,找到最优的组织方式,让信息的加工和流转变得更为高效,更有利于价值的产生和输出。比如 AutoCAD,它的设计方式,是以人加工信息为基础的,就不免被 BIM 所替代,BIM 是建筑信息模拟,模拟的概念就是将信息的加工交给机器,机器可以在短时间内完成整个建筑的全生命周期仿真。AutoCAD 绘制的图纸,是在人和人之间流转,这样的流程就会卡在人的因素这个瓶颈之上,如果人的技能体系和思维方式不能得以改变,是不能从根本上达到组织效能提升这样的目的的。像这样由于新的技术形势变化而引起的方法论的变化,不胜枚举,设计行业只是一个缩影。

回到一些常用的工具,我们可以来理解一下它们产生的背景和弊端。比如 SCADA,它完成了数据的采集与监视控制,属于传输层的系统,解决的是设备层面的问题,可以理解为如何观察物理世界,为信息世界提供基础数据和简单控制逻辑经验。机器替代人去观察和记录世界,减轻人对物理世界的认知劳动量。弊端是,这些数据的层级不够高,很多都是信号层面的,如果没有进一步的加工,引入模型和算法,它们只能成为原料,躺在数据仓库里,它们虽然含有极高的价值,但犹如璞玉,不雕琢,不成器,而且它们的价值是有时效性的,不能及时产生价值,可能归零。

MES 是针对制程方面的信息管理系统,承上启下,是面向制造企业车间执行层的生产信息化管理系统。它的输入信息来源于 ERP、PDM 等系统,是对实际物理世界的全面观察和掌控。对各种生产要素,人、机、料、法、环、测都要具有科学而精准的获知和控制措施。这是传统靠人力为主导的生产模式所不能解决的,所以才需要信息管理系统,它所涉及的信息链条复杂而脆弱,不是仅靠上一套系统就能解决问题。实际中 MES 产品在落地的过程中也是非常困难的,需要有针对性地进行各种调试和适配,是一个系统性工程。其中人的因素也非常复杂,对人的技能体系、行为模式都提出了更高的要求。如果能建立起有效的组织体系,需求就会被"自组织"加以解决,同一个系统可以产生无限的可能,基于的就是信息世界的引入,人机协同层级的提升所带来的生产模式、协作方式的变化,都是为了提高组织的效能,具体到技术点上都会有针对现实条件的优化解决方案,需要人的组织和规划。

数据分析的目的就是为了加速信息在三极世界的流转速度,更高效地完成需求。比如使用机器获取信息,人将处理信息的流程固化在信息世界当中(算法);人根据信息世界加工的结果形成主观的直觉和认知,产生灵感,在物理世界里加以验证;不同专业领域的人,通过信息世界,通信技术交流、碰撞,产生技术创新;人驱动机器对物理世界加以改造;物理世界将真实的实践结果反馈给传感器,形成数据,并通过通信技术录入数据库,等等。数据为预测提供了基础,算法可以通过物理世界进行检验,这是一个三极世界不断沟通、尝试、迭代、改进的过程。为了消除认知孤岛,我们每一个人都需要不断地学习、提升(图 1-1)。

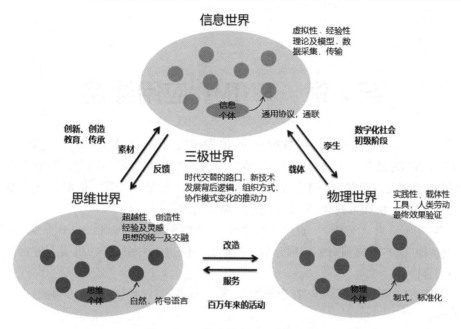

图 1-1　三极世界交汇融合概念图

　　大部分的技术发展都可以解释为这样的趋势服务,无论是 5G 通信技术打通了设备间的联系,还是手机社交软件拉近了人与人思维世界之间的距离,都可以从宏观的背景中找到其合理性。作为个体的我们,应该意识到这种发展趋势与我们每个人都息息相关,我们应该提升自身的技能水平,更好地与机器沟通和交流,涓涓细流,汇成江海,在时代洪流中找到我们应有的位置。

第 2 章　KNIME 应用缘起

KNIME 是一个免费和开源的数据分析、报告和集成平台。KNIME 通过其模块化数据管道"分析构建块"概念集成了用于机器学习和数据挖掘的各种组件。图形用户界面和 JDBC 的使用允许组装混合不同数据源的节点,包括预处理(ETL:提取、转换、加载),用于建模、数据分析和可视化,而无须或只需最少的编程。

自 2006 年以来,KNIME 一直用于药物研究,还用于其他领域,例如 CRM 客户数据分析、商业智能、文本挖掘和财务数据分析。最近尝试使用 KNIME 作为机器人过程自动化(RPA)工具。

KNIME 的总部位于苏黎世,在康斯坦茨、柏林和奥斯汀(美国)设有办事处。

历史:

KNIME 的开发始于 2004 年 1 月,由康斯坦茨大学的一个软件工程师团队作为专有产品开始。最初由 Michael Berthold 领导的开发团队,来自硅谷一家为制药行业提供软件的公司。最初的目标是创建一个模块化、高度可扩展和开放的数据处理平台,允许轻松集成不同的数据加载、处理、转换、分析和可视化探索模块,而无须关注任何特定的应用领域。该平台旨在成为一个协作和研究平台,并作为各种其他数据分析项目的集成平台。

2006 年,KNIME 的第一个版本发布,几家制药公司开始使用 KNIME,许多生命科学软件供应商开始将他们的工具集成到 KNIME 中。2006 年晚些时候,在德国杂志 *C'T* 发表文章后,来自许多其他领域的用户加入进来。截至 2012 年,KNIME 被超过 15 000 名实际用户使用(即不计算下载量,但用户会在更新可用时定期检索更新),不仅在生命科学领域,而且在银行、出版商、汽车制造商、电信公司、咨询公司和各种其他行业以及全球大量研究小组被使用。KNIME 服务器和 KNIME 大数据扩展的最新更新,提供对 Apache Spark 2.3、Parquet 和 HDFS 类型存储的支持。

KNIME 连续六年在 Gartner 魔力象限中被列为数据科学和机器学习平台的领导者。

平台:

KNIME 允许用户直观地创建数据流(或管道),有选择地执行部分或全部分析步骤,然后使用交互式小部件和视图检查结果、模型。KNIME 是用 Java 编写的,基于 Eclipse,它利用扩展机制来添加提供附加功能的插件。核心版本已经包含数百个数据集成模块(文件 I/O、通过 JDBC 或本机连接器支持所有常见数据库管理系统的数据库节点:SQLite、MS-Access、SQL Server、MySQL、Oracle、PostgreSQL、Vertica 和 H2)、数据变换(过滤器、转换器、拆分器、组合器、连接器)以及统计、数据挖掘、分析和文本分析的常用方法。可视化支持免费的报表设计器扩展。KNIME 工作流程可以用作数据集来创建报告

模板,这些模板可以导出为文档格式,例如 doc、ppt、xls、pdf 等。KNIME 的其他功能包括:

(1)KNIME 的核心架构允许处理仅受可用硬盘空间(不限于可用 RAM)限制的大数据量。例如,KNIME 允许分析 3 亿个客户地址、2 000 万个细胞图像和 1 000 万个分子结构。

(2)附加插件允许集成文本挖掘、图像挖掘以及时间序列分析和网络的方法。

(3)KNIME 集成了其他各种开源项目,例如来自 Weka、H2O. ai、Keras、Spark、R 项目和 LIBSVM 的机器学习算法,以及 plotly、JFreeChart、ImageJ 和化学开发工具包。

KNIME 是用 Java 实现的,但它允许包装器调用其他代码,并提供允许运行 Java、Python、R、Ruby 和其他代码片段的节点。

许可证:

从 2.1 版开始,KNIME 在 GPLv3 下发布,但允许其他人使用定义良好的节点 API 添加专有扩展。这也允许商业软件供应商添加从 KNIME 调用他们工具的包装器。

KNIME 课程:

KNIME 基于 Data Wrangling 和 Data Science 提供两条在线课程。

缘起:

在研究医疗相关数据的过程中,笔者需要获取一些国外研究机构的数据集,访问了哈佛大学的云平台。发现现在的文章在云平台上的存在方式与传统方式有很大的不同,不仅需要提供报告,还需要提供数据来源链接,程序源代码以及本书重点要给大家介绍的工作流,上传这些链接或者文件的目的是为了使其他人在不同的时间和地点,可以复现报告中的图表,从而对结论进行进一步的验证,或者在此基础上展开新的研究。

笔者当时就从哈佛大学云平台上下载了数据集与工作流,在没有他人辅助的情况下,仅用几分钟的时间,就复现了报告中的图表,并且可以复用这些工作流,对自己手头的数据开展同样的研究。笔者深刻认识到这样的模式将对我们企业的研发工作、未来的组织和协作模式产生深刻的影响,因为它跨越了时间和空间的障碍,达成了一种超域距的合作,你与合作者可能在时空当中并没有重合点,但不影响你们的思维世界进行融合,一起在某一项具体的工作中产生协作。

总之,当今社会的大部分技术变革,都来源于三极世界的融合、迭代、发展,其中数字化基本知识技能体系在人类思维世界中的沉淀,对提升组织效能有着巨大的促进作用。

第3章　KNIME 的行业应用

大的时代背景固然容易理解,但回到现实需要搞清楚 KNIME 能做什么,并非易事,这也是沟通思维世界的难点所在。在这一部分,将通过 KNIME 的一些行业应用的简单介绍,向读者宏观地展现学会 KNIME 之后,能给我们日常的工作带来什么样的变化,我们可以应用 KNIME 完成哪些数字化任务。从笔者个人的角度,结论是 KNIME 非常有用,它可以让我们做到对于数据的处理、分析、建模等工作手到擒来,即想即得,即用即弃,无须再假于人,自己就可以动手进行尝试和迭代,充分将 KNIME 当中封装的算法和模块应用好,跨越时间和空间的障碍与这些资源的提供者形成一种超域距的协作。我们也可以与他人以 KNIME 这套技能体系作为媒介完成交流和合作,加快多人协作解决问题的效率。

由于 KNIME 的开源生态特性,使得 KNIME 可以对接外部成熟资源,整合起来形成解决方案,这一点是非常重要的。企业内部的任何变化都会带来风险,需要能够与自身资源体系相结合,方案必须具有很强的适应性和过渡性,这对于数字化工具提出了很高的要求,需要能够整合多种数据源,调用多种语言背景开发的算法模块,KNIME 就可以做到这一点(图 3-1)。

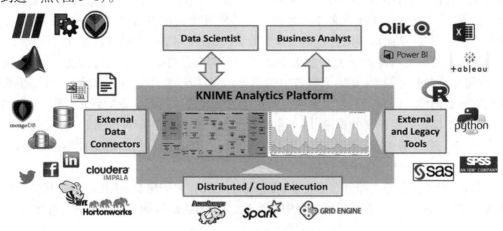

图 3-1　KNIME 与外部资源的链接情况

正是由于 KNIME 的上述优势,如果将 KNIME 有效地应用于企业研发流程,将会产生很大的效益,加快研发流程,整合研发资源,提升组织效能。笔者在长时间的制造业企业研发过程中,对 KNIME 进行了有效的融合尝试,循序渐进地将 KNIME 应用于很多研发任务当中。在与他人协作的部分,尽量保持原有工作模式和习惯,在某些局部流程使用 KNIME 提高效率,进而逐渐扩大 KNIME 的应用范围,起到了非常良好的效果。使用 KNIME 可以做到平稳过渡,最终大幅度提高研发效率,改善研发工作质量。某些数字化平台的改造可能是疾风暴雨般的,会产生短暂的后退,需要人员付出很大的努力加以适应,这对企业管理人员提出了更高的挑战,带来一定风险,使用 KNIME 可以解决这样的问题。

使用 KNIME 提升研发效率的实际案例(注:第一列为项目时间,部分案例后经重新实现)如图 3-2 所示。

时间	KNIME在项目中的应用	人数	原本周期	KNIME	节省原因
2014	特灵翅片管换热器结构优化设计	2	2个月	2小时	工作流自动批量仿真
2015	制冷空调系统级仿真平台,IPLV功能开发	4	3个月	1周	工作流批量调用自研模块
2018	美的,顿汉布什制冷剂物性模块	1	1个月	1小时	工作流固化模块生成过程
2019	欧洲超市冷冻,比泽尔压缩机选型软件	3	3个月	1周	节点Web界面,固化选型
2019	开利大型水冷机家族化设计	4	1个月	3天	自动批跑,帕累托前沿分析
2020	新疆地质大队地质分析软件	团队	6个月	1周	开源可视化,工作流逻辑
2021	中国航发商发发动机重量计算工具	团队	1年	1月	Web界面,节点资源拼接
2021	清华大学建筑节能中心管网地理信息系统	团队	1年	1月	开源GIS,工作流对接内核
2021	万国数据,运维数据健康度评估	团队	6个月	1月	工作流固化众多分析逻辑
2021	中国建筑东北设计研究院水力平衡计算软件	团队	2个月	3天	节点开源算法,工作流赋能
2022	山东医疗影像MRI三维影像重建软件	团队	1年	1月	开源可视化工具,开源算法
2022	上海华东院数创中心冷站群控算法	团队	1个月	3天	外部成熟算法,工作流验证
2022	复旦大学大气环境污染物数据分析	2	1周	1天	工作流丰富分析处理功能

图 3-2 使用 KNIME 提升研发效率的实际案例

之所以能够大幅度提升研发效率,在于 KNIME 可以有效链接现有多种资源快速解决问题,而不必进行重复性地开发。很常见的情况是,解决问题的资源都已经存在,但无人善用之,或者不能通过统一的平台进行整体调用,导致资源的复用性很差。投入了大量人力物力时间开发出来的功能,只能应用于非常窄的领域,且非常不灵活,不能够随着情况的改变灵活加以应对,需要投入更多的人力物力去完善原有平台,做新版本测试和兼容性问题的解决,这是既往研发模式当中的普遍状态。但是如果能够使用生态型的软件平台,充分调用各种外部资源针对性解决问题,开发效率将非常高,也不必考虑兼容性问题,对零散需求的响应速度非常快,即用即弃,不再存在历史遗留问题。不会因为某个需求的特殊性影响到模块资源的复用性,所有模块化的资源都是可分可合的,在某种需求解决之后,可以恢复到原始纯粹的最初状态,如果有特殊的需要不能满足,可以开发新的模块与之对应,模块间的关系是解耦关系,不会互相产生绑定和影响。

下面将从几个简单的数据应用实际案例,来管窥 KNIME 的特点和优势。从下面内容开始,本书中所有的关于 KNIME 的截图都是基于 KNIME4.5.2 Windows 单机版本。

3.1 KNIME 行业应用(1)数据库机器学习

所属行业:

机器学习(人工智能领域)在工业场景中的应用,数据库解决方案。

背景介绍:

机器学习是人工智能的一种重要方法,也是现在的主流方法。

　　机器学习的任务可以简单理解为总结经验、发现规律、掌握规则、预测未来。对于人类来说,我们可以通过历史经验,学习到一个规律。如果有新的问题出现,我们使用习得的历史经验,来预测未来未知的事情。对于机器学习系统来说,它可以通过历史数据,学习到一个模型。如果有新的问题出现,它使用习得的模型,来预测未来新的输入。KNIME 内部封装了大量的机器学习算法模块,可以借助拼搭方式快速搭建出上述的机器学习系统,降低了学习门槛,使机器学习广泛应用于各行各业实践活动成为可能。

　　成果概览:

　　为了提高建筑运维管理水平,提高能源利用率,响应国家“双碳”号召,需要对建筑中的用能设备(比如水泵、冷机、锅炉、空调等)进行智能化控制。控制的前提是智能控制算法,智能控制算法需要大量的测试数据作为训练来源,这样的数据集可以是实测的数据,也可以来源于仿真模型。

　　这里介绍的是利用实测的室外空气参数条件(干球温度、相对湿度),各种工况参数(比如冷冻水、冷却水的工况条件,流量)等,对建筑需要的冷热负荷加以预测,从而指导智能算法,对设备的节能运行提供依据。如果没有大量的实测数据,可以对系统进行仿真建模,再使用少量数据对系统的各种换热、流动特性进行修正,从而反映系统的运行规律;如果有大量的实测数据,也可以建立机器学习模型,进行训练,形成数据模型来进行负荷预测,这里使用 KNIME 当中大量固化的算法节点,可以通过图形化界面,轻松完成类似任务(图 3-3)。

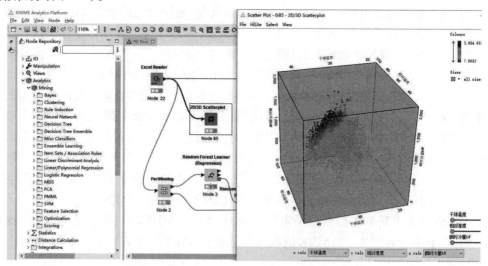

图 3-3　数据库机器学习(应用于建筑负荷预测)

　　KNIME 的机器学习资源:

　　已经有大量的书籍对这方面的内容进行介绍,这里就不再赘述了,大家可以翻阅“机器学习”相关的书籍,其中提到的绝大部分算法(比如决策树、支持向量机、随机森林、神经网络等)KNIME 里面都有相应的节点,节点内的参数设置,需要读者具有一定的“机器学习”相关理论水平(图 3-4)。

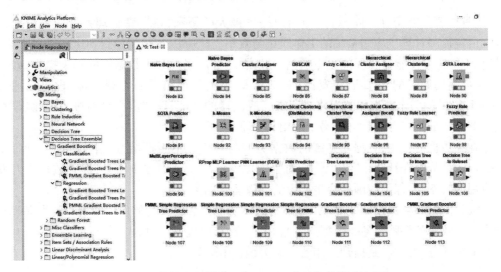

图 3-4　数据库机器学习（KNIME 中的相关算法资源）

数据来源——数据库：

　　KNIME 当中有大量关于链接数据库（包括关系型、非关系型数据库）的节点，可以链接包括 MySQL、Oracle、SQL Server、DB2、SQLite、PostgreSQL、MongoDB 等在内的多种常用数据库，并可以将多种数据库来源的数据进行融合、加工、整理，然后写回到各种数据库当中，或者直接调用相应的 SQL 语句资源完成相关数据处理任务（增、删、改、查）。KNIME 这种多源性，多对多的兼容属性，将操作可视化，允许多种技能体系人员形成协作的模式，为它在数据库管理大数据的背景下大展身手，完成各类时效性非常高的数字化需求带来了无限的可能性（图 3-5）。

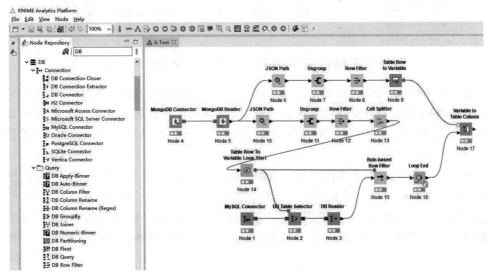

图 3-5　数据库机器学习（使用 KNIME 链接多种数据库）

　　SQL（Structured Query Language）是具有数据操纵和数据定义等多种功能的数据库语

言,这种语言具有交互性特点,能为用户提供极大的便利,数据库管理系统应充分利用 SQL 语言提高计算机应用系统的工作质量与效率。KNIME 提供了执行 SQL 语句的节点, 具有 SQL 基本技能的工程师可以通过 SQL 语句直接完成对于数据库的相关操作,效率 高,可以复用原有的 SQL 语句资源;对 SQL 语句不是很熟悉的工程人员,也可以通过 KNIME 提供的关于数据库的操作节点来完成同样的功能,操作流程是通过图形化、模块 化的节点完成的,学习成本低,易于复用和分享。

在大数据时代中,数据库系统的数据类型与规模在不断扩增,这给数据库管理带来 了一定的挑战。在社会生产生活中,对于数据库的应用范围逐步增大,提升数据库开发 及应用的效率,是保障我国社会生产生活高效运转的关键。

SQL 作为一种操作命令集,以其丰富的功能受到业内人士的广泛欢迎,成为提升数 据库操作效率的保障。各类数据库的应用,能够有效提升数据请求与返回的速度,有效 应对复杂任务的处理,是提升工作效率的关键(图 3-6)。

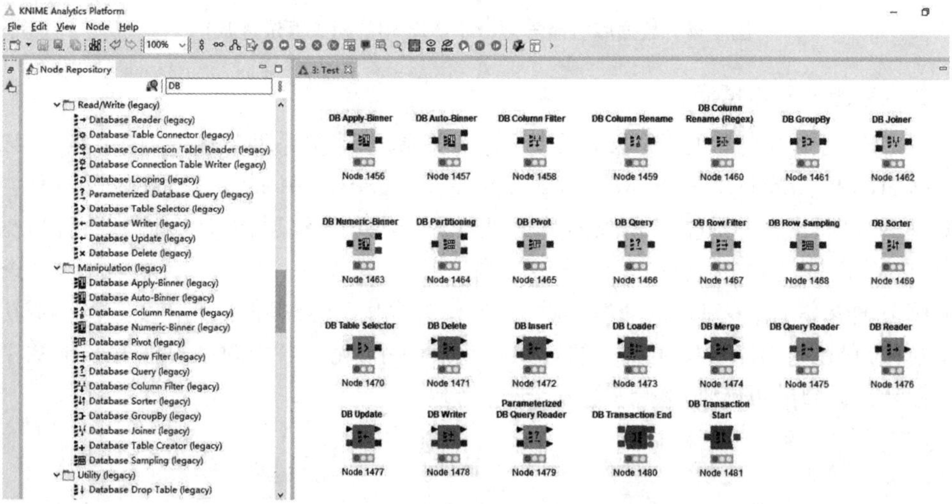

图 3-6　数据库机器学习(KNIME 中操作数据库的部分节点)

由于 KNIME 本身就具有强大的模块化节点式处理数据的能力,加上又可以链接多 种外部资源,所以想象的空间非常大,可以因地制宜产生各种解决方案。比如为 SQL 语 句的编写提供界面,或者使用 JSON 文件来更新维护 SQL 语句,并应用到数据库任务当 中,等等(图 3-7 和图 3-8)。

通过这样的方式,在数据库专业人员和业务人员之间形成了有效的协作。由数据库 专业人员构造专业的 SQL 查询语句,然后由业务人员通过界面,对 SQL 查询语句中的参 数进行更新。通过参数化驱动的方式,完成对数据库的增、删、改、查等操作,业务人员操 作数据库的学习成本大大降低,有助于他们快速实现各类数据查询需求。

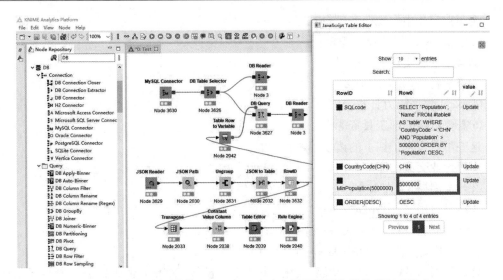

图 3-7　数据库机器学习(KNIME 中建立界面更新和维护 SQL 语句)

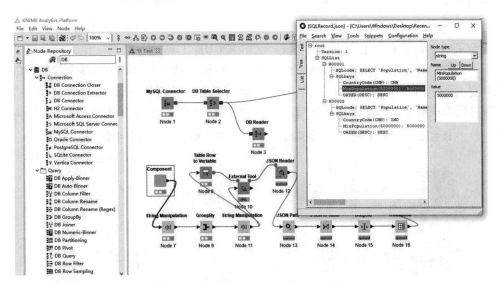

图 3-8　数据库机器学习(KNIME 中调用 JSON 界面更新和维护 SQL 语句)

3.2　KNIME 行业应用(2)盘活 Excel 模板

所属行业:

各行各业沉淀在 Excel 工具当中的业务逻辑。

背景介绍:

　　KNIME 可以实现端到端数据科学,链接丰富资源,实现高效研发,即想即得,即用即弃,是解决企业数字化、信息化需求的利器。结合企业内部工具资源,可以高效、灵活、即时解决企业定制化需求。

企业数字化中实现业务逻辑难点：

①大量 Excel 沉淀业务逻辑；

②重新平台实现成本高昂；

③跨学科、行业需求增多；

④Excel 数据能力日益受限；

⑤需要对接外部工具资源。

这些难点带来了如下的诸多问题：

①跨行业交流沟通成本高；

②开发周期长，投入大；

③难以对接、应用外部资源；

④继承性差，难以复用成果；

⑤功能固定，难以灵活拓展。

尝试使用 KNIME 丰富的功能，复用 Excel 工具模板，来解决企业数字化中实现业务逻辑的难点。

成果概览：

为了解决背景介绍中所提出的问题，使用 KNIME 工具结合内部沉淀大量业务逻辑的 Excel 模板工具，流程化组织，形成解决方案。可以保持原有 Excel 工具内部成熟的公式体系、算法逻辑，用 KNIME 从外部驱动 Excel 作为计算内核完成计算，计算过程中可以对接外部模块资源，高效搭接形成方案，有针对性地解决问题，响应快，时效性高(图 3-9)。

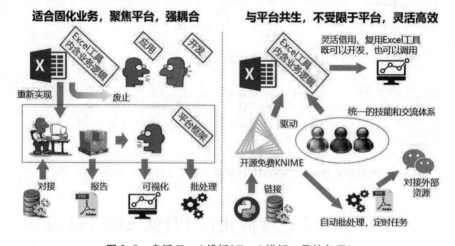

图 3-9　盘活 Excel 模板(Excel 模板工具的复用)

KNIME 平台优势(表 3-1)

表 3-1　KNIME 平台优势

项		数字化平台(重新实现业务逻辑)	基于 KNIME 方案(对接 Excel 工具)
工具		自研平台与工具	无须开发,成熟资源,调用模块
	开发周期	界面化平台,半年以上	周计(常用功能有外部算法资源)
	人员投入	团队管理,复杂人员架构	少量工作流开发专家
	使用培训	以天计,存在使用水平差别	小时计,固化流程,同一质量
架构		总分式	模块式
	使用方式	人员界面操作	对接界面,亦可机器调用模块,可分可合
	信息维护	质量依赖人员操作经验、难批处理	主要逻辑部分由机器完成,人机协同
	底层功能	必须依赖界面调用	可以界面调用,脱离界面亦可调用
应用		相关需求分析	相关需求分析
	信息录入	人员在前台界面上操作维护	人员前台处理,亦可固化逻辑由机器完成
	数据对接	数字化平台指定的数据库类型	对接各类数据库、数据文件,定时任务
	数据可视化	固定开发,月日年累积曲线、图表	开源图形库、功能丰富、灵活调整、效率高
	优化算法	人根据经验调整,定性分析	对接外部优秀算法,定量计算,调整
原因		手动操作,界面化平台样式	一键批量处理,机器与人均可参与

案例一:批量记账单自动生成

根据记账单模板,使用 KNIME 自动填写数据,批量生成记账单 Excel 文件(图 3-10)。

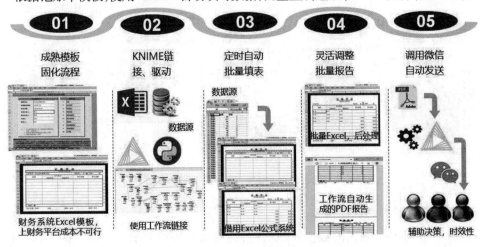

图 3-10　盘活 Excel 模板(批量记账单自动生成)

案例二:二手房税费批量计算

对于一些财务专业计算工具,已经有很成熟的 Excel 模板工具,也可以使用 KNIME

来调用使用。甚至还可以对接算法模块,做相应的功能拓展,比如例子当中的税费优化计算(图 3-11)。

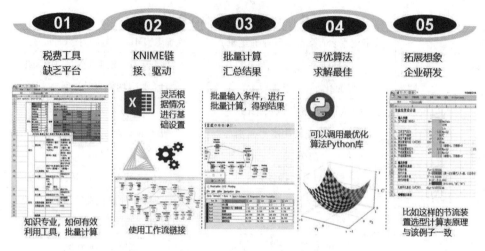

图 3-11 盘活 Excel 模板(二手房税费批量计算)

案例三:结合图纸展示参数分布

数据和图形的结合是比较难实现的,如果开发平台工具来实现,成本非常高。利用 Excel 的一些功能,可以巧妙地将图形和数据结合起来,Excel 成本低,上手容易,功能相对也很丰富,可以与 KNIME 结合起来完成一些数形结合的任务(图 3-12)。

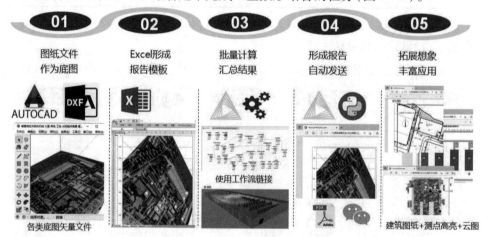

图 3-12 盘活 Excel 模板(结合图纸展示参数分布)

案例四:BOM 材料表结构

可以利用 KNIME 强大的数据处理功能,完成材料表的分析、整理、维护工作。借由 Excel 模板,将各类子材料表,以工程师喜闻乐见的方式加以输出,避免了平台性开发。虽然市面上已经有很多非常成熟的材料表维护工具,但是在实际的工程当中,经常有零星的材料表格式需求,如果能借助 KNIME 的灵活多变的模块式开发来应对这样的数据加工需求,再借助 Excel 模板来输出千变万化的材料表格式,将是一个完美的解决方案,对平台功能是一个有益的补充(图 3-13)。

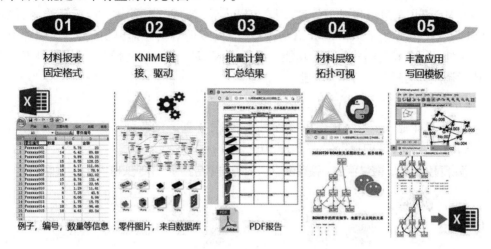

图 3-13　盘活 Excel 模板(BOM 材料表结构)

3.3　KNIME 行业应用(3)数据可视化报告

所属行业:

数据可视化,应用行业十分广泛。企业内部存在大量的固化的报告模板,需要耗费大量的人力去将数据信息进行加工组织,填入报告,提供给管理人员决策,数据处理质量和时效性难以保证。如果能够将人的操作流程加以固化,调用外部可视化模块资源,一键生成报告,将产生极大价值。

背景介绍:

Python 有很多数据可视化库,提供了非常多的数据后处理可视化功能。可以使用 KNIME 调用 Python 库进行数据图形化绘制,自动生成各种数据报告,应用范围十分广泛。

企业数字化中实现业务逻辑难点:

①数据报告强烈依赖数据平台;

②Excel 生成报告能力有限;

③跨学科、行业需求增多;

④报告的形式丰富多样;

⑤即时开发,时效性要求高。

这些难点带来了如下的诸多问题:

①跨行业交流沟通成本高;

②开发周期长,人力投入大;

③难以对接、应用外部资源;

④继承性差,难以复用成果;

⑤功能固定,难以灵活拓展。

KNIME 可用来组织和加工信息,用它在 Jupyter Notebook(简称 JN)等环境下,调用 Python 脚本代码或使用 Markdown 语句排版,即可实现对接外部模块资源,加载外部数据,加工处理形成特定格式报告等功能。再通过 KNIME 建立定时任务,使用邮件发送节点,或者调用即时通信软件自动发送。

成果概览:

能够满足企业大量数字化模板报告需求,避免在数字化平台上进行大规模开发,灵活多变,满足多种多样的报告生成需求(图 3-14)。

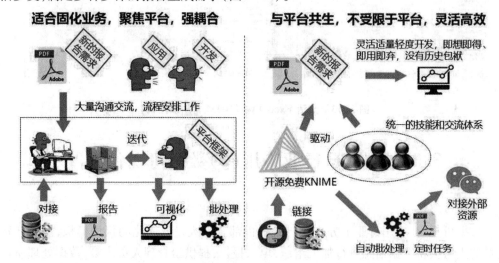

图 3-14　数据可视化报告(基于 Python 脚本模式)

案例一:典型城市全年焓湿图

生成特定行业的专业图表(注:这里是空气调节行业的焓湿图)就需要使用 Python 库,调用相关行业专业模块进行参数计算,然后根据特定的行业知识完成图形的绘制。

当测试数据分布在这样的图形上之后,其中蕴含的规律性更容易被行业专家理解,从而发挥直觉和经验,这样的自动化报告的输出,就需要使用 KNIME 调用 Python 库,再结合自身的强大数据处理能力来完成。本例生成了北京、上海两地全年室外温湿度在焓湿图上的分布情况(图 3-15)。

案例二:各省年度 GDP 变化

为了可视化各省年度 GDP 变化情况,需要结合地理信息控件来进行图形绘制,在地图底图上通过图块颜色的变化来体现 GDP 高低情况,这是一种数形结合的方式。这里使用 KNIME 调用了 Python 的 pyecharts 库,来绘制中国各省的轮廓地图;再使用 KNIME 到网站上爬取各省各年度 GDP 数据,为图块赋予数值属性,从而改变其颜色。通过 KNIME 进行批量图形绘制,最终一键式形成 PDF 格式的报告(图 3-16)。

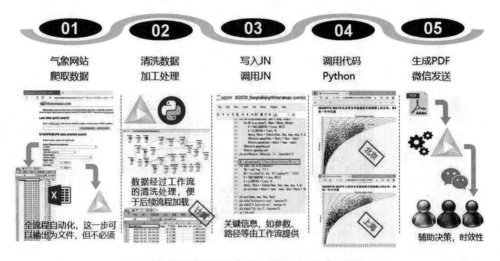

图 3-15　数据可视化报告(典型城市全年焓湿图)

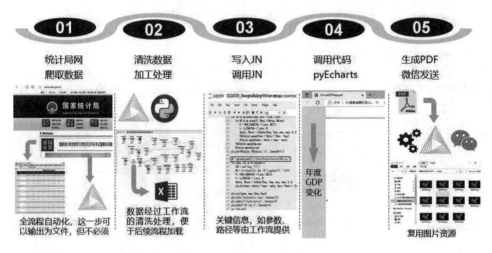

图 3-16　数据可视化报告(各省年度 GDP 变化)

案例三:自定义数据展板

随着企业数字化转型的不断发展,大屏数据平台的发展也是方兴未艾。使用 KNIME,结合 Python 的网页绘图库,可以实现一些简单的数据展板功能,如图 3-17 所示。

案例四:北京气温日历

这个案例也是使用 KNIME 工作流,固化了从气象网站爬取数据,调用 Python 的日历绘制功能,直到自动化绘制气温日历报告的整个过程。其中 KNIME 起到了承上启下的组织作用,它的很多数据处理节点固化了丰富的数据处理功能,从爬取网站数据,到整理气象数据,进行算法计算,再到调用 Python 绘图,全流程一键式固化。未来如果改变绘制地点,或者绘制的时间段,都可以一键重复完成。同时,也可以将这样的工作流分享给具有同样技能体系的他人,便于他人快速复现,拓展自己的工作,完成协同和交流(图 3-18)。

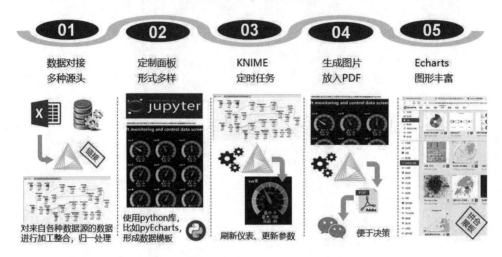

图 3-17   数据可视化报告(自定义数据展板)

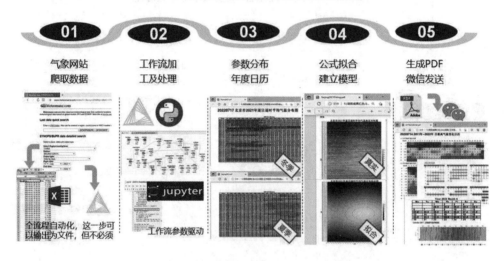

图 3-18   数据可视化报告(北京气温日历)

案例五:空气质量报告

这个案例也是一个典型的固化数据处理流程的案例。机器替代人在现场采集了海量的传感器数据,这里是空气污染物方面的信息,这样的原始数据当中会存在一些缺漏,关于数据的清洗、分析、整理,都可以固化到 KNIME 工作流当中,批量同质化完成。对于处理好的污染物数据,可以经过算法处理,得出统计指标,或者依据标准规定给出评级或打分,最终由 KNIME 一键式生成 PDF 报告,形成空气质量分析文档。以往需要工程师手动反复进行,有了 KNIME 的加持,空气质量报告可以轻易生成(图 3-19)。

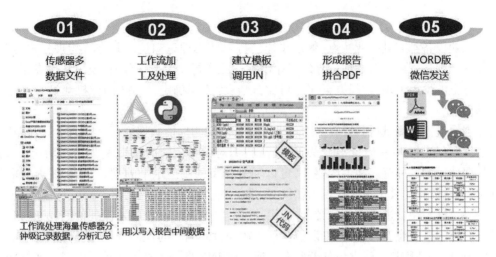

图 3-19　数据可视化报告(空气质量报告)

案例六:贸易数据拓扑图形

这个案例展示了在报告中引用网络图片、拓扑图形绘制等功能(图 3-20)。

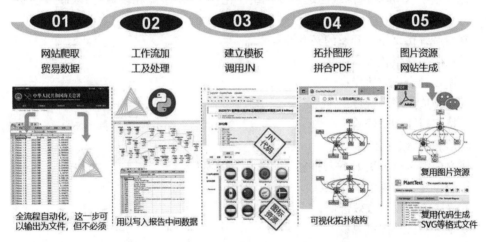

图 3-20　数据可视化报告(贸易数据拓扑图形)

本质上说明一点,完成复杂的报告生成工作,里面涉及很多的功能模块,比如拓扑分析、图形绘制,使用 Python 可以链接这样的数据图形可视化库,利用成熟的库函数功能来完成。KNIME 起到的作用是将这样的经验加以固化,可以进行传承传播,进而拓展,便于团队协作,复用成果,协同完成更为复杂的任务。

3.4　KNIME 行业应用(4)设备级建模仿真

所属行业:

工业大型设备性能分析、可研设计。

背景介绍：

工业设备都有其行业特点、物理规律。可以使用理论知识对其进行物理建模,定性及在一定定量程度上对物理世界的工业设备性能进行建模仿真分析,模拟它们在某些工况条件下的性能表现,进行方案间的对比分析,为方案确定及后续的样机测试打下坚实的基础。

当通过样机测试得到了真实物理世界设备的实测性能数据之后,我们也可以反过来对物理模型进行进一步的改进、修正,提高我们对设备性能的认知水平、仿真水平,这样的数据就成为一种资产和生产要素,可以促进设备的制造水平的进一步提升,充分利用好实测数据,挖掘其中蕴含的规律和价值,是一项非常有意义的工作。

将数据与模型进行充分的融合、迭代,在设备的升级、改造中发挥其价值。通过建立设备的数字孪生模型,大致反映设备在真实物理世界当中的性能表现,这样的经验固化,可以通过在 KNIME 中建立仿真模型来实现。KNIME 的一大特点就是可以固化数据的分析处理模型,建立机器学习模型来反映现实世界当中数据之间的规律。

成果概览：

建立基于 KNIME 的两级压缩水冷机组简化模型,用于能耗模拟,为双碳节能贡献智慧。

制冷系统仿真模型开发的必要性：

①双碳节能量化计算；

②需要社会多方协作；

③多种成熟平台融合；

④特定行业知识经验；

⑤信息化、数字化技术。

建立模型可以解决如下工业企业的数字化困境：

①缺少建模仿真组织体系；

②投入人力物力收效甚微；

③难以对接外部资源；

④依赖经验,人机协同差；

⑤开发维护困难,难复用。

基于 KNIME 模式的建模仿真优势见表 3-2。

表 3-2　基于 KNIME 模式的建模仿真优势

项		基于 C#/java 的建模平台	KNIME 模式建模平台
工具		自研仿真软件平台	无须开发,成熟工具,调用计算模块
	开发周期	界面工具,半年以上	0(不包含模块开发,通常有外部资源)
	人员投入	仿真团队	1 名工作流开发专家
	使用培训	天计,存在使用水平差别	小时计,固化流程,同一质量

续表 3-2

项		基于 C#/java 的建模平台	KNIME 模式建模平台
架构		总分式	模块式
	使用方式	人员界面操作	对接界面,亦可机器调用模块,可分可合
	仿真计算	依赖人员经验,批量困难	排列组合工况条件,借用 KNIME 批跑功能
	底层功能	必须依赖界面调用	可以界面调用,脱离界面亦可调用
应用		水冷机组的能耗仿真	水冷机组的能耗仿真
	方案数量	有满/部分负荷,多种系统形式	同前
	计算方式	人工计算,人工评估分析	使用 KNIME 工作流固化评估分析流程
	人员投入	多名系统性能计算人员	1 名 KNIME 工具使用工程师
	时间消耗	天计	小时计
节省原因		手动计算,不能批跑	KNIME 固化流程,一键批量处理

制冷系统两级压缩水冷机组模型:

两级压缩水冷机组简化模型。文档化建模方式,即使不会编程的业务人员也可以完成(图 3-21)。

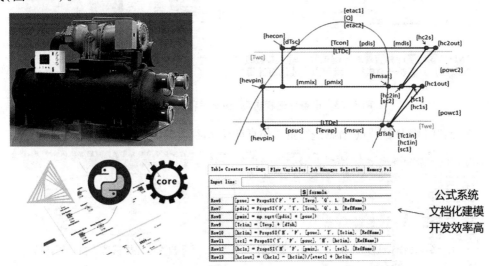

图 3-21　设备级建模仿真(在 KNIME 环境下文档化建模)

KNIME 仿真模型的边界条件及参数输入,使用 KNIME 对接开源物性计算资源(Python coolprop 库)完成水冷机组仿真(图 3-22)。

KNIME 支持对部件模型进行封装,用以进行系统计算。具体来说,就是在 KNIME 当中,以节点的方式,封装系统当中的若干设备,然后通过 KNIME 当中的连线进行连接,完成系统设计(图 3-23)。

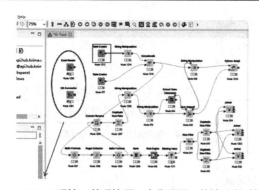

KNIME环境，前后处理，十分灵活，前端可以对接数
据文件（Excel，JSON，Xml等），各类数据库

可编辑表格，变更边
界条件及参数设置

图 3-22　设备级建模仿真（人机交互参数输入界面）

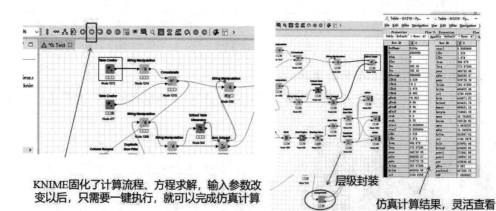

KNIME固化了计算流程、方程求解，输入参数改
变以后，只需要一键执行，就可以完成仿真计算

层级封装

仿真计算结果，灵活查看

图 3-23　设备级建模仿真（仿真过程及仿真结果）

充分利用 KNIME 节点资源，进行批量仿真计算，可视化数据结果，呈现规律（图 3-24）。

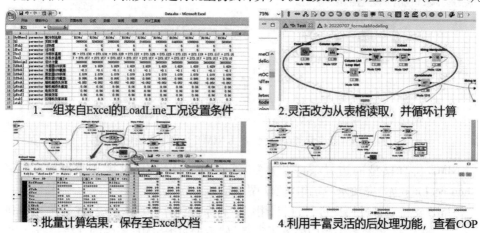

1.一组来自Excel的LoadLine工况设置条件

2.灵活改为从表格读取，并循环计算

3.批量计算结果，保存至Excel文档

4.利用丰富灵活的后处理功能，查看COP

图 3-24　设备级建模仿真（可视化仿真结果）

3.5　KNIME 行业应用(5)多目标设计优化

所属行业：

工业大型设备方案确定、多目标优化。

背景介绍：

对工业设备进行物理建模,能够定性及在一定定量程度上对其性能有所掌握之后,希望能对设计参数进行多目标优化,在满足市场策略制定的性能指标前提下,尽量降低成本;或者反过来说,在一定的成本目标要求下,尽量通过设计优化,提升设备的性能,这都是工业设备生产企业在研发活动中经常会遇到的课题。使用 KNIME,可以对接多种优化算法资源,将整体优化过程进行固化,将专家对于设备的改进过程加以记录,便于经验的传承,多人协作,是非常有价值和实际意义的一项工作。

成果概览：

基于仿真技术的大型水冷机家族化设计流程,难点在于设计维度众多,分析计算耗费大量人力物力,难以在短时间内做出有效判断,平衡工程设计与市场目标。形成家族化产品系列,需要一定的流程及方法。水冷机组家族化设计维度众多,仿真计算量非常大,决策制定需要流程方法支撑,走出决策者迷雾(图 3-25)。

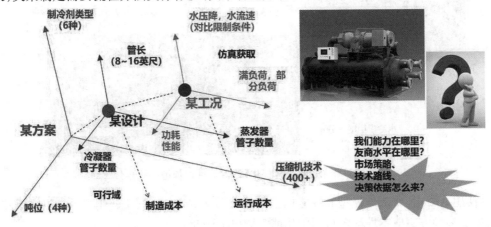

图 3-25　多目标设计优化(多维度多目标设计难点)

水冷机组家族化设计的主要流程：

模块化工具,高效组织人力物力,搭接形成方案,有针对性地解决问题,时效性高,资源纯粹,可复用(图 3-26)。

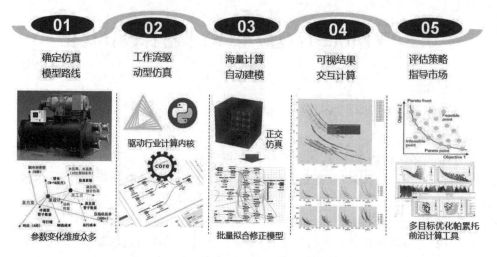

图 3-26　多目标设计优化(主要流程及思想)

为了进行多目标帕累托优化设计,需要对水冷机组建立成本模型(图 3-27)。

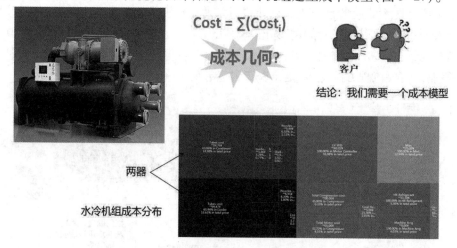

图 3-27　多目标设计优化(成本与性能模型相配合)

使用 KNIME 将成本模型和性能模型的优化计算结果相结合,调用 Python 网页绘图库,展示多种方案成本性能多目标优化前沿线(图 3-28)。

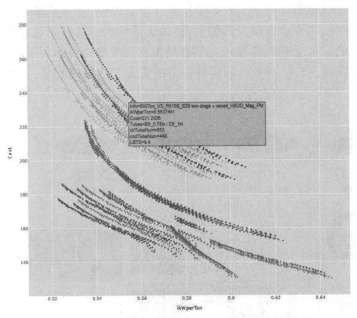

图 3-28　多目标设计优化(多种方案的多目标优化前沿线)

3.6　KNIME 行业应用(6)医疗影像重建模

所属行业：

对医疗影像(如 MRI)图像文件进行重新建模,生成 3D 模型,利用 KNIME 中的图像处理节点及功能,为医学专家发挥经验提供有效环境。

背景介绍：

随着医疗影像行业的发展,人类对人体的认识不断增强。机器替代人去观察和记录病灶,产生了大量的数据,如果由人来进行判断和经验发挥,一方面消耗了专家宝贵的时间和精力;另一方面,由于人的精力和体力有限,当数据量增大,人不免会产生一些失误,带来风险。为了降低风险,往往需要使用人力来进行补充,时效性将无法满足。对于病人来说,时间就是生命,在这种情况下,可以采用人机协同的方式,将人的经验加以固化,由机器替代人进行图像识别,病灶的初步分析和诊断,然后对于模糊不清的案例,再由人来进一步分析,有效的人机协同可以达到事半功倍的效果。

成果概览：

借助 KNIME 的图像识别相关节点,对医疗行业 MRI 影像文件加以读取,来重构数字孪生 3D 模型,真实反映数据内部所包含的规律性。这样的图形将是交互式的,专业人士可以通过 KNIME 的操作,对数据进行筛选、高亮甚至算法计算等操作(图 3-29)。

类似案例——地质行业应用：

与此类似的还有地质行业的应用,人们无法穿透地层了解到地下三维空间结构,比如含水层、煤层、油层的分布情况,也需要借助大数据手段进行重新建模,直观呈现数据中反映出来的空间特征分布规律,供专业人员发挥经验,提供决策依据。特别是对地质勘探行业,进行钻孔采样分析的成本过于高昂,如果能够有效地将现有数据资源利用好,辅助进一步的行动决策,减少试错,合理、有效地利用好有限的资源完成最终的目的,是非常有经济价值的一件事。KNIME 可以在数据的分析整理,与现有地质专业文件的对接层面发挥很多有益的作用(图 3-30)。

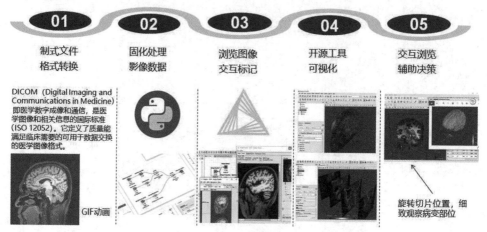

图 3-29   医疗影像重建模(KNIME 处理 MRI 影像流程)

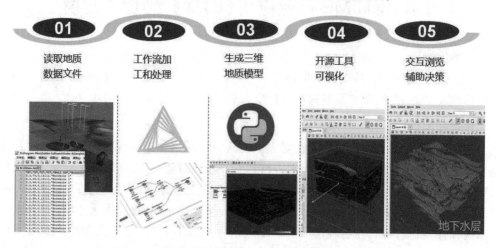

图 3-30   医疗影像重建模(与之类似的地质行业应用)

3.7   KNIME 行业应用(7)图像识别及提取

所属行业:

对工业企业大量摄像头采集的图像信息进行识别及特征提取,可以形成诸多解决方案。

背景介绍：

图形图像、视频音频文件中包含了大量的有用信息，需要借助算法加以提取。KNIME 可以对接算法资源，通过节点连接，快速完成各类信息加工流程，并加以固化和传递。可以在视频及图像文件中进行图像识别、特征提取、计数统计等一系列操作，完成多种需求。

这种需求在工业企业中大量存在，对产品质量的管控、设备的控制等方面都有着十分重要的作用，可以改变既有的生产模式和工艺流程，通过差异化的方案，提升生产效率、改进生产质量、降低生产成本，有着十分可观的经济价值。

下面通过三个常见的工程案例来简单介绍一下 KNIME 当中图形图像处理节点方面的功能，以及在工程实际当中的应用价值。图像识别中一个难点在于调参，KNIME 可以借助交互式控件，允许工程师充分发挥经验，完成优化参数组合的寻找、固化。在调参的过程中，可以直接看到图像产生的处理结果的不同，这是使用纯代码难以实现，或者实现成本很高的功能，在 KNIME 中都可以高效、轻易地用节点组合实现。

案例一：钢筋数量统计

图 3-31 是一个钢筋数量统计的案例，可以通过 KNIME 中的图像识别、处理节点完成对图中特征点的数量统计，十分方便快捷。由于算法存在识别率问题，数量为估算值，可以通过调参，找到能够满足工程误差条件的方案，同时在原图像上标记了识别结果，如果想做到准确统计，可以辅以人工校对，人工的工作量大为降低。

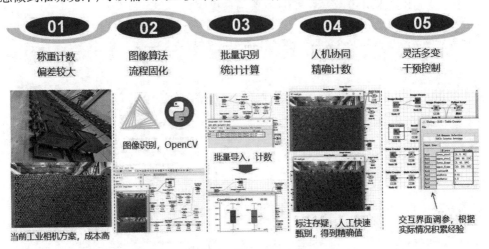

图 3-31　图像识别及提取（钢筋数量图像统计）

案例二：光纤通信产品检测

下面是一个光纤通信产品检测的案例（图 3-32），可见，无论产品以何种角度拍照，数量有多少，都可以通过 KNIME 中的图像识别、处理节点固化对其中心位置定位，根据算法计算校正角度来旋转图片，并截取关键局部区域，进一步完成产品的检测和统计。然后驱动控制机构产生相应的动作，加快产品检测的效率，最后可以加入人工复核。

（注：参见 B 站 KNIME 案例（257）光纤产品检测）

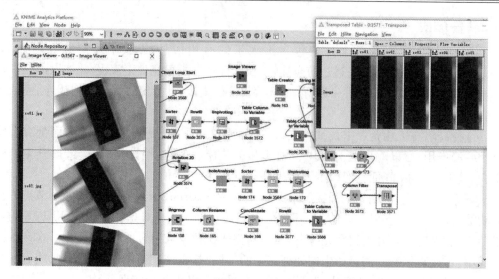

图 3-32　图像识别及提取(光纤通信产品检测)

案例三:发票信息的批量提取

发票信息的提取,以往都是人工操作,费时费力,可以使用 KNIME 中的 OCR 节点对 PDF 或者图像格式的发票文件进行特定区域的文字识别,加快信息提取和汇总的效率 (图 3-33)。

(注:参见 B 站 KNIME 案例(226)发票信息提取)

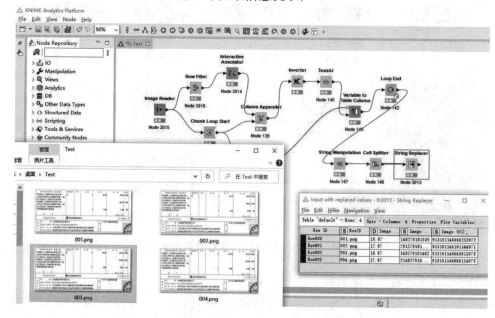

图 3-33　图像识别及提取(发票信息的批量提取)

3.8　KNIME 行业应用(8)自动生成计算书

所属行业:

建筑设计行业。使用 KNIME 自动生成采暖水力计算书,减少建筑设计师的手工劳动,统一管网系统水力计算书生成质量,一键固化理论计算方法和人为操作流程。人机协同进行调整,允许人发挥经验进行干预和调整。

背景介绍:

不仅仅是建筑行业,在各行各业都存在大量的基于理论的计算,需要填写相应的计算书模板,传递计算流程、逻辑和结果。这些计算书的生成,都可以借助 KNIME 来一键生成,甚至使用 KNIME 完全替代计算书的传递作用,这在于工程师的使用习惯。KNIME 是兼容渐进式的方案,既可以按照工程师的使用习惯,生成 Excel 格式的计算书,便于工程师进一步在其中调整、尝试,发挥人的经验和直觉;又可以在工程师基本技能提高之后,使用工作流固化操作流程,传递经验,实现功能的组织和拓展。

成果概览:

建筑设计领域,信息的加工、传递及应用,受限于传统模式,在需求复杂化的形势下,会遇到割裂的情况。使用工作流,便于固化和拉通流程,提升工作效率(图 3-34)。

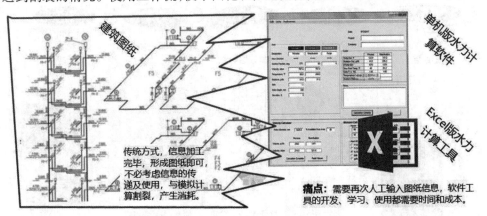

图 3-34　自动生成计算书(现有手动生成计算书模式痛点)

使用 KNIME 对接平面设计软件:

原有的信息组织方式是将建筑设计信息保存在比如 AutoCAD 文件当中,处理信息的主体是人,人处理信息的效率非常低,而且有很大风险。既然信息已经被保存在通用格式文件当中,使用 KNIME 或者 Python 就可以读取里面的信息,固化信息提取、分析、整理的流程,用来传递设计信息,为进一步的理论计算打下基础(图 3-35)。

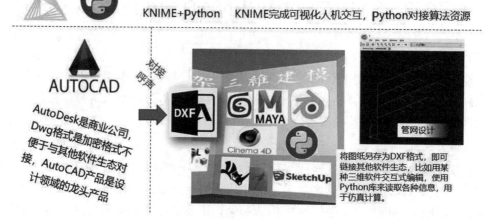

图 3-35　自动生成计算书(KNIME 对接平面设计软件获取信息)

一键读取图纸生成计算书过程:

使用 KNIME 固化了整个计算书生成的人力手工劳动,便于一键重复,对需求变更响应非常迅速,减轻人的重复劳动。而且,这样的固化流程,可以在人与人之间进行传递,或者协同组织完成更为复杂的任务。主要流程如下(图 3-36):

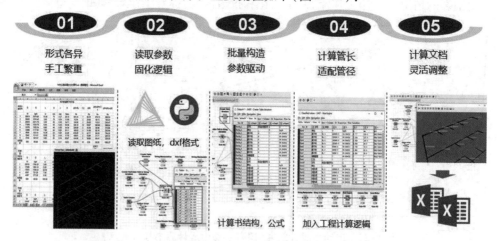

图 3-36　自动生成计算书(KNIME 自动生成计算书整体流程)

(1)读取平面设计软件当中的图元信息。

(2)读取计算书模板文件,使用参数驱动的方式,利用 KNIME 丰富的数据处理功能,一键更新计算书模板内容,形成计算书报告。

(3)向 Excel 模板当中添加计算公式,避免人手工操作带来的误操作风险,大大提升工作效率。同时由于通过 KNIME 自动生成了 Excel 公式,与 KNIME 环境实现了完全解耦。

(4)输出 Excel 计算书,允许工程师进行灵活的干预和调整,根据规范或者既往的经验,进行局部调整。整体方案是一种人机协同的方式,既不能完全交给机器处理(不经济,不现实),也要最大限度地解放人的劳动。

(5)KNIME 中有很多图形可视化模块资源,可以提供 3D 环境来观察建筑管网设计,包括参数的分布情况,这是以往计算书模式所不能提供的差异化功能,给工程师带来极大便利。

(6)KNIME 自动生成的 Excel 计算书,与 KNIME 环境是解耦的,对 KNIME 并不熟悉的工程师,也可以复用该计算书,在他们习惯的技能体系之下完成工作。

为了与图纸对接,对设计人员提出相关要求:

热负荷标注在图纸上,可灵活设计其格式。根据需求的不同,可以约定信息传递的格式,丰富其内涵,然后使用工作流解析信息,形成灵活多变的方案。使用 KNIME 工作流将仿真结果生成在三维可视化环境中,利用文本、颜色等加以展示,便于工程师交互式浏览,发挥经验(图 3-37)。

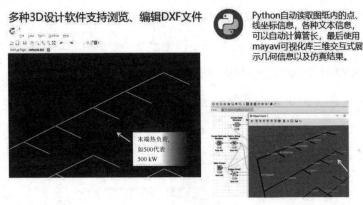

图 3-37　自动生成计算书(前/后处理过程信息对接)

工作流方式自动生成计算书,满足多种需求:

工作流固化了计算书结构的生成逻辑,以及内部的计算逻辑,减少人为因素,保证计算书生成质量(图 3-38)。

计算书细节,支持工程师调整及进一步分析:

如果完全实现一键化设计,使用机器完全替代人,需要考虑的功能就太多太过于复杂了。由于建筑设计行业的特点,有很多说不清道不明的经验,需要人在一定的环境下进行发挥,将一些存在于思维世界的考虑因素,体现在最终的设计当中,这不是能够通过软件加以固化的。KNIME 允许这样的人机协同模式(图 3-39)。

工作流不同于平台工具,可以随时拆分解耦,形成流程,增加了人工干预调整的可能性。

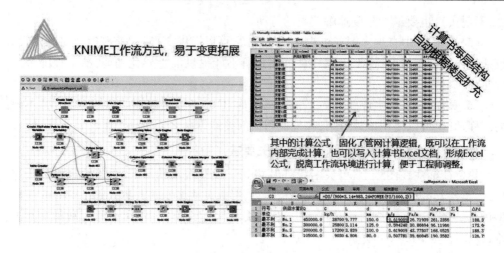

图 3-38　自动生成计算书(计算书模板的读取与参数化操作)

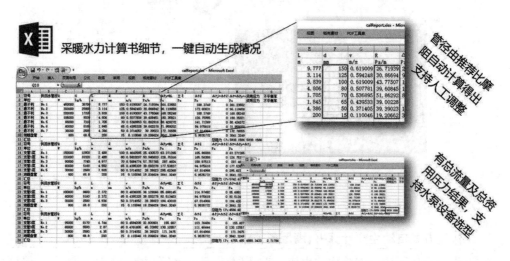

图 3-39　自动生成计算书(KNIME 可以兼容人和机器处理信息的流程)

KNIME 具有灵活的后处理功能,辅助工程师设计:

工作流可以链接外部算法资源,数据可视化环境,任何决策需求都可以得到快速满足,时效性强(图 3-40)。

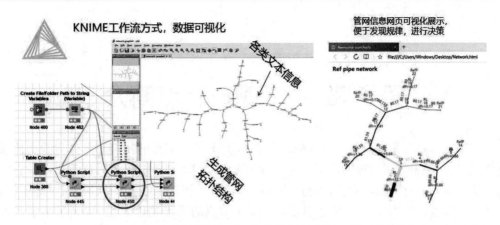

图 3-40　自动生成计算书（KNIME 的数据后处理，图形可视化）

第4章　KNIME 节点简介

　　如果在本章开始部分就非常详细地介绍 KNIME 各个节点的功能和具体设置会比较枯燥,这里我决定先用简短的语句来向大家展示一下 KNIME 比较常用的节点以及它们的主要功能。这对于初学者,可以对 KNIME 建立起一个宏观的概念;同时,对于老手,也会体会到节点使用当中的一些通用技巧。至于节点的详细功能介绍,放到了本书的末尾,如果读者需要详细了解某个节点的设置细节,或者希望系统学习节点的功能,请移步该部分。KNIME 常用节点汇总如表 4-1 所示。

表 4-1　KNIME 常用节点汇总

节点编号	节点名称	图标	简介	备注	案例集数[①]
A					
A001	Auto-Binner	**Auto-Binner** Node 1	该节点允许将数值型数据分组到称为"bins"的区间中。有两个箱命名选项和两种定义箱中数值的数量和范围的方法	请使用"Numeric Binner"节点定义自定义箱。为数值型变量区间打标签,数值分箱	(33)
B					
B001	Bar Chart	**Bar Chart** Node 1	基于 NVD3 库的条形图。含有交互式图形设置界面,图形支持交互式标签显示数据内容	另有基于 Plotly. js 库的条形图	(6)(21)
B002	Box Plot (local)	**Box Plot (local)** Node 1	箱线图显示稳健的统计参数:最小值、下四分位数、中位数、上四分位数和最大值	这些参数被称为稳健的,因为它们对极端异常值不敏感。可以反映数据的统计学规律	(33)

注:①案例集数指第 5 章 KNIME 入门案例教程中的集数。

续表 4-1

节点编号	节点名称	图标	简介	备注	案例集数
			C		
C001	Column Expressions	Column Expressions / EX / Node 1	此节点提供了使用表达式追加任意数量的列或修改现有列的可能性。同时,其表达式支持非常复杂的逻辑运算	运算速度较慢,在某些情况下,可以使用 Java snippet 节点加以替代	(3)(12)(21)(27)
C002	Conditional Box Plot	Conditional Box Plot / Node 1	条件盒图根据另一个标称列将数字列的数据划分为多个类,并为每个类创建一个盒图	箱线图显示稳健的统计参数:最小值、下四分位数、中位数、上四分位数和最大值	(3)
C003	Column Combiner	Column Combiner / Node 1	组合一组列的内容,并将连接的字符串作为单独的列追加到输入表中	用户需要在对话框中指定感兴趣的列和一些其他属性,如分隔不同单元格内容的分隔符和引用选项	(5)
C004	Column Resorter	Column Resorter / Node 1	此节点根据用户定义的设置更改输入列的顺序。列可以单步向左或向右移动,或者完全移动到输入表的开头或结尾	另外,可以根据名称对列进行排序。在输出端口提供重新排序的表	(7)
C005	Cell Splitter	Cell Splitter / Node 1	该节点使用用户指定的分隔符将选定列的内容分成几部分	相当于 Excel 的分列功能	(8)(13)(18)
C006	Column Rename	Column Rename / A→1 / LB / Node 1	重命名列名或更改其类型	手动更改若干列名。有时也用于少量简单的列数据类型转换	(8)(15)

续表 4-1

节点编号	节点名称	图标	简介	备注	案例集数
C007	Column to Grid	Column to Grid Node 1	将选定的列（或一组列）拆分成新列，使它们在网格中对齐	这对于显示非常有用，例如，在网格中包含图像的列可以显示在报告表中	(11)
C008	Cell Replacer	Cell Replacer Node 1	根据字典表替换列中的单元格	完成简单的表格信息参照更新	(14)~(16)
C009	Column Merger	Column Merger Node 1	通过选择非缺失的单元格，将两列合并为一列	可以用来处理主列缺失值	(14)
C010	Category To Number	Category To Number Node 1	该节点获取包含名义数据的列，并将每个类别映射到一个整数	将列的属性值转变为整数，便于后面某些功能的实现	(17)
C011	Column Splitter	Column Splitter Node 1	该节点将输入表的列拆分成两个输出表	表格按列拆分	(24)
C012	Cross Joiner	Cross Joiner Node 1	执行两个表的交叉连接。顶部表格的每一行都与底部表格的每一行连接在一起	两表全排列，结合条件筛选完成数据构造任务	(24)(25)

续表 4-1

节点编号	节点名称	图标	简介	备注	案例集数
C013	Concatenate	**Concatenate** Node 1	该节点连接两个表。表格数量可以通过右键增加或减少,用于合并更多的表	在行方向上进行拼接,会根据列名自动进行匹配	(24)
C014	Column Aggregator	**Column Aggregator** Node 1	对每行的选定列进行分组,并使用选定的聚合方法聚合它们的单元格	在表格的列方向进行数据聚合。双击名称列可以修改创建的聚合列名称	(28)
C015	Column Filter	**Column Filter** Node 1	该节点允许从输入表中筛选出列,而只将剩余的列传递给输出表。在该对话框中,可以在包含和排除列表之间移动列	交互式选择筛选表格中的列	(30)
C016	Color Manager	**Color Manager** Node 1	可以为标称列(必须有可能的值)或数字列(有上限和下限)分配颜色	为画图需要,给数据类别赋予颜色信息	(30)
C017	Column Appender	**Column Appender** Node 1	列追加器接受两个或更多的表,并通过根据输入端口处表的顺序追加它们的列来快速组合它们	表格列合并操作节点。可以将多个表格的列组合在一起,一同处理。注意它的输入端口数量可变	(33)
		D			
D001	Date& Time to String	**Date&Time to String** Node 1	使用用户自定义模式,将日期和时间列中的时间值转换为字符串日期时间格式	进而可以使用丰富的字符串函数加以处理	(4)(20)

续表 4-1

节点编号	节点名称	图标	简介	备注	案例集数
D002	Duplicate Row Filter	**Duplicate Row Filter** Node 1	此节点标识重复的行。移除所有重复的行,仅保留唯一的和选定的行,或者使用有关重复状态的附加信息来标记这些行	去重,或者为行添加唯一性标签,然后做进一步的处理	(16)
			E		
E001	Excel Reader	**Excel Reader** Node 1	读取 Excel 文件(xlsx、xlsm、xlsb 和 xls 格式)。它可以同时读取一个或多个文件,但是每个文件只能读取一页	可以读入字符串、数字、布尔、日期和时间类型数据,但不能读入图片、图表等	(1)~ (14), (16) (18)~ (34)
E002	Excel Writer	**Excel Writer** Node 1	此节点将输入数据表写入 Excel 文件的电子表格中,然后可以用其他应用程序(如 Microsoft Excel)读取该电子表格	该节点支持文件扩展名为"xls"和"xlsx"两种格式	(1)
E003	Extract Date& Time Fields Column	**Extract Date& Time Fields** Node 1	从本地日期、本地时间、本地日期时间或分区日期时间列中提取选定的字段,并将它们的值作为相应的整数或字符串列追加	在对时序数据处理过程中,经常需要获取时间戳当中的时间信息。比如,周数、星期等	(3)
E004	Extract Column Header	**Extract Column Header** Node 1	用包含列名的单行及带有默认列名的原表格创建两个表	如果经过前面的流程处理,列名经常变化,影响后续流程,可以用此节点将列名转变为默认值	(33)
			G		
G001	GroupBy	**GroupBy** Node 1	根据选定分组列中的唯一值对表中的行进行分组。每行含有选定组列的唯一值,其余的列根据指定的聚合设置进行聚合	可用聚合方法的详细说明可在节点对话框的"说明"选项卡中找到	(1)(3) (5)(6) (8)(13) (26)(30) (33)

续表 4–1

节点编号	节点名称	图标	简介	备注	案例集数
			H		
H001	Heatmap	**Heatmap** / Node 1	该节点将给定的输入表显示为交互式热图	该节点支持自定义 CSS 样式	(4)
			J		
J001	Joiner	**Joiner** / Node 1	该节点将两个表组合在一起,类似于数据库中的连接。它将顶部输入端口的每一行与底部输入端口的每一行相结合,这些行在选定的列中具有相同的值。还可以输出不匹配的行	通过不同的设置,得到两个表格数据记录的交集、并集、差集等。	(5)(30)
J002	JSON Reader	**JSON Reader** / Node 1	此节点读取。JSON 文件并将其解析为 JSON 值	由于 JSON 文件是通用主流的网络数据传输格式。需要重视此类节点	(35)
J003	JSON Path	**JSON Path** / Node 1	JSONPath 是 JSON 的查询语言,类似于 XML 的 XPath。简单查询(也称为 definite jsonPath)的结果是单个值	掌握 JSONPath 已经成为一种基本技能。一种人与机器传递思维的符号系统	(35)
J004	JSON to Table	**JSON to Table** / Node 1	将一个 JSON 列转换为多个列,从而从 JSON 结构中试探性地提取列列表	将 JSON 结构转为 KNIME 数据表,进行进一步分析处理	(35)

续表 4-1

节点编号	节点名称	图标	简介	备注	案例集数
L					
L001	Line Plot	**Line Plot** Node 1	使用基于 JavaScript 的图表库的线图	另有基于 Plotly. js 库的线图	(7)
L002	Lag Column	**Lag Column** Node 1	将前面行中的列值复制到当前行中产生多列错行的效果,可以设置错行的步长,多列的数量	对于不同行的值之间进行运算,十分有帮助	(12) (28)
L003	Line Plot (local)	**Line Plot (local)** Node 1	将输入表的数字列绘制为线条。所有值都映射到一个 y 坐标。如果列中的值差异很大,这可能会扭曲可视化效果	内有交互式选择绘图参数等功能,适合简单浏览数据	(33)
L004	Loop End	**Loop End** Node 1	循环末尾的节点。它用于标记工作流循环的结束,并通过按行连接传入的表来收集中间结果	最常用的一个循环结束节点	(34)
M					
M001	Missing Value	**Missing Value** ? Node 1	该节点有助于处理在输入表的单元格中发现的缺失值	填充方法多种多样,有效加以使用,可以实现很复杂的功能	(6)(20)
M002	Math Formula	**Math Formula** f(x) Node 1	此节点基于行中的值计算数学表达式	计算结果既可以作为新列追加,也可以用于替换输入列	(9)(11) (21)

续表 4-1

节点编号	节点名称	图标	简介	备注	案例集数
M003	Moving Aggregation	**Moving Aggregation** / Node 1	此节点计算移动窗口的聚合值。聚合值显示在追加到表末尾的新列中	移动聚合是经常遇到的一种数据处理需求,熟悉功能,拓展想象	(28)
M004	Math Formula (Multi Column)	**Math Formula (Multi Column)** / Node 1	数学公式(多列)节点是数学公式节点的扩展,它基于一组选定列的行中的值来计算数学表达式。它允许用户使用单个节点完成原本需要多个节点才能完成的工作	数学公式节点的多列批量处理版本	(33)
O					
O001	One Row to Many	**One Row to Many** / Node 1	每行根据整数列中的数字相乘	例如,如果您有属性值列,还有属性值的数量列,则可以使用此节点创建属性值重复行,行数量为数量列的值	(17)
O002	OSM Map to Image	**OSM Map to Image** / Node 1	生成 OSM 地图的选定部分的图像。也可以在地图上添加一些感兴趣的点(地图标记)	用于地理信息后处理可视化	(30)
P					
P001	Pivoting	**Pivoting** / Node 1	使用选定数量的列进行分组和透视,对给定的输入表执行透视	要更改多个列的聚合方法,请选择要更改的所有列,用鼠标右键单击打开上下文菜单,然后选择要使用的聚合方法	(4)(6)(20)(22)(25)(34)
P002	Python Script	**Python Script** / Node 1	该节点允许在本地 Python 3 环境中执行 Python 脚本	可以利用 Python 丰富的库函数功能。非常重要	(15)(29)(31)(32)

续表 4-1

节点编号	节点名称	图标	简介	备注	案例集数
P003	Polynomial Regression Learner	**Polynomial Regression Learner** Node 1	该节点对输入数据执行多项式回归,并计算最小化平方误差的系数。用户必须选择一列作为目标(因变量)和多个自变量	多项式回归预测节点,生成相应的预测模型。默认情况下,计算二次多项式,可以在对话框中更改	(19)
			R		
R001	Reference Row Filter	**Reference Row Filter** Node 1	此节点允许使用第二个表作为引用,从第一个表中筛选出行	根据对话框设置,引用表中的行会包含在输出表中,也可能不包含在输出表中	(2)
R002	Rule Engine	**Rule Engine** Node 1	该节点获取用户定义的规则列表,并尝试将它们与输入表中的每一行进行匹配。如果规则匹配,其结果值将添加到新列中。定义顺序中的第一个匹配规则决定了结果	如果没有匹配的规则,则结果是缺失值。使用"TRUE=>xxx"的方式,可以为缺省逻辑规则赋值	(4)(9)(22)(25)(30)
R003	Row Filter	**Row Filter** Node 1	该节点允许根据特定标准进行行过滤。它可以包括或排除:特定范围(按行号)、具有特定行索引的行以及可选列(属性)中具有特定值的行	行过滤被使用的频次很高,对原始数据表格进行基于某种规则的筛选	(5)(13)(16)(24)(32)(33)
R004	RowID	**RowID** Node 1	此节点可用于将输入数据的行索引替换为另一列的值	经常用于恢复默认的行索引	(7)(23)(24)
R005	Rank	**Rank** Node 1	对于每个组,基于所选择的分级属性和分级模式来计算单独的分级。用户必须至少提供一个计算排名所依据的属性	在一些独特的数据处理解决思路中,为某一列进行排名,获取序号列是经常需要用到的	(9)(16)

续表 4-1

节点编号	节点名称	图标	简介	备注	案例集数
R006	Regression Predictor	**Regression Predictor** Node 1	使用回归模型预测响应。该节点需要连接到回归节点模型和一些测试数据。只有当测试数据包含学习者模型使用的列时，它才是可执行的	该节点对接多项式回归节点生成的模型，对其加以应用，向包含每行预测的输入表追加一个新列	（19）
R007	Rule-based Row Filter	**Rule-based Row Filter** Node 1	该节点获取用户定义的规则列表，并尝试将它们与输入表中的每一行进行匹配。如果第一个匹配规则具有"TRUE"结果，将选择该行进行包含。否则（即如果第一个匹配规则产生"FALSE"）就会被排除	基于某些逻辑条件判断来对原始数据集进行行筛选，这是经常会遇到的需求。在该节点中，"包含"和"排除"的条件可以颠倒，便于保证写入逻辑是相对简单的	（23）（33）
R008	Row Splitter	**Row Splitter** Node 1	此节点的功能与行筛选器节点完全相同，只是它有一个额外的输出，提供被筛选掉的行	保留筛选掉的部分，另有他用	（31）
R009	Read Excel Sheet Names	**Read Excel Sheet Names** Node 1	该节点读取一个 Excel 文件，并在其输出端口提供包含的工作簿名称	获取 Excel 文件路径，工作簿的名称等等信息	（34）

S

节点编号	节点名称	图标	简介	备注	案例集数
S001	Sunburst Chart	**Sunburst Chart** Node 1	此图表以放射状布局显示分层数据。类似多层的饼图	图表中心的圆圈代表分层的根节点。更靠外的部分表示位于层次结构更深处的节点	（7）
S002	String Replacer	**String Replacer** Node 1	如果字符串单元格中的值匹配特定的通配符模式，则替换这些值	适合简单的字符串替换操作	（8）

续表 4-1

节点编号	节点名称	图标	简介	备注	案例集数
S003	Shuffle	**Shuffle** Node 1	它打乱了输入表的行,使它们处于随机顺序	可以为测试集、训练集的产生服务	(10)
S004	Sorter	**Sorter** Node 1	此节点根据用户定义的标准对行进行排序	控制数据集的排列顺序	(10)(11)(18)
S005	String Manipulation	**String Manipulation** f[S] Node 1	操纵字符串,如搜索和替换,大写或删除前导和尾随空格	具有非常丰富的字符串处理功能,是最为常用的数据处理节点之一	(16)(18)(25)(26)
S006	String to Date& Time	**String to Date&Time** Node 1	解析所选列中的字符串,并将它们转换为日期和时间单元格	预期的格式可以从许多常用的格式中选择,也可以手动指定(参见"类型和格式选择"一节)	(20)
S007	Statistics	**Statistics** Node 1	此节点计算统计矩,如所有数值列的最小值、最大值、平均值、标准差、方差、中位数、总和、缺失值数和行数,并计算所有标称值及其出现次数	对于数据的预览十分有帮助,在数据处理之前,首先使用该节点对数据的统计指标有所了解	(22)
S008	Shapefile Polygon Reader	**Shapefile Polygon Reader** SHP Node 1	从 ESRI 形状文件中读取多边形和折线。第一个输出端口包含多边形和元数据。第二个输出端口包含地理坐标,多边形通过行索引引用地理坐标	获取 Shapefile 文件中的地理信息,然后使用其他地理信息节点加以处理	(30)

续表 4-1

节点编号	节点名称	图标	简介	备注	案例集数
			T		
T001	Transpose	**Transpose** ▶ ▦ ▶ ■□□ Node 1	通过交换行和列来转置整个输入表。新的列名由以前的(旧的)行索引提供,新的行标识符是以前的(旧的)列名	转置操作,经常可以把用于列的操作施加于行,行的操作施加于列,通过前后转置就可以实现	(7)(15)(24)
T002	Table Creator	**Table Creator** ▦ ＋ □□□ Node 1	允许手动创建数据表。数据可以输入到类似表格的电子表格中(支持与Excel 双向粘贴数据,加快表格建立)	如果工作流是为了传递思路,带上本地数据源,他人不便复现,这种情况可以多使用该节点,传递例子数据表	(15)(17)(19)(23)(25)
T003	Table Difference Finder	**Table Difference Finder** ▶ ▦ ▶ ■□□ Node 1	表差异查找器提供了通过值和表规格来比较两个表的功能	当数据量比较大,人工比较困难,可以借助该节点自动查找不同	(15)(16)
T004	Table Column to Variable	**Table Column to Variable** ▶ ▦ ● ■□□ Node 1	将表列中的值转换为流变量,以行索引作为变量名,以选定列中的值作为变量值	可以一次性获得多个变量,应用到其他节点功能当中	(23)
T005	Table Row to Variable	**Table Row to Variable** ▶ ▦ ● ■□□ Node 1	该节点使用数据表的第一行来定义新的流变量。变量名由列名定义,变量赋值(即值)由行中的值给出。使用变量输出连接公开变量	使用第一行记录来批量生成变量,然后将变量传递到其他节点当中应用	(33)
T006	Table Row To Variable Loop Start	**Table Row To Variable Loop Start** ▶ ⌵ ● ■□□ Node 1	该节点使用数据表的每一行为每次循环迭代定义新的变量值。变量的名称由列名定义	比较常用的循环开始节点,将数据表格的每一行循环转为变量加以应用	(34)

续表 4-1

节点编号	节点名称	图标	简介	备注	案例集数
U					
U001	Unpivoting	**Unpivoting** Node 1	该节点将输入表中的选定列旋转为行,同时通过将剩余的输入列追加到每个相应的输出行来复制它们	P001(Pivoting)节点的逆操作,将二维表格转变为一维线性数据格式	(5)~(8)(13)(16)(22)(24)(34)(35)
U002	Ungroup	**Ungroup** Node 1	为每个集合值列表创建一个行列表,集合的值在一列中,所有其他列来自原始行。跳过集合为空的行,以及启用了"跳过缺失值"选项的集合单元格中仅包含缺失值的行	解分组,对于组合成列表的值集合进行打散,形成多行记录,便于进一步分析整理。G001(Group-By)节点的逆操作	(35)
V					
V001	Value Counter	**Value Counter** Σi Node 1	此节点计算选定列中所有值的出现次数	计数统计	(13)
V002	Variable to Table Column	**Variable to Table Column** v．! Node 1	提取流中携带的变量,并将它们附加到输入表中	将流变量添加到表格列,与其他信息一起处理	(34)

第5章 KNIME 入门案例教程

前面已经介绍了 KNIME 在数字化方面的应用前景和潜在价值,相信有的朋友已经迫不及待想要尝试学习和使用 KNIME。KNIME 是开源免费的,大家可以登录 KNIME 的官网,根据自己的操作系统,下载相应的单机安装包,进行安装。下面通过 35 个简单的案例来带领大家入门 KNIME,所有案例都可以在 B 站找到相应的视频讲解(请搜索 UP:星汉长空)。请大家跟随这些简单案例,实际上手操作一遍,它们能够帮助大家建立对 KNIME 的基本认知,使大家形成 KNIME 的思维模式和解决问题的习惯,这些都将为提高我们解决数字化需求的效率打下坚实的基础。笔者就是从第一个案例开始,一步步学会了使用 KNIME,它们记录了笔者学习的过程,只要大家上手操作一遍,也可以起到入门的作用。很多基本的 KNIME 节点,在复杂的需求解决过程中都会被大量使用。

5.1 KNIME 快速入门案例(1)统计数据分组

需求背景:

对于给定的 Excel 数据表格进行分组统计汇总,并将结果保存至新的 Excel 文件。

给定的 Excel 表格含有两列数据,第一列为学员姓名(存在重复),第二列为培训课程,每一行是一条选课的记录。需求是针对培训学员进行分组,获取每名学员的选课列表。这就是一种数据分组统计汇总需求。

概略思路:

对于数据的分组统计汇总,可以使用 KNIME 的"GroupBy"节点加以实现,该节点允许使用者设置分组属性,分组聚合的属性及聚合方式,后者的数量是不限的,可以同时存在若干聚合条件。具体的使用方法,请参考后文的"GroupBy"(G001)节点的用法部分。

工作流概览:

统计数据分组如图 5-1 所示。

主要节点:

E001(Excel Reader),G001(GroupBy),E002(Excel Writer)

注:

1. "GroupBy"节点在实际问题的解决过程中被大量涉及,借助此例,可以一窥其用法,以便形成概念性理解,举一反三地加以应用,提高数据分析处理的效率。

2. "Excel Reader""Excel Writer"节点作为数据的输入及输出节点,被使用的频次也非常高,建议实际动手操作,加深理解,熟练掌握。

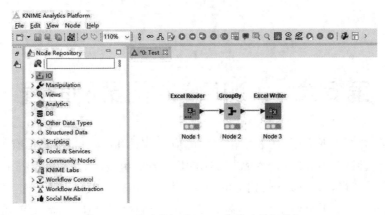

图 5-1　统计数据分组(工作流连接概览)

具体步骤:

步骤 1:打开 KNIME,在 Node Repository 下的搜索框中,输入"Excel"类似字样的关键字,即可在下方的节点树形图中发现"Excel Reader"节点,使用鼠标左键拖拽或者鼠标双击的方式,将其添加到工作区。

步骤 2:在"Excel Reader"节点上右键,选择"Configure…"(配置)或者通过双击,打开"Excel Reader"节点的配置界面。

步骤 3:如图 5-2 所示,在配置界面的"Settings"选项卡下"Input location"框中进行数据文件的加载:

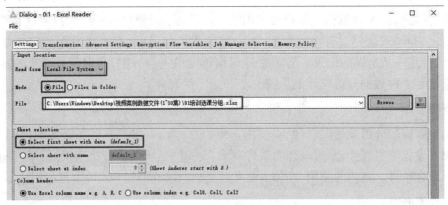

图 5-2　统计数据分组(加载数据文件)

(1)"Read from"选择"Local File System",这意味着我们要读取一个本地的 Excel 数据文件。

(2)"Mode"保持默认选择"File",我们只读取一个 Excel 文件。

(3)点击"File"行,右方的"Browse…"按钮,打开文件选择对话框,选择本机路径下的 Excel 数据文件(内含两列数据,第一列为学员姓名,第二列为培训课程)。

(4)保持"Sheet selection"的默认设置,也就是选择第一个工作簿。如果我们的数据表格不在第一个工作簿,可以在这里改变选择至"Select sheet with name",然后就可以在其右方的下拉框中按 Excel 文件中的工作簿名称列表来选择需要的工作簿。

（5）其他设置暂时保持不变，将来在其他案例中涉及相应的功能再加以介绍。

（6）可以在配置界面下方预览加载的数据表格情况，如果确认无误，点击配置下方的"Apply"或者直接点击"OK"按钮，结束配置，退出配置界面。

（7）可以观察到"Excel Reader"节点处于"黄灯"待执行状态，可以采用如下两种方式对其加以执行，使其处于"绿灯"执行完毕状态：

①点击菜单栏中的"Execute selected node（F7）"按钮；

②在节点上右键，点击"Execute（F7）"。

步骤4：当"Excel Reader"节点处于"绿灯"执行完毕状态，可以在节点上右键，选择最下方的"File table"来查看读取的数据表格（该表格中有诸如高亮、排序、柱形图等一些查看数据的技巧，后面遇到的时候会详细介绍，图 5-3）。

图 5-3　统计数据分组（查看数据表格）

步骤5：查看图 5-3 中的数据表格，为了完成每个学员培训课程列表的获取，需要对数据表格进行分组汇总，分组的依据就是"姓名"这一列；分组聚合的属性为"培训课程"，聚合的方法选择"Unique concatenate"（Unique concatenate 为唯一值列表的聚合方式。聚合的方式有很多，对于数值型，有最大/最小值、平均值等，对于字符型，有列表、集合、计数等，后面涉及的时候会详细介绍）。为"Excel Reader"节点链接一个"GroupBy"节点，按图 5-4 中的设置方式，为其进行分组汇总设置。

步骤6：执行"GroupBy"节点，右键菜单选择最下方的"Group table"选项对分组汇总结果进行观察，确认满足原始需求，得到每个学员的选课列表（图 5-5）。

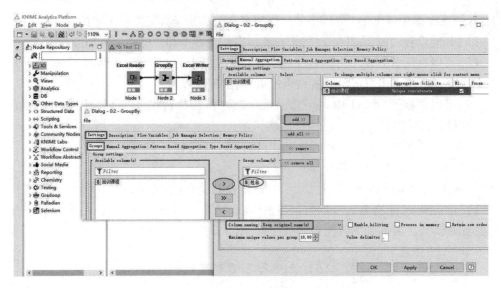

图 5-4　统计数据分组(分组汇总设置条件)

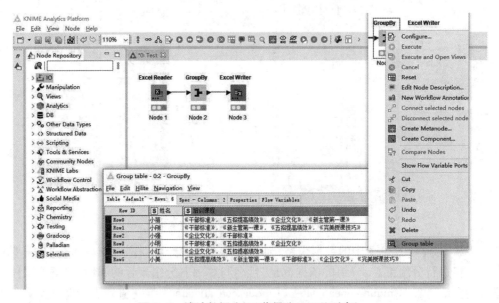

图 5-5　统计数据分组(获得分组汇总列表)

　　步骤 7:在"GroupBy"节点之后,链接一个"Excel Write"节点,其中的条件设置与"Excel Reader"类似,我们需要在"Settings"→"File format & output location"→"File"下,通过右方的"Browse…"按钮,交互式设置 Excel 输出文件需要保存的路径及文件名;然后,在"File"下方的"If exists:"单选框中设置如果输出文件存在情况下的处理方式,这里选择"overwrite"的覆盖方式。执行"Excel Write"节点,可以在设置的路径下发现一个 Excel 输出文件,其中的数据表格样式与我们在步骤 6 观察到的结果表格一致(图 5-6)。

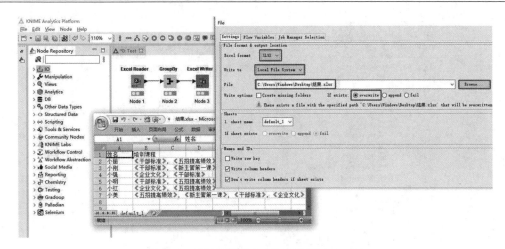

图 5-6　统计数据分组(保存结果至 Excel)

5.2　KNIME 快速入门案例(2)数据参照筛选

需求背景:

给定两个 Excel 表格,其格式为数据框格式(注:数据框 DataFrame,关于数据框的定义,可以参考 Python,R 编程语言的定义,即每列含有的数据,其类型相同;列有列名,行有行索引的一种数据结构),两个表格含有公共的列属性。

需求是如何通过 B 表(参考表)的公共列属性值来对 A 表(数据源)中的数据进行筛选,实现数据的参照筛选。

概略思路:

可以使用 KNIME 中"Reference Row Filter"(参照筛选)节点的相关功能来实现。它有两个输入端口,分别可以链接 A 表(左上端口,数据源)和 B 表(左下端口,参照表)。在节点的设置当中,允许通过下拉菜单选择两表中含有相同属性值的各自一列,通过 B 表该属性值的集合,对 A 表中的数据进行比对、筛选。具体来说,是依据 A 表中的共有属性值在 B 表该属性值的集合内,或者,将 A 表中的数据记录分为两组,默认情况是输出在 B 表属性值集合内的记录集合(也可以将其完全排除,输出不在的一组),从而得到参照筛选的记录表格。

该例子中,A 数据表中存储的是不同传感器测得的空气污染物浓度数据,其中含有传感器编号列;B 参考表中记录了若干传感器的编号(在该例中为 A 表传感器编号的子集,也可以含有 A 表没有的传感器编号,额外的 B 表传感器编号将不会被包含在最后的筛选结果中),A 表中的记录经过 B 表筛选,只留下了带有 B 表传感器编号的那些记录,实现了数据的参照筛选。

工作流概览:

数据参照筛选(工作流连接概览)如图 5-7 所示。

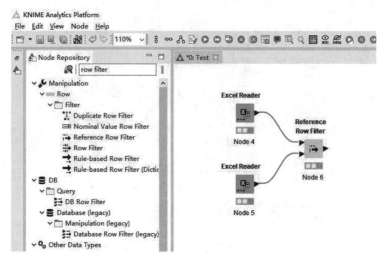

图 5-7　数据参照筛选(工作流连接概览)

主要节点:

E001(Excel Reader),R001(Reference Row Filter)

注:

1.“Reference Row Filter”节点是行筛选节点的一种,行筛选功能是特别基本和重要的数据处理功能之一,大家需要重视起来,熟练应用和掌握。KNIME 中的行筛选节点很多,参照行筛选是其中一种。

2.数据框的详细定义:

数据框(data.frame)是类似 SAS 数据集的一种数据结构。它通常是矩阵形式的数据,但矩阵各列可以是不同类型的。数据框每列是一个变量,每行是一个观测记录。

但是,数据框有更一般的定义。它是一种特殊的列表对象,有一个值为“data.frame”的 class 属性,各列表成员必须是向量(数值型、字符型、逻辑型)、因子、数值型矩阵、列表或其他数据框。向量、因子成员为数据框提供一个变量,如果向量非数值型则会被强制转换为因子,而矩阵、列表、数据框这样的成员为新数据框提供了和其列数、成员数、变量数相同个数的变量。作为数据框变量的向量、因子或矩阵必须具有相同的长度(行数)。

尽管如此,我们一般还是可以把数据框看作是一种推广了的矩阵,它可以用矩阵形式显示,可以用对矩阵的下标引用方法来引用其元素或子集。

具体步骤:

步骤1:打开 KNIME,在 Node Repository 下的搜索框中,输入“Excel”类似字样的关键字,即可在下方的节点树形图中发现“Excel Reader”节点,使用鼠标左键拖拽或者鼠标双击的方式,将其添加到工作区。

步骤2:在“Excel Reader”节点上右键,选择“Configure…”(配置)或者通过双击,打开“Excel Reader”节点的配置界面。

步骤3:参考“3.1 KNIME 快速入门案例(1)统计数据分组”中这一步的详细设置步骤,使用“Excel Reader”节点将 A 表(数据源表格)读入 KNIME。

步骤 4:重复步骤 1~步骤 3,将 B 表(参考表格)同样读入 KNIME。

步骤 5:在 KNIME 中拖入"Reference Row Filter"节点,将读取数据表(A 表,图 5-8 左侧)的"Excel Reader"节点的输出端口(右侧黑色三角形),使用 KNIME 中的节点连线功能,链接到"Reference Row Filter"节点的左上输入端口上;同理,将读取参考表(B 表,图 5-8 右侧)的"Excel Reader"节点的输出端口,链接到"Reference Row Filter"节点的左下输入端口上。如本例概览图 5-7 中所示的那样。

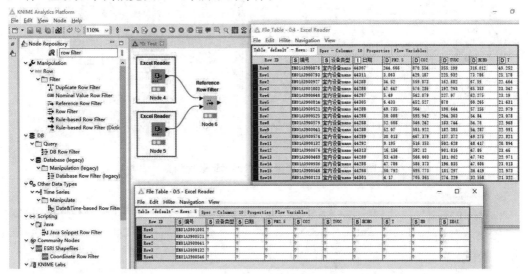

图 5-8　数据参照筛选(读取数据表和参照表)

步骤 6:双击打开"Reference Row Filter"节点的配置界面,分别选择两表中的传感器编号这一列,完成对应关系的匹配。即在"Reference columns"框中,"Data table column"右侧选择的是 A 表的列名;"Reference table column"右侧选择的是 B 表的列名。保持"Include rows from reference table"框中的单选选项"Include rows from reference table"不变(否则,如果选择"Exclude rows from reference table"选项,将删除匹配的记录,而不是将其筛选出来)(图 5-9)。

步骤 7:执行"Reference Row Filter"节点,并在"Filtered table"中对参照筛选的结果进行观察,确认其是否满足原始需求(图 5-10)。

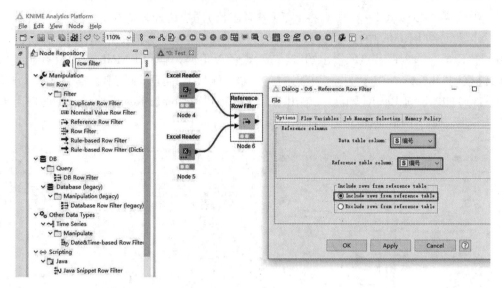

图 5-9   数据参照筛选(参照筛选条件设置)

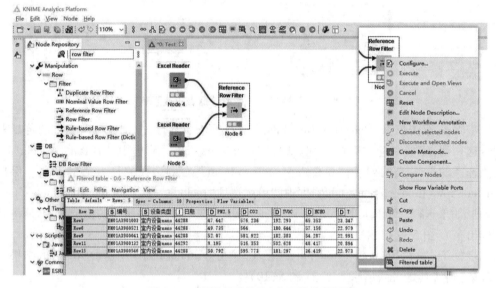

图 5-10   数据参照筛选(参照筛选结果)

5.3   KNIME 快速入门案例(3)数据分类统计

需求背景：

为给定的 Excel 数据表格添加新列,其属性值由其他列的值由算法计算得出。然后,依据新列的属性值,对原始表格中的数据进行分组/分类,得到不同类别下的统计指标汇总结果,进而完成数据指标的图形可视化。这样的数据处理需求在实际工作中非常常见。

本例仍然以空气污染物传感器采样数据集作为数据源,由于其中含有采样的时间信息(时间戳),可以由时间信息,通过算法,将数据集中的数据记录分为工作日/非工作日记录。分别对两类数据进行统计指标汇总,从而展示办公区域空气污染物采样数据在工作日/非工作日分类下的不同规律。类似这样的分类统计计算,在数据分析处理过程中应用十分广泛。

概略思路:

可以使用 KNIME 中"Excel Reader"节点,读取空气污染物传感器采样数据集;然后,使用 KNIME 时间处理节点集合中的"Extract Date&Time Fields Column"节点,来抽取时间戳中的星期属性;接下来,通过多种方法,新建一列,将抽取的星期属性值转化为工作日/非工作日这样的分类属性值。

当工作日/非工作日信息得到以后,就可以使用"GroupBy"节点进行各类分组统计,得到相关的统计指标情况,进而调用 KNIME 中的图形可视化节点,完成图形可视化,使数据中蕴含的规律跃然纸上。

工作流概览:

数据分类统计(工作流连接概览)如图 5-11 所示。

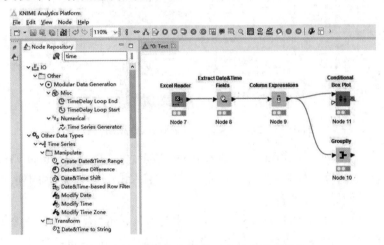

图 5-11　数据分类统计(工作流连接概览)

主要节点:

E001(Excel Reader),E003(Extract Date&Time Fields Column),C001(Column Expressions),C002(Conditional Box Plot),G001(GroupBy)

注:

1. 小提示:添加节点时,可以在 KNIME 界面上的"Node Repository"搜索框中,输入"节点名称前几位字母"字样的关键字,即可在下方的节点树形图中发现该节点,使用鼠标左键拖拽或者鼠标双击的方式,将其添加到工作区。

2. "Column Expressions"节点的使用频次比较高,它可以一次性完成多列的生成和更新,而且支持较为复杂的逻辑运算;缺点是,该节点运算速度较慢,不适合复杂的算法以及多次迭代计算,需要十分注意。在计算开销比较大的情况下,比如在循环体的内部,可以采用"Java snippet"节点加以替代。

具体步骤:

步骤1:打开 KNIME,拖入"Excel Reader"节点,通过配置界面,将空气污染物传感器采样数据表格读入 KNIME(详细过程参见 3.1 KNIME 快速入门案例(1)统计数据分组)。

步骤2:在"Excel Reader"节点之后,链接"Extract Date&Time Fields Column"节点,设置需要从时间戳中获取的信息(注:可以获取的时间信息很多,具体参见后文节点 E003 的详细功能介绍)(图5-12)。

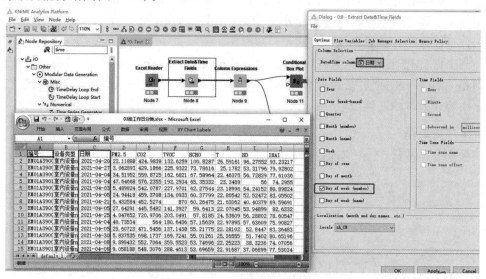

图5-12　数据分类统计(抽取时间戳星期信息)

步骤3:在"Extract Date&Time Fields Column"节点之后,链接"Column Expressions"节点,对星期信息进行算法处理,新增一列关于"工作日/非工作日"属性的列,为后续的数据分类信息统计做好基础准备。

小提示:其中使用了"Column Expressions"中的"between"函数,如果星期数值介于两者之间,即为工作日;否则,为非工作日。当然,"Column Expressions"节点中也支持通过复杂的逻辑表达式(if-else)来生成新列,或者更新原有列属性值,功能丰富。注意"Expression Editor"中的三个"+"号,通过双击里面的内容,可以辅助快速添加列名、变量名、函数名到逻辑表达式当中,减少人工输入错误(图5-13)。

步骤4:已经获取了关于日期类型的属性值(工作日/非工作日),就可以针对不同的日期类型,分别对空气污染物数据进行统计指标计算,从而获取不同日期类型下的污染物分布规律。这里在"Column Expressions"节点之后,链接"Conditional Box Plot"节点,绘制不同日期类型下,空气污染物(pm2.5)浓度分布箱型图。通过对比,可以发现工作日的空气颗粒物浓度要整体小于非工作日,这是由于工作日办公场地开启了空气净化设备引起的(图5-14)。

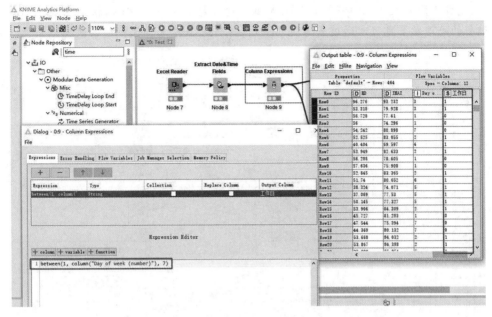

图 5-13　数据分类统计（建立日期类型判断的属性列）

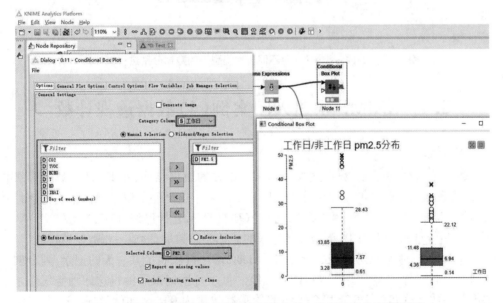

图 5-14　数据分类统计（使用图形可视化节点绘制浓度分布箱型图）

步骤 5：除了进行统计指标的数据图形化，同样可以针对不同的日期类型，使用
KNIME 节点对其他的统计指标进行分类计算、汇总。在"Column Expressions"节点之后，
再链接一个"GroupBy"节点，以日期类型（工作日/非工作日）分组，来聚合 pm2.5 的数
据，聚合方法选择平均值，可以得到工作日/非工作日情况下，pm2.5 的平均值统计结果
（图 5-15）。

小提示：这里反映了 KNIME 的一个灵活多变的特点，中间处理结果可以通过不同的

分支,完成不同的处理,有临时的需求,都可以通过增加分支的方式,快速实现;另外,中间过程的处理结果都可以通过表格观察得到,特别适合尝试迭代类型的数据分析处理需求。

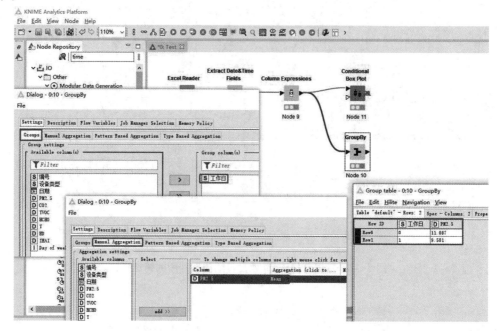

图 5-15　数据分类统计(对不同日期类型下的数据分别进行统计)

5.4　KNIME 快速入门案例(4)数据透视计数

需求背景:

在数据分析处理领域,数据透视表是十分重要的数据结构,在 Excel 中属于高级技巧,可以将数据当中蕴含的规律十分清晰地呈现出来。这里还是以空气污染物传感器数据集为例,希望依据 pm2.5 的浓度值,对空气质量情况进行等级评定("优""良""中""差"),然后统计每一天当中,测得不同等级的传感器总数量,形成一张数据透视表。

具体来说,这张数据透视表的行方向是日期,每一行代表了某一天的记录;列方向含有四列,分别是"优""良""中""差"四个等级。每一行里记录了测得这四种空气质量情况的传感器数量总和(有可能某个等级的传感器数量为 0),这样就形成了一个二维表格,交叉点上是某日测得某等级的传感器数量之和,实现的是计数功能。

可见,数据透视表是一个"二维"表格,行列各自拥有属性值,在交叉点上分布了某种数据的统计指标(本例为计数,当然也可以是最大值、最小值、平均值等统计指标),反映了某种参数的统计指标的分布,对于揭示数据中蕴含的规律有着非常重要的作用和意义。

概略思路:

原始数据表格里保存了多个日期,多个传感器的 pm2.5 浓度测试数据。为了将浓度值转换为空气质量等级评定结果,可以使用 KNIME 中的"Rule Engine"节点来完成,它允许使用者对数据结果进行"标签"化,将数据通过若干逻辑表达式分为几段,分别赋予不同的标签结果(注:当然,这样的功能不止"Rule Engine"节点能够完成,还有功能更强的节点,后面有案例涉及,将继续介绍)。

在得到空气质量等级评定结果("优""良""中""差")属性列之后,对时间信息也加以处理,生成日期字符串(注:对于数据透视不是必需的,只是为了做图需要)。

完成上面两步处理之后,我们就可以对上述两个属性(空气质量评定结果、日期)对传感器的数量进行数据透视。具体来说就是以"日期"作为行索引,以"空气质量评定结果"作为列名,对传感器的数量进行计数的聚合操作,即可获得某天得到某个空气质量评定结果的传感器数量总和透视表。

工作流概览:

数据透视计数(工作流连接概览)如图 5-16 所示。

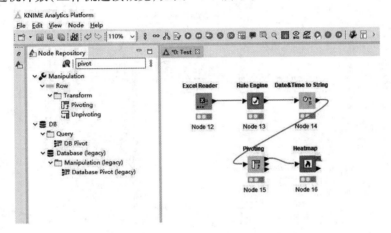

图 5-16　数据透视计数(工作流连接概览)

主要节点:

E001(Excel Reader),R002(Rule Engine),D001(Date&Time to String),P001(Pivoting),H001(Heatmap)

注:

1."Rule Engine"节点用来生成 pm2.5 浓度的等级判定结果("优""良""中""差"),是一种用来打"标签"的节点,这样的标签设定需求,在数据处理过程中,十分常见,需要熟练掌握。

2.数据透视表的详细定义:

数据透视表(Pivot Table)是一种交互式的表,可以进行某些计算,如求和与计数等。所进行的计算与数据和数据透视表中的排列有关。

之所以称为数据透视表,是因为可以动态地改变它们的版面布置,以便按照不同方式分析数据,也可以重新安排行号、列标和页字段。每一次改变版面布置时,数据透视表会立即按照新的布置重新计算数据。另外,如果原始数据发生更改,则可以更新数据透视表。

数据透视表的概念和内涵非常重要,本质上是"二维"数据,与我们数据框中的"一维"线性数据之间,经常需要进行相互转换,"升维"或者"降维",非常灵活,需要在理解概念的基础上,在实际需求解决过程中灵活掌握,恰当应用,可以达到事半功倍的效果。

具体步骤:

步骤1:打开 KNIME,拖入"Excel Reader"节点,通过配置界面,将空气污染物传感器采样数据表格读入 KNIME(详细过程参见3.1 KNIME 快速入门案例(1)统计数据分组)。

步骤2:在"Excel Reader"节点之后,链接"Rule Engine"节点,通过多行逻辑判断语句,为 pm2.5 测试值,设置"优""良""中""差"等级所对应的 pm2.5 浓度范围区间(图5-17)。

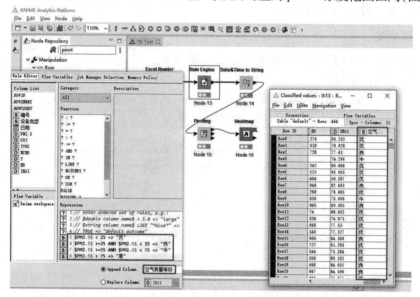

图5-17　数据透视计数(使用多行逻辑完成空气质量评级)

小提示:这里要十分注意 Rule Engine 中的多行逻辑表达式的写法,非常有借鉴意义。
$PM2.5$ < 25 => "优"

(注:xxx 中的 xxx 为列名,可以通过双击左侧的"Column List"框中的列名进行添加,比直接书写效率高,还避免了出错,是交互式书写逻辑表达式的方法;另外,在逻辑表达式之后,使用"=>"来进行标签的赋予,前后最好加上空格(逻辑符号前后也需要添加,否则可能导致失效),当逻辑表达式比较复杂的情况下,最好为表达式分段添加适当的括号,养成良好书写习惯。)

$PM2.5$ >=25 AND $PM2.5$ < 35 => "良"

(注:其中的"AND"为"与"操作,还有"OR"(或),"NOT"(非)等逻辑操作符号,可以有效拓展逻辑表达式。并且这样的逻辑表达式保存在工作流节点当中,可以为其他人阅读带来方便,实现经验的固化和传承,达到多人协作的目的。)

$PM2.5$ >=35 AND $PM2.5$ < 75 => "中"

$PM2.5$ > 75 => "差"

(注:在这里,这一句的作用等同于 TRUE => "差",也就是给定默认值为"差",效果

是一样的。)

步骤 3:再链接一个"Date&Time to String"节点,对表格中的日期数据格式化(图5-18)。

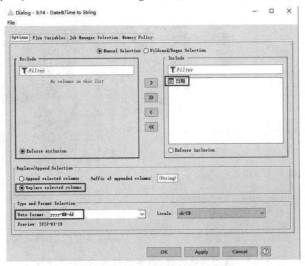

图 5-18　数据透视计数(将日期格式数据转化为字符串)

注:这样可以避免日期格式不统一所带来的计数错误问题,也是为了做 HeatMap 需要。

步骤 4:链接入"Pivoting"节点,以"日期"作为行索引,以"空气质量评定结果"作为列名,对传感器的数量进行计数的聚合操作,就获得了某天得到某个空气质量评定结果的传感器数量总和透视表(图5-19)。

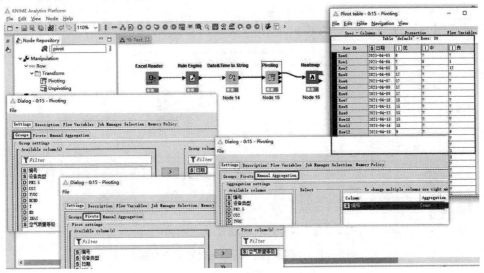

图 5-19　数据透视计数(生成计数聚合数据透视表)

步骤 5:最后链接一个"Heatmap"节点,对数据透视表中的结果进行图形可视化,凸显数据当中呈现的规律(图5-20)。

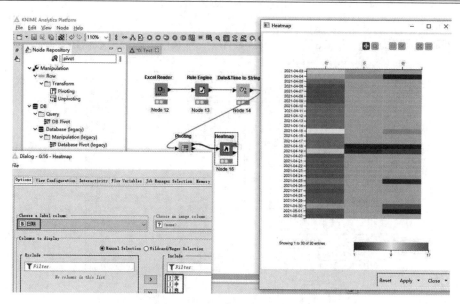

图 5-20　数据透视计数（数据透视表的图形可视化）

5.5　KNIME 快速入门案例（5）多列品名汇总

需求背景：

对于多列分布的客户订单进行合并，形成购买记录（图 5-21）。

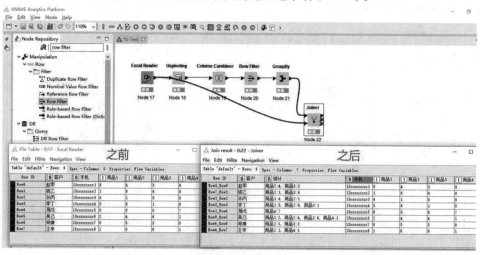

图 5-21　多列品名汇总（数据处理需求介绍）

概略思路：

为了能够合并数据结果，首先想到"Column Combiner"节点是必不可少的，它可以链接多列文本，并设置分隔符样式，等等。其次，在合并之前，由于原始表格是数据透视表样式，需要使用"Unpivoting"逆透视节点，对数据进行降维重构，转变为一维线性结构数据。通过观察,原始表格中存在零购买量的商品,对于这类记录应该加以剔除,这需要借助"Row Filter"节点。最后,可以通过"Joiner"节点,将原始表格与汇总数据表进行合并。

工作流概览:

多列品名汇总(工作流连接概览)如图 5-22 所示。

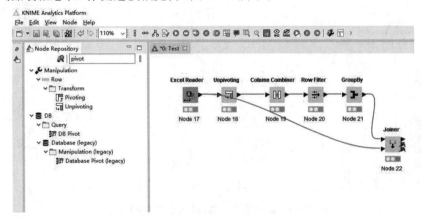

图 5-22 多列品名汇总(工作流连接概览)

主要节点:

E001(Excel Reader),U001(Unpivoting),C003(Column Combiner),R003(Row Filter),G001(GroupBy),J001(Joiner)

注:

1. "Unpivoting"节点是 P001:"Pivoting"节点的逆操作,将二维表格转变为一维线性数据格式。

2. "Joiner"节点的作用是合并带有公共字段的两个表格,在数据处理过程中经常会用到。通过不同的设置,得到两个表格数据记录的交集、并集、差集等。

具体步骤:

步骤 1:打开 KNIME,拖入"Excel Reader"节点,通过配置界面,将多列品名汇总数据表格读入 KNIME(详细过程参见 3.1 KNIME 快速入门案例(1)统计数据分组)。

步骤 2:在"Excel Reader"节点之后,链接"Unpivoting"节点,将原始数据透视表格进行逆透视,降维成一维线性数据,便于之后的处理。在该节点中,可以设置参与逆透视的列(上方列选择框);也可以设置最终带到结果表格中的列(下方列选择框,不参与逆透视)。具体设置如图 5-23 所示。

步骤 3:在完成逆透视操作,成功将数据表进行降维之后,再链接"Column Combiner"节点,进行列间文本的连接,形成新列,其中记录的是将被汇总的文本信息(图 5-24)。

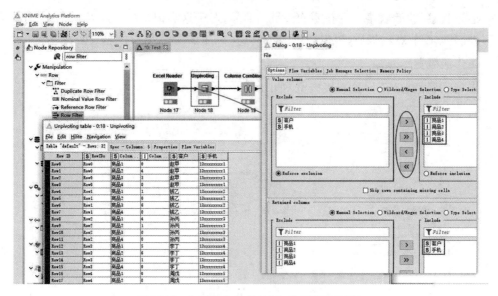

图 5-23　多列品名汇总（进行逆透视的设置）

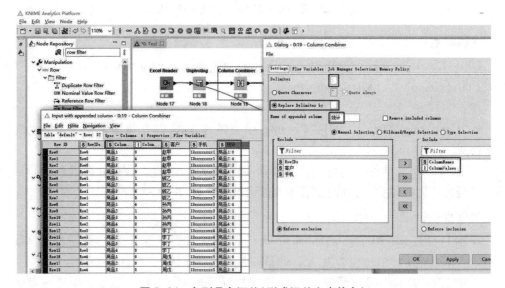

图 5-24　多列品名汇总（形成汇总文本信息）

步骤 4：再链接一个"Row Filter"节点，依据"ColumnValues"列中的值进行筛选，删除那些零购买量的商品记录（图 5-25）。

步骤 5：再链接一个"GroupBy"节点，依据客户对购买商品的文本内容信息加以拼合（图 5-26）。

图 5-25　多列品名汇总(通过行筛选删除零购买记录)

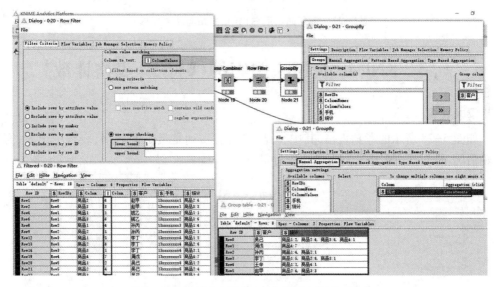

图 5-26　多列品名汇总(对数据进行筛选分组)

步骤 6:拖入一个"Joiner"节点,将上面处理好的表格连接到其左侧上端输入端口,将原始表格连接到其左侧下端输入端口,通过设置取"交集"(注:根据需求不同,可能会取并集、差集等)的方式,将两表链接起来。最后形成如本例"需求背景"中介绍的"之后"的表格样式(图 5-27)。

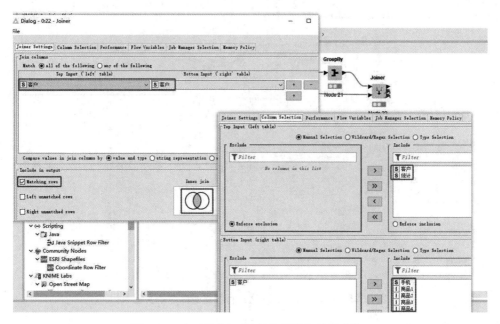

图 5-27　多列品名汇总(链接原始与结果表格)

5.6　KNIME 快速入门案例(6)统计表格计数

需求背景:

如图 5-28 所示的考勤表格,其中行是日期信息,列是员工的名字,表格中记录的是考勤情况,针对这个表格有如下两个统计需求。

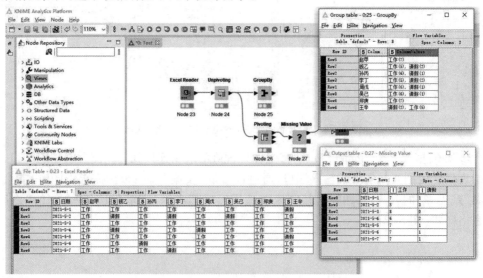

图 5-28　统计表格计数(统计需求介绍)

（1）统计每一名员工在表格记录的时间段，工作了多少天，请假了多少天。

（2）统计每一天，工作的员工人数，请假的员工人数。

概略思路：

原表格为数据透视表，为了进一步处理，需要首先对其进行降维处理（使用"Unpivoting"节点）。针对需求一，可以依据员工姓名分组，聚合的方法是唯一值串接并计数。对于需求二，结果要求也是数据透视表，行的维度上是"日期"，列的维度上是"考勤类型"，聚合的类型可以选择对"人员"计数。

工作流概览：

统计表格计数（工作流连接概览）如图 5-29 所示。

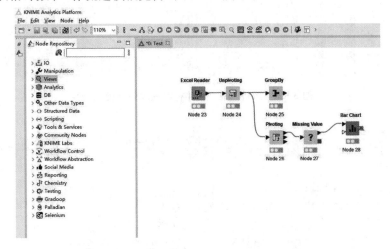

图 5-29　统计表格计数（工作流连接概览）

主要节点：

E001（Excel Reader），U001（Unpivoting），G001（GroupBy），P001（Pivoting），B001（Bar Chart），M001（Missing Value）

注："Missing Value"节点经常会被使用，因为原始表格内大量存在缺失值的情况，填充方法也多种多样，有效加以使用，可以实现很复杂的功能，比如"线性插值"等。

具体步骤：

步骤 1：打开 KNIME，拖入"Excel Reader"节点，通过配置界面，将考勤记录表格读入 KNIME（详细过程参见 3.1 KNIME 快速入门案例（1）统计数据分组）。

步骤 2：在"Excel Reader"节点之后，链接"Unpivoting"节点，将原始数据透视表格进行逆透视，降维成一维线性数据，便于之后的处理。在该节点中，可以设置参与逆透视的列（上方列选择框）；也可以设置最终带到结果表格中的列（下方列选择框，不参与逆透视）。具体设置如图 5-30 所示。

步骤 3：链接"GroupBy"节点，以员工姓名进行分组，聚合的方式选择"Unique concatenate with count"，即可满足需求一，得到每名员工的工作和请假日期统计计数结果（图 5-31）。

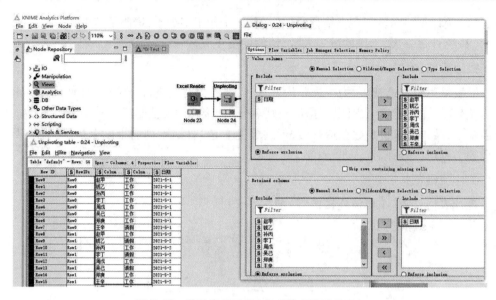

图 5-30　统计表格计数（将考勤表降维处理）

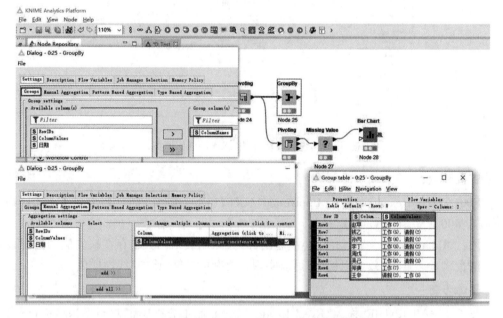

图 5-31　统计表格计数（统计员工工作请假日数）

步骤 4：对降维之后的表格，再次进行透视操作，在"Unpivoting"节点之后，链接一个"Pivoting"节点，通过图 5-32 所示的设置，可以大体得到需求二的表格样式。

步骤 5：继续链接"Missing Value"节点和"Bar Chart"节点，进行进一步的处理，填充缺失值以及图形可视化（图 5-33）。

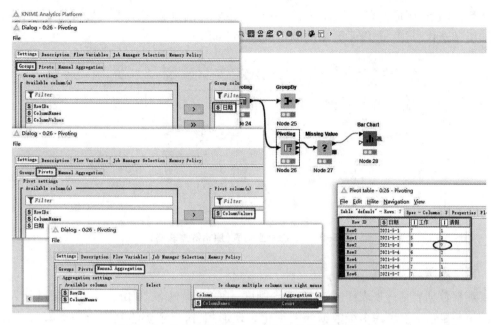

图 5-32　统计表格计数(改变为其他维度的透视表)

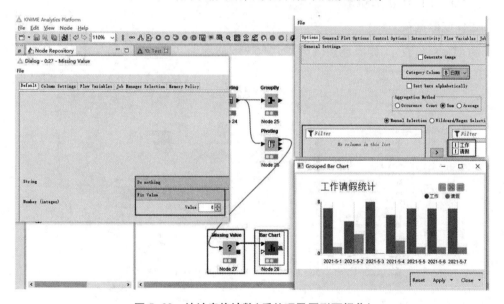

图 5-33　统计表格计数(后处理及图形可视化)

5.7　KNIME 快速入门案例(7)动态交互图表

需求背景:

对于图 5-34 的原始数据表格,使用 KNIME 中的原生图形可视化节点对其进行图形可视化,从而凸显数据当中存在的规律。图形不力求精美,设置也尽可能简单,重点在于快速生成图形，图形要有一定的交互式功能。主要目的是为了工程人员自己观察数据，快速尝试迭代，与汇报、演示需求的侧重点有所不同。

销售人员	一月份	二月份	三月份	四月份	五月份	六月份
赵甲	71	41	22	51	28	68
钱乙	49	70	78	39	83	82
孙丙	32	108	60	98	101	108
李丁	89	65	25	104	82	62
周戊	117	42	93	82	59	99
吴己	116	118	44	58	89	103
郑庚	116	106	88	109	37	27
王辛	119	46	42	71	98	58

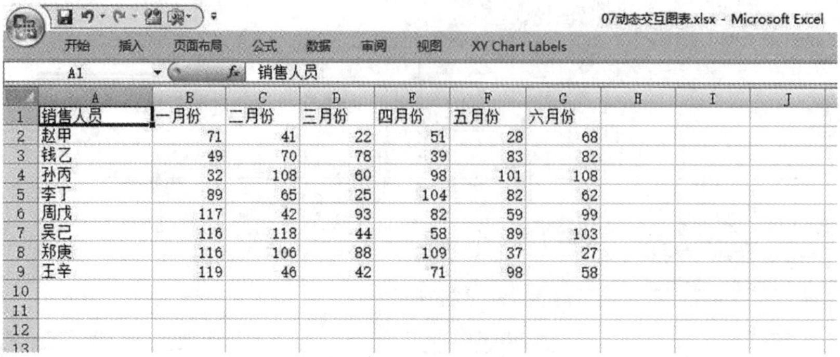

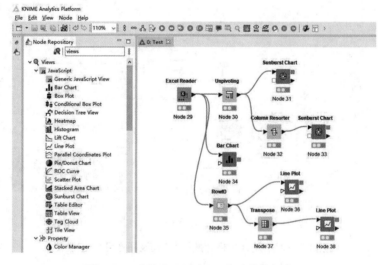

图 5-34　动态交互图表（原始数据表格）

概略思路：

观察数据表是透视表样式，含有两个维度：销售人员姓名、月份。数据记录是某人某月的销售量情况。考虑多维数据的图形化表现形式，这里主要绘制图形的类型有：旭日图、分组柱状图、分组折线图。

工作流概览：

动态交互图表（工作流连接概览）如图 5-35 所示。

图 5-35　动态交互图表（工作流连接概览）

主要节点：

E001（Excel Reader），U001（Unpivoting），S001（Sunburst Chart），C004（Column Resorter），B001（Bar Chart），R004（RowID），L001（Line Plot），T001（Transpose）

注：

1. 在 KNIME 中，“蓝色”节点一般代表图形可视化节点，通过它们可以做出大部分常规数据图形。

2. KNIME 支持在任何中间处理节点上临时加入图形可视化节点,对中间数据处理结果进行观察,这是由 KNIME 的工作流模式特点决定的,也是非常重要的,它赋予了数据任务的灵活性,适合尝试迭代。

具体步骤:

步骤 1:打开 KNIME,拖入"Excel Reader"节点,通过配置界面,将空气污染物传感器采样数据表格读入 KNIME(详细过程参见 3.1 KNIME 快速入门案例(1)统计数据分组)。

步骤 2:在"Excel Reader"节点之后,链接"Unpivoting"节点,将原始数据透视表格进行逆透视,降维成一维线性数据,便于之后的处理(图 5-36)。

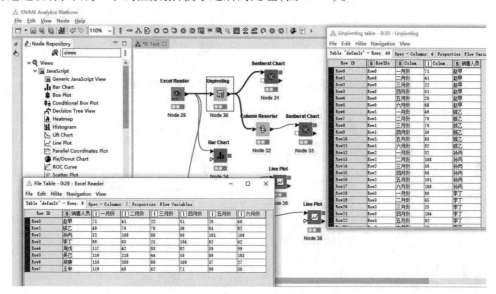

图 5-36　动态交互图表(逆透视后得到的数据)

步骤 3:再链接"Sunburst Chart"节点,绘制旭日图(注:图形为交互式图形,鼠标移动上去会出现参数悬浮框),如图 5-37 所示。旭日图的层级关系与输入数据表的列顺序有关,如果想调整层级关系,可以在"Sunburst Chart"节点之前,插入"Column Resorter"节点,来调整列顺序。

步骤 4:用类似的方式,绘制条形图和折线图。其中,为了改变分组类别(以人员分组还是以月份分组),有时候需要对原始表格中的数据加以处理,比如加入"RowID"节点来生成行索引,通过"Transpose"节点来互换行列,因为"LinePlot"节点在绘制折线的时候,默认以列名作为分类依据(图 5-38)。

小提示:如果想让某一列属性值成为表格列名,可以先通过"RowID"节点将其转换成行索引;再通过"Transpose"节点,将行索引转为列名,这是一个很常用的技巧。

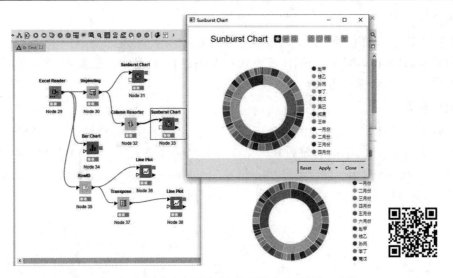

图 5-37　动态交互图表(不同层级表示下的旭日图)

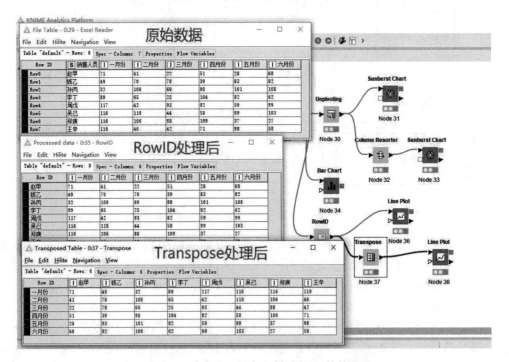

图 5-38　动态交互图表(对数据处理的效果)

步骤 5:通过在图形节点上点击右键,选择"Interactive View",可以打开图形观察界面。其中绘制的条形图和折线图是交互式图形,可以在鼠标移动到"条形/折线图元"上的时候观察到悬浮框,内含类别、数值等相关信息。在图形界面的右上角,可以动态调整哪些数据参与图形绘制,或者为图形添加标题信息(图 5-39 和图 5-40)。

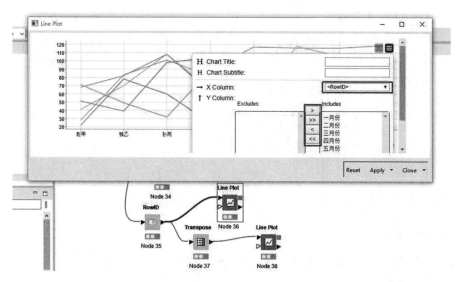

图 5-39　动态交互图表(条形图、折线图交互式设置)

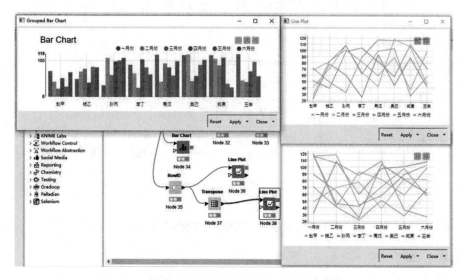

图 5-40　动态交互图表(条形图、折线图等其他图形)

5.8　KNIME 快速入门案例(8) 文字信息提取

需求背景:

汇总如图 5-41 所示的出差花费信息,均由文字描述构成。

概略思路:

需要使用 KNIME 中的字符串处理功能,将文字描述的花费信息加以提取。对提取出来的信息进行分类汇总,得到每天的花费合计数据。

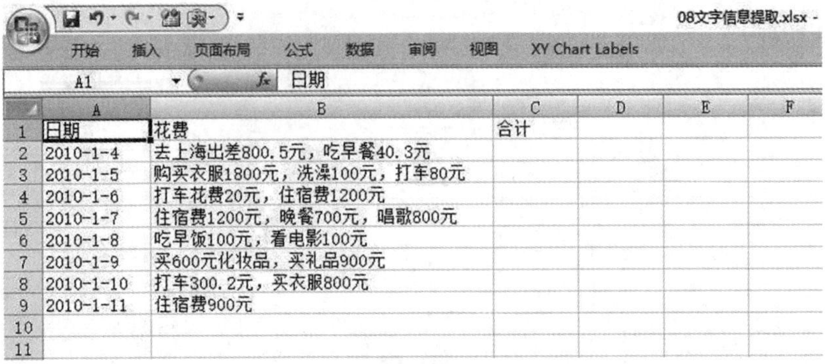

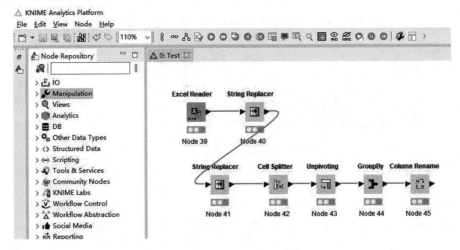

图 5-41　文字信息提取(原始数据表格)

工作流概览:

文字信息提取(工作流连接概览)如图 5-42 所示。

图 5-42　文字信息提取(工作流连接概览)

主要节点:

E001(Excel Reader),S002(String Replacer),C005(Cell Splitter),U001(Unpivoting),
G001(GroupBy),C006(Column Rename)

具体步骤:

步骤1:打开 KNIME,拖入"Excel Reader"节点,通过配置界面,将出差花费数据表格读入 KNIME(详细过程参见 3.1 KNIME 快速入门案例(1)统计数据分组)。

步骤2:在"Excel Reader"节点之后,链接"String Replacer"节点,通过设置正则表达式替换,将花费的文字描述中与金额无关的部分,全都替换为空,从而得到那些金额的相关信息(图 5-43)。

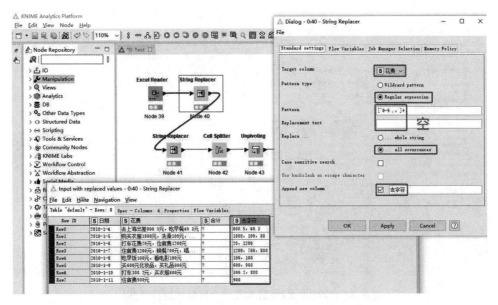

图 5-43　文字信息提取（将非金额信息替换为空）

步骤 3：对获取的金额信息，再次通过"String Replacer"节点的处理，将其中的中英文逗号统一，便于进一步进行拆分处理；接着，链接一个"Cell Splitter"节点，将文本信息分割成多份（图 5-44）。

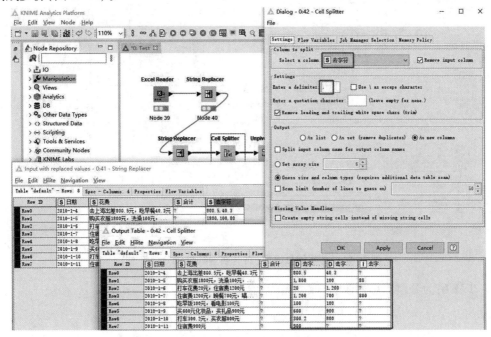

图 5-44　文字信息提取（对数量不等的金额文本分列）

步骤 4：再链接"Unpivoting"节点，将获取的金额展成一列，带上日期和花费，便于后面分组统计（图 5-45）。

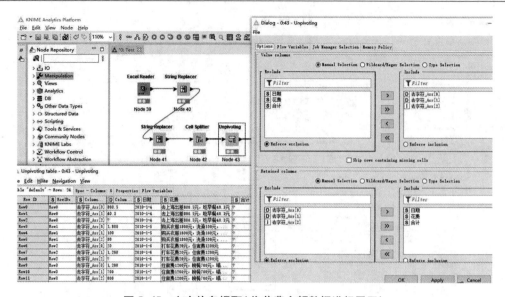

图 5-45　文字信息提取(将花费金额数据进行展开)

　　步骤5:使用"GroupBy"节点,与前面展开的表格对接,依据日期分组,对花费金额进行"求和"聚合,就可以得到每日的花费金额汇总数据(图 5-46)。

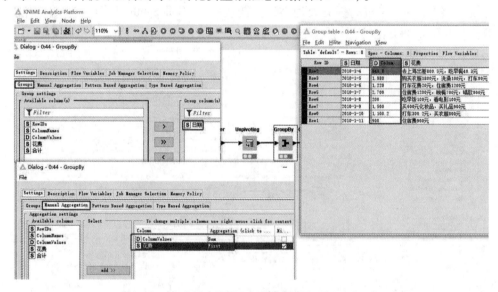

图 5-46　文字信息提取(将花费金额数据分组汇总)

　　步骤6:为分组汇总列改名,改列名为"合计"(图 5-47)。

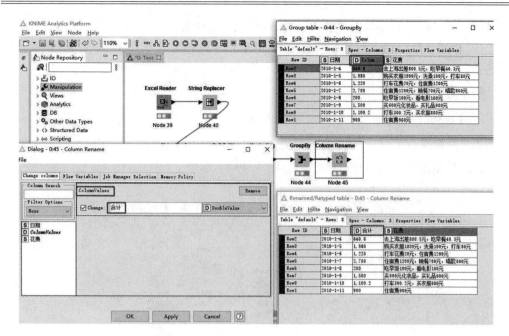

图 5-47　文字信息提取(为分组汇总列改名)

5.9　KNIME 快速入门案例(9)成绩分组排名

需求背景:

如图 5-48 所示的成绩表,有年级、班级、姓名、性别、成绩的数据记录。完成如下多种排序需求:

	A	B	C	D	E
1	姓名	年级	班级	成绩	性别
2	赵甲	1	1	91	男
3	钱乙	1	1	87	女
4	孙丙	1	1	87	男
5	李丁	1	1	84	男
6	周戊	1	2	80	女
7	吴己	1	2	69	女
8	郑庚	1	2	75	男
9	王辛	1	3	74	男
10	冯壬	1	3	75	男
11	陈癸	1	3	75	女
12	楚子	2	1	83	男
13	魏丑	2	1	74	女
14	蒋寅	2	1	64	女
15	沈卯	2	1	76	男
16	韩辰	2	2	76	男
17	杨巳	2	2	78	男
18	朱午	2	2	79	女
19	秦未	2	2	65	男
20	尤申	2	3	71	男
21	许酉	2	3	80	女
22	何戌	2	3	90	女
23	吕亥	2	3	77	男
24					

图 5-48　成绩分组排名(原始数据表格)

（1）按年级分组，年级内成绩大排行，按成绩降序排名。

（2）一年一班是"尖子班"不参与排名，其余按年级和班级分组，班级内部按成绩降序排名。

概略思路：

使用 KNIME 的数据排名"Rank"节点来完成。

工作流概览：

成绩分组排名（工作流连接概览）如图 5-49 所示。

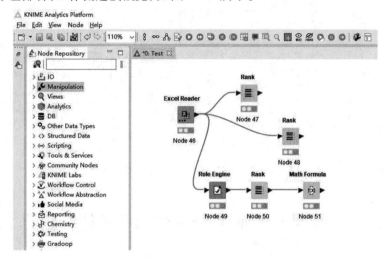

图 5-49　成绩分组排名（工作流连接概览）

主要节点：

E001（Excel Reader），R002（Rule Engine），R005（Rank），M002（Math Formula）

注：

1. 数据分析处理过程中涉及大量生成序号需求，都可以使用"Rank"节点来完成，功能很多，可以自行尝试改变设置，体会对排序结果产生的影响，加深理解。

2. "Math Formula"节点用于数值型多列之间的数学运算或逻辑运算。本例只是简单用到了相乘，读者可以自行在函数列表里摸索一下大量函数的用法，必将对数据处理工作大有裨益；当鼠标点击某个函数的时候，右侧"描述"框中都会出现说明文字，介绍该函数的输入参数设置，输出的结果，并且一般会给出多个简单的例子供使用者参考，这些文字说明或者例子都是十分经典的，不容错过。

具体步骤：

步骤 1：打开 KNIME，拖入"Excel Reader"节点，通过配置界面，将学生成绩数据表格读入 KNIME（详细过程参见 3.1 KNIME 快速入门案例（1）统计数据分组 ）。

步骤 2：在"Excel Reader"节点之后，链接"Rank"节点，设置分组排名的属性为"年级"，在组内，按照"成绩"降序排名，以完成需求一。关于节点的设置和产生的排名结果，如图 5-50 所示。排名的模型有三种，根据对并列排名的不同处理，有细微的差异，可以通过改变设置,自行体会。另外,在"其他选项"里有一个"保持原有行顺序"的设置十分有用,它可以在不影响最终排名计算结果的情况下,维持现有的表格记录顺序与原表格保持一致,这样不至于发生混淆,也可能会方便进一步处理;当然,如果我们希望能做成绩大排行,也可以不用保持原有行顺序,这都是根据需要可以自行干预和调整的。

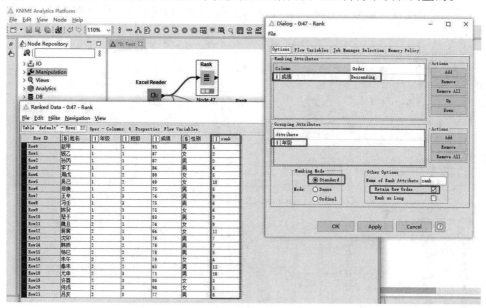

图 5-50 成绩分组排名(排名节点设置及效果)

步骤 3:在"Excel Reader"节点之后,再链接一个"Rank"节点,这一次添加一个分组依据为"班级",观察多重分组排名结果与上面表格结果的异同(图 5-51)。

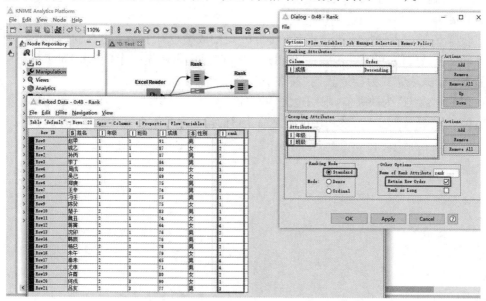

图 5-51 成绩分组排名(多重分组成绩排名效果)

步骤4：在"Excel Reader"节点之后，链接"Rule Engine"节点，将一年一班学生与其他班的学生区别起来，他们成绩较高，属于尖子班，将不参加最后的排名。在"Rule Engine"的表达式框中，通过写下判断逻辑，新建一个标签列（列名为"参与"）。如果不是一年一班的成绩记录，新生成标签列的数值为"1"；否则，也可以设置为"0"，这里没有设置（图5-52）。

（注：由于没有指定默认值，一年一班的成绩记录的新标签列中的结果将为"缺失值"。）

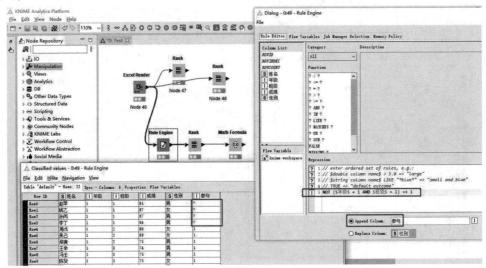

图5-52　成绩分组排名（通过逻辑判断区分尖子班成绩）

步骤5：在"Rule Engine"节点后面，链接"Rank"节点，新建一个排名列，方法与步骤3类似，只不过第一分组属性改为"参与"，第二分组属性为"年级"，仍以成绩的降序进行年级大排名。

步骤6：通过步骤5，不参与排名的一年一班的成绩也有了一个排名的序号值。为了将其转变为缺失值，可以在步骤5的"Rank"节点后面，再链接一个"Math Formula"节点，设置数学公式表达式为"参与"与"排名"的乘积，这样：

（1）当"参与"为缺失值，乘积也为"缺失值"。

（2）当"参与"为"1"，乘积保证了之前获得的排名序号不会发生变化（图5-53）。

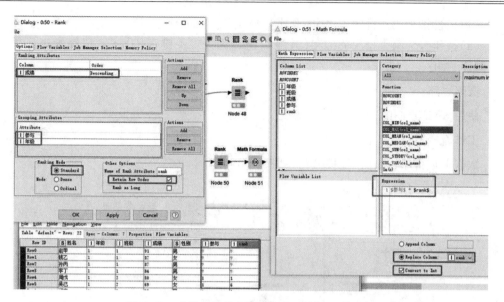

图 5-53 成绩分组排名(将无效排名变为缺失值)

5.10 KNIME 快速入门案例(10)数据多重排序

需求背景:

如图 5-54 所示的成绩表,有年级、班级、姓名、性别、成绩的数据记录。完成多重排序需求。

姓名	年级	班级	成绩	性别
赵甲	1	1	91	男
钱乙	1	1	87	女
孙丙	1	1	87	男
李丁	1	1	84	男
周戊	1	2	80	女
吴己	1	2	69	女
郑庚	1	2	75	男
王辛	1	3	74	男
冯壬	1	3	75	男
陈癸	1	3	75	女
楚子	2	1	83	男
魏丑	2	1	74	女
蒋寅	2	1	64	女
沈卯	2	1	76	男
韩辰	2	2	76	男
杨巳	2	2	78	男
朱午	2	2	79	女
秦未	2	2	65	男
尤申	2	3	71	男
许酉	2	3	80	女
何戌	2	3	90	女
吕亥	2	3	77	男

图 5-54 数据多重排序(原始数据表格)

（1）按性别为第一排序关键字（升序），成绩为第二关键字（降序）排序。

（2）按年级为第一排序关键字（升序），班级为第二关键字（升序），成绩为第三关键字（降序）排序。

概略思路：

使用 KNIME 中的"Sorter"节点实现。

工作流概览：

数据多重排序（工作流连接概览）如图 5-55 所示。

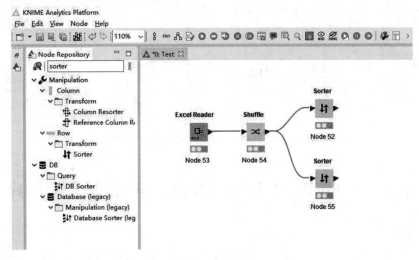

图 5-55　数据多重排序（工作流连接概览）

主要节点：

E001（Excel Reader），S003（Shuffle），S004（Sorter）

具体步骤：

步骤 1：打开 KNIME，拖入"Excel Reader"节点，通过配置界面，将学生成绩数据表格读入 KNIME（详细过程参见 3.1 KNIME 快速入门案例（1）统计数据分组）。

步骤 2：在"Excel Reader"节点之后，链接"Shuffle"节点，对数据记录进行"洗牌"，重新打乱顺序，用以检验排序效果。

步骤 3：再链接一个"Sorter"节点，按照需求 1 的多重排序要求进行相应的设置，并观察排序结果（图 5-56）。

步骤 4：再在"Shuffle"节点之后链接一个"Sorter"节点，按照需求 2 的多重排序要求进行相应的设置，并观察排序结果（图 5-57）。

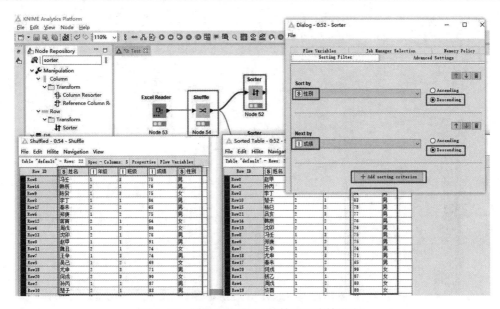

图 5-56 数据多重排序（按性别和成绩排序）

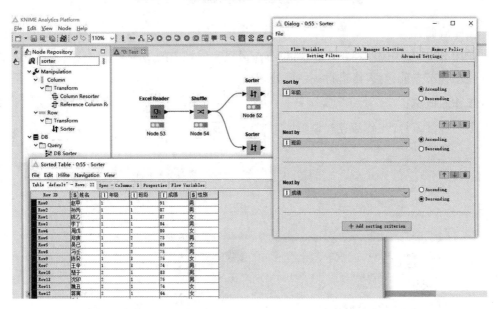

图 5-57 数据多重排序（按年级、班级和成绩排序）

5.11 KNIME 快速入门案例（11）多列连续编号

需求背景：

如图 5-58 所示，将原始连续编号表格转化成多列排列形式，其中有行优先 / 列优先两种排列方式。

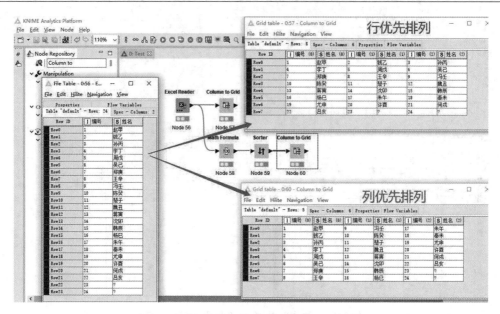

图 5-58　多列连续编号(多列编号处理方式)

概略思路:

使用 KNIME 中的"Column to Grid"节点可以完成相应的功能,但是有些特殊情况,需要在使用该节点前,对表格进行一些预处理。

工作流概览:

多列连续编号(工作流连接概览)如图 5-59 所示。

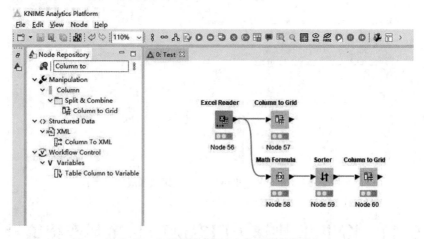

图 5-59　多列连续编号(工作流连接概览)

主要节点:

E001(Excel Reader),C007(Column to Grid),M002(Math Formula),S004(Sorter)

注:

通过"Column to Grid"节点,可以将一列或者多列数据转变为表格排列数据,往往产生一些妙用。

具体步骤:

步骤 1:打开 KNIME,拖入"Excel Reader"节点,通过配置界面,将姓名列表数据表格读入 KNIME(详细过程参见 3.1 KNIME 快速入门案例(1)统计数据分组)。

步骤 2:在"Excel Reader"节点之后,链接"Column to Grid"节点"Grid Column Count"的值为 3,意味着所有被选中的列取每 3 行转变为新表格的列,从而得到新的表格,对连续编号进行了多列重新排布(图 5-60)。

(注:这是行优先排列的方式,可以发现第二条记录位于第一条记录的右侧,按行的顺序,一行一行将所有记录铺满表格。)

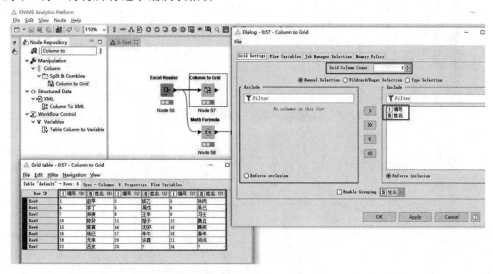

图 5-60　多列连续编号(连续编号的多列排布)

步骤 3:现在要将所有记录以列优先的方式来填满整个表格,也就是第二条记录位于第一条记录的下方,按列的顺序,一列一列将所有记录铺满表格。为了完成这样的目的,还是重复使用"Column to Grid"节点的功能,这就必然要引入一个辅助列,其中编号的行优先顺序即为原有编号的列优先顺序(图 5-61)。

(注:通过观察,所求表格的行优先编号顺序为 1,9,17,2,10,18…,这些编号减 1 对 8 求余的结果是递增的,为 0,0,0,1,1,1…)

因此,在"Excel Reader"节点后面链接一个"Math Formula"节点,将余数计算出来,为排序做准备。

步骤 4:在"Math Formula"节点之后,链接一个"Sorter"节点,对余数进行升序排序,这样原始的序号顺序就会发生变化,再将它们按行优先顺序排序,就可以实现列优先排序一样的效果(图 5-62)。

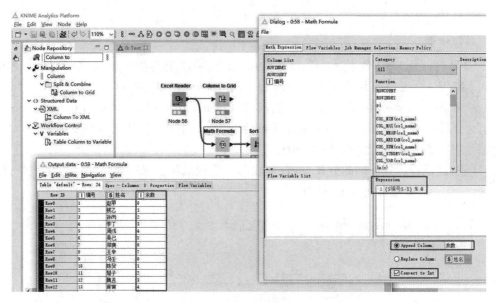

图 5-61　多列连续编号(计算余数辅助列数值)

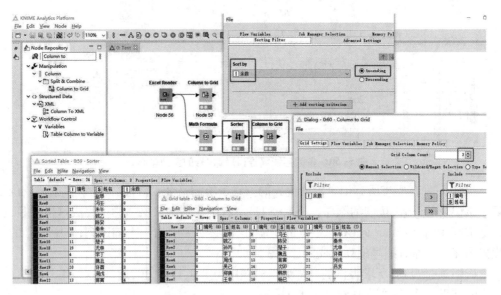

图 5-62　多列连续编号(排序后再生成行优先表格)

5.12　KNIME 快速入门案例(12)同比环比计算

需求背景：

如图 5-63 所示的销售数据表格，记录了两年不同月份的销售额数据，希望进行同比环比计算，观察变化趋势。

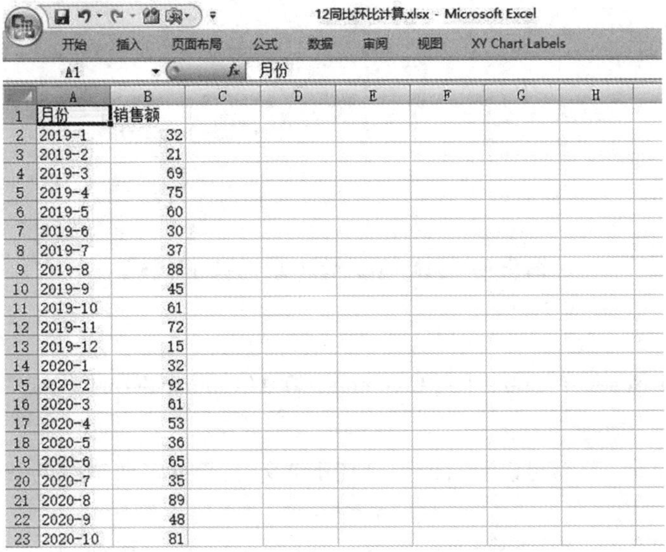

	A	B
1	月份	销售额
2	2019-1	32
3	2019-2	21
4	2019-3	69
5	2019-4	75
6	2019-5	60
7	2019-6	30
8	2019-7	37
9	2019-8	88
10	2019-9	45
11	2019-10	61
12	2019-11	72
13	2019-12	15
14	2020-1	32
15	2020-2	92
16	2020-3	61
17	2020-4	53
18	2020-5	36
19	2020-6	65
20	2020-7	35
21	2020-8	89
22	2020-9	48
23	2020-10	81

图 5-63　同比环比计算(销售数据表格)

概略思路：

使用 KNIME 中的“Lag Column”节点，使数据产生多列错行效果，然后对不同列的数据加以运算，即可以得到不同月份间销售额的变化趋势对比数据。

同比是以上年同期为基期相比较，即本期某一时间段与上年某一时间段相比，可以理解为今年第 n 月与去年第 n 月的比较。如 2019 年 12 月份与 2018 年 12 月份相比较，2019 年上半年与 2018 年上半年相比较就是同比。同比增长率是指本期和上一年同期相比较的增长率，计算公式为同比增长率=(本期数-同期数)/同期数×100%。例如，某公司 2019 年上半年利润 3 000 万元，为本期数，同期数就是 2018 年上半年的利润 2 000 万元，同比增长率为(3 000-2 000)/ 2 000×100%= 50%，即某公司 2019 年上半年利润同比增长 50%。

环比是与上一个相邻统计周期相比较，表明统计指标逐期的发展变化，可以理解为第 n 月与第 $n-1$ 月的比较。如 2019 年 12 月份与 2019 年 11 月份相比较，2019 年 1 月份与 2018 年 12 月份相比较就是环比。环比增长率是指本期和上期相比较的增长率，计算公式为环比增长率=(本期数-上期数)/上期数×100%。例如，某公司 2019 年 6 月份营业额为 100 万元，为本期数，上期数就是 2019 年 5 月份营业额 80 万元，环比增长率为(100-80)/ 80×100%=25%，即某公司 2019 年 6 月份营业额环比增长 25%(图 5-64)。

工作流概览：

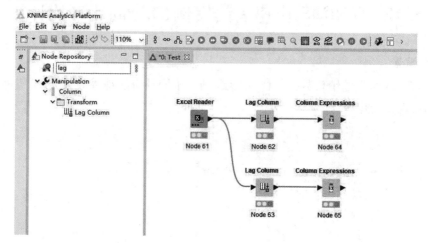

图 5-64　同比环比计算（工作流连接概览）

主要节点：

E001（Excel Reader），L002（Lag Column），C001（Column Expressions）

注：

1. "Lag Column"节点可以对行的记录在不同列上产生多列错行的效果，便于进行行间数据的运算。

2. 同比和环比的计算，在数据统计、财务分析方面经常要用到，对于周期性数据计算有参考意义。

具体步骤：

步骤 1：打开 KNIME，拖入"Excel Reader"节点，通过配置界面，将销售额数据表格读入 KNIME（详细过程参见 3.1 KNIME 快速入门案例（1）统计数据分组 ）。

步骤 2：在"Excel Reader"节点之后，链接两个"Lag Column"节点，对数据表格进行多列错行操作。上方第一个"Lag Column"节点是进行环比增长率计算，所以列数为 1，错行数也为 1（环比是与前一个月进行对比），同时注意在"Lag Column"节点的设置当中，选择"Skip initial incomplete rows"选项，剔除掉没有环比计算基础的行。同理，对于下方"Lag Column"节点，进行的是同比增长率计算，所以列数为 1，错行数应为 12（环比是跟上一年进行对比，错开 12 个月），同时注意剔除掉没有同比计算基础的行（图 5-65）。

步骤 3：分别在两个"Lag Column"节点之后，链接"Column Expression"节点，进行环比/同比增长率的计算，得出最后的结果（图 5-66）。其中"Column Expression"中的计算公式设置如下：

```
string(round((column("销售额(-1)")/column("销售额")-1)*100,1))+"%"
```

（1）column("xxx")可以取到某一列的值。

（2）（column("销售额(-1)")/column("销售额")-1）*100 得到了增长率的百分比数值。

（3）round（数值，精度），可以将计算出来的数值保留小数位数并圆整。

（4）string 转化为字符串，然后加上"%"符号。

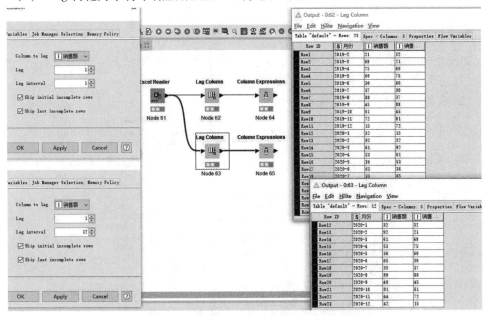

图 5-65　同比环比计算（形成数据列和参照列）

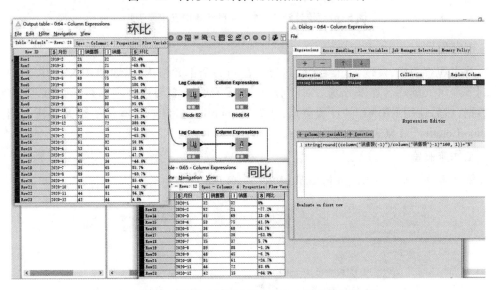

图 5-66　同比环比计算（得到环比和同比的增长率）

5.13　KNIME 快速入门案例(13)统计到会人数

需求背景:

如图 5-67 所示的人员到会情况记录表,需要做出如下统计:

(1)每天到会的人员数量情况。

(2)每名员工参会的次数统计。

	A	B	C	D	E
1	2019年例会人员统计				
2	日期	签到	人数		
3	2019/1/3	赵甲,孙丙,李丁,吴己,郑庚			
4	2019/1/14	赵甲,孙丙,李丁,吴己,郑庚			
5	2019/1/25	赵甲,钱乙,吴己,郑庚			
6	2019/2/5	赵甲,钱乙,李丁,周戊,吴己,郑庚			
7	2019/2/16	赵甲,钱乙,孙丙,吴己,郑庚			
8	2019/2/27	赵甲,钱乙,孙丙,李丁,周戊,吴己,郑庚			
9	2019/3/10	赵甲,钱乙,李丁,周戊,吴己			
10	2019/3/21	赵甲,周戊,吴己			
11	2019/4/1	赵甲,钱乙,吴己,郑庚			
12	2019/4/12	赵甲,李丁,周戊,吴己			
13	2019/4/23	赵甲,钱乙,孙丙,李丁			
14	2019/5/4	赵甲,钱乙,吴己,郑庚			
15	2019/5/15	赵甲,钱乙,孙丙,李丁,周戊,吴己,郑庚			
16					

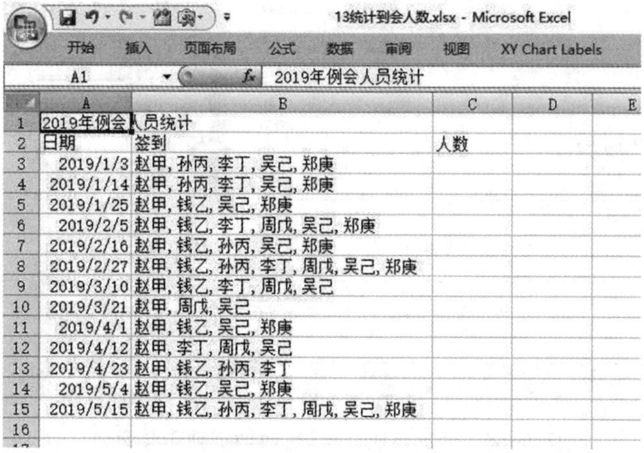

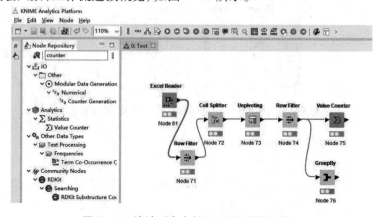

图 5-67　统计到会人数(人员参会情况记录表)

概略思路:

首先观察表格,发现人员参会信息集中在同一个单元格内,需要使用 KNIME 当中的分列节点对人员姓名加以分割。对于分割之后的数据,需要进行逆透视,转化成一维线性数据,然后使用 KNIME 的计数节点,比如“GroupBy”节点或者本例要给大家新介绍的“Value Counter”节点来完成统计任务。

工作流概览:

统计到会人数(工作流连接概览)如图 5-68 所示。

图 5-68　统计到会人数(工作流连接概览)

主要节点：

E001（Excel Reader），R003（Row Filter），C005（Cell Splitter），U001（Unpivoting），V001（Value Counter），G001（GroupBy）

具体步骤：

步骤 1：打开 KNIME，拖入"Excel Reader"节点，通过配置界面，将人员参会情况记录表格读入 KNIME（详细过程参见 3.1 KNIME 快速入门案例（1）统计数据分组 ）。

步骤 2：在"Excel Reader"节点之后，链接"Row Filter"，通过设置行号，筛选掉记录表格中不相关的信息（图 5-69）。

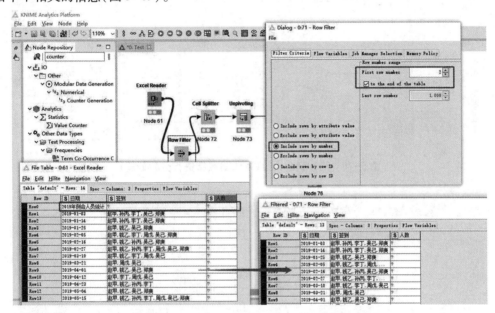

图 5-69　统计到会人数（通过行过滤筛选出有用信息）

步骤 3：链接"Cell Splitter"节点，对数据加以分列处理，得到参会人员的名字表格。

（1）打开"Cell Splitter"节点的配置界面。

（2）设置分隔符为"，"（逗号）。

（3）"Output"选"As new columns"，让分割的部分形成新列。

人员名字按逗号分隔后的表格如图 5-70 所示。

步骤 4：链接"Unpivoting"节点，对数据进行逆透视，转变为一维线性数据，得到含有人员姓名的列，便于后续统计分析。为了去除空人名，加入了"Row Filter"节点，对空值加以筛选（图 5-71）。

步骤 5：链接"GroupBy"节点，对数据进行分组统计。针对需求一，统计每天到会的人员数量，分组的依据设置为"日期"，聚合方法选择对人员姓名进行"Count"聚合，就可以满足需求（图 5-72）。

（注：因为"GroupBy"节点中允许添加若干聚合规则，在实例当中，聚合方法还添加了对"签到"信息的"First"聚合方法，记录第一次出现的签到信息作为结果表格的附属信

息。)

步骤6:在第二个"Row Filter"节点之后,链接"ValueCounter"节点,对人名进行统计,完成需求二,可以统计出人名出现的次数,也就是人员总参会次数的结果(图5-73)。

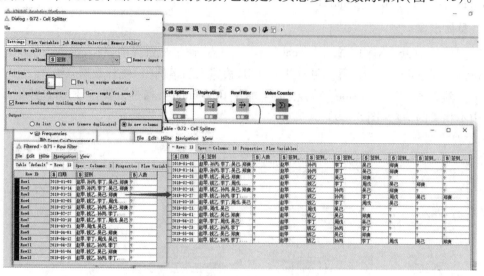

图5-70 统计到会人数(对人员名字进行分列处理)

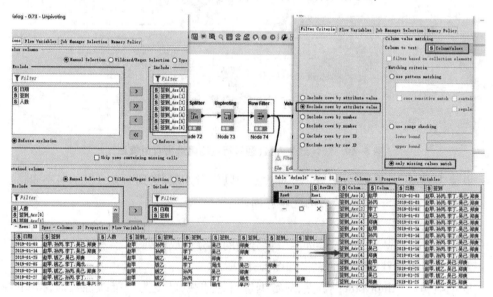

图5-71 统计到会人数(对人员名字进行逆透视加筛选)

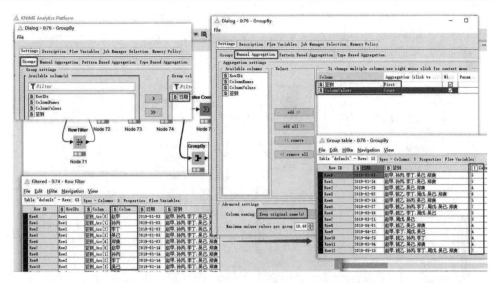

图 5-72　统计到会人数（统计每天到会的人员数量）

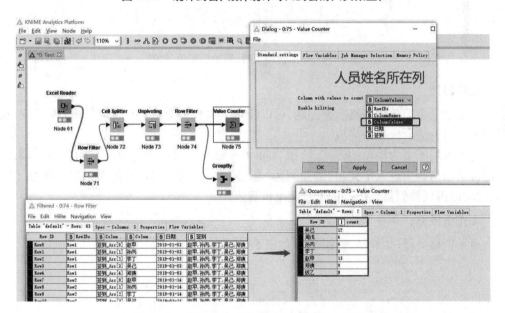

图 5-73　统计到会人数（统计人员总参会次数）

5.14　KNIME 快速入门案例（14）商品价格更新

需求背景：

如图 5-74 所示的蔬菜价目表，左侧为昨日蔬菜价格价目表，右侧是今日蔬菜价格发生变动的种类及新的价格信息。

需求是将右侧表格的信息与左侧进行融合，也就是将新的价格变动合并到昨日蔬菜价目表中，产生今日新的价目表。

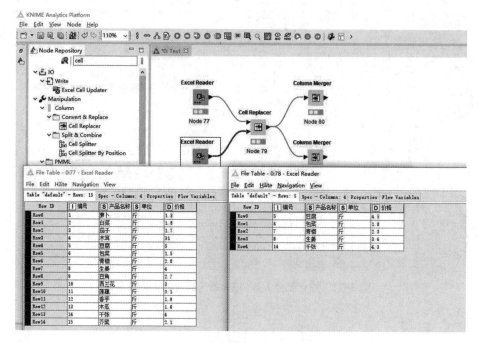

图 5-74　商品价格更新(原始蔬菜价目表)

概略思路:

这属于一个简单的表格合并问题,可以使用上文我们介绍的"Joiner"节点来实现,通过两个表格的集合操作来完成。

这里采用了更为简单的方式,使用"Cell Replacer"节点,进行单元格的参照替换,将新的价格信息替换进入单元格,参照列为"编号"列。然后,对得到的信息进一步加工处理,就可以得到我们需要的新的今日蔬菜价目表。

工作流概览:

商品价格更新(工作流连接概览)如图 5-75 所示。

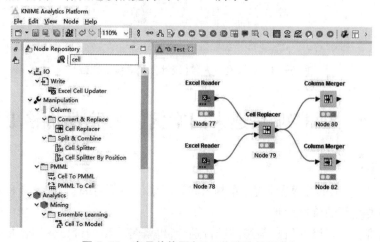

图 5-75　商品价格更新(工作流连接概览)

主要节点：

E001（Excel Reader），C008（Cell Replacer），C009（Column Merger）

具体步骤：

步骤 1：打开 KNIME，拖入两个"Excel Reader"节点，通过配置界面，将蔬菜价目信息表格读入 KNIME（详细过程参见 3.1 KNIME 快速入门案例（1）统计数据分组）。其中，蔬菜价目信息表含有两个工作簿，分别为昨日蔬菜价目信息和今日蔬菜价格发生变动的种类及新的价格，为两个"Excel Reader"节点设置不同的工作簿，分别读取两张表格，便于后续进行合并，形成今日蔬菜价目信息表。

步骤 2：拖入"Cell Replacer"节点，可以看到它的输入端口有两个，左上输入端口为原始数据表，左下输入端口为参照数据表，将从两个"Excel Reader"节点读取的表格，分别链接到对应的输入端口上（注：具体对应关系为，左上原始数据表链接昨日蔬菜价目信息表，因为它是生成今日蔬菜价目信息表的蓝本；左下参照数据表，链接今日蔬菜价格发生变动的种类及新的价格表，因为它里面记录的是参照变动信息）。

步骤 3：打开"Cell Replacer"节点的配置界面，这里需要一点点概念和理解才能正确地完成设置。从图 5-76 可以看到，关于列名的设置，主要有两个框体，一个是"Input table"，也就是原始表格；一个是"Dictionary table"，也就是参照表格。既然是参照单元格替换，那么两个表格之间必然需要有能够对应的列属性作为参照的基础和依据，也就是两个表需要含有相同属性的主键，这里主键为蔬菜的"编号"。所以我们首先为原始表格设置"Target column"为"编号"列，接着在参照表格框，我们也要相应设置"Input（Lookup）"参照列为"编号"列，这两列在两个表格中的名称不一定要相同，但它们的属性值要相同，而且可以唯一确定某一种蔬菜。既然已经确定好了对应关系，接下来要在参照表格框里设置最后替换进去的内容所在的列，这里是为参照表的"Output（Replacement）"设置了"价格"这一列作为输出内容。默认情况下，输出内容将替换原始数据表"Target column"列里面的内容，这里通过勾选"Append new column"并为其设置新的列名（"更新价格"）来产生新的数据列，再往下还有关于缺失值的设置，具体可以参见后文该节点的详解部分。

步骤 4：经过步骤 3 的单元格替换以后，得到了更新的蔬菜价格信息，这些信息并没有跟旧的信息立刻形成融合（注：当然我们还有另外的方法，比如拷贝一列原始价格，然后进行单元格参照替换也是可以实现的，这里不再赘述，有兴趣的读者可以自行练习。不要忘了这种方法需要将"If no element matches use"的选项设置为"Input"，也就是如果没有发现新价格，用输入的旧价格填充，维持旧价格不变），还需要链接"Column Merger"节点对信息进行融合（图 5-77）。

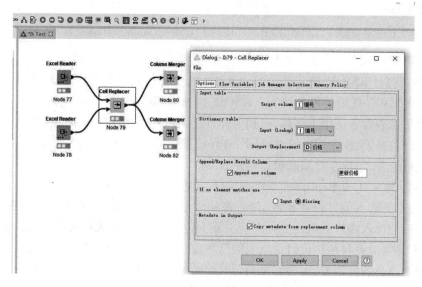

图 5-76　商品价格更新(正确配置单元格替换节点)

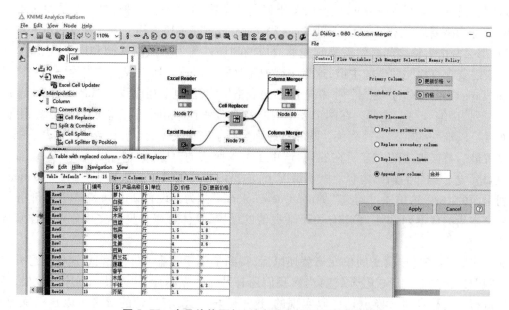

图 5-77　商品价格更新(融合原有价格和更新价格)

步骤 5:在"Column Merger"节点中,可以设置主列(信息主要来源列,当其为空,从次列补充)和次列的列名,还可以通过设置,控制融合生成的列去替换原有的列,或者新生成一列。本例当中,设置主列为"更新价格",次列为"价格","Output Placement"输出选项分别选择两种方式:"Append new column",并且设置新列的列名为"合并";或者选择"Replace primary column",替换主列,分别观察更新之后的今日蔬菜价目表样式(图 5-78)。

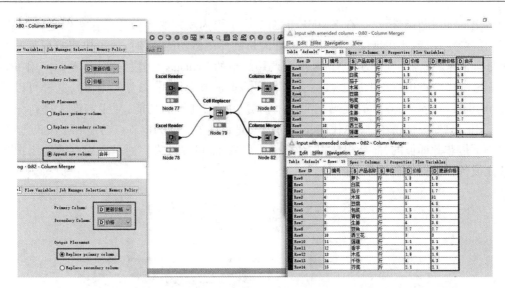

图 5-78　商品价格更新(不同的融合设置和效果)

5.15　KNIME 快速入门案例(15)简易交互界面

需求背景:

为工程计算提供简易的交互界面,允许工程师进行参数输入,并且依据输入参数条件,调用算法完成计算,输出计算结果。本例以一个简单的球体计算的例子演示了整个过程。

概略思路:

KNIME 中的"Table Creator"节点可以允许进行参数的设定以及表格数据的编辑,可以作为界面使用。为了分辨哪些单元格中的数值发生了变化,需要使用表格比较节点发现不同之处,这些不同之处就是用户输入的参数条件。将这些输入参数条件输入 Python 脚本节点,调用其数值运算功能,进行丰富的算法处理,最后将结果加以输出。

工作流概览:

简易交互界面(工作流连接概览)如图 5-79 所示。

主要节点:

T002(Table Creator),T003(Table Difference Finder),C008(Cell Replacer),C006(Column Rename),P002(Python Script),T001(Transpose)

注:

1. "Table Different Finder"节点用于发现两个表格的不同之处,当表格比较大,数据比较多的时候,采用这样的比对方式,可以完成自动化结果差异的查询。

2. "Python Script"节点在 KNIME 里面经常会用到,因为 Python 的库函数功能非常丰富,KNIME 里面的可视化节点相当于将库函数的功能界面化、模块化了,很多 Python 库函数里面的参数条件设置,在 KNIME 里面变成了更为友好的界面化操作。但是,KNIME 里面的节点功能,不可能完全覆盖 Python 海量的库函数功能,有时,为了快速实现某些数据处理需求,就需要我们从 KNIME 里面调用简单的 Python 代码段,这时就需要使用"Python Script"节点进行承上启下(注:关于本例的脚本节点代码,参见附录 B),这样可以保证"Python Script"节点中的代码非常通用,完成单一、纯粹的功能,便于与他人进行分享和复用。只要设计得当,脚本代码几乎对修改是封闭的,KNIME 节点功能和 Python 脚本代码不是非此即彼的,而是相辅相成、相得益彰的,都可以被人们通过思维有效地组织起来完成各种数据处理任务。

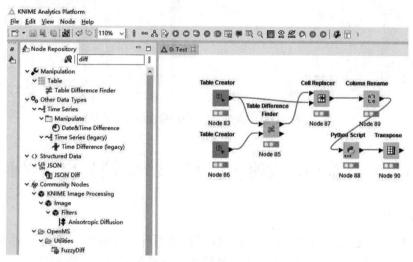

图 5-79　简易交互界面(工作流连接概览)

具体步骤:

步骤 1:打开 KNIME,拖入两个"Table Creator"节点,按照图 5-80 所示的格式,设置参数并输入条件。其中上方的"Table Creator"节点,保持内容不变;在下方的"Table Creator"节点中,双击单元格,可以对参数条件进行设置,通过这种方式,就实现了与工程师的人机交互,获取工程师输入的参数条件。两个表格间的差异之处,就是这些参数的设置。

步骤 2:在 KNIME 中加入"Table Difference Finder"节点,将前面两个由"Table Creator"创建的节点,与其左侧的两个输入端口相连,打开它的配置界面,选择发现不同的列为"值"这一列,从而发现工程师输入的参数条件(图 5-81)。

步骤 3:在 KNIME 中加入"Cell Replacer"节点,原数据表("Cell Replacer"节点的左上端口)连接由"Table Difference Finder"节点获取的差异表格(右上输出端口,内含输入参数条件);参考数据表("Cell Replacer"节点的左下端口)连接原始数据表格(上方"Table Creator"表格)。这一步的目的是为输入参数数据添加输入参数符号信息,所以在"Cell Replacer"节点中进行配置,将差异表格中的 RowID 信息,通过与参考表的 RowID 对应关系,替换成输入参数的注释信息(也就是参数的英文符号名),便于后面通过变量的英文符号,进行数学运算(图 5-82)。

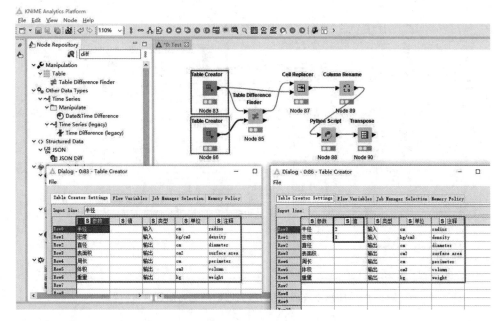

图 5-80　简易交互界面(输入参数条件)

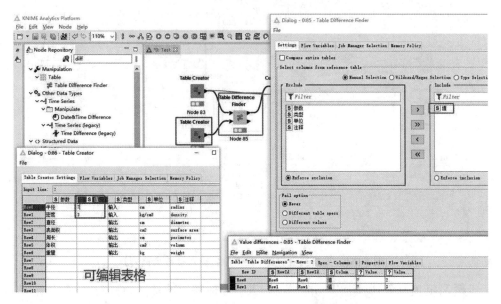

图 5-81　简易交互界面(通过表格比较获取参数输入)

步骤 4:链接一个"Column Rename"节点,为获取的参数输入条件表格的列进行重新命名,使数据的含义更加清晰,便于后面使用 Python 脚本进行计算(图 5-83)。

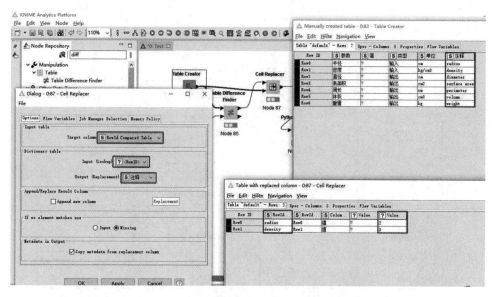

图 5-82　简易交互界面(为输入参数数据添加计算符号)

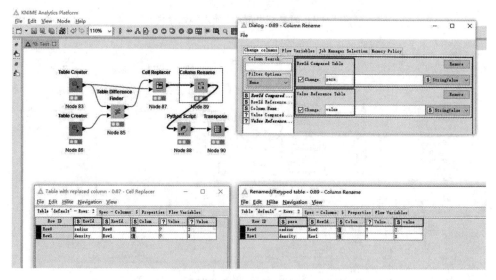

图 5-83　简易交互界面(重新命名输入参数表格列)

步骤 5:链接一个"Python Script"节点,进行球体参数的计算,具体代码参见附录 B,代码的要点如下:

(1)使用 import 加载 Python 库,从而使用丰富的 Python 库函数功能。

(2)左侧有从节点端口上传入的若干数据表格(Python Pandas DataFrame),代码中可以使用它们的名字加以引用,比如"input_table_1"。

(3)Python 代码的写法符合标准 Python 3 语法规则(也可以通过设置改为 Python 2),可以进行灵活的工程计算。

(4)输出结果要转为数据框,才能够从"Python Script"节点的右侧若干输出端口加以输出,语句的写法类似"output_table_1 = pd. DataFrame(...)"。

简易交互界面(通过 Python 脚本进行工程计算)如图 5-84 所示。

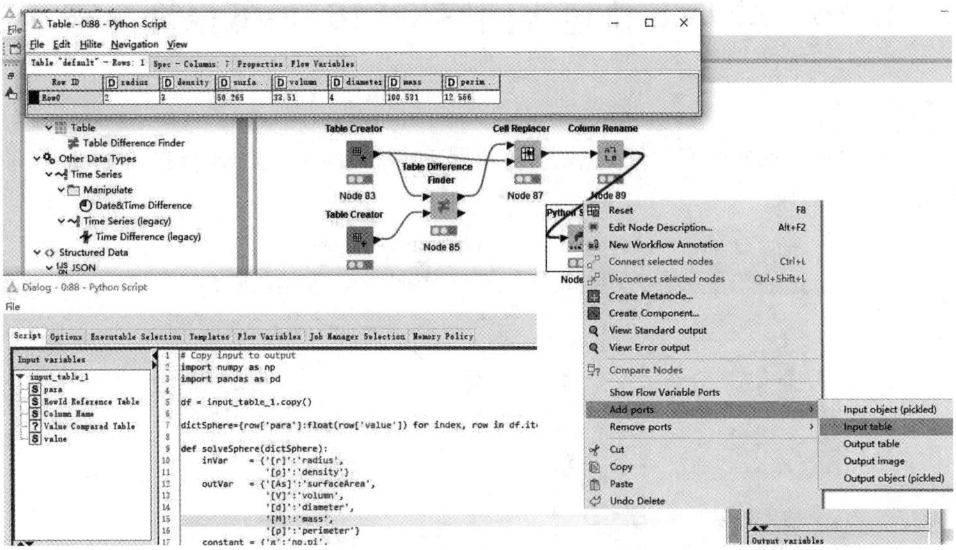

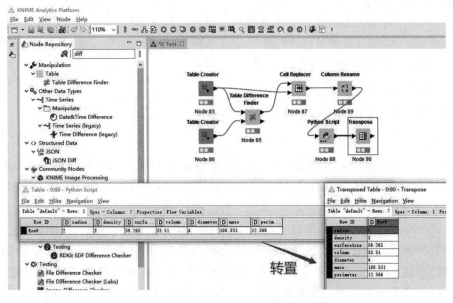

图 5-84 简易交互界面(通过 Python 脚本进行工程计算)

(注:在"Python Script"节点上右键,可以通过"Add ports"和"Remove ports"功能,并在接下来的右键菜单上添加或者删除输入/输出表格,来控制输入/输出表格的数量,这十分灵活,可以接受若干输入表格传入的输入条件,也可以产生若干输出结果表格,并便于维护拓展。)

步骤 6:最后链接一个"Transpose"节点,对输出表格进行转置(当然,也可以在脚本里直接实现,使用 KNIME 节点功能来完成,或是使用 Python 脚本功能来完成是可以灵活选择的),然后根据业务逻辑进行进一步处理(图 5-85)。

图 5-85 简易交互界面(最后获得的工程计算结果)

5.16 KNIME 快速入门案例(16)最低报价商家

需求背景:

如图 5-86 所示的商家报价数据表,需求是对每种商品,找出最低报价的商家,将其信息填到最后一列。

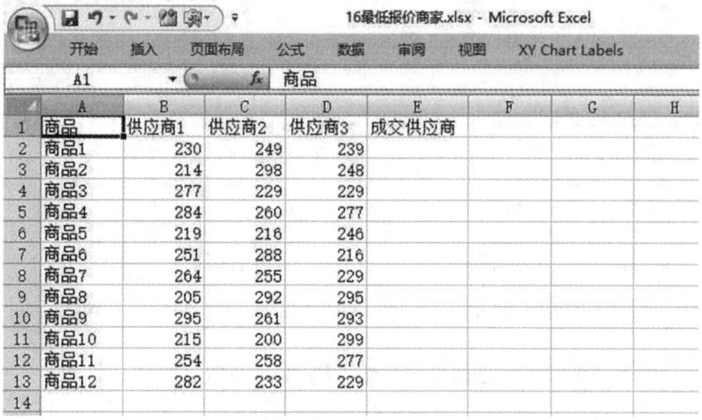

	A	B	C	D	E
1	商品	供应商1	供应商2	供应商3	成交供应商
2	商品1	230	249	239	
3	商品2	214	298	248	
4	商品3	277	229	229	
5	商品4	284	260	277	
6	商品5	219	216	246	
7	商品6	251	288	216	
8	商品7	264	255	229	
9	商品8	205	292	295	
10	商品9	295	261	293	
11	商品10	215	200	299	
12	商品11	254	258	277	
13	商品12	282	233	229	
14					

图 5-86 最低报价商家(商家报价数据表)

概略思路:

这里采用两种方法来解决这一数据处理需求:

(1)先将原始数据表格进行逆透视为一维线性数据,通过对商品名去重,去重的依据是价格的最小值,就可以得到最低报价的商家信息,然后将此信息与原始表格进行融合就能够满足原始要求。

(2)同样将原始数据表格进行逆透视为一维线性数据,对它们进行分组排序,分组的依据为商品名称,按报价的升序进行排序,这样只要取得排名为第一的记录即可,同样将这些记录与原始数据表格进行融合。

工作流概览:

最低报价商家(工作流连接概览)如图 5-87 所示。

主要节点:

E001(Excel Reader),S005(String Manipulation),U001(Unpivoting),D002(Duplicate Row Filter),C008(Cell Replacer),R005(Rank),R003(Row Filter),T003(Table Difference Finder)

注:"String Manipulation"节点主要用于字符串处理,是非常常用的 KNIME 节点之一。它的函数列表里记录了大量的关于字符串处理函数的用法,当鼠标点击某个函数的时候,右侧"描述"框中都会出现说明文字,介绍该函数的输入参数设置,输出的结果,并且一般会给出多个简单的例子供使用者参考。这些文字说明或者例子都是十分经典的,读者可以自行加以学习。

掌握其中某个函数的用法,都会为我们的字符串处理需求带来很大帮助。何况,这些函数之间还可以嵌套使用,功能极其丰富,需要在掌握这些函数的基础功能的基础上,不断地从实践中总结,提升应用水平。

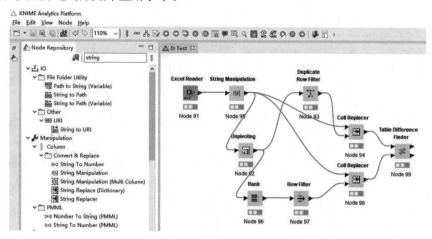

图 5-87　最低报价商家(工作流连接概览)

具体步骤:

步骤 1:打开 KNIME,拖入"Excel Reader"节点,通过配置界面,将商家报价数据表格读入 KNIME(详细过程参见 3.1 KNIME 快速入门案例(1)统计数据分组)。

步骤 2:在"Excel Reader"节点之后,链接"String Manipulation"节点,向"成交供应商"列里添加商品信息,后续将依据商品信息的对应关系,将里面的内容替换为供应商信息,这里是一个准备工作。打开"String Manipulation"节点的设置窗口,在表达式框中,写下"string($ 商品 $)"的语句,然后选择替换掉"成交供应商"列内容,即可完成这一步的数据处理(图 5-88)。

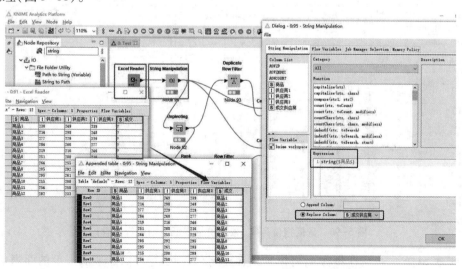

图 5-88　最低报价商家(使用字符串处理更改列内容)

步骤3:链接"Unpivoting"节点,对数据进行逆透视降维处理,使原有的三个供应商的报价数据转为一列排列,为后续的去重、排序打好基础(图5-89)。

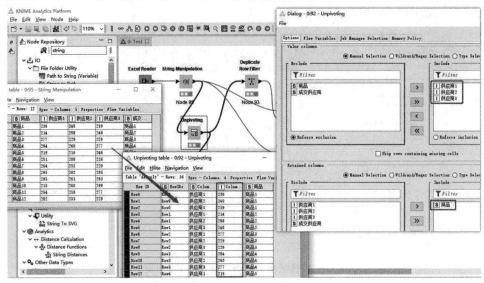

图5-89　最低报价商家(对供应商报价数据进行逆透视)

步骤4(方法一):链接"Duplicate Row filter"节点,进入"Duplicate Row filter"节点的配置界面,"选择"选项卡里设置去重的依据为"商品"列,也就是每种商品只留下一家供应商的报价信息。在"高级"选项卡里,行选择设置依据价格的最小值进行去重,这样就可以得到每个商品报价最低的供应商信息记录(图5-90)。

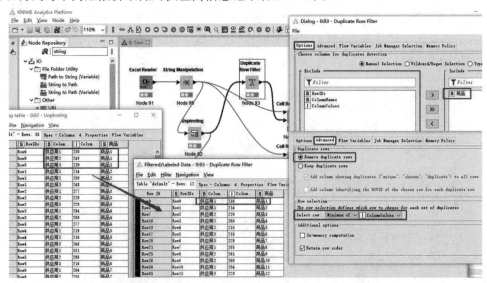

图5-90　最低报价商家(依据价格最低原则进行去重)

步骤5(方法一):在步骤4,可以看到,已经获取到了每种商品最低报价的商家信息,需要将这样的信息融合到原始表格上去。链接"Cell Replacer"节点,上下两个输入端口分别连接经"String Manipulation"节点处理后的"原始数据表"和步骤 4 获得的"去重数据表"。

在"Cell Replacer"节点的配置界面上,目标列选择"原始数据表"的"成交供应商"信息列,这里因为经过了"String Manipulation"节点的处理,现在记录的是商品的信息;与之对应的,参照查找列就是"去重数据表"中"商品"列,在这列里可以找到与前面"成交供应商"信息列中匹配的信息,然后需要替换的内容选择去重后获得的"供应商名字"列。这样就将"成交供应商"信息列的内容,依据商品信息的对应关系,替换成了去重后的"供应商名字",也就是完成了原始的数据处理需求(图 5-91)。

(1)原始数据表{"成交供应商":"商品类别","其他":"其他"}(注:格式为"列":"信息")。

(2)去重数据表{"ColumnNames":"供应商信息","商品":"商品类别","其他":"其他"}。

由此可见,如果以原始数据表的"成交供应商"去匹配去重数据表的"商品",并依据这种匹配关系,将原始数据表的"成交供应商"替换成"ColumnNames",就能够完成任务。

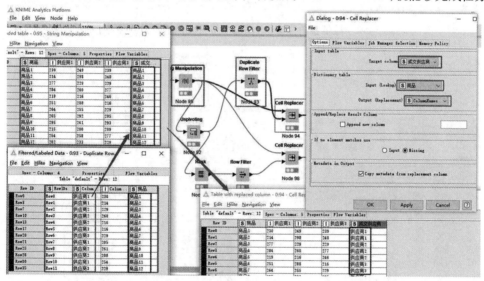

图 5-91　最低报价商家(使用单元格替换得到最低报价供应商信息)

步骤 6(方法二):在步骤 3 "Unpivoting"节点之后,链接"Rank"节点,对供应商报价数据进行分组排序,分组的依据为商品类别,排序的依据为供应商报价的升序排列(图 5-92)。

步骤 7(方法二):链接"Row Filter"节点,对分组排序后的供应商报价数据进行筛选,因为是按报价数据的升序排列,为了得到最低报价的供应商信息,只需要取到排名为第一的记录即可(图 5-93)。

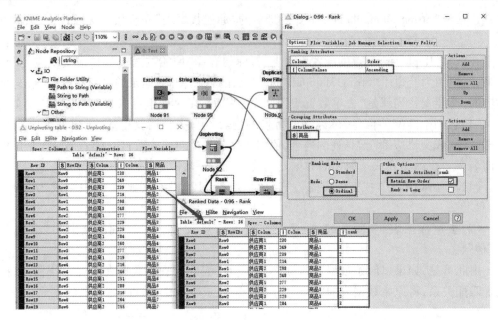

图 5-92　最低报价商家(对供应商报价记录进行分组排序)

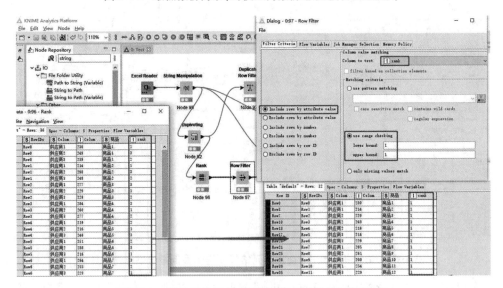

图 5-93　最低报价商家(筛选出供应商报价最低记录)

　　步骤 8(方法二):可以看到,这里也是获得了最低报价供应商的信息。链接一个新的"Cell Replacer"节点,参照步骤 5 类似的理念与经"String Manipulation"节点处理后的"原始数据表"进行融合,也可以得到完全一样的最低报价供应商信息表。

　　步骤 9:为了验证两种方法获得的数据表格是一致的,加入"Table Difference Finder"节点,连接两种方法获得的最终数据表进行对比,可以发现处理后的结果是完全相同的,没有差异(图 5-94)。

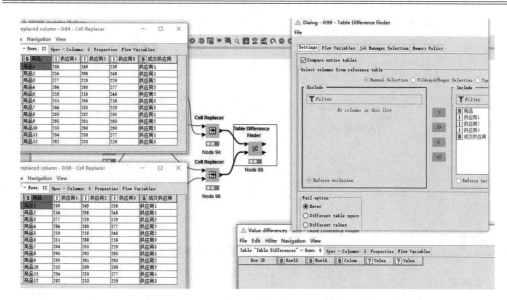

图 5-94　最低报价商家(两种处理方法得到的结果对比)

5.17　KNIME 快速入门案例(17)生成超级序号

需求背景:

如图 5-95 所示,表格中含有两列数据:一列是文本型的属性值,另一列是数量。需要对文本属性值生成相应的序号:

(1)根据第一列文本属性值的类别顺序生成相应的序号。

(2)根据第二列的数量来生成相应数目的序号。

通过这两个例子,可以展示"One Row to Many"和"CategoryTo Number"两个节点的功能,在其他数据处理需求解决过程中,可能有非常巧妙的应用。

概略思路:

需求一可以通过"Category to Number"节点来实现,它允许将列里面含有的属性值转变为序号。需求二可以通过"One Row to Many"节点,先构造出相应数量的行,然后再进行序号的生成。

工作流概览:

生成超级序号(工作流连接概览)如图 5-95 所示。

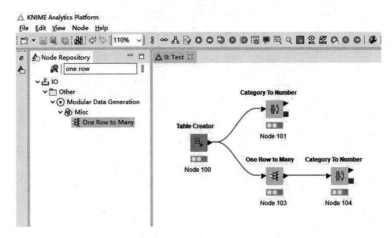

图 5-95　生成超级序号（工作流连接概览）

主要节点：

T002（Table Creator）,C010（Category To Number）,O001（One Row to Many）

具体步骤：

步骤 1：打开 KNIME，拖入"Table Creator"节点，通过配置界面，向表格中添加两列数据：一列是文本型的属性值，另一列是数量（图 5-96）。

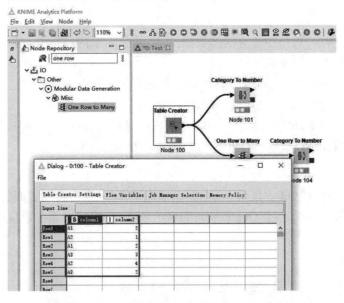

图 5-96　生成超级序号（通过编辑表格输入数据）

步骤 2：在"Table Creator"节点之后，链接"Category To Number"节点，将第一列的属性值根据类别转化为数字序号，满足需求一；设置序号的起始值为 0，步长为 3，可以得到复杂的序号形式（图 5-97）。

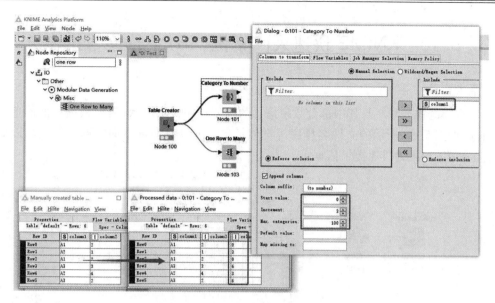

图5-97 生成超级序号(转列属性类别为数字)

步骤3：在"Table Creator"节点之后，链接"One Row to Many"节点，依据数量列的值，展开行，每个属性重复若干行(数量为数量列的设置值)，然后再进行链接"Category To Number"节点，进行类别转换序号的操作，满足需求二(图5-98)。

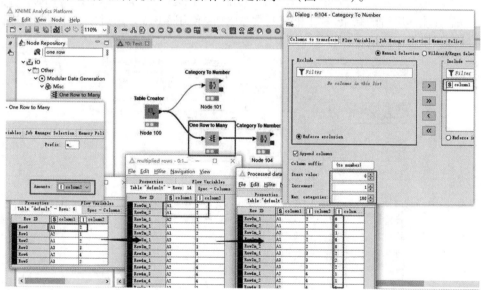

图5-98 生成超级序号(按行的数量展开再生成序号)

5.18　KNIME 快速入门案例(18)字符序号排序

需求背景:

字符串的排列顺序与其中部分数字信息的排列顺序并不一致,需要根据局部信息进行排序,如图 5-99 所示的文件名排序等类似场景。可以将字符串中的部分信息加以提取,建立辅助列来为排序提供依据。

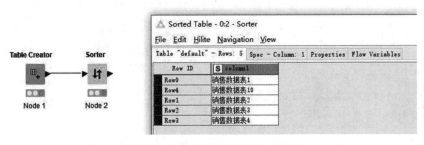

图 5-99　字符序号排序(特殊字符串排序需求)

本例需要根据图 5-100 所示的字符串序号为表格进行行排序,排序的依据是第一关键字为形如"a-b"格式序号中的"a",第二关键字为"b"。

图 5-100 中展示了直接使用 Excel 排序功能的结果,第三列是字符串顺序排序结果,第四列是智能排序后的结果,都不能满足要求,需要使用 KNIME 通过字符串处理来完成这样的特殊字符序号的排序。

	A	B	C	D	E	F	G	H
1	序号	人员	序号	序号				
2	1-12	赵甲	10-2	1-12				
3	3-2	钱乙	10-26	1-21				
4	10-5	孙丙	10-3	3-2				
5	8-10	李丁	10-5	3-13				
6	10-2	周戊	1-12	5-3				
7	12-1	吴己	1-12	8-6				
8	8-6	郑庚	12-1	8-8				
9	3-13	王辛	1-21	8-10				
10	10-26	冯壬	3-2	8-15				
11	5-3	陈癸	5-3	10-2				
12	8-8	楚子	8-10	10-3				
13	10-5	魏丑	8-15	10-5				
14	1-21	蒋寅	8-6	10-5				
15	8-15	沈卯	8-8	10-26				
16	10-3	韩辰		12-1				

图 5-100　字符序号排序(特殊字符序号数据表)

概略思路:

思路一:将字符序号进行拆分,拆分后即可使用多重排序节点完成排序。

思路二:对字符序号进行字符串操作,使其变成具备排序条件的格式,然后进行排序。

工作流概览：

字符序号排序（工作流连接概览）如图 5-101 所示。

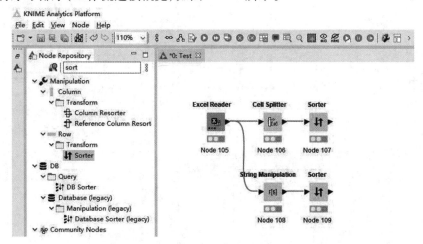

图 5-101　字符序号排序（工作流连接概览）

主要节点：

E001（Excel Reader），C005（Cell Splitter），S004（Sorter），S005（String Manipulation）

注："String Manipulation"节点主要用于字符串处理，是非常常用的 KNIME 节点之一。它的函数列表里记录了大量的关于字符串处理函数的用法，当鼠标点击某个函数的时候，右侧"描述"框中都会出现说明文字，介绍该函数的输入参数设置，输出的结果，并且一般会给出多个简单的例子供使用者参考，这些文字说明或者例子都是十分经典的，如果有时间，可以逐一加以学习。

掌握其中某个函数的用法，都会为我们的字符串处理需求带来很大帮助。何况，这些函数之间还可以嵌套使用，功能极其丰富，需要在掌握这些函数的基础功能的基础上，不断地从实践中总结，提升应用水平。

具体步骤：

步骤 1：打开 KNIME，拖入"Excel Reader"节点，通过配置界面，将字符序号数据表格读入 KNIME（详细过程参见 3.1 KNIME 快速入门案例（1）统计数据分组 ）。

步骤 2（方法一）：在"Excel Reader"节点之后，链接"Cell Splitter"节点，对字符序号列进行分列处理，分列的符号为"-"，这样可以将形如"a-b"的字符串格式序号分为两列，"a"和"b"，并且 KNIME 自动识别其类型为整型，进行了类型转化（图 5-102）。

步骤 3（方法一）：再链接"Sorter"节点，进行多重排序设置，即可完成需求（图 5-103）。

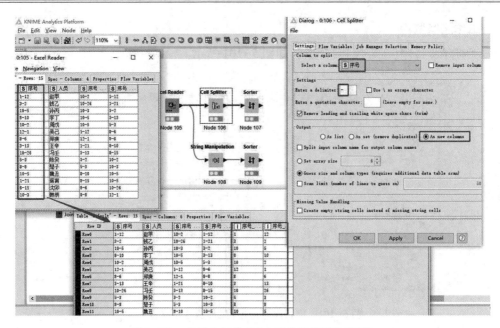

图 5-102　字符序号排序(序号信息分列为整型)

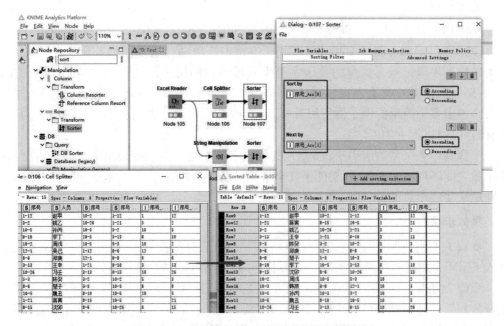

图 5-103　字符序号排序(整型序号的多重排序)

步骤 4(方法二):在"Excel Reader"节点之后,链接"String Manipulation"节点,对字符串序号的格式加以改造,改造的思路如下:

(1)如果对字符串格式的数字进行排序,"1""10""2",三者的顺序将为"1""10""2",因为按字符串顺序,"10"当中的"1"按升序顺序排序,应该是在"2"之前的。

(2)通过观察,序号里面的数字最大为两位,保险起见,增加到三位。如果"1""10""2"能够被前面赋零,填充到三位,变成"001""010""002",那么按字符串升序顺序排序的结果,与按整型升序排序的结果将是一致的。

(3)同理,我们可以将"a-b"字符串格式序号转化为"00a00b",这样就可以通过一次字符串升序排序,完成多重排序的效果。

为了完成上述的字符串格式转化,我们需要熟悉如下三个"String Manipulation"节点中的字符串处理函数:

(1)indexOf:字符串中,某个字符位置的获取,这里是用以确定"-"所在的位置(图 5-104)。

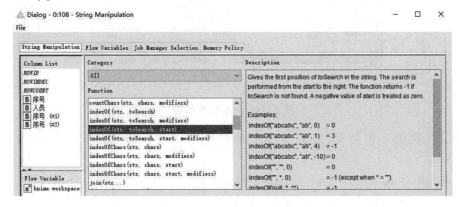

图 5-104　indexOf 函数

(2)substr:字符串子串的获取,有两种方式:一种是从某一位取到字符串结尾;另外一种是从某一位开始,向后取 N 位,形成子字符串,这里经常需要借助 length 函数,来获取字符串总长度(图 5-105)。

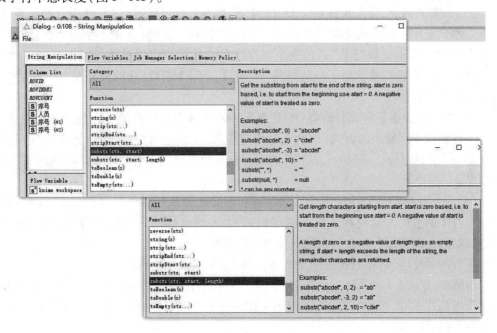

图 5-105　substr 函数

（3）padLeft：向字符串左侧补充字符串，直至填满到某长度，本例是补充"0"到 3 位（图 5-106）。

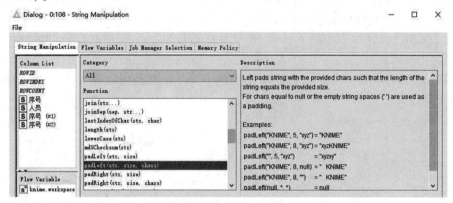

图 5-106   padLeft 函数

有了上面的知识储备，我们来看下面这个整体处理的表达式，将"a-b"转为"00a00b"。

```
padLeft(substr($序号$, 0, indexOf($序号$, "-")), 3, "0")+padLeft(substr
($序号$, indexOf($序号$, "-")+1), 3, "0")
```

（1）出现了很多"$序号$"，代表是对"序号"这一列进行处理（小技巧：通过双击左侧"Column List"中的列名，可以快速添加诸如"$序号$"这样的参数）。

（2）整体分为两部分，中间用"+"连接，前面是"a"处理为"00a"，后面是"b"处理为"00b"，而后，将两个字符串通过"+"拼接起来。

（3）来看前部分，首先通过 indexOf 找到"-"所在的位置序号（以 0 作为开始位置，记为 N），然后使用 substr，从字符串开始（"0"序号位置）取长度为 N 的子字符串，这样就刚好不会取到"-"，而是取到了"-"前一个字符作为结束（因为以 0 作为开始序号，"-"的位置为 N+1），这样我们就获得了"a"，再将"a"通过 padLeft 函数，在前面补充"0"字符串至整体达到 3 位长度。

（4）再来看后半部分，同理，将"b"处理为"00b"，其中要注意的一点是，substr 使用了另外一种获取子字符串的方式，也就是从给定位置，取至字符串的结尾，这个时候，我们获取的"-"位置序号，应该加一，从"-"的下一位开始取到字符串结尾，这样才能获取"b"的信息。

（5）虽然整体函数表达式很长，比较难懂，但是这种技巧是经常会使用的，需要熟练掌握字符串函数的嵌套使用。使用熟练以后，会发现这样的字符串处理函数并不难理解，效率很高，而且适合在人与人之间传递处理思想。

字符序号排序（对字符型序号格式进行转化）如图 5-107 所示。

步骤 5（方法二）：在"String Manipulation"节点之后，链接"Sorter"节点，直接对新构成的字符串格式序号（形如"00a00b"）进行字符串升序排列，其他列的顺序就可以达到原始需求所示的顺序。

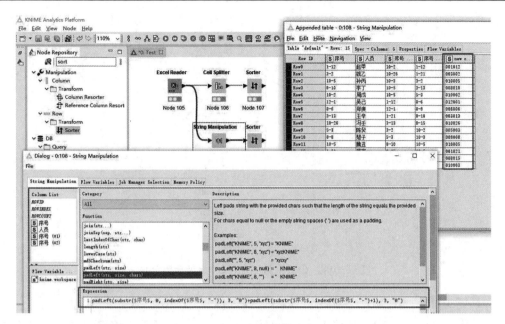

图 5-107　字符序号排序(对字符型序号格式进行转化)

5.19　KNIME 快速入门案例(19)公式系数拟合

需求背景:

对于给定的一组散点坐标数据(x, y)进行公式拟合。最常见的有线性拟合 $y = kx + b$ 或者抛物线拟合 $y = ax^2 + bx + c$。通过这样的多项式拟合,获取公式当中的系数。对于新的自变量 x,可以预测出对应的因变量 y 值,在工程计算领域有着广泛的应用。

概略思路:

KNIME 中有这样的多项式模型预测节点,提供了可视化功能查看拟合效果。还可以将由建模节点生成的模型加以输出,链接到预测节点上,对模型加以应用,依据新的自变量来预测新的因变量值。

工作流概览:

公式系数拟合(工作流连接概览)如图 5-108 所示。

主要节点:

E001(Excel Reader),P003(Polynomial Regression Learner),T002(Table Creator),R006(Regression Predictor)

注:其中多项式拟合模型的建立和应用的方式是 KNIME 当中使用机器学习模型的通用方式,需要理解这种应用模型的方法,通过蓝色端口传递和使用输出的模型,当然也可以通过端口保存和加载模型文件,将模型进行离线保存。

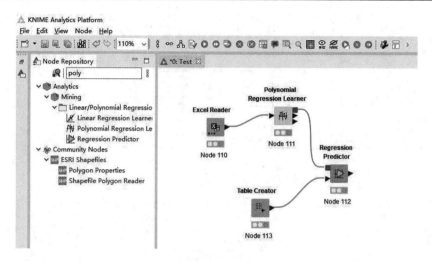

图 5-108　公式系数拟合（工作流连接概览）

具体步骤：

步骤 1：打开 KNIME，拖入"Excel Reader"节点，通过配置界面，将多项式公式拟合数据表格读入 KNIME（详细过程参见 3.1 KNIME 快速入门案例（1）统计数据分组）。

步骤 2：在"Excel Reader"节点之后，链接"Polynomial Regression Learner"节点，打开其配置界面，在"Maximum Polynomial Degree"处设置最大项数为"1"（"1"代表线性回归，"2"则为抛物线回归，"N"代表多项式中，自变量最高幂次为"N"），同时设置"目标列"为"y"，自变量列表里设置"x"，退出配置界面并执行"Polynomial Regression Learner"节点，生成多项式回归模型（图 5-109）。

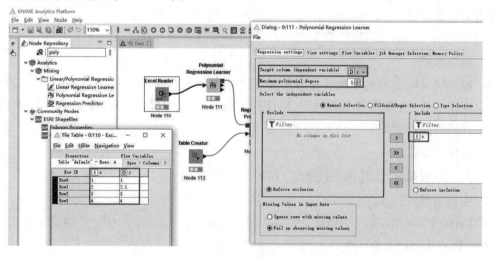

图 5-109　公式系数拟合（多项式拟合公式设置）

步骤 3：在"Polynomial Regression Learner"节点上通过右键菜单，可以查看拟合效果，还可以查看拟合系数情况（图 5-110）。

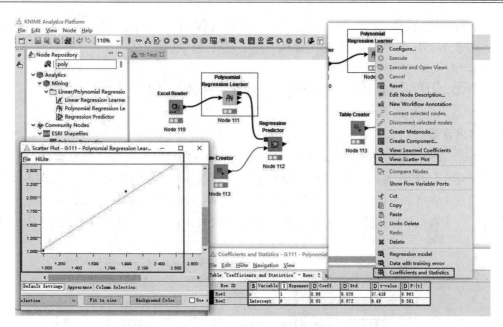

图 5-110　公式系数拟合(查看多项式拟合效果及系数)

步骤 4:拖入一个"Table Creator"节点,输入一个自变量值"x"为"2"(注意:这里的自变量名字要与之前训练模型的表格中的自变量名一致),然后再将表格链接到一个"Regression Predictor"节点的左侧下方数据表格输入端口上,将步骤 3"Polynomial Regression Learner"节点训练出的模型端口(右侧上方端口,蓝色)与"Regression Predictor"节点的左侧上方模型输入端口相连接。通过这样的连接,就可以用步骤 3 训练出的模型来预测"Table Creator"节点输入的自变量值,得到相应的因变量结果(图 5-111)。

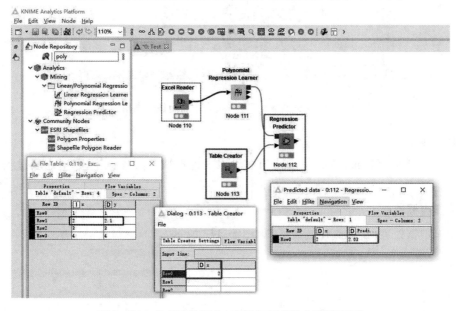

图 5-111　公式系数拟合(应用多项式拟合模型预测)

（注：训练数据特意从 $y=x$ 直线上对 $x=2$ 这一点做了一点扰动，经过线性回归，这样的扰动应该变小，从结果来看，确实扰动下降了，符合预期。）

5.20 KNIME 快速入门案例(20)缺失数据处理

需求背景：

Excel 表格的数据格式普遍是以人的观看习惯进行设计的，人对于数据缺失并不敏感，反而会因为数据量的减少，而更清晰明了地对数据分布的全貌有所了解。如图 5-112 所示，Excel 表格缺失的部分并不会影响人的判断，但是对于机器的处理却带来了一定的障碍。一个常见的数据处理任务就是要对表格的缺失位置进行默认填充，便于进一步处理。

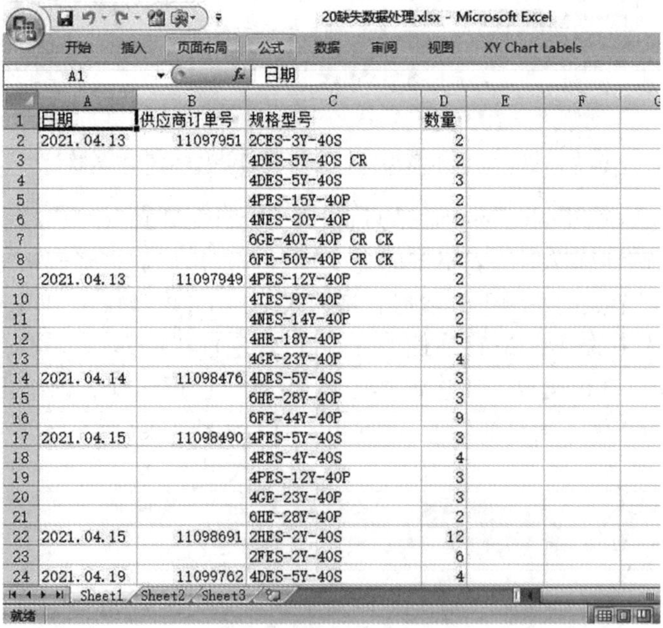

	A	B	C	D
1	日期	供应商订单号	规格型号	数量
2	2021.04.13	11097951	2CES-3Y-40S	2
3			4DES-5Y-40S CR	2
4			4DES-5Y-40S	3
5			4PES-15Y-40P	2
6			4NES-20Y-40P	2
7			6GE-40Y-40P CR CK	2
8			6FE-50Y-40P CR CK	2
9	2021.04.13	11097949	4PES-12Y-40P	2
10			4TES-9Y-40P	2
11			4NES-14Y-40P	2
12			4HE-18Y-40P	5
13			4GE-23Y-40P	4
14	2021.04.14	11098476	4DES-5Y-40S	3
15			6HE-28Y-40P	3
16			6FE-44Y-40P	9
17	2021.04.15	11098490	4FES-5Y-40S	3
18			4EES-4Y-40S	4
19			4PES-12Y-40P	3
20			4GE-23Y-40P	3
21			6HE-28Y-40P	2
22	2021.04.15	11098691	2HES-2Y-40S	12
23			2FES-2Y-40S	6
24	2021.04.19	11099762	4DES-5Y-40S	4

图 5-112 缺失数据处理(符合人观看习惯的表格设计)

概略思路：

KNIME 中的“Missing Value”节点有多种方式处理缺失值，在实际数据处理过程中经常使用。

工作流概览：

缺失数据处理(工作流连接概览)如图 5-113 所示。

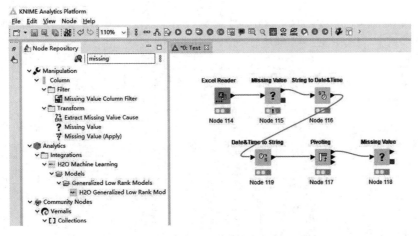

图 5-113　缺失数据处理(工作流连接概览)

主要节点:

E001(Excel Reader),M001(Missing Value),S006(String to Date&Time),D001(Date&Time to String),P001(Pivoting)

注:数据表格在经过 KNIME 节点处理之后,经常会产生一些"?",也就是缺失值,对于缺失值的填充,可以使用"Missing Value"节点来完成,可以对字符型单元格添加默认字符串,也可以对数值型添加比如默认值"0"。还支持对多列分别进行特殊的填充设定,比如插值填充、前值填充等,具体可以参考节点的具体用法。往往"Missing Value"节点执行之后,会出现一个黄色感叹号,不用担心,那是因为经过我们的填充,未必所有缺失值都得到了填充,很多情况下是不必要的,经过检查,基本可以忽略这个警告。

具体步骤:

步骤 1:打开 KNIME,拖入"Excel Reader"节点,通过配置界面,将供应商订单数据表格读入 KNIME(详细过程参见 3.1 KNIME 快速入门案例(1)统计数据分组)。

步骤 2:在"Excel Reader"节点之后,链接"Missing Value"节点,整体设置字符型和数值型的默认值填充方法均为"Previous Value *",也就是用缺失单元格的前一个单元格的值为其填充。通过这样的设置,可以为原数据表格中的缺失单元格填充合理的值(图 5-114)。

步骤 3:链接一个"String to Date&Time"节点,将表格中的字符串格式的日期,转化为 KNIME 日期格式,便于进一步处理。观察原始数据,字符串日期格式为"yyyy. MM. dd","String to Date&Time"节点中未必有现成的格式与之对应,如果有,可以使用下拉菜单通过选择确定格式;如果没有,可以通过手动输入的方式来进行匹配,最终完成日期格式转化,如图 5-115 所示。

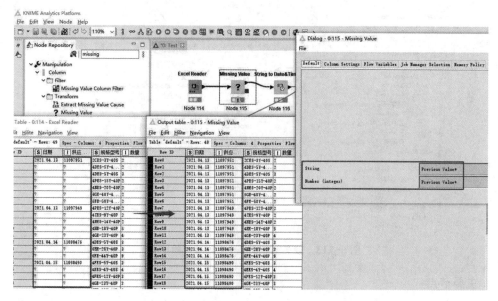

图 5-114 缺失数据处理（表格整体缺失值填充）

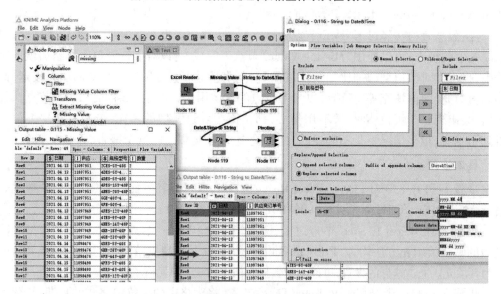

图 5-115 缺失数据处理（完成字符串格式日期转化）

步骤 4：链接一个"Date&Time to String"节点，将 KNIME 日期格式的数据转化成字符串，这里是去掉了年份信息，展示一下 KNIME 时间处理节点的功能，字符串和日期格式之间可以任意转换，对于日期格式数据，还有丰富的节点处理功能（图 5-116）。

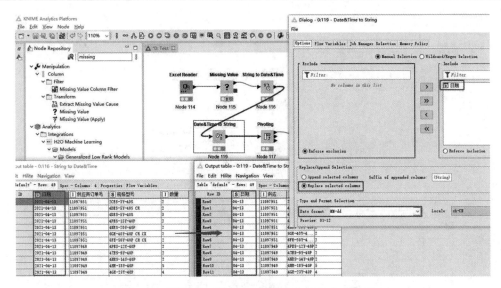

图 5-116　缺失数据处理(日期去除年份转化成字符串)

步骤 5:链接一个"Pivoting"节点,做数据透视,以供应商订单号作为行,以日期作为列,对数量进行"求和"聚合,可以得到不同供应商在某一天的交易商品数量总和汇总(图 5-117)。

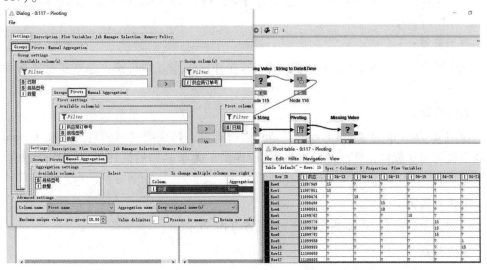

图 5-117　缺失数据处理(将处理好的数据生成数据透视表)

步骤 6:数据透视表中有很多缺失值,因为当天并没有某个供应商的交易信息,所以这些缺失值应该为零。可以再链接一个"Missing Value"节点,对所有数值型的单元格进行缺失值填充,填充的默认值为"0",执行该节点,就可以得到我们需要的汇总表格(图 5-118)。

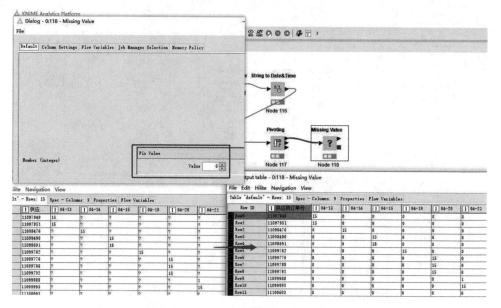

图 5-118 缺失数据处理(对数据透视表中的缺失值进行填充)

5.21 KNIME 快速入门案例(21)数据占比计算

需求背景:

某一年各个月份的销售额数据表格。需要计算每个月销售额占总体年度销售额的占比情况。

概略思路:

使用 KNIME 中的"Math Formula"节点进行计算。特别要注意的是,"Math Formula"节点不仅可以完成数据列间的数据运算,还提供了关于某列的统计指标计算,比如某列数据的总和、平均值、最大最小值、中位数等。

工作流概览:

数据占比计算(工作流连接概览)如图 5-119 所示。

主要节点:

E001(Excel Reader),M002(Math Formula),C001(Column Expressions),B001(Bar Chart)

具体步骤:

步骤1:打开 KNIME,拖入"Excel Reader"节点,通过配置界面,将年度各个月份销售额数据表格读入 KNIME(详细过程参见 3.1 KNIME 快速入门案例(1)统计数据分组)。

步骤2:在"Excel Reader"节点之后,链接"Math Formula"节点,通过如下计算公式,计算各个月份销售额占年度总销售额的占比情况(小提示:可以通过双击列变量名将其添加至公式)。

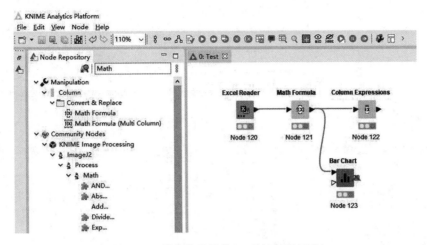

图 5-119　数据占比计算(工作流连接概览)

round($销售额$/COL_SUM($销售额$), 3)

(1)COL_SUM($销售额$),可以计算某列值的总和,这里是求出了全年的总销售额。

(2)$销售额$/COL_SUM($销售额$),通过计算,获取每个月销售额的占比。

(3)round(数据,3),是将数据保留 3 位有效数字圆整(可以根据需要设置)。

数据占比计算(月度销售额占全年销售额比例)如图 5-120 所示。

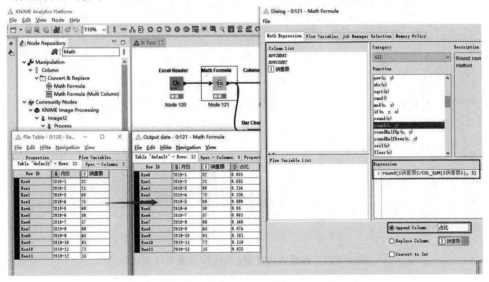

图 5-120　数据占比计算(月度销售额占全年销售额比例)

步骤 3:链接一个"Column Expressions"节点,对比例计算结果进行加工,加工成百分比形式,这里介绍了从数值型转字符串型数据的功能(图 5-121)。

(注:如果不要求将百分比形式数据输出到文件,这一步不是必需的,KNIME 数据表格在表头右键菜单里有数据转化为百分数观看的选项,这在下一节会给大家具体介绍。)

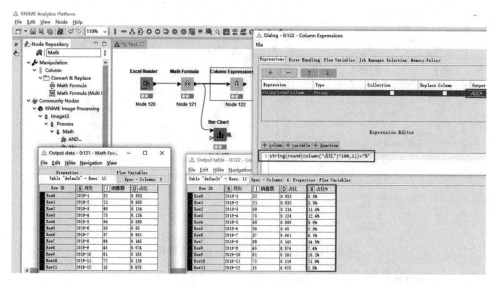

图 5-121　数据占比计算（将计算结果转变为特定格式）

步骤 4：在"Math Formula"节点之后，链接一个"Bar Chart"节点，进行数据图形可视化，直观对比月度销售额占全年销售额占比数据的变化趋势（图 5-122）。

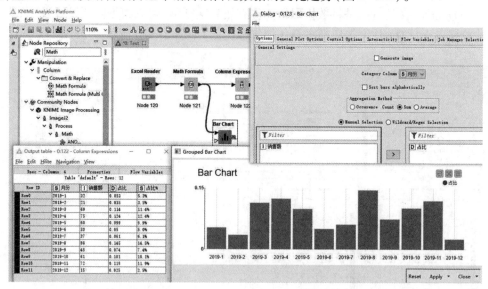

图 5-122　数据占比计算（占比数据图形可视化）

5.22　KNIME 快速入门案例(22)学生成绩统计

需求背景:

对学生成绩表进行"优良中差"的等级评定,并且统计"优良中差"的占比情况。

概略思路:

对于数据表中统计指标的获取,可以直接使用"Statistics"节点来实现。对于"优良中差"的评级,可以使用"Rule Engine"节点,通过逻辑条件判断语句来完成。

工作流概览:

学生成绩统计(工作流连接概览)如图 5-123 所示。

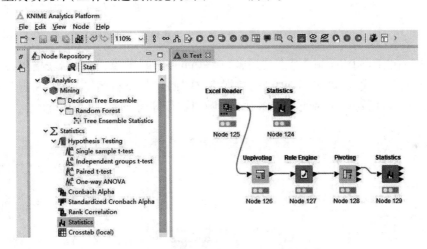

图 5-123　学生成绩统计(工作流连接概览)

主要节点:

E001(Excel Reader),S007(Statistics),U001(Unpivoting),R002(Rule Engine),P001(Pivoting)

注:"Statistics"节点里有丰富的统计指标计算功能,适合快速对数据表格进行统计指标的预览,然后决定下一步如何处理数据。这是一个好的习惯,拿到数据的第一时间不是直接加以处理,而是要先对数据进行一定的预览,掌握数据的分布规律,对数据进行有效的清洗,"Statistics"节点无疑是一个很好的帮手。

具体步骤:

步骤 1:打开 KNIME,拖入"Excel Reader"节点,通过配置界面,将学生成绩统计表格读入 KNIME(详细过程参见 3.1 KNIME 快速入门案例(1)统计数据分组)。

步骤 2:在"Excel Reader"节点之后,链接"Statistics"节点,从第一个输出端口上直接查看表格中各种数据的统计学指标,这里是各科成绩的一个分布情况,最好最差成绩、平均成绩等,在表格的最后一列是数据的概率密度分布直方图(图 5-124)。

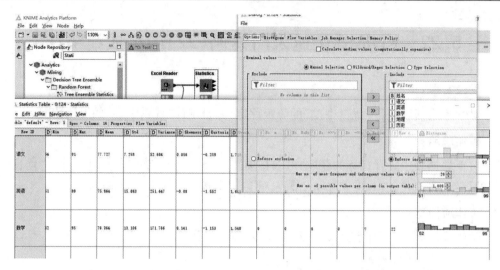

图 5-124　学生成绩统计（总览学生成绩表统计指标）

步骤 3：在"Excel Reader"节点之后，链接"Unpivoting"节点，对数据表格中各科成绩进行逆透视，并且代入"姓名"这一列的数据，这样"姓名""学科名""成绩"将各自分属一列，形成一维线性数据，然后便于整体对成绩数值进行等级评定（图 5-125）。

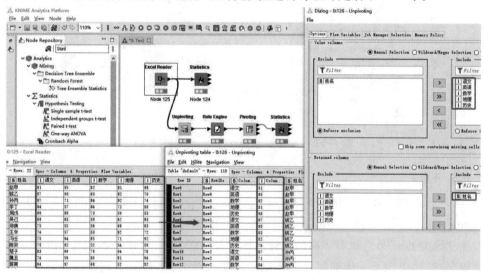

图 5-125　学生成绩统计（逆透视各科成绩）

步骤 4：再链接"Rule Engine"节点，对各科成绩进行等级评定（图 5-126），逻辑判断条件如下：

$ColumnValues$ >= 90 => "优"

$ColumnValues$ >=75 AND $ColumnValues$ < 90 => "良"

$ColumnValues$ >=60 AND $ColumnValues$ < 75 => "中"

$ColumnValues$ < 60 => "差"

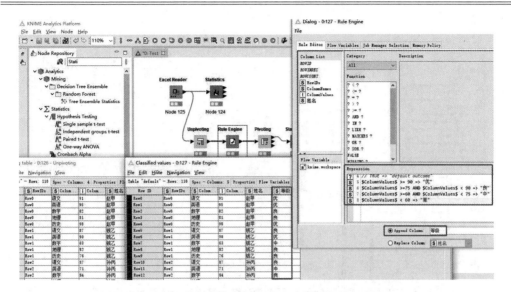

图 5-126　学生成绩统计(对各科成绩进行等级评定)

步骤 5:再链接"Pivoting"节点,对各科成绩的等级结果进行数据透视(图 5-127)。

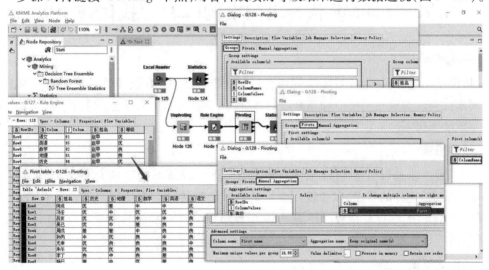

图 5-127　学生成绩统计(对各科成绩等级结果进行数据透视)

步骤 6:再链接一个"Statistics"节点,从第三个输出端口上可以查看表格中的标称值和计数数据。这里是统计出了各科成绩"优良中差"学生的个数,以及占学生总人数的比例。比例数据是以双精度形式展示的,可以在表格的表头部位右键,选择百分数显示格式,查看各科成绩"优良中差"的占比;同理,可以选择柱形图,来直观比较各个等级占比的相对大小(图 5-128)。

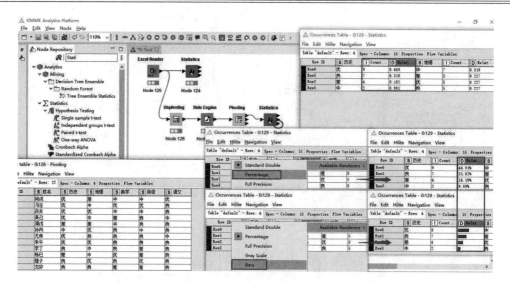

图5-128　学生成绩统计(查看各学科各个等级学生数量的占比情况)

5.23　KNIME 快速入门案例(23)寻找优秀学生

需求背景:

依据学生成绩表,为各科成绩分别设置相应的优秀线,查找各科成绩均为优秀的学生,要求优秀线的设定是可以动态修改的,以便在不能找到优秀学生的时候,适当降低标准,形成动态决策。

概略思路:

由于需要动态设置各科成绩的优秀线,这样的数据不能以固化的方式写入比如"Rule Engine"这样的节点,需要使用变量的方式进行传递。本例可以展示 KNIME 当中变量的使用方法,通过变量可以传递数据,形成可以交互式修改的判断条件,有利于实现尝试迭代的权衡过程。

工作流概览:

寻找优秀学生(工作流连接概览)如图5-129所示。

主要节点:

E001(Excel Reader),T002(Table Creator),R004(RowID),T004(Table Column to Variable),R007(Rule-based Row Filter)

注:可以从本例当中初步掌握变量的一些基本概念和用法,变量的使用在 KNIME 工作流当中是十分普遍的,是需要掌握的基本技能之一。

具体步骤:

步骤1:打开 KNIME,拖入"Excel Reader"节点,通过配置界面,将学生成绩统计表格读入 KNIME(详细过程参见 3.1 KNIME 快速入门案例(1)统计数据分组)。

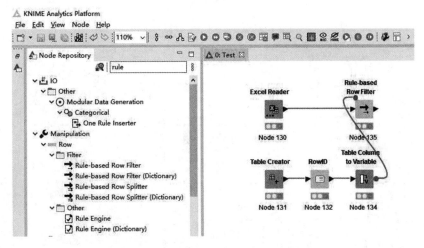

图 5-129　寻找优秀学生(工作流连接概览)

步骤 2:在 KNIME 中加入"Table Creator"节点,该节点的表头双击是可以编辑的,单元格也可以通过双击编辑,或者从其他数据源拷贝数据过来。如图 5-130 所示,为所有的学科设置优秀线成绩,注意表格当中两列数据的格式,第一列为字符型,记录的是学科信息;第二列是数值整型,记录的是"优秀线"成绩值。

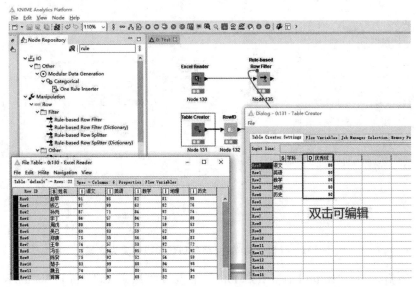

图 5-130　寻找优秀学生(为各个学科成绩设置优秀线)

步骤 3:在"Table Creator"节点之后链接"RowID"节点,将学科名这一列设置为行索引,将来行索引会变为变量名(图 5-131)。

步骤 4:再链接"Table Column to Variable"节点,将学科优秀线这一列数据都转变为变量使用,它们的变量名就是行索引,也就是学科名(图 5-132)。

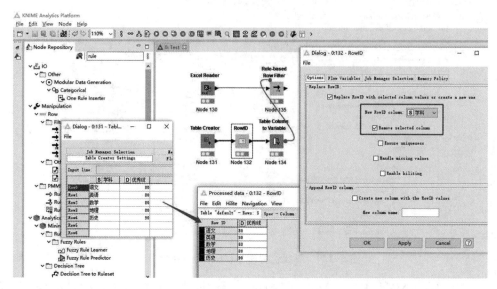

图 5-131　寻找优秀学生(将学科名设置为行索引)

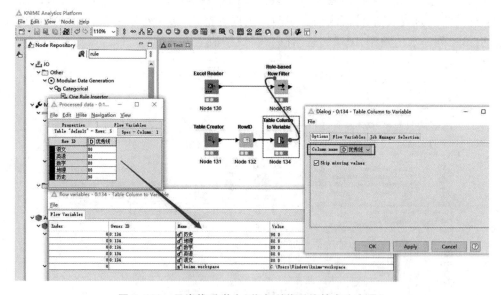

图 5-132　寻找优秀学生(将各科优秀线转变为变量)

步骤 5:拖入一个"Rule-based Row Filter"节点,将"Table Column to Variable"节点输出端口的红点(变量类型端口)拖拽出一条红色变量传递线,搭接到"Rule-based Row Filter"节点的左上角变量输入端口,即可以在该节点中使用之前通过"Table Column to Variable"节点创造的各个学科优秀线变量。

步骤 6:打开"Rule-based Row Filter"节点的配置界面,写下行筛选的逻辑判断语句,其中就用到了优秀线变量,这些变量可以通过双击配置界面左侧的"Flow Variable List"框中的变量名加以添加;同样道理,也可以双击配置界面左侧的"Column List"框中的列名,在逻辑判断语句中使用表格中某一列的值。

行筛选的逻辑判断语句如下：

$ 语文 $ > = $ $ {D 语文} $ $ AND

$ 英语 $ > = $ $ {D 英语} $ $ AND

$ 数学 $ > = $ $ {D 数学} $ $ AND

$ 地理 $ > = $ $ {D 地理} $ $ AND

$ 历史 $ > = $ $ {D 历史} $ $ = > TRUE

其中的 $ xxx $ 就是双击列名，对某一列加以引用；同理，$ $ {D Type Name} $ $ 是对变量值加以引用。

从这个逻辑判断条件可以看出，只有学生的各科成绩均不低于优秀线，才会被选出（图 5-133）。

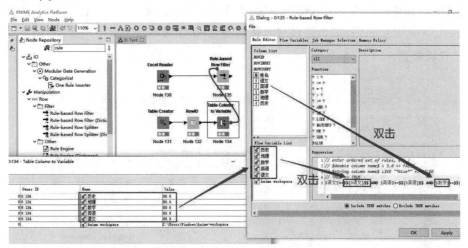

图 5-133　寻找优秀学生（含变量的行筛选条件设置）

步骤 7：得到了满足所有学科优秀线的优秀学生名单。通过"Table Creator"节点，可以灵活地改变优秀线的设置，再次执行工作流，可以看到筛选结果发生变化（图 5-134）。

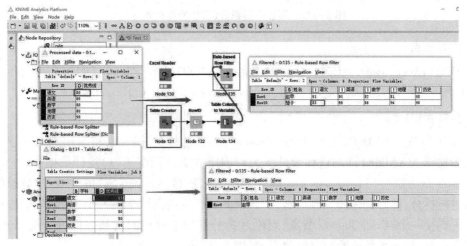

图 5-134　寻找优秀学生（动态改变筛选标准更新结果）

5.24　KNIME 快速入门案例(24)属性排列组合

需求背景:

如图 5-135 所示的表格中,第一列是学生的姓名,第二列是学科名,现在需要生成二者的全排列表格。

概略思路:

思路一:KNIME 中的"Cross Joiner"节点可以实现排列组合,需要将原始表格进行拆分,拆分成两列,各一个数据表,然后对两个表格中的内容进行全排列。

思路二:如果能构造一个数据透视表,行的索引(或者某一列)上记录的是学生的姓名,列名记录的是学科名,那么通过对表格的逆透视,也可以形成二者的全排列。

工作流概览:

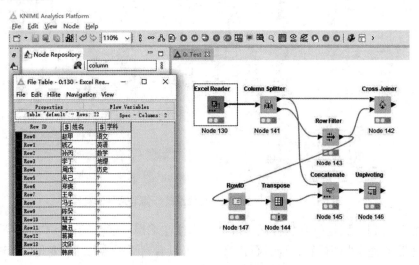

图 5-135　属性排列组合(工作流连接概览)

主要节点:

E001(Excel Reader),C011(Column Splitter),R003(Row Filter),C012(Cross Joiner),R004(RowID),T001(Transpose),C013(Concatenate),U001(Unpivoting)

具体步骤:

步骤 1:打开 KNIME,拖入"Excel Reader"节点,通过配置界面,将学生姓名及学科名数据表格读入 KNIME(详细过程参见 3.1 KNIME 快速入门案例(1)统计数据分组)。

步骤 2(方法一):在"Excel Reader"节点之后,链接"Column Splitter"节点,对原始数据表进行拆分,拆分成两列。然后链接"Row Filter"节点,对"学科"列中的缺失值进行删除。再链接一个"Cross Joiner"节点,对刚才拆分并加以处理的两列数据进行交叉连接,形成全排列,从而满足原始数据处理要求(图 5-136)。

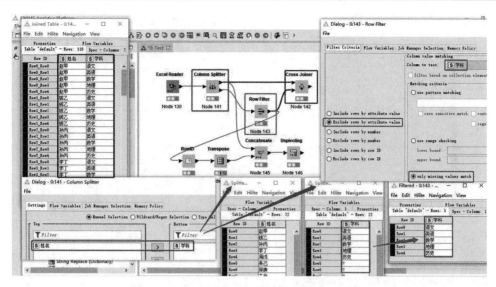

图 5-136   属性排列组合（使用交叉连接方式生成）

步骤3（方法二）：将筛选掉缺失值的学科名表格，链接一个"RowID"节点，让学科名作为行索引。再链接一个"Transpose"节点，将学科名变为列名（图 5-137）。

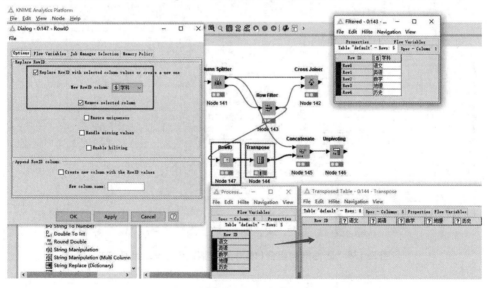

图 5-137   属性排列组合（形成学科名为列名的空表）

步骤4（方法二）：步骤3形成了一个带有学科名列名的空表，将其与学生姓名表格进行行合并，合并后的新表，在行的方向上带有学生的姓名，在列方向上带有学科名，就具备了逆透视形成全排列表格的条件（图 5-138）。

步骤5（方法二）：最后对步骤4获得的二维表格进行逆透视（Unpivoting），完成原始数据处理需求（图 5-139）。

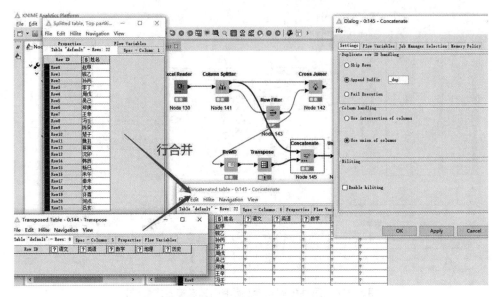

图 5-138　属性排列组合(学生姓名与学科名进行行合并)

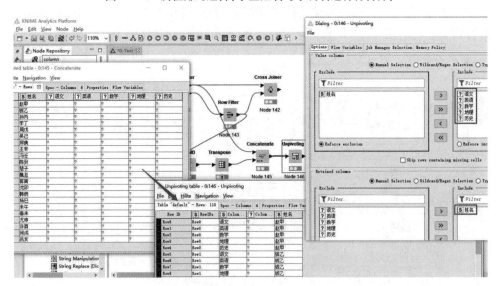

图 5-139　属性排列组合(使用逆透视节点处理二维表格)

5.25　KNIME 快速入门案例(25)九九乘法表格

需求背景:

生成一个九九乘法表格,通过这样一个简单的数据处理任务的完成来体会 KNIME 节点功能(图 5-140)。

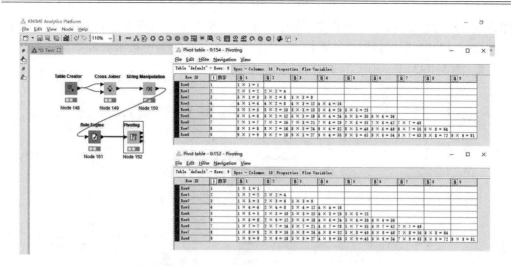

图 5-140　九九乘法表格(两种乘法表最终样式)

概略思路:

九九乘法表格的完成,相当于一个排列组合需求,将两组数字组合在一起,形成乘法运算。使用 KNIME 中的"Joiner"节点来实现排列组合,然后用字符串处理节点生成乘法公式,最后对得到的一组字符串按照九九乘法表的格式进行排列,就可以完成需求。

工作流概览:

九九乘法表格(工作流连接概览)如图 5-141 所示。

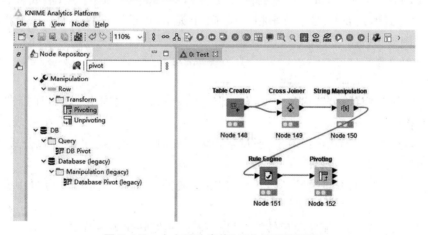

图 5-141　九九乘法表格(工作流连接概览)

主要节点:

T002(Table Creator),C012(Cross Joiner),S005(String Manipulation),R002(Rule Engine),P001(Pivoting)

具体步骤:

步骤 1:打开 KNIME,拖入"Table Creator"节点,可以对列名和单元格进行双击编辑,建立一列整型数据"数字"，编辑单元格输入 1~9 九个数字。然后链接一个"Cross Joiner"节点，两个端口都对接新创建的表格，就可以形成九九乘法表中被乘数和乘数之间的对应关系（图 5-142）。

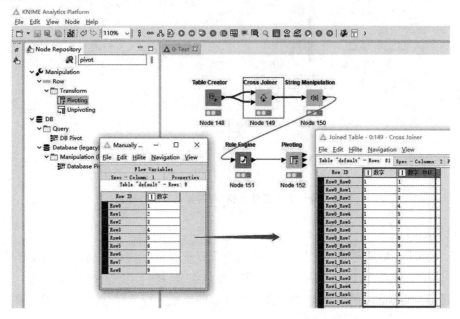

图 5-142　九九乘法表格（创建被乘数和乘数之间的关系）

步骤 2：在"Cross Joiner"节点之后，链接"String Manipulation"节点，形成乘法口诀计算公式，表达式形式如下，是字符串相关操作（小提示：可以通过双击列变量名将其添加至公式）（图 5-143）。

```
string( $数字 (#1) $) + "×" + string( $数字 $) + " = " + string( $数字 $ * $数字
(#1) $)
```

（1）乘法口诀计算公式由多个字符串部分组成，每部分之间由"+"号连接，"+"号可以合并字符串。

（2）从表达式的形式可以看出，通过字符串相加构造出的乘法口诀计算公式具有"a×b= c"的格式。

（3）"a"和"b"的不同选择，将会影响到乘法表的形式，也就是需求背景中介绍的两种样式。

（4）"string( )"为强制字符串转换，可以将输入强制转化为字符串。

（5）通过"$数字 $ * $数字 (#1) $"完成了乘法口诀计算公式中的计算结果部分。

步骤 3：并不是所有的乘法口诀计算公式都需要出现在九九乘法表中，被乘数和乘数是可以互换的，所以这里需要只留下"乘数"大于等于"被乘数"的那些计算公式。在"String Manipulation"节点之后，链接"Rule Engine"节点，对计算公式进行改造。"Rule Engine"节点中的逻辑表达式如下：

```
$数字 $ >= $数字(#1) $ => $乘积 $
TRUE => " "
```

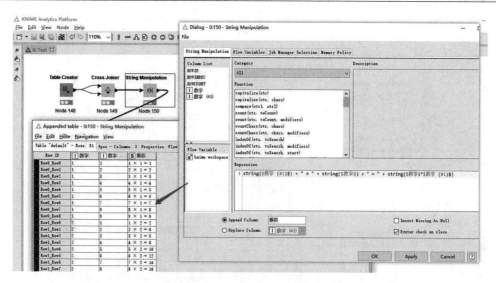

图 5-143　九九乘法表格(使用字符串表达式构造乘法口诀公式)

可见,只有"乘数"大于等于"被乘数"的那些计算公式得以保留。

"TRUE=>"代表默认值赋值,如果不满足上述条件,计算公式为空字符串(图 5-144)。

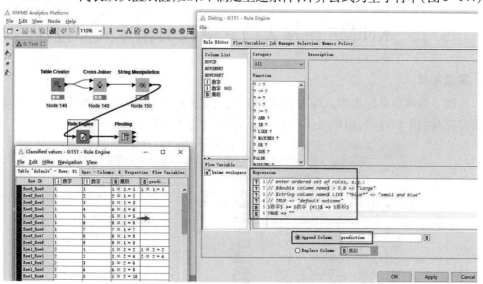

图 5-144　九九乘法表格(改造乘法口诀公式满足交换律)

步骤 4:最后链接"Pivoting"节点,重新排列乘法口诀计算公式,形成九九乘法表。对于两种乘法表格式,可以调整"String Manipulation"节点中的公式形成表达式来灵活改变(图 5-145)。

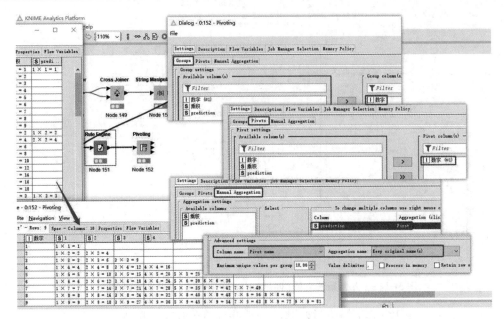

图 5-145　九九乘法表格(对乘法口诀计算公式表进行数据透视)

5.26　KNIME 快速入门案例(26)出库入库统计

需求背景:

有如下多种商品的出库入库时间序列记录,需要统计每种商品的库存情况,并且详细给出库存的形成过程,出库入库的数量变化信息(图 5-146)。

	A	B	C	D	E	F	G
1	出入库	名称	型号	产品颜色	数量		
2	入库	华为手机	X9	黑色	15		
3	入库	华为手机	X9	蓝色	30		
4	出库	华为手机	X9	黑色	5		
5	入库	三星手机	S20	红色	10		
6	入库	三星手机	S20	黑色	16		
7	出库	三星手机	S20	黑色	3		
8	出库	华为手机	X9	蓝色	5		
9	入库	小米手机	10P	黑色	15		
10	入库	三星手机	S20	黑色	5		
11	出库	三星手机	S20	红色	3		
12	出库	小米手机	10P	黑色	8		

图 5-146　出库入库统计(多种商品的出库入库时间序列记录表)

概略思路:

为了完成数值计算,对于出库的数量,需要转化为负值。然后对数据表格中的数据进行分组汇总,聚类方式选择"求和",就可以得到最终库存的情况。对于库存的形成过程,需要在分组汇总的时候,聚类方式选择"列表"汇总(图 5-147)。

工作流概览:

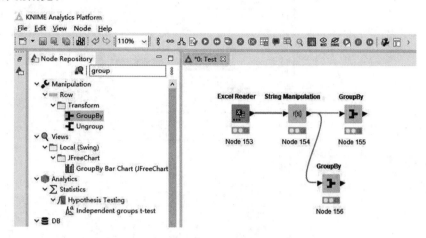

图 5-147　出库入库统计(工作流连接概览)

主要节点:

E001(Excel Reader),S005(String Manipulation),G001(GroupBy)

具体步骤:

步骤 1:打开 KNIME,拖入"Excel Reader"节点,通过配置界面,将多种商品的出库入库时间序列记录表读入 KNIME(详细过程参见 3.1 KNIME 快速入门案例(1)统计数据分组)。

步骤 2:在"Excel Reader"节点之后,链接"String Manipulation"节点,将出库的数量信息改变为负值,为将来的分组汇总计算做准备。"String Manipulation"节点中的表达式如下(小提示:可以通过双击列变量名将其添加至公式):

```
toInt(compare( $出入库$ , "入库") * 2 + 1) * $数量$
```

(1)可以看到,表达式的最后部分是" * $数量$",只要在前面根据"出库"和"入库"的标记,构造出"-1"和"1"与之相乘即可达到将出库的数量信息改变为负值的需求。

(2)由于字符串比较函数"compare"的输出是当比较结果相同时为"0",不同时为"-1",所以这里做了一个数值转换:当字符串与"入库"相同,返回"0"的时候,"结果 * 2+1"得到"1"的结果;如果为"出库",与"入库"不同,返回"-1"的时候,"结果 * 2+1"得到"-1"的结果,这是与前面的要求一致的(图 5-148)。

步骤 3:链接"GroupBy"节点,对"库存"数据进行分组汇总,聚合的方法选"Sum"(求和),因为"出库"的数量已经被改造为负值,分组求和就可以得到最终的各个商品的库存情况(图 5-149)。

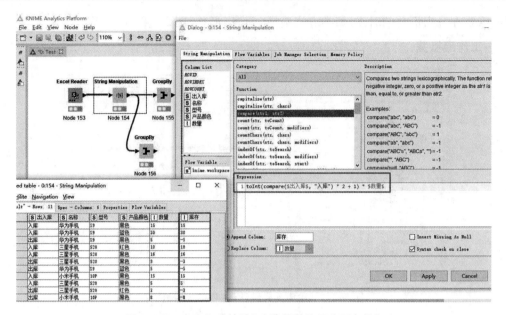

图 5-148   出库入库统计(改造数量结果为正负值)

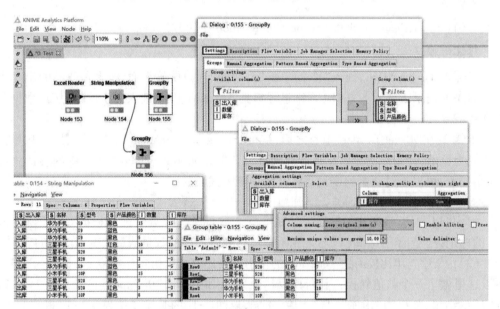

图 5-149   出库入库统计(通过分组求和汇总得到库存情况)

步骤 4:在"String Manipulation"节点之后,链接另外的一个"GroupBy"节点,对"出入库"类型、"数量"进行分组列表汇总,可以观察到整个库存的形成过程(图 5-150)。

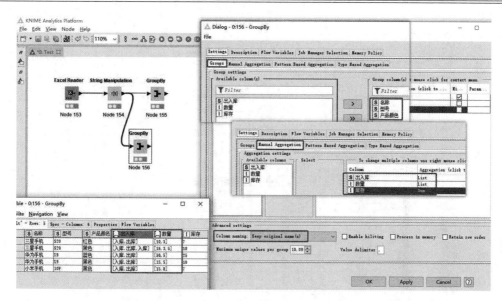

图 5-150　出库入库统计(通过分组列表汇总观察出入库过程)

5.27　KNIME 快速入门案例(27)趋势文字描述

需求背景:

有两个年份的月度销售额数据表格,希望在表格中添加直观的趋势描述文字,便于人的阅读。这样的趋势描述文字应该是自动生成的,对原始数据进行加工、判断、解析形成新的表述形式。

概略思路:

既然是需要生成描述性文字,少不了要使用 KNIME 中的字符串处理节点。前面给大家介绍过了,KNIME 当中字符串处理一般是使用"String Manipulation"节点或者"Column Expressions"节点,这里给大家介绍一下使用"Column Expressions"节点如何来完成这样的需求。如何使用"String Manipulation"节点完成同样的功能,读者可以作为练习,自行完成。

"Column Expressions"节点可以方便地引用数据表格中列的数据、变量,并且内置了大量对数据型、字符型数据进行处理的函数,需要我们通过日常解决数据需求的大量练习来熟悉其功能和提高对其的使用水平。

另外,在"Column Expressions"节点内支持编写逻辑判断语句,这一部分可以参考 java 编程书籍当中的条件判断语句部分,语法规则基本一致。

工作流概览:

趋势文字描述(对数据信息进行了文字性描述)如图 5-151 所示。

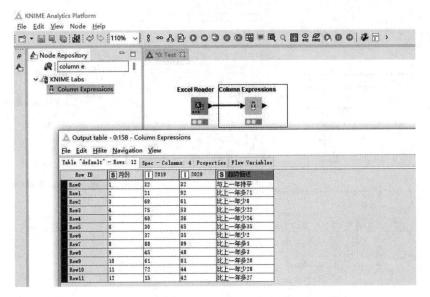

图 5-151　趋势文字描述（对数据信息进行了文字性描述）

主要节点：

E001（Excel Reader），C001（Column Expressions）

具体步骤：

步骤 1：打开 KNIME，拖入"Excel Reader"节点，通过配置界面，将不同年份的月度销售额数据表格读入 KNIME（详细过程参见 3.1 KNIME 快速入门案例（1）统计数据分组）。

步骤 2：在"Excel Reader"节点之后，链接"Column Expression"节点，通过对"Expression Editor"中的表达式进行设置，从而完成销售额变化趋势的文字性描述。下面将会对其中使用的表达式进行详细解析，首先来看一下表达式的具体内容（图 5-152）：

```
if(column("2019")= = column("2020")){
    "与上一年持平"
}
else{
    "比上一年" + substr("多少", column("2019") > column("2020"), 1) + string
(abs(column("2020")-column("2019")))
}
```

（1）首先点击"+"号，在列表达式节点中添加一个新列，叫作"趋势描述"，类型选择字符串。

（2）表达式内容总体上看是一个判断语句，如果两个年度某个月份的销售额相等，则输出"与上一年持平"的字样。

（3）如果二者并不相等，下面是一个长表达式，这个表达式分为三段，即"比上一年"+"多/少"+"多/少的具体数量"。

第一段是固定的，为"比上一年"。

第二段，关于多少的判断，通过"column("2019") > column("2020")"的逻辑判断会返回一个"TRUE"或者"FALSE",从数值的角度就是"1"或者"0",后一年销售额多就是"0",后一年销售额少就是"1"。这意味着,"0"要能够输出"多"的字样,"1"要能够输出"少"的字样。

我们来观察一下 substr(字符串,字符串子串起始位置,字符串子串长度)这样一个函数,如果固定取一位字符(字符串子串长度=1),字符串子串起始位置为"0"返回"多",字符串子串起始位置为"1"返回"少",那么这个字符串就是"多少"。通过 substr("多少",前面的逻辑判断,1),这样的函数设置,就可以满足要求。

第三段,关于具体的"多/少"的数量,可以用前面两个年份该月的销售额数据作差,然后取绝对值来获得,也就是表达式中的" string(abs(column("2020")-column("2019")))"部分。

经过上面的解析,这个表达式的含义已经非常明了,它能够给出我们所需要的销售额变化趋势的文字描述。充分使用"Column Expression"节点中的功能,还能实现更多的内容构造类的需求。

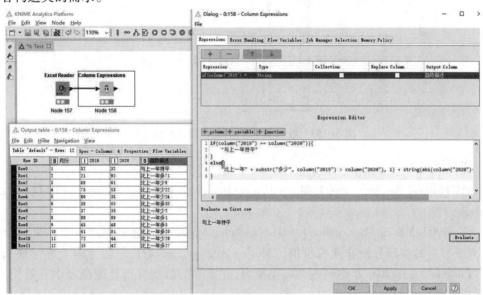

图 5-152　趋势文字描述(列表达式节点中的详细设置情况)

5.28　KNIME 快速入门案例(28)数据累加求和

需求背景:

对数据表格中的数据进行累加求和,求和行数可以控制,比如累加当前月及其前三个月的销售额。

概略思路:

方法一:使用 KNIME 中的多列错行节点,完成数据的错行,然后对错行的结果进行累积求和。

方法二:使用 KNIME 中的移动聚合节点,对数据直接进行移动求和聚合。

工作流概览:

数据累加求和(工作流连接概览)如图 5-153 所示。

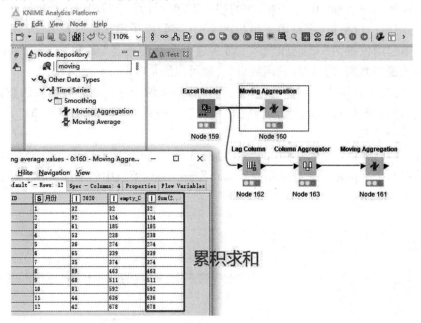

图 5-153　数据累加求和(工作流连接概览)

主要节点:

E001(Excel Reader),M003(Moving Aggregation),L002(Lag Column),C014(Column Aggregator)

注:M003(Moving Aggregation),C014(Column Aggregator)都是非常重要的聚合类节点,对于数据的整理分析非常有价值,“Moving Aggregation”是在行的方向上进行累积聚合,“Column Aggregator”是在列的方向上聚合,在实际的数据分析处理流程中有效使用,会形成非常美妙的方案。

具体步骤:

步骤 1:打开 KNIME,拖入“Excel Reader”节点,通过配置界面,将年度各个月份的销售额数据表格读入 KNIME(详细过程参见 3.1 KNIME 快速入门案例(1)统计数据分组)。其中已经用 Excel 实现了数据的累积求和,使用 KNIME 来复现这一过程,如果处理的数据与 Excel 一致,功能就得到了验证。

步骤 2:在“Excel Reader”节点之后,链接“Moving Aggregation”节点,对 2020 年月度销售额这一列数据,做移动累积求和,设置情况参见图 5-154,最终得到与 Excel 处理一样的数据结果。

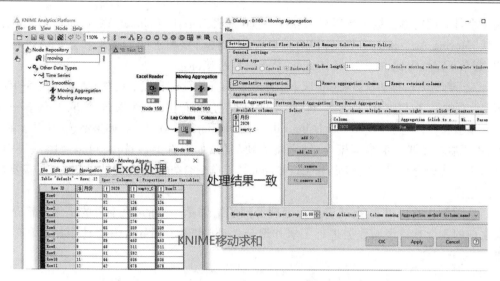

图 5-154　数据累加求和(使用 KNIME 移动累加求和节点)

步骤 3(方法一):步骤 2 完成了整体的移动累加求和,如果要求对部分月份移动累加求和(本例当中是对当前月及其前 3 个月,一共 4 个月的销售额数据进行累积求和),这里有两种方法:第一种是在"Excel Reader"节点之后,链接"Lag Column"节点,对 2020 年月度销售额这一列数据进行多列错行操作,额外生成 3 列,每列间的错行数为 1,这样就形成了 4 个月的销售数据在一行上排列的情况,进而,链接"Column Aggregator"节点,对 4 列数据进行"列求和"聚合,就可以满足部分月份移动累加求和的数据处理需求(图 5-155)。

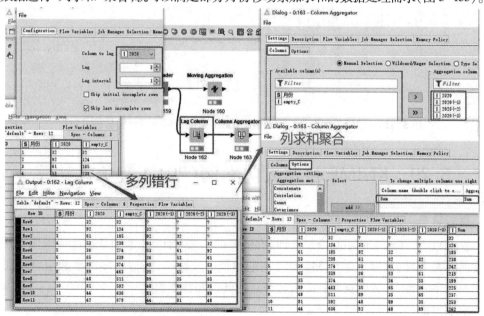

图 5-155　数据累加求和(使用多列错行节点完成部分月份销售额求和)

步骤 4(方法二):在"Excel Reader"节点之后,链接"Moving Aggregation"节点,通过适当的设置也可以完成对部分月份移动累加求和(本例当中是对当前月及其前 3 个月,一共 4 个月的销售额数据进行累积求和）。这里方法二是在"Column Aggregator"节点之后链接"Moving Aggregation"节点,目的是对方法二移动累加求和的结果和方法一进行对比,如果不需要对比,在"Excel Reader"节点之后链接即可。

对于部分月份移动累加求和情况下,"Moving Aggregation"节点的设置方法参见图 5-156,需要注意的是"窗口类型"要选择"向后",这样才能与前 N 个月进行聚合,N 取 4,代表一共是 4 个值参与聚合。"Resolve missing values for incomplete windows"如果不选,则对于前 3 列,由于凑不齐 4 个值参与聚合,结果将为缺失值;如果选上该选项,可以忽略缺失值。这里为了使聚合结果与之前使用"Lag Column"节点聚合处理得到的结果相一致,需要勾选此选项。

从图 5-156 可以看到,二者聚合处理得到的结果是一致的,每个月的销售额都是与其之前的 3 个月销售额数据进行了求和聚合处理,实现了部分月份移动累加求和的效果。

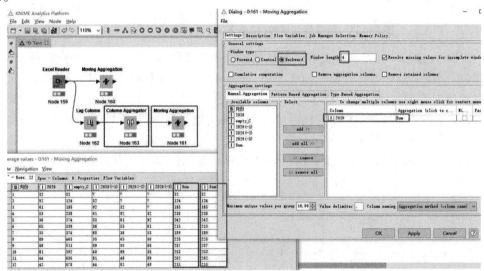

图 5-156　数据累加求和(使用移动聚合节点完成部分月份销售额求和)

5.29　KNIME 快速入门案例(29)工程物性计算

需求背景:

在 KNIME 环境中使用制冷剂物性数据,进行状态点计算(本例是通过一组压力和过热度的参数条件,批量计算 R134a 制冷剂的焓值。实际上,通过很多两参数组合都可以确定制冷剂状态点,然后获取制冷剂状态点的其他物性参数)。

概略思路:

在 KNIME 里可以使用"Python Script"节点调用 Python 库,这里调用"Coolprop"库来计算制冷剂的物性参数。需要预先安装 Python 环境及 CoolProp 库(该库当中包含了制冷剂物性计算和湿空气物性计算等工程物性计算功能),然后在 KNIME 中进行 Python 环境配置,即可使用。本例是使用 KNIME 链接外部算法模块的典型案例,通过 KNIME 的组织,充分利用外部计算模块资源和其自身的数据处理功能模块,共同完成工程计算任务。

工作流概览:

工程物性计算(对多个状态点求取物性参数)如图 5-157 所示。

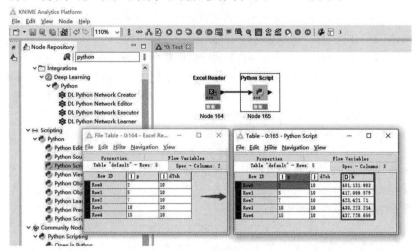

图 5-157　工程物性计算(对多个状态点求取物性参数)

主要节点:

E001(Excel Reader),P002(Python Script)

注:"Python Script"节点中的脚本代码,参见附录 C。

具体步骤:

步骤 1:打开 KNIME,拖入"Excel Reader"节点,通过配置界面,将一组 R134a 制冷剂的压力和过热度数据表格读入 KNIME(详细过程参见 3.1 KNIME 快速入门案例(1)统计数据分组)。

步骤 2:在"Excel Reader"节点之后,链接"Python Script"节点来计算由压力和过热度确定的一组 R134a 的状态点下的焓值,完成工程计算,然后可以将焓值使用在换热过程的分析当中,这只是一个简单的计算案例,它可以拓展到解决非常复杂的工业工艺流程计算任务当中。下面将对"Python Script"节点中的脚本代码进行简单的解析(图 5-158)。

```
# Copy input to output
```
#注释语句。
```
import pandas as pd
```
#加载 pandas 库,数据处理库,"Python script"节点当中经常需要使用库中的数据框数据结构。
```
import numpy as np
```
#加载 numpy 库,数值运算库,上面加载的两个库在本例都不是必需的,因为本例计算过程非常简单。通常"Python script"节点中需要使用它们,故这里展示了如何加载。
```
from CoolProp.CoolProp import PropsSI
```
#加载制冷剂物性计算库。

```
df = input_table_1.copy()
```
#从输入接口上获取数据框,将其命名为"df","df"为变量名,可以任意设置。
```
df['h'] = df.apply(lambda row: PropsSI('H', 'P', row['p'] * 1e5, \
'T', PropsSI('T', 'P', row['p'] * 1e5, 'Q', 1, 'R134a') + row['dTsh'], 'R134a'), axis = 1)
```
#这个语句比较复杂,整体来看,是在 df 数据框上施加了 apply 操作,操作的函数为 lambda 函数来定义,传播的方向为行方向,也就是对每行的数据都加以处理,所以 axis = 1。每行数据处理出的结果建立一个新列,这一列为"h"。所以在语句的开头写明了"df['h'] ="。

#再来看对于每行的 row(lambda row:)如何进行函数计算,首先通过函数 PropsSI('T', 'P', row['p'] * 1e5, 'Q', 1, 'R134a'),获取每行 row 中的压力值(row['p'],1e5 是将压力单位由"bar"转"Pa"的系数)计算制冷剂 R134a 在干度(Q)为"1",也就是饱和气体线下的温度('T')值。

#将饱和温度值与过热度数值相加 PropsSI('T', 'P', row['p'] * 1e5, 'Q', 1, 'R134a') + row['dTsh'],就获得了该状态点下制冷剂的真实温度值,记为"T0",那么就可以通过每行 row 中的压力值(row['p']),还有获得的"T0",通过函数 PropsSI('H', 'P', row['p'] * 1e5, 'T', T0, 'R134a')来计算该状态点下的制冷剂的焓值。这就是原代码中采用嵌套计算的原理。

```
output_table_1 = df
```
#将更新后的数据框赋值到输出端口

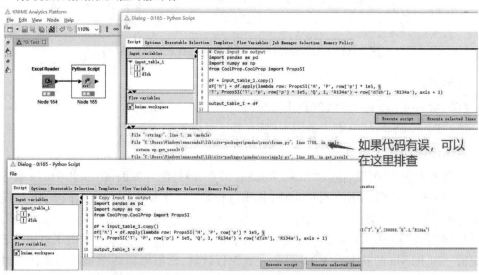

图 5-158　工程物性计算(Python 脚本中的代码与验证)

步骤 3:为了验证计算结果的正确性,使用笔者开发的单机版物性计算界面对 KNIME 调用物性计算库获得的结果,以及整个计算流程进行了验证,可见二者获得的结果相近,计算流程及库函数的调用均没有问题(图 5-159)。

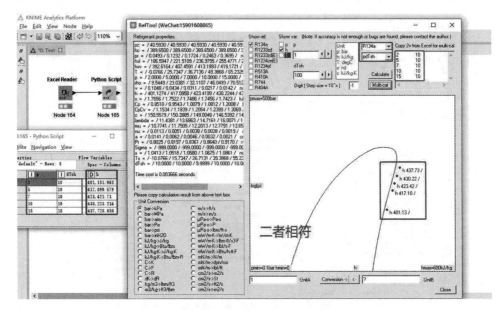

图 5-159　工程物性计算(对求取的物性参数进行验证)

5.30　KNIME 快速入门案例(30)地理信息数据

需求背景:

数据表格中记录了各省患者人数随日期变化的数据。选择某一天,在地图上观察患者人数在各省的分布情况。需要使用地图底图,在不同省的图块上使用不同颜色来代表感染人数的高低。

概略思路:

在 KNIME 中有众多地理信息(GIS)节点,这里通过一个简单的案例,初步展示 KNIME 强大的地理信息处理功能和图形可视化功能。随着 KNIME 新版本的发布,地理信息相关功能进一步完善,借助 KNIME 科学的方法论体系,可以大大提高地理信息数据处理任务的完成效率。

对于本例,将读取数据表格,对表格中的数据进行分组汇总,然后选择某一天的感染人数数据,用以绘图;另一方面,使用地理信息相关节点,读取地图格式(shp)文件,获取中国各省轮廓线坐标数据,然后结合患者人数数据,利用"Rule Engine"节点进行等级划分,不同等级使用不同的颜色,绘制省图块轮廓,最终呈现在地图底图环境。这样的环境为交互式环境,用户可以使用平移、缩放等操作交互式浏览地图及绘制的图元,从而审视数据、发掘规律。

工作流概览:

地理信息数据(工作流连接概览)如图 5-160 所示。

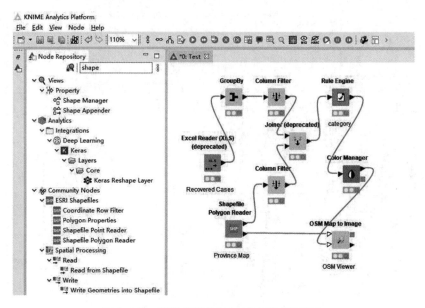

图 5-160　地理信息数据(工作流连接概览)

主要节点:

E001(Excel Reader),G001(GroupBy),C015(Column Filter),S008(Shapefile Polygon Reader),J001(Joiner),R002(Rule Engine),C016(Color Manager),O002(OSM Map to Image)

注:

1. O002(OSM Map to Image)节点通常用来展示地理信息。

OSM 的概念:OpenStreetMap,简称 OSM,是一个开源的世界地图,可依据开放许可协议自由使用,并且可以由人们自由地进行编辑。随着开源意识的普及,以及电子地图应用的普及,OSM 数据的质量和体量不断增加,在一些领域的精确度已经不逊于 google 地图,甚至在一些方面可以说是超越了 google 地图。

OSM 发展历史:

2004 年 7 月,OpenStreetMap 由史蒂夫·克斯特创建。

2006 年 4 月,设立 OpenStreetMap 基金会,鼓励自由地理数据的发展和输出。

2006 年 12 月,雅虎允许 OpenStreetMap 使用该站的航空摄影相片作为编辑的根据。

2007 年 4 月,汽车导航数据 AutomotiveNavigationData(AND)为这个项目捐赠了一套完整的荷兰和中国的道路数据与主干道路的数据。

2007 年 7 月,当第一次 OSM 国际国家地图会议举行时 OSM 共有 9 000 名注册用户。活动赞助商包括谷歌、雅虎和 Multimap。

2007 年 8 月一个独立项目 OpenAerialMap 启动后,为了空中摄影可以保持开放式许可,2007 年 10 月 OpenStreetMap 完成了一个叫"老虎"的美国道路普查数据集的输入。

2007 年 12 月牛津大学成为第一个在他们主要网站使用 OpenStreetMap 数据的重要机构。

2010 年 11 月 24 日，微软宣布，开放 BingMaps 空照图（Aerialphotos）给该项公开程式码计划的参与者，并公布该公司聘雇史蒂夫·克斯特（SteveCoast）为 BingMobile 的专任设计工程师。

2012 年 4 月，继苹果和 Foursquare 相继放弃使用谷歌地图后，维基百科也放弃使用谷歌地图，转向使用 OpenStreetMap。

OSM 数据的主要用途：

OSM 数据的主要用途除了一些常规的用途外，还包括将数据部署在自己的网页上，开放自己的地图服务，一般的商业数据价格昂贵，并且应用有诸多限制，而 OSM 数据的使用几乎没有什么限制，有相关的声明即可。

2. S008（Shapefile Polygon Reader）用以读取通用地理信息格式".shp"文件。

shp 文件由固定长度的文件头和接着的变长度记录组成。美国环境系统研究所公司（ESRI）开发的一种空间数据开放格式。

该文件格式已经成为地理信息软件界的一个开放标准，这表明 ESRI 公司在全球的地理信息系统市场的重要性。Shapefile 也是一种重要的交换格式，它能够在 ESRI 与其他公司的产品之间进行数据互操作。

SDE、ARC/INFO、PC ARC/INFO、Data Automation Kit（DAK）和 ArcCAD 软件提供了 shape 到 coverage 的数据转换器，ARC/INFO 同样提供了 coverage 到 shape 的转换器。

为了和其他数据格式交换，shape 文件的格式在本报告中被出版。其他数据流，比如来自全球定位系统（GPS）接收机的数据能同样被存为 shape 文件或 X,Y 事件表。

shape 文件技术描述计算机程序能通过使用本节的技术描述来产生，读、写 shape 文件。一个 ESRI 的 shape 文件包括一个主文件、一个索引文件和一个 dBASE 表。

具体步骤：

步骤 1：打开 KNIME，拖入"Excel Reader"节点，通过配置界面，将中国各省随日期患者数量数据表格读入 KNIME（详细过程参见 3.1 KNIME 快速入门案例（1）统计数据分组）。

步骤 2：在"Excel Reader"节点之后，链接"GroupBy"节点，对数据进行分组求和，分组的依据为省份，对每日的患者数量进行求和，可以获取每个省每天总的患者数量。接着，链接一个"Column Filter"节点，选取某一天的数据（也就是选择某一列），获取某日各省患者人数的汇总结果（图 5-161）。

步骤 3：步骤 2 基本完成了数据准备，准备另外一个地理信息方面的支路，在 KNIME 中，拖入"Shapefile Polygon Reader"节点，通过配置界面，将带有各省轮廓坐标点经纬度信息的 shp 格式文件读入进来（图 5-162）。

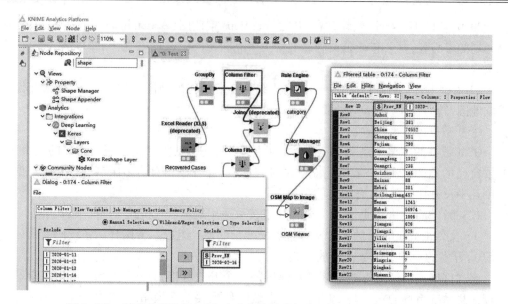

图 5-161　地理信息数据(对各省患者数量进行分组汇总并选取特定一天)

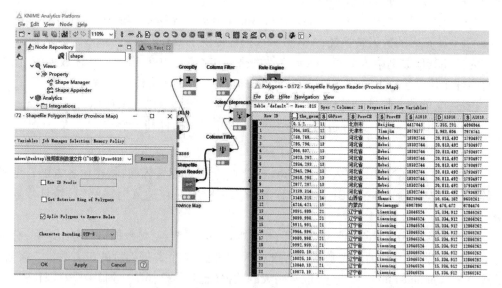

图 5-162　地理信息数据(读取地理信息文件获取各省轮廓线)

步骤 4:使用"Joiner"节点,将省轮廓线坐标点序号列表(内含序号,在"Shapefile Polygon Reader"节点的右上输出端口)与之前造好的患者数量表格进行联结,联结的关键字段就是"省名",形成一个合并后的新表(图 5-163)。

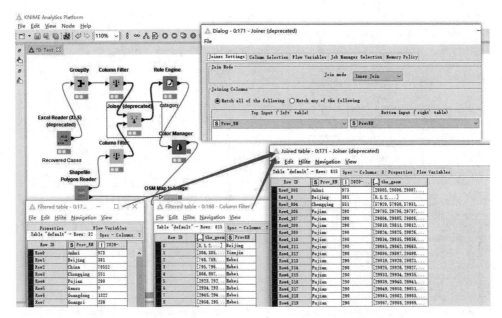

图 5-163　地理信息数据（将患者数量表和各省轮廓点序号表合并）

步骤 5：在"Joiner"节点之后，链接一个"Rule Engine"节点，对患者数量进行分级（图 5-164）。"Rule Engine"节点中的分级逻辑判断语句如下，意义十分明显，不再赘述（小提示：可以通过双击列变量名将其添加至公式）：

```
$2020-02-16$ <= 100 => "L01"
100 <= $2020-02-16$ AND $2020-02-16$ <= 400 => "L02"
400 <= $2020-02-16$ AND $2020-02-16$ <= 600 => "L03"
600 <= $2020-02-16$ AND $2020-02-16$ <= 800 => "L04"
800 <= $2020-02-16$ AND $2020-02-16$ <= 1000 => "L05"
1000 <= $2020-02-16$ AND $2020-02-16$ <= 2000 => "L06"
2000 <= $2020-02-16$ AND $2020-02-16$ <= 5000 => "L07"
5000 <= $2020-02-16$ AND $2020-02-16$ <= 10000 => "L08"
10000 <= $2020-02-16$ AND $2020-02-16$ <= 50000 => "L09"
$2020-02-16$ > 50000 => "L10"
```

通过执行"Rule Engine"节点，完成人数分级，得到一个评级列。

步骤 6：在"Rule Engine"节点之后，链接一个"Color Manager"节点，为不同的评级设置不同的颜色，接下来会使用这样的颜色绘制省轮廓点所形成的多边形（图 5-165）。

步骤 7：在 KNIME 中，拖入一个"OSM Map to Image"节点，将步骤 6 获得的带有不同颜色评定等级和省轮廓点编号列表的表格连接到"OSM Map to Image"节点的左下输入端口；左上输入端口输入的是经纬度坐标，这可以从"Shapefile Polygon Reader"节点的右下输出端口中得到，这个端口输出的是各省轮廓线点的经纬度坐标信息，将其连接并传递到"OSM Map to Image"节点的左上输入端口。打开"OSM Map to Image"节点，对其显示的经纬度范围和缩放级别等进行设定，执行之后通过在节点上右键下拉菜单选择"Map Image"选项，就可以看到各省患者人数某天的热力图，数据分布规律跃然纸上（图 5-166）。

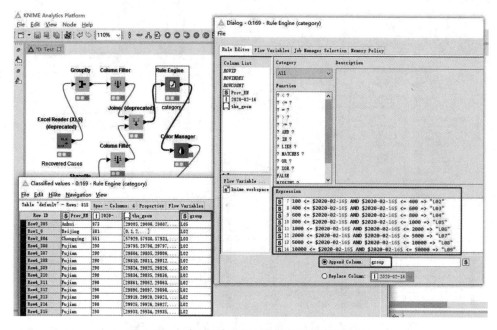

图 5-164　地理信息数据(对患者数量进行评级)

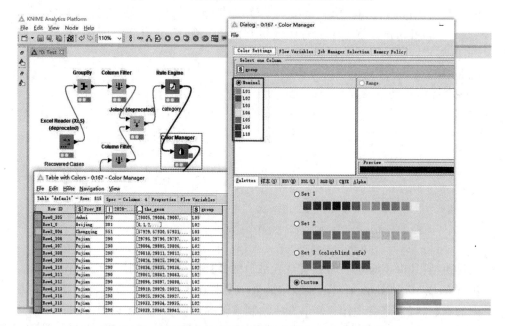

图 5-165　地理信息数据(为不同评级的行赋予不同的颜色)

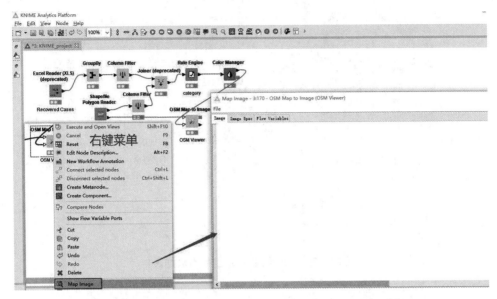

图 5-166　地理信息数据（通过地理信息节点查看患者人数热力图）

注:需要关注地图的规范性,如果缺失了某些地区的轮廓线,需要在数据源处,额外进行填补,以保证发布的地图合规。

5.31　KNIME 快速入门案例(31)点和范围关系

需求背景:

如图 5-167 所示的数据表,内含一系列平面直角坐标系下的坐标点,由前 10 个点(类型为"范围")形成一个包络范围(这些点构成的外轮廓),需求是判断最后两个点(类型为"测试")与包络区域的关系,是在范围内部,还是在范围外部。本例是一个使用KNIME,链接 Python scipy 优化算法库中的函数解决工程问题的实例。

概略思路:

KNIME 中也有解决此类问题的节点,比较复杂,这里调用 Python 库来解决,Python下面有 scipy 优化计算库,其中有关于凸包的算法,直接使用 Python 代码来实现需求,直接、高效,代码简洁且通用,便于传递流程思想。可见,使用 KNIME 更高的境界是能够充分组织各种资源来灵活解决问题,不要局限于手段,全部用 KNIME 节点来实现需求,或者全部用代码来编程解决问题,都是执于一端,二者有结合的最佳点,需要工程师发挥自己的巧思来组织和构造合适的方式来实现。既保证高效解决需求,另一方面开发的工作流具有复用性,能够与他人形成协作协同,将每一点研发投入都变为可用的资源。

工作流概览:

点和范围关系(工作流连接概览)如图 5-168 所示。

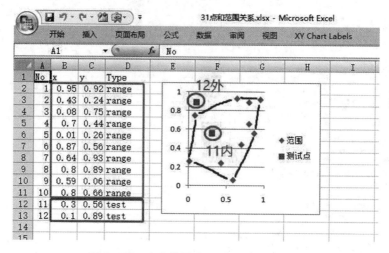

图 5-167　点和范围关系（坐标点数据表）

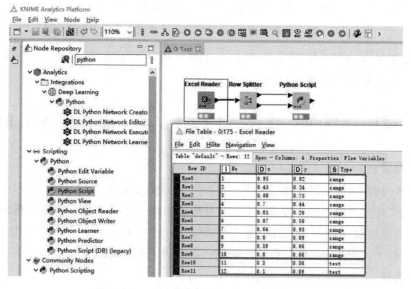

图 5-168　点和范围关系（工作流连接概览）

主要节点：

E001（Excel Reader），R008（Row Splitter），P002（Python Script）

注：特别注意"Python Script"节点的左侧有两个输入端口，分别接受了不同的数据表。在"Python Script"节点上右键，菜单选择"Add ports"→"Input table"，可以添加若干个输入表格（图 5-169），这些表格作为 Python 的 Pandas 库里面的 DataFrame 结构，可以灵活地在代码里加以应用，非常灵活方便。同样在右键菜单里还可以通过"Add ports"/"Remove ports"来"添加/删除"输入输出端口表格，改变它们的数量，都可以自行尝试。

适用于多表格对多表格的统一处理场景。如果使用 KNIME 表格处理节点来实现，没有脚本节点简洁，一个脚本节点可以替代多个 KNIME 节点的功能。但是反过来说，所有的处理都在一个节点内部实现，也并不利于传递流程处理思想，这里面存在一个结合的"度"

的问题,需要合理使用"Python Script"节点,使其在工作流中发挥"承上启下"的关键作用。

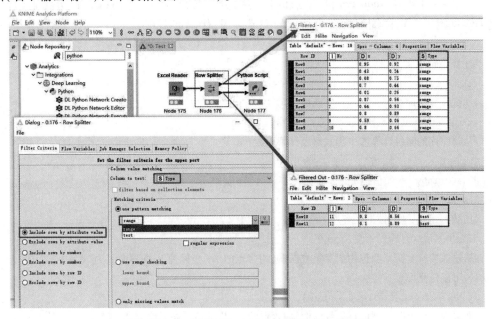

图 5-169　点和范围关系(使用右键菜单管理输入输出表格)

具体步骤:

步骤 1:打开 KNIME,拖入"Excel Reader"节点,通过配置界面,将坐标系点集数据表格读入 KNIME(详细过程参见 3.1 KNIME 快速入门案例(1)统计数据分组)。

步骤 2:在"Excel Reader"节点之后,链接"Row Splitter"节点,通过"类型"列的属性选择,将原始表格分为两部分:分别为含有形成凸包包络区域的点(右上输出端口)和测试点(右下输出端口)两个表格(图 5-170)。

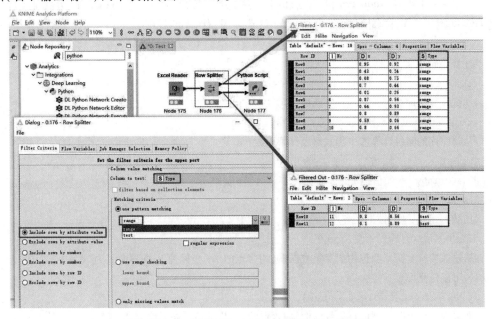

图 5-170　点和范围关系(将坐标点集分为两部分)

步骤 3:链接一个"Python Script"节点,通过其右键菜单,"Add ports"→"Input table"为其添加一个输入表格端口。将步骤 2 得到的两个点集表格,分别传入"Python Script"节点左侧的两个输入端口,这样就可以在"Python Script"节点中,通过 Python 代码来调用它们当中的数据。然后打开"Python Script"节点的代码编辑窗口,进行 Python 脚本语句的编写。代码编写测试无误之后,执行 Python 脚本节点,完成两个测试点与凸包包络范围关系的判定,判定结果与预期一致(图 5-171)。

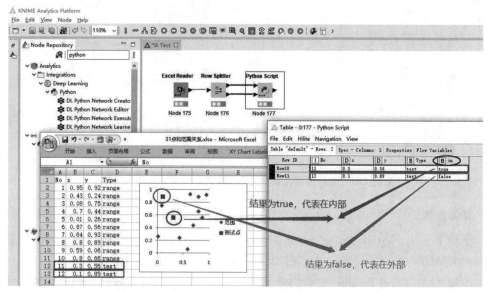

图 5-171　点和范围关系(点与凸包区域关系判定结果)

步骤 4:打开"Python Script"节点的代码编辑窗口,重新审视 Python 脚本代码(详细代码参见附录 D),详细解析整个功能的完成过程,代码如下:

```
# Do pandas inner join
```
#注释语句。
```
from scipy.spatial import ConvexHull
```
#从优化算法库中加载凸包计算函数。
```
from matplotlib.path import Path
```
#从绘图库的路径计算库中加载路径计算函数。
```
import numpy as np
```
#加载 numpy 库,数值运算库。
```
import pandas as pd
```
#加载 pandas 库,数据处理库。
```
dfPs = input_table_1.copy()
```
#从输入接口上获取凸包构成点集数据框(内含点的 XY 坐标值),将其命名为"dfPs","dfPs"为变量名,可以任意设置。
```
dfTPs = input_table_2.copy()
```
#从输入接口上获取测试点集数据框(内含点的 XY 坐标值),将其命名为"dfTPs"。
```
points = np.array(list(zip(dfPs.x, dfPs.y)))
```

#使用凸包构成点集数据框中的 XY 坐标值来形成一个 numpy 数组。

hull = ConvexHull(points)

#使用凸包计算函数来计算由凸包构成点集构成的凸包对象(不一定含有所有的点,是原始凸包构成点集的子集,由这个子集当中的点顺序组成的外轮廓,可以覆盖原始凸包构成点集中的所有点)。

hull_path = Path(points[hull.vertices])

#使用凸包对象的顶点来构成一个路径对象,路径对象下含有关于包含关系判断的函数。

dfTPs['in'] = dfTPs.apply(lambda row: hull_path.contains_point([row.x, row.y]), axis = 1)

#对测试点集数据框进行"apply"操作,操作的过程由"lambda"函数来定义,传播的方向为行方向。具体函数功能是对于测试点集每行的 XY 坐标("row.x, row.y"),首先形成一个列表对象("[row.x, row.y]"),然后调用路径对象的"contains_point"函数来判断包含关系。经过这样的处理,整个测试数据框中所有的测试点都完成了判断,生成一个布尔型的新列"in"(dfTPs['in']),记录判断结果。

output_table_1 = dfTPs

#将更新后的数据框赋值到输出端口。

5.32　KNIME 快速入门案例(32)特定公式拟合

需求背景:

对实验数据进行特定形式公式的最小二乘拟合,从而得到公式的系数。这样的公式可以替代原始的实验数据结果,更加有效地反映实验数据的趋势。当给定新的自变量数值之后,可以调用这样的公式来计算新的因变量结果。其是一种测试数据的模型化需求,在工程计算领域十分常见。在 Excel 当中,有类似的功能,可以做多项式的拟合,但是对于任意公式,需要调用"规划求解器"来完成(图 5-172)。

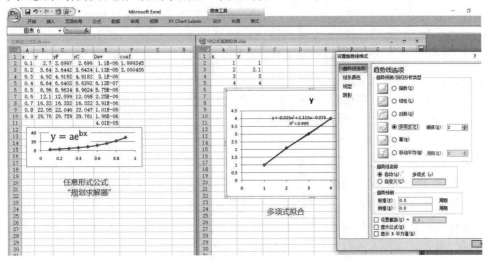

图 5-172　特定公式拟合(Excel 中的多项式拟合)

概略思路:

在 KNIME 中,使用"Python Script"节点,调用 Scipy 优化库中的最小二乘拟合方法来完成。

工作流概览：

特定公式拟合（工作流连接概览）如图 5-173 所示。

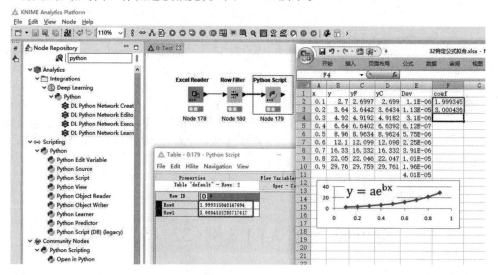

图 5-173　特定公式拟合（工作流连接概览）

主要节点：

E001（Excel Reader）、R003（Row Filter）、P002（Python Script）

具体步骤：

步骤 1：打开 KNIME，拖入"Excel Reader"节点，通过配置界面，将特定公式拟合数据表格读入 KNIME（详细过程参见 3.1 KNIME 快速入门案例（1）统计数据分组）。

步骤 2：在"Excel Reader"节点之后，链接"Row Filter"节点，将参与拟合的自变量（"x"）、因变量（"y"）当中的缺失值进行排除（排除任意一个即可，另一个随之排除，本例是依据自变量排除无效记录）（图 5-174）。

步骤 3：链接一个"Python Script"节点，将清洗好的含有自变量、因变量数据表格传入该节点的左侧输入端口。在节点中写下 Python 代码，完成实验数据的特定公式拟合，这样的代码具有通用性，便于复用，只需要改变其中关于特定公式的定义，就可以完成各种特定公式的拟合（注：实际工程中，实验数据往往含有某种理论规律，比如指数函数衰减，线性增加等，所以拟合公式的选择是具有一定理论意义的，这里通过自定义拟合公式，满足了这样的需求，对工程理论计算有着非常重要的价值）。

可以观察到拟合出的系数结果，与使用 Excel "规划求解器"求解的结果一致，两个系数分别代表公式 $y = a * exp(b * x)$ 中的系数 a 和 b。

在 KNIME 中，可以进一步将这样的公式系数拟合结果加以应用，形成新的计算流程，这也是 KNIME 工作流模式科学性的一种体现，可以利用系数计算结果"参数化"驱动新的计算流程（图 5-175）。

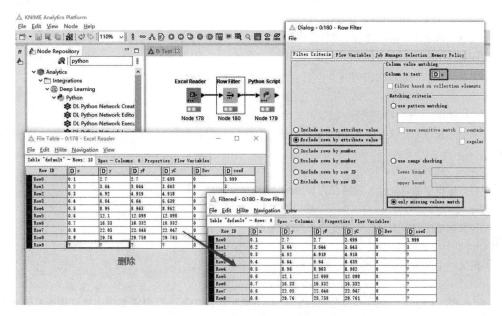

图 5-174　特定公式拟合（对参与拟合的数据进行清洗）

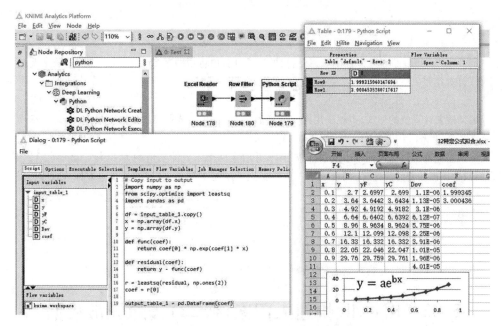

图 5-175　特定公式拟合（调用公式拟合代码得到系数结果）

　　步骤 4：打开"Python Script"节点的代码编辑窗口，重新审视 Python 脚本代码（详细代码参见附录 E），详细解析整个功能的完成过程，代码如下：

```
# Copy input to output
```
#注释语句。
```
import numpy as np
```
#加载 numpy 库，数值运算库。

```
from scipy.optimize import leastsq
```
#从优化算法库中加载最小二乘计算函数。
```
import pandas as pd
```
#加载 pandas 库,数据处理库。

```
df = input_table_1.copy()
```
#从输入接口上获取自变量/因变量数据框(内含 x,y 值),将其命名为"df","df"为变量名,可以任意设置。
```
x = np.array(df.x)
```
#将数据框中的自变量 x 列转变为 numpy 数组。
```
y = np.array(df.y)
```
#将数据框中的因变量 y 列转变为 numpy 数组。
```
def func(coef):
```
#定义一个名为"func"的函数,输入参数为系数列表"coef"。
```
return coef[0] * np.exp(coef[1] * x)
```
#(＊重要＊)在这里定义拟合公式的形式,如果需要改变拟合公式,只需要在这里更新计算表达式的代码。返回的是因变量的值,计算公式为 y = a ＊ exp(b ＊ x)(即:coef[0] ＊ np.exp(coef[1] ＊ x))

```
def residual(coef):
```
#定义"residual"残差方程函数,其给出的残差计算值将帮助 Scipy 的最小二乘函数来调整"公式系数"计算结果。
```
return y-func(coef)
```
#定义残差计算值的形式,也就是用因变量真值(y)减去由公式计算出的因变量(func(coef))。
```
r = leastsq(residual, np.ones(2))
```
#将残差方程函数代入到最小二乘函数当中,并给定两个系数的初值均为 1(np.ones(2)),最小二乘函数会依据残差计算结果,利用最小二乘算法,不断调整系数值,知道满足残差方程的收敛标准。
```
coef = r[0]
```
#将第一组系数计算结果加以输出。

```
output_table_1 = pd.DataFrame(coef)
```
#将系数计算结果转化为数据框,然后赋值到输出端口。

5.33　KNIME 快速入门案例(33)去除异常数据

需求背景:

对于给定的一组测试值进行数据清洗,将其中不合理的异常数据剔除(注:传感器数据当中,经常存在异常值,要么非常大,要么非常小,可能为负值,在建模以前,需要对这样的异常值加以去除)。一个难点是异常数据的定义,很难直接给出去除数据的上/下限标准,这时候需要使用统计学当中的百分位数的概念来对数据加以判定,也就是根据数据自身分布规律,计算出百分位数,以百分位数来设置上下限,进行异常数据的剔除,是比较科学的一种方式,数据的绝对值上/下限比较难以给定,但它的统计学指标却可以反映出数据分布的特点,从而对数据加以处理(图5-176)。

注:百分位数,统计学术语,如果将一组数据从小到大排序,并计算相应的累计百分位,则某一百分位所对应数据的值就称为这一百分位的百分位数。可表示为:一组 n 个观测值按数值大小排列。如处于 $p\%$ 位置的值称第 p 百分位数。

百分位通常用第几百分位来表示,如第五百分位,它表示在所有测量数据中,测量值的累计频次达5%。以身高为例,身高分布的第五百分位表示有5%的人的身高小于此测量值,95%的身高大于此测量值。

中位数是第50百分位数。

第25百分位数又称第一个四分位数(First Quartile),用 Q1 表示;第50百分位数又称第二个四分位数(Second Quartile),用 Q2 表示;第75百分位数又称第三个四分位数(Third Quartile),用 Q3 表示。

分位数是用于衡量数据的位置的量度,但它所衡量的,不一定是中心位置。百分位数提供了有关各数据项如何在最小值与最大值之间分布的信息。对于无大量重复的数据,第 p 百分位数将它分为两个部分。大约有 $p\%$ 的数据项的值比第 p 百分位数小;而大约有 $(100-p)\%$ 的数据项的值比第 p 百分位数大。

对第 p 百分位数,严格的定义如下:

第 p 百分位数是这样一个值,它使得至少有 $p\%$ 的数据项小于或等于这个值,且至少有 $(100-p)\%$ 的数据项大于或等于这个值。

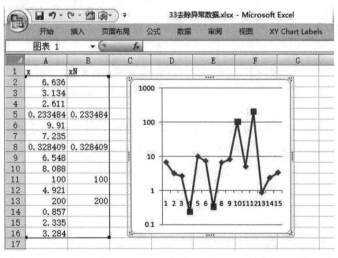

图 5-176　去除异常数据(异常数据分布样例)

概略思路:

需要使用 KNIME 的节点来计算一组数据的百分位数,例如以第10百分位数作为下限,以第90百分位数作为上限来筛选数据,就可以去除数据当中的异常值。

思路一:使用"GroupBy"节点,其中可以计算一组数据的百分位数数值,然后将上下限的百分位数数值转化为变量,并使用"Row Filter"类节点,对原始数据记录进行筛选,从而达到筛选数据的目的。

思路二:使用"Auto-Binner"节点,对数值型数据进行自动分箱,分箱的依据可以选择依据百分位数,这样会给数值型分布的数据依据不同的百分位数区间打标签,对标签进行筛选,即可获得所需区间的数据,从而排除了其他区间数据,完成了数据清洗任务。

思路三:使用"Numeric Outliers"节点,该节点根据模型输入的参数来处理输入数据中的异常值。它检测并处理输入数据中所有列的异常值,这些异常值也包含在模型输入中,输入数据中异常值的检测仅依赖于模型学习的规则。该节点的使用方法并不复杂,读者可以自行研究,介绍从略。

工作流概览:

去除异常数据(工作流连接概览)如图 5-177 所示。

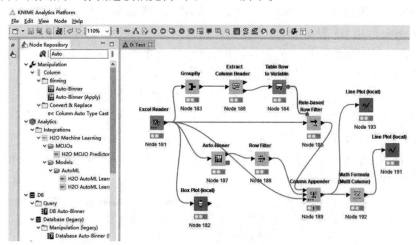

图 5-177　去除异常数据(工作流连接概览)

主要节点:

E001(Excel Reader),B002(Box Plot(local)),G001(GroupBy),E004(Extract Column Header),T005(Table Row to Variable),R007(Rule-based Row Filter),A001(Auto-Binner),R003(Row Filter),C017(Column Appender),M004(Math Formula(Multi Column)),L003(Line Plot(local))

具体步骤:

步骤1:打开 KNIME,拖入"Excel Reader"节点,通过配置界面,将含有异常数据的数据表格读入 KNIME(详细过程参见 3.1 KNIME 快速入门案例(1)统计数据分组)。

步骤2(方法一):在"Excel Reader"节点之后,链接"GroupBy"节点,选择聚合方法为"Quantile",并点击其右侧"Edit"按钮,在弹出的对话框中的"Basic"标签页中设置"百分位数",如"0.85"即代表第 85 百分位数。"GroupBy"节点允许设置若干的聚合方法,这里分别设置上限"百分位数"为第 85 百分位数;下限"百分位数"为第 10 百分位数,经过"GroupBy"节点的处理,可以获取原始数据列的两个百分位数对应的具体数值,这两个数值就是用于筛选原始数据的下限值和上限值(图 5-178)。

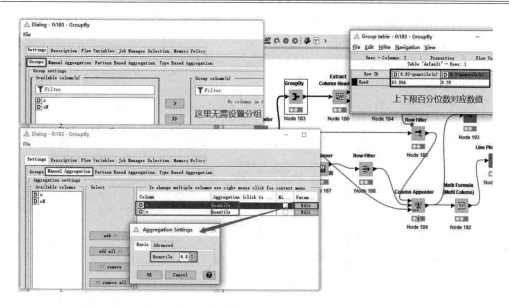

图 5-178 去除异常数据(使用分组节点获取上下限百分位数对应数值)

步骤 3(方法一):再链接一个"Extract Column Header"节点,对表格加以处理,使其表头列名变为默认值,当前的表头列名形如"0.85-quantile(x)"会随着设置的改变而改变,将来转变为变量使用的时候,变量名也会随之变化,这对于后续使用该变量名的节点会造成障碍,一旦设置改变,那些节点就会报错,无法实现参数设置的流程自动化。这里将列名变为默认值,后续使用将保持不变(图 5-179)。

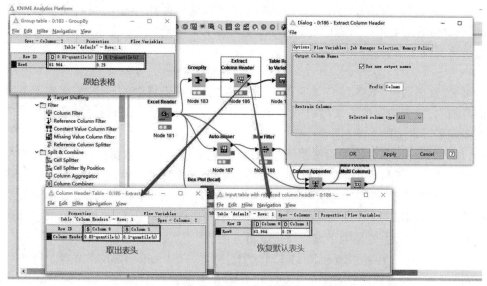

图 5-179 去除异常数据(使用表头列名抽取节点恢复列名默认值)

步骤 4(方法一):再链接一个"Table Row to Variable"节点,将表格中的原始数据列的上下限百分位数对应的数值转换成两个变量,可以看到这两个变量的变量名是默认值,不会随着参数设置的变化而变化,后面的节点可以使用这样的变量进行计算和数据处理,不会遇到由于变量名改变,流程进行不下去的情况(图 5-180)。

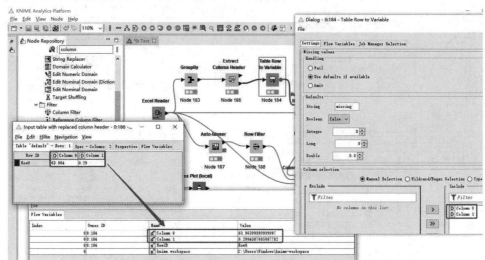

图 5-180　去除异常数据(将上下限百分位数对应的数值转变为变量)

步骤 5(方法一):在"Excel Reader"节点上,链接一个"Rule-based Row Filter"节点,使用基于规则的行筛选对原始数据表格进行筛选,去除异常值。需要将步骤 4 通过"Table Row to Variable"节点获得的变量,从其右端变量输出端口上链接到"Rule-based Row Filter"节点加以使用。

从"Table Row to Variable"节点右端变量输出端口拉一根变量红线,连接到"Table Row to Variable"节点的左上角,这样就可以在该节点中使用传递出来的变量值。打开"Rule-based Row Filter"节点的配置界面,输入以下筛选规则(小提示:可以通过双击列变量名将其添加至公式):

```
$x$ > $ $｛DColumn 1｝ $ $ AND $x$ < $ $｛DColumn 0｝ $ $ => TRUE
```

可见,这里通过" $ $(xx) $ $ "引用了变量,且原始表格中的 x 值,需要在上下限规定的范围内,才会被保留下来(筛选结果为"TRUE",且选择了"Include TRUE matches"),从而实现了异常值的去除(图 5-181)。

(注:如果写保留数据的筛选逻辑过于复杂,也可以写去除数据的筛选逻辑,并将它们的筛选结果赋值为"FALSE"。同样是去除数据的筛选逻辑简单,也可以将它们的筛选结果赋值为"TRUE",下方单选框里选择"Exclude TRUE matches",这样由于去除数据的筛选结果为"TRUE",它们还是被排除掉了。这里的设置比较灵活,可以通过例子自己尝试一下,加深体会,主要是为了编写筛选逻辑方便。)

步骤 6(方法二):在"Excel Reader"节点上,链接一个"Auto-Binner"节点。打开"Auto-Binner"节点的设置对话框,可以发现在分箱方法设置框下面有"Sample quantiles"的设置,是以逗号分隔的,可以设置一系列百分位数(注意数值的范围为 0~1)。通过这样的若干百分位数点的设置,可以将连续型数值变量分隔为几个区间,为区间内的数据设置标签,也就是将连续型数值变量进行离散化、标签化,形成数据分箱结果。

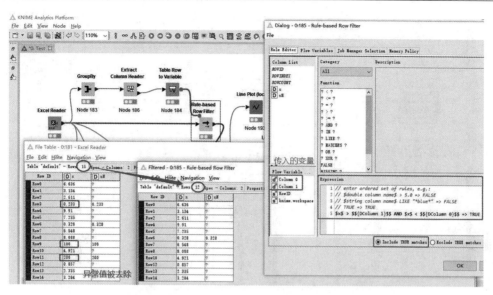

图 5-181　去除异常数据(使用条件筛选节点应用上下限数值去除异常值)

如图 5-182 所示,这里的设置如下:

0.0, 0.1, 0.9, 1.0

原始数据第 0 百分位数到第 10 百分位数内的数据会赋予"Bin1"的分箱标签属性;

原始数据第 10 百分位数到第 90 百分位数内的数据会赋予"Bin2"的分箱标签属性;

原始数据第 90 百分位数到第 100 百分位数内的数据会赋予"Bin3"的分箱标签属性。

所以,分箱标签属性为"Bin2"的数据,就是我们要获取的,去除了异常数据的结果。

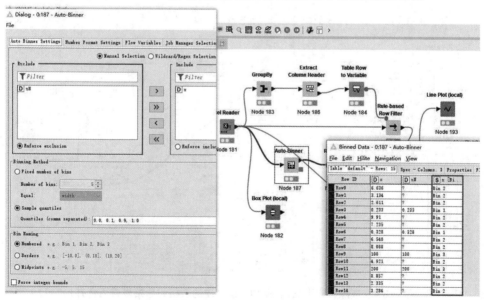

图 5-182　去除异常数据(使用数据分箱节点来对数据打标签)

步骤 7(方法二):再链接一个"Row Filter"节点,将"Bin2"的数据筛选出来,即为所求
(图 5-183)。

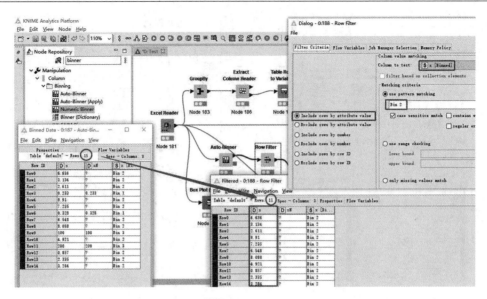

图 5-183　去除异常数据(通过标签筛选去除异常值)

步骤 8:在 KNIME 中拖入一个"Column Appender"节点,将两种方法获取的去除了异常值的数据表还有原始数据表采用"列合并"的方式合并在一起(注:默认是两个表格合并,可以通过右键菜单,"Add input port"添加一个输入表格端口),由于几个表格的行数量不相同,在"Column Appender"节点中需要选择产生新的行索引选项,否则就会报错。将这些结果汇总在一起,是为了便于总体观察数据筛选的效果(图 5-184)。

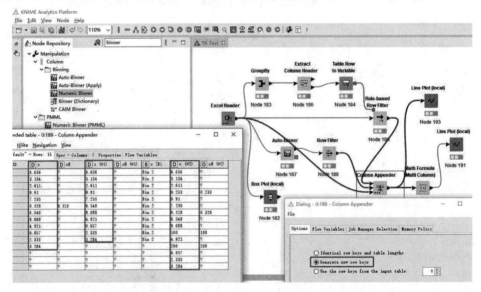

图 5-184　去除异常数据(将两种方法处理的表格和原始表格列合并)

步骤 9:在"Column Appender"节点之后,链接一个"Line Plot(local)"节点,右键选择"View:Line Plot"打开图形显示窗口,通过列选择窗口设置要限制的数据列,比较筛选效果(图 5-185)。

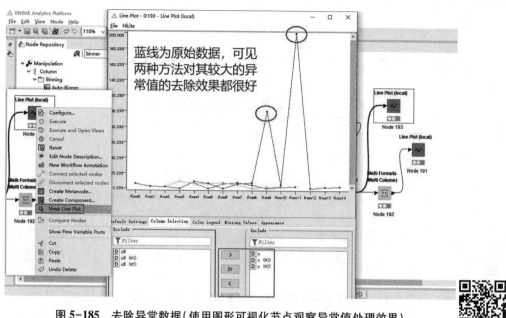

图 5-185　去除异常数据（使用图形可视化节点观察异常值处理效果）

步骤 10：为了观察到对于较小的数据的去除效果，需要对原始数据进行对数处理，这样可以在图形可视化的时候凸显出较小的异常值，便于观察对其的去除效果。这里在"Column Appender"节点之后，链接一个"Math Formula（Multi Column）"节点，打开其设置对话框，选择两种方法获取的去除了异常值的数据列还有原始数据列来进行对数计算，为了完成多列的相同处理，表达式中需要使用"＄＄CURRENT_COLUMN＄＄"来遍历要处理的列，并且要选择"替换选择列选项"，如果不想替换掉原来的数据列，也可以保持默认选项，会将处理后的列追加到原始表格之后（图 5-186）。

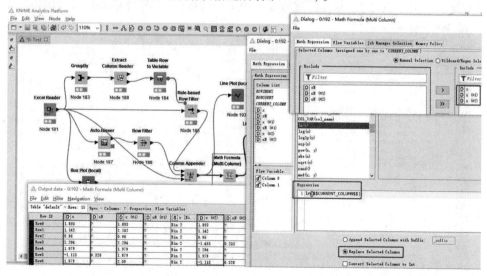

图 5-186　去除异常数据（使用多列数学公式节点对数据结果取对数）

步骤 11：与步骤 9 类似，再链接一个"Line Plot（local）"节点，观察数据的筛选结果

（图 5-187）。

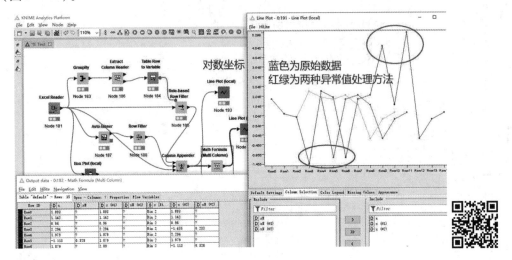

图 5-187 去除异常数据（观察对数坐标系下异常值处理效果）

5.34　KNIME 快速入门案例（34）合并透视多表

需求背景：

如图 5-188 所示的 Excel 数据表格中记录了不同国家，在某个年度不同月份的生产数据。一种 Excel 非常普遍的使用习惯是将不同年度的同类信息，放置在不同的工作簿中（使用工作簿增加了一个时间维度，便于人查找，浏览），但是如果想对各个年度的月度生产数据进行汇总或者求平均值，就涉及了跨工作簿操作，十分麻烦而且容易出错。

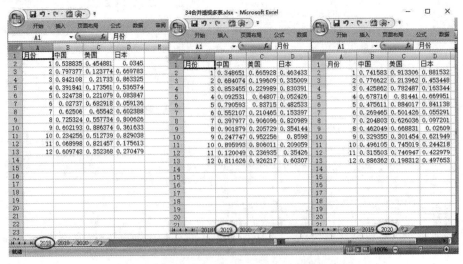

图 5-188 合并透视多表（原始多工作簿数据表格）

需求：对多工作簿的数据进行汇总，汇总到一张总表中（列名包含有"国家""月份"

"生产数据"的数据框,展开成一维线性数据便于整理和统计),然后获取每个国家每个月,三个年度生产数据的平均值。

概略思路:

使用 KNIME 的循环节点,对 Excel 中的工作簿进行循环读取,可以在不破坏 Excel 原有数据结构和数据内容的情况下,将 Excel 当中的数据加以获取,合并成一个总的表格。然后,就可以使用 KNIME 中丰富的数据处理节点的功能,对存在于工作流(内存)里面的虚拟总表做各种类型的分析、整理、加工、计算,最后将结果输出到 Excel 中。这种操作方式,保持了原有 Excel 的格式不变,没有任何额外风险,原有 Excel 表格可以按照原有的格式继续更新、维护、拓展,工作流附加于其上,配合数据源一起完成数据处理任务。

工作流概览:

合并透视多表(工作流连接概览)如图 5-189 所示。

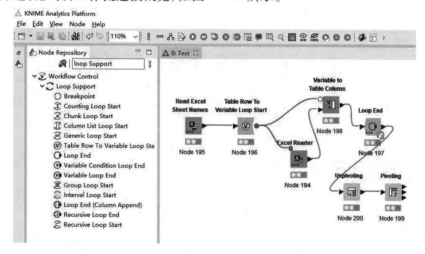

图 5-189　合并透视多表(工作流连接概览)

主要节点:

R009(Read Excel Sheet Names),T006(Table Row To Variable Loop Start),E001(Excel Reader),V002(Variable to Table Column),L004(Loop End),P001(Pivoting),U001(Unpivoting)

注:

1. 可以看到,T006(Table Row To Variable Loop Start)节点和 L004(Loop End)节点都是青色节点,这一类节点是循环类节点,在日常的数据处理任务当中会经常用到。一般需要一个循环起始节点(这里是 T006)和一个循环终了节点(这里是 L004)相配合,它们的组合关系并不是唯一的,虽然有一对一的常用组合关系,实际是多对多的,可以组合出非常有用的功能。循环之间还可以形成嵌套,在 KNIME 中优雅地使用循环节点,可以使数据处理流程更容易为他人读懂,形成协作。

2. "Excel Reader"节点不再像之前介绍的案例那样,通过配置界面选择固定的数据文件,使用下拉菜单来选择工作簿,而是用了流变量,这一点是非常重要的。为了使工作流更加灵活多变,使用参数化驱动的方式来完成数据处理任务,流变量的使用是需要熟练掌握的基本技能。读者可以通过本例,对流变量的使用方法建立基本的概念,在实际需求解决中多加应用,多多体会。

具体步骤:

步骤 1:打开 KNIME,拖入"Read Excel Sheet Names"节点,通过配置界面,将多工作簿多国月度生产数据表格的路径信息及工作簿信息读入 KNIME,甚至可以使用"Files in folder"选项,将批量 Excel 文件的路径及每个文件下的工作簿名称进行读取(图 5-190)。

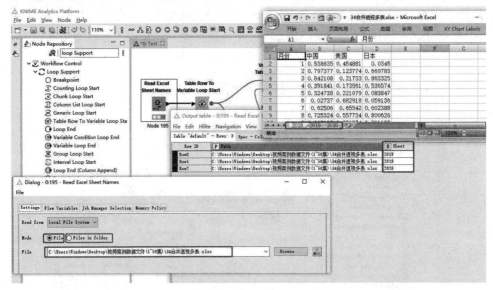

图 5-190　合并透视多表(批量读取 Excel 文件路径及工作簿名称)

步骤 2:在"Read Excel Sheet Names"节点之后,链接"Table Row To Variable Loop Start"节点,循环遍历步骤 1 表格中的 Excel 文件路径及工作簿名称,将其转变为流变量。在每一次迭代过程中,加入"Excel Reader"节点,将流变量中的路径和工作簿信息传入该节点加以应用,就可以实现循环读取 Excel 文件各个工作簿的效果(甚至是多个 Excel 文件的多个工作簿,如图 5-191 所示)。

注:这里特别要注意几点,否则循环读取将不能成功:

(1)"Table Row To Variable Loop Start"节点的输出端口为流变量端口,要将流变量传递到"Excel Reader"节点当中加以应用,需要从"Table Row To Variable Loop Start"节点输出端口拉一条红色变量连线至"Excel Reader"节点的左上角。

(2)在"Excel Reader"节点中进行路径设置,点开路径浏览按钮右侧的"V"字样按钮,设置完毕该按钮处于按下的状态,代表此时读取的 Excel 文件路径来源于流变量。点击"V"字样按钮,会弹出路径变量选择窗口,如果没有路径可供选择,需要检查"Excel Reader"节点的前方节点是否处于执行完毕状态。另外,会出现没有路径可选的情况,需要保证传入的路径类型为"P"(Path 型)才能出现在列表里。如果是字符串型,需要预先将字符串型变量转化为路径型变量。

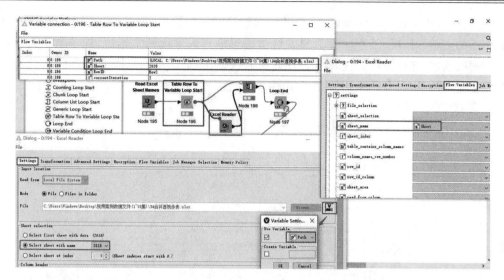

图 5-191　合并透视多表(循环读取 Excel 文件的详细设置)

(3)(* 重要 *)在"Excel Reader"节点的设置界面,工作簿选择这里,一定要确保单选框选在"根据工作簿名称选择"这个选项上,在例如文件路径设置变更、忘记保存等操作的情况下,会导致该选项恢复为默认设置(选择第一个工作簿)。由于这样也不能算设置错误,工作流仍能运行,就会导致最终获得的多个工作簿合并表中都是重复第一个工作簿的数据。这里之所以要设置从工作簿名称选择,是因为我们将从流变量上传递工作簿名称进来,进行遍历(当然如果流变量传递的是工作簿索引编号,在这里要选"根据工作簿索引选择",但这种用法不是很常见)。

(4)在"Excel Reader"节点配置界面,选择"流变量"选项卡,找到"settings"→"sheet_name"在下拉菜单里选择传递进来的流变量"Sheet",即可以在每一次循环读取 Excel 时,改变工作簿设置。

步骤 3:把工作簿名称从流变量添加到数据表格当中。工作簿名称信息并不在原始 Excel 数据表的单元格里,为了数据分析整理方便,这样的信息需要与数据表格进行融合。为了完成此目的,在"Excel Reader"节点之后,链接一个"Variable to Table Column"节点,将通过"Excel Reader"节点读取的表格,连接到"Variable to Table Column"节点左侧下方的表格型输入端口上,以便对该表格进行变量列的添加;再将"Table Row To Variable Loop Start"节点的流变量输出端口与"Variable to Table Column"节点左侧上方的变量输入端口相连,即可将工作簿信息通过流变量的方式传入(图 5-192)。

步骤 4:链接一个"Loop End"节点,不需要额外设置,就可以对 Excel 当中的工作簿进行循环读取(图 5-193)。

(小技巧:可以提前拖入"Loop End"节点,但不要直接链接它并开始执行循环,因为我们在循环体内部设计的流程,往往不是一次就能成功的,这样等待循环结束耗费了开发者的时间。我们可以断开"Loop End"节点前面的链接,在循环的一次执行过程中,观察数据处理的状态,功能的效果是否与设计相符。如果不符,可以在一次循环过程中加以完善,等一次循环没有问题了,再链接上"Loop End"节点,进行批量的处理和批量处理结果的检查,逻辑正确性的验证,这将节省大量的时间。同样,这样的过程也适用于循环工作流的更新和拓展,工程师要学会以科学的思维方式来玩转工作流,加快数据处理任务的完成效率,这些技巧编程人员会有直观的认识,但是这样的思维方式不应该只是 IT 人员才应该具备,具有普适意义。)

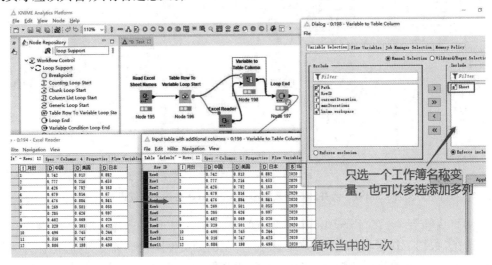

图 5-192　合并透视多表(为数据表格添加工作簿名称信息)

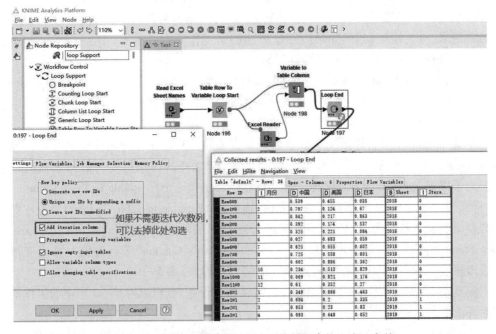

图 5-193　合并透视多表(循环读取的数据表格完成了合并)

步骤 5:当前的数据表已经将原有 Excel 文件当中的多个工作簿内表格数据信息加以合并,接下来可以对其中的数据结果进行分析整理。在整理以前,我们发现合并的数据表格内并不都是一维线性的数据,存在一二维表格混排的现象,不利于进一步分析整理。

为了进一步处理需要,在"Loop End"节点之后,链接一个"Unpivoting"节点,对循环读取拼接的表格进行局部逆透视,使所有数据都在列方向呈现为一维形态(图5-194)。

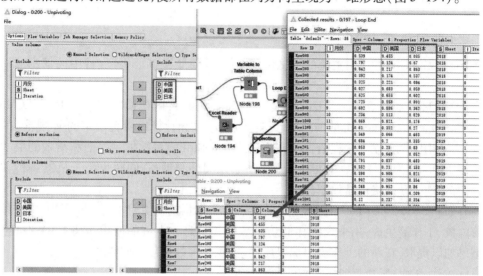

图 5-194　合并透视多表(对数据表格进行逆透视)

步骤6:数据处理好之后,所有的信息是全的,格式也是正确的,后面就可以进行任意分析、整理、统计,满足各种需求,这里要得到每个国家每个月,三个年度生产数据的平均值。需要再链接一个"Pivoting"节点,做数据透视表,以"月份"作为行索引,"国家"名称作为列名,对三个年份的生产数据进行聚合,方法为"平均值",最终可以得到需要的统计表(图5-195)。

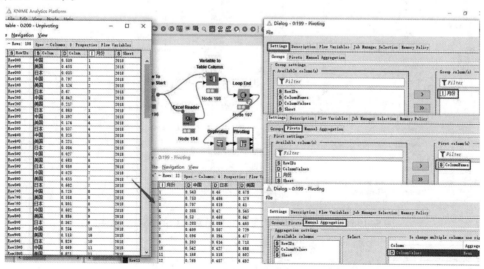

图 5-195　合并透视多表(用处理好的数据表去满足各种统计需求)

5.35　KNIME 快速入门案例(35)汇总格式数据

需求背景:

JSON 文件是一种通用主流的信息格式文件,需要能够对 JSON 文件中的信息加以提取汇总。

JSON(JavaScript Object Notation)是一种轻量级的数据交换格式。它基于 ECMAScript(European Computer Manufacturers Association, 欧洲计算机协会制定的 js 规范)的一个子集,采用完全独立于编程语言的文本格式来存储和表示数据。简洁和清晰的层次结构使得 JSON 成为理想的数据交换语言。易于人阅读和编写,同时也易于机器解析和生成,并有效地提升网络传输效率。

有如图 5-196 所示的 JSON 文件,里面记录了批量的仿真计算结果。可以是由其他计算内核、工作流生成,用来离线存储仿真数据等信息。本例的需求是将其中的批量仿真结果加以提取,在新的工作流中加以应用,实现一种数据信息的传递。

图 5-196　汇总格式数据(含有批量仿真数据的 JSON 文件)

概略思路:

KNIME 中有大量关于 JSON 格式处理的节点,将它们有效组织起来,可以快速完成网络数据包中信息的解析、整理。即想即得,即用即弃,效率非常高,非常灵活。这里通过一个案例,简单介绍一下最基本的 JSON 文件操作,其他相关节点的功能,大家可以登录 https://nodepit.com/,搜索相应节点,下载其他人建立的例子工作流,体会节点的功能,进而在自己的数据处理任务中加以应用,必将起到事半功倍的效果。只有人员的基本技能提升了,通过有效的人机协同,才能真正高效灵活地解决数字化方方面面的需求。

工作流概览:

汇总格式数据(工作流连接概览)如图 5-197 所示。

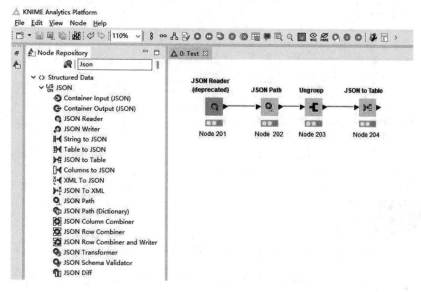

图 5-197 汇总格式数据(工作流连接概览)

主要节点:

J002(JSON Reader),J003(JSON Path),U002(Ungroup),J004(JSON to Table)

注:图 5-197 左侧为 JSON 相关节点,非常丰富,有与其他格式的相互转换,也有 JSON 文件的解析和增删改查,都需要读者依托自己的数据处理需求,不断实践,一点一滴地积累对节点功能的认识和实际应用的水平。可以登录 https://nodepit.com/,搜索相应节点,下载其他人建立的例子工作流,进行学习。

具体步骤:

步骤 1:打开 KNIME,拖入"JSON Reader"节点,通过配置界面,将批量仿真计算结果数据文件(JSON 格式)读入 KNIME。

步骤 2:在"JSON Reader"节点之后,链接"JSON Path"节点,输入如下的 jsonPath 查询语句:

$..BatchRunCases.*

在"JSON Path"节点当中,随着用户输入的 jsonPath 查询语句的变化,下方会以"蓝色"背景高亮显示匹配的信息,这既便于查询语句书写人员检查查询逻辑的正确性,也便于初学者,通过不断尝试,理解 jsonPath 语句查询效果。因为"BatchRunCases":[ ] 键值对下,记录了批量的仿真结果数据,所以通过" $..BatchRunCases.* "可以查询到所有仿真结果,并且这些仿真结果可以被 KNIME 提取为列表,列表中每个元素的数据格式也是可以设置的,这里设置为保持 JSON 格式不变,便于后面通过"JSON to Table"节点进行分解(图 5-198)。

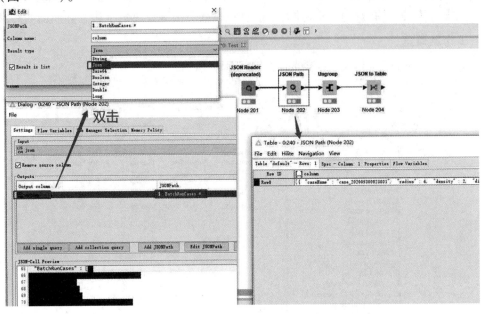

图 5-198　汇总格式数据(使用 JSON Path 节点解析文件内容)

　　步骤 3:再链接一个"Ungroup"节点,将由"JSON Path"节点解析出的批量仿真结算结果列表,"解分组"打散成表格,表格中单元格的数据类型为 JSON,数量为仿真次数,每个单元格记录了一次仿真中各个参数的数值(图 5-199)。

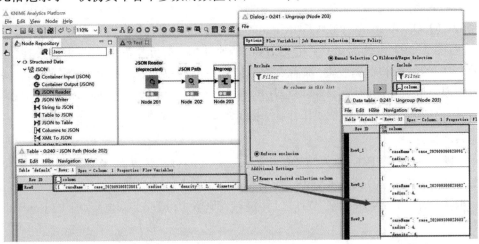

图 5-199　汇总格式数据(将提取的数据列表解分组形成表格)

　　步骤 4:再链接一个"JSON to Table"节点,将记录了批量仿真参数数值的 JSON 类型表格,转成二维数据表格,表格的列名来源于 JSON 结构当中的键名称,表格内的值由键对应的值填充(图 5-200)。

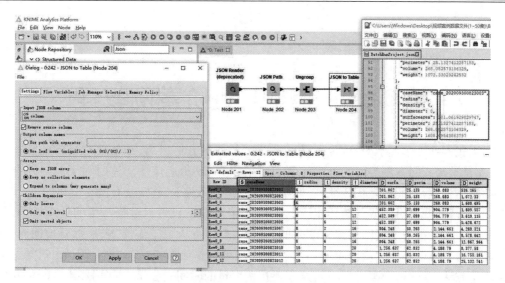

图 5-200　汇总格式数据(将批量仿真数据 JSON 表格转变为参数表)

第6章 KNIME 进阶案例教程

当我们熟练掌握了 KNIME 大量基础节点的使用方法以后,相信面对日常的数据需求,尤其是与入门案例类似的处理流程,已经能够做到得心应手。这时对于相对复杂一些的数据处理,我们也是跃跃欲试,但是在这种大好形势下,其实是有潜在危机的:

一方面,我们对于节点的功能认识并不全面,大量的设置对数据产生的处理效果,我们其实并不是很清楚(注:这是初学者的通病,盲目建立大量工作流,未来都要被抛弃,很多高级设置可以替代大量节点的组合。建议如果工作流节点数量超过 20 个,就要思考是不是方法有问题,有改进空间),这需要花费大量的时间去尝试,去理解,建立印象和概念。

另一方面,还有大量的高级节点,我们并不了解,但是我们已经熟悉了基本节点的用法,会产生严重的依赖性。解决问题的时候,不断堆砌基本节点,最终使工作流变得越来越臃肿,越来越固化,难以拓展,不能够实现传递思想、传承流程的作用。在这种情况下,工作流的作用就蜕变为与代码编程一样的功能了,甚至某些特性没有单纯的代码好。

最后,对于一些复杂的数据处理需求,需要高级节点和基础节点相辅相成。掌握基本节点的功能是重要的一环,但高级节点也需要掌握。即使是基本节点间,通过相互组合所拓展的功能,也有待我们在实践中加以应用和总结。

基于以上的几点分析,可见 KNIME 的学习过程,不再是简单的,像以往行业软件那样的学习模式和思路。需要建立起科学缜密的思维逻辑体系,把既有的对 KNIME 节点的功能认知转变为思维“节点”,未来在遇到需求的时候,才能有效地在思维世界将其串联,高效加以解决。对 KNIME 的学习,是重“神”而不重“形”的,形有千千万万,但万变不离其宗。所以,本章将通过对一些实际数据处理案例的剖析,让大家体会上述的理念。其中,前 8 个例子侧重解决具体需求的思路和 KNIME 所具有的相应功能,很难复现,仅供参考;后面的一些案例综合运用了第 5 章介绍的节点功能,完成相应的需求。可以借助实际案例,重点体会模块化的节点是如何组织起来完成需求的,未来数字化任务的完成都需要通过这样的资源组织方式加以实现。

面对具体的数字化需求,需要工程技术人员对其进行解析拆分,使用相应的若干节点与之对应。大家可以在实际工作中,组织 KNIME 相关资源,高效完成实际工作当中的数据分析处理任务,不断地总结和提高工具的应用水平。希望这一部分的案例,能帮助大家建立起基本的流程概念和思维逻辑,为后面的提升打下坚实的基础。

6.1 KNIME进阶案例教程(1)设备模型批量仿真

需求背景:

对工业场景中的各种设备依据物理原理进行理论建模,通过给定设备配置参数、工况等边界条件,仿真计算设备的性能参数。多种设备模型整合起来,可以形成系统模型。既可以用于系统设计初期的方案对比、优化,也可以用于现有系统的控制策略研究、运维优化等应用场景。本例以水冷机组建模为例,介绍KNIME在批量模型仿真当中的应用。

注:当大家亲手完成了第5章当中的所有案例之后,就建立起了基本的技能体系,对所有节点的功能也有了初步的了解,形成了一定的认知水平。当思维世界完成了这样的提升之后,我们即使看到一个复杂的工作流,也大致能够理解工作流每一步都在完成什么样的功能,可以从若干节点的组合体来理解整个工作流的各个部分。实际上,KNIME工作流当中也确实允许将若干节点整合起来,形成一个"组件节点",形成"层级化"的工作流,这样可以使工作流的上层结构变得更加清晰,不至于因为节点过多,影响了工作流对于流程固化和思想传递这样的重要特征。对于工作流局部模块功能,使用者可以深入"层级化"组件节点内部,在"组件节点"上右键,可以在KNIME当中新打开一个页面来显示"组件节点"内部的工作流连接情况,这样的工作流会有若干个输入端口,还有若干个输出端口与外界相连,而且包含了实现"组件节点"功能所需要的内部节点(内部节点也可以是"层级化"的组件节点,形成嵌套关系)。一般情况下,内部节点的改动很小,它们的组合实现了一些常用的功能,所以需要将它们封装在一起,这样可以保证外部"组件节点"的复用性,相当于形成了新的"节点"(只不过不是原生节点,是原生节点的组合)资源。

工作流概览:

设备模型批量仿真如图6-1所示。

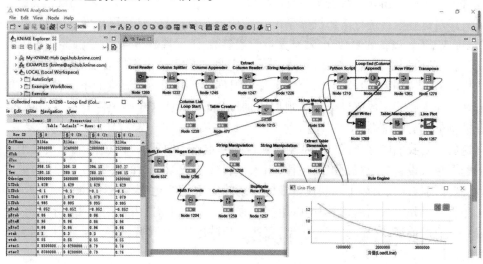

图6-1 设备模型批量仿真

工作流分析：

大体分为三个部分：

（1）前处理部分。

工作流的左上角，从 Excel 文件中读取水冷机组的固化参数条件、外部环境工况参数条件、冷机的性能参数要求，这些都是仿真的输入条件。并且借助 Excel 的便利功能，批量设置了需要仿真的测试用例，测试用例之间的差别在于输入条件的差异（比如性能参数要求、工况参数等）。通过批量的仿真，可以得到不同输入条件下，机组性能的差异，将数据绘制成图形，可以观察到性能随输入条件的变化而变化，这对我们产品设计、方案优化都具有很重要的指导意义。

（2）仿真计算部分。

图 6-1 中工作流的下半部分，这里包括了理论计算所需的各种公式（本例采用了文档化建模的方式，允许工程师通过工作流当中的表格编辑节点，对理论计算逻辑进行维护和更新，由文档驱动模型计算逻辑的变更，这样的文档也可以由文件读入，这样的文件可以交给算法专家来维护，他们无须具有编程的基础）、公式的解析、公式转脚本代码、运行代码的各种节点。经过这一部分，可以完成模型计算逻辑的固化，将输入条件通过模型转化为输出参数结果。

（3）结果输出及后处理部分。

工作流的右上角，通过循环计算，已经完成了模型的批量仿真，可以将仿真计算结果通过 Excel 输出节点加以输出（Excel 格式报告），便于其他工程师进一步处理。也可以直接使用 KNIME 中的数据可视化后处理节点，直接绘图，观看设备的性能参数随输入条件的变化情况。

应用价值：

工业企业设备通过数字化、信息化手段，采集了大量的运行参数数据，这些数据资产里蕴含了巨大的价值和有待发掘的改进机会。

直接对这些数据进行诸如机器学习等数值模型的建立，然后用来做预测使用，会陷入"维度灾难"。设备的参数众多，有大量配置参数、工况参数，它们对于性能的影响有主次之分，数值模型的一点点变动，可能会导致模型的预测结果不符合实际趋势。比如对于冷机的 COP，从理论分析可知，会随着蒸发温度的上升和冷凝温度的下降而增大，这样的宏观规律未必能在数值模型的微观层面加以展现，而且这样的规律有很多，我们需要保证模型的趋势正确性。

这就需要我们能够建立一个基于工业设备基本物理原理的"内核模型"，用它来反映不同配置形式设备的宏观系统性规律，引入来自实验数据层面的既定结果（比如湿空气物性、制冷剂物性），大体上反映设备随输入条件变化而产生的趋势性结果。

当上述工作完成以后，我们可以用实际采集的数据来对"内核模型"进行标定，使其准确性也有所保证，这样的"标定模型"就既能反映趋势，又具有一定的准确性，用它来做预测、优化就比较令人满意。

6.2　KNIME 进阶案例教程(2)冷凝器可视化选型

需求背景:

对工业场景中的各种设备依据物理原理进行理论建模,通过给定设备配置参数、工况等边界条件,仿真计算设备的性能参数。前面的水冷机组建模案例已经介绍了通过批量仿真获取设备运行的性能参数,然后通过可视化手段进行比较的方法,这种属于设备性能参数的计算逻辑;还有另外一种逻辑是设备设计参数的选型逻辑,也就是通过对某些关键的设备性能参数进行目标设定,比如本例的风冷冷凝器选型需求,就预先对冷凝器的换热量进行了设定,这一般来源于设计需要,需要该换热器在一定的工况参数条件下,达到一定的换热能力,以便与实际场景中的负荷需求相匹配。

当对设备的关键设备性能参数进行目标设定之后,可变的参数转化到设备的几何参数,比如换热器的管长、管径、管子数量,求解达到设计需要条件下,所需的设备设计参数的最优解。

即使得到了设备的设计参数、几何条件,为了对其进行横向对比,还需要一个三维环境来体现不同设计目标情况下,换热器的尺寸变化情况。这种三维环境下对设备几何条件的审视,包括使用图元属性,比如图形的位置、尺寸、颜色等,对温度场、风速场的绘制,为工程技术人员的决策带来极大便利。

另外,在选型逻辑当中,有一个难点,就是需要迭代计算。往往性能参数的求解是正向的,是一个显式的过程;但求解换热器的几何参数条件,是需要迭代求解的。需要在工作流中引入迭代求解器,无论是调用自行研发的计算内核,还是 Python 等语言的求解库,都需要调用算法来完成迭代计算,对工程技术人员的能力有一定的要求。

本例当中,对风冷冷凝器的换热量设置了一系列要求(分别为 8 kW,10 kW,12 kW),在其他条件不变(比如冷凝器使用的制冷剂工质、冷凝器高度、管子数量、间距等参数条件)的情况下,求解风冷冷凝器的管长情况,看看管长的增加对于换热量增大的贡献。如果为了在同样的外部工况条件下增大换热量,需要增加过长的管长,从而引起材料使用量增大,成本增加很多,就是得不偿失的,这里需要通过三维可视化环境的模型展示,来供工程技术人员进行取舍和权衡。这里使用 Python 的 Mayavi 库来绘制换热器的尺寸情况,以及温度场的分布(使用颜色展示),另外通过文字信息,表明当前的换热量、工况条件等信息,这些都是可以方便定制的。在这样的环境里,可以缩放、平移、旋转来观察方案的差别,三维空间的容量很大,便于各种方案进行横向和纵向的对比,可以解决各种各样的设计方案的对比需求。

工作流概览:

冷凝器可视化选型如图 6-2 所示。

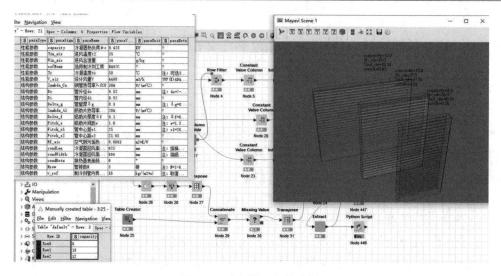

图 6-2　冷凝器可视化选型

工作流分析：

大体分为三个部分：

（1）前处理部分。

工作流的左上角，可以看到一个可编辑表格，在这里可以输入风冷冷凝器的基础设计参数条件，比如几何参数条件、工况条件、使用的制冷剂类型、材料物性参数等信息。使用者可以通过双击表格中的单元格，对基础参数信息进行更改，这些更改将体现在后面的仿真计算中。

（2）仿真计算部分。

图 6-2 中工作流的下半部分，这里包括了理论计算所需的各种公式，同样采用了文档化建模的方式，允许工程师对理论计算逻辑进行维护和更新，由文档驱动模型计算逻辑的变更。经过这一部分，可以完成模型的计算逻辑的固化，将输入条件通过模型转化为输出参数结果。使用 Python scipy 库下的 fsolve 求解器进行迭代计算，计算出达到模型输出参数目标设定条件下的某些输入条件，比如管长的结果。

（3）结果输出及后处理部分。

工作流的右上角，通过循环计算，已经完成了模型的批量选型计算，可以将仿真计算结果通过 Excel 输出节点加以输出（Excel 格式报告），便于其他工程师进一步处理。另外调用 Python 的 Mayavi 库来绘制三维模型，展示换热器的尺寸情况、温度场的分布（使用颜色展示），通过文字信息，表明当前的换热量、工况条件等信息。

应用价值：

设备选型需求是设备厂家经常面临的重要需求之一。

当客户对设备厂家的市场人员提出一定的选型要求之后，需要技术人员提供支持，通过特定的选型软件工具，将客户的需求条件输入程序，结合设备厂家自身设备能力和特点，仿真得到相应的设备型号，进而进行计算，形成报价单、选型说明书等资料。客户可以对多家报价单进行比对，完成设备采购招投标流程，其中的选型软件计算是一个重要环节,它提供了决策的依据。

对于设备性能参数的对比,使用简单的柱状图、折线图就可以完成;但本例中的设备选型计算呈现的数据比较丰富,设备设计参数之间的关系,需要通过复杂的三维模型来呈现,比如管长、管壁温度分布等,不是通过简单的一维数据图形就可以呈现。这里介绍的三维可视化环境,可以看作是一种数字孪生技术,将空间分布的参数信息呈现出来,方便横向对比,辅助工程师完成设备优化设计,应用场景十分广阔。

6.3　KNIME 进阶案例教程(3)批量拼合视频图像

需求背景:

对于批量图像的处理,往往需要借助 Photoshop 等软件工具,但是它们的操作设计方式是以人的操作为主,虽然也有"批处理动作"这样的宏功能,但是还是离不开人的参与。本例通过一个拼合视频字幕的小的案例,来展示工作流对于图像拼接处理方面的功能。

实际上使用 KNIME 工作流可以完成的图像处理功能异常丰富,无一例外,它们都可以将人的操作固化下来,批量执行,减少人的参与,提高图像处理的过程的一致性,并保证图像处理的质量。

(注:我们经常看到如图 6-3 所示的图片,它拼合了视频的片断中的所有字幕图像,形成一段对话。)

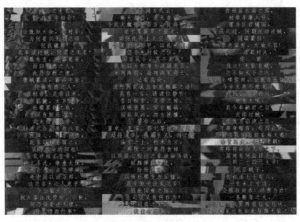

图 6-3　视频图像批量字幕拼合

工作流概览:

批量拼合视频图像如图 6-4 所示。

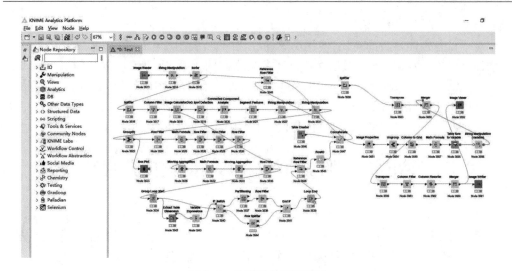

图 6-4　批量拼合视频图像

工作流分析：

大体分为三个部分（图 6-4）：

（1）前处理部分。

将视频文件（或者批量图像文件）读入到 KNIME 中，以便完成字幕图像的提取和拼合。

（2）字幕处理部分。

使用 KNIME 中大量的图像处理节点，对字幕图像部分进行识别和截取。通过对含有文字关键帧的识别完成字幕关键帧的筛选，接着通过对字幕图像的文字特征进行分析，从而对字幕文字图像进行去重，保留唯一的字幕文字对应的关键帧。

（3）字幕图像拼合部分。

将字幕关键帧进行任意形式的拼合，然后指定输出图像的格式和保存路径。由于使用 KNIME 工作流对这样的过程加以固化，当需求发生变更，比如图像的排列方式、数量等需要改变，都可以方便、快捷地对文中工作流节点的参数条件进行交互式设置，从而影响到最终输出的图像形式，满足新的图像处理需求。

应用价值：

图像处理在工业 4.0 的场景当中有着广阔的应用前景，通过人工的方式去监控图像已经不现实。

如果能够将人的经验和判断固化在 KNIME 工作流当中，建立定时任务来对图像进行分析处理，将产生极大价值。尤其可以对接控制系统，形成很多高效的工业解决方案。

本例虽然是一个简单的字幕图像拼接的案例，也可以引发广泛层面的想象，包括对字幕关键帧的识别，字幕文字的去重，这在以往都是需要人工的方式来完成，如果工作量不大，还可以接受，随着图像文件的大量产生，工作方式、人机协同模式必然会随之发生变革。

6.4　KNIME 进阶案例教程(4)数字孪生三维场景

需求背景：

数字孪生是充分利用物理模型、传感器更新、运行历史等数据,集成多学科、多物理量、多尺度、多概率的仿真过程,在虚拟空间中完成映射,从而反映相对应的实体装备的全生命周期过程。数字孪生是一种超越现实的概念,可以被视为一个或多个重要的、彼此依赖的装备系统的数字映射系统。

数字孪生是个普遍适应的理论技术体系,可以在众多领域应用,在产品设计、产品制造、医学分析、工程建设等领域应用较多。在国内应用最深入的是工程建设领域,关注度最高、研究最热的是智能制造领域。

从上述分析可知,建立一套数字孪生系统所需要投入的人力、物力、财力都是巨大的,但现实当中的零散的数字孪生方面的需求又非常多,这就在当前情况下,产生了理想与现实之间巨大的鸿沟。企业十分迫切需要数字孪生技术来提升运维水平,洞见系统运行规律,但现实却遇到了瓶颈和困难。

本例介绍了一种通过 KNIME 工作流,使用参数化驱动的方式实现一个简单数字孪生三维场景的案例。它体现的是一种概念,把各类开源资源有效组织起来,高效完成零散的数字孪生需求,避免了大规模的开发工作,而且工程师对于这样的三维场景的生成具有干预和调整的能力。另一方面,当然也不要对其抱有太高的期望,毕竟平台性开发所能利用的资源和能够实现的效果都是非常优质的,背后是有商业模式所支撑的。利用开源资源是直面问题的解决,使用恰当的资源和投入,刚刚好解决问题即可。

工作流概览：

数字孪生三维场景如图 6-5 所示。

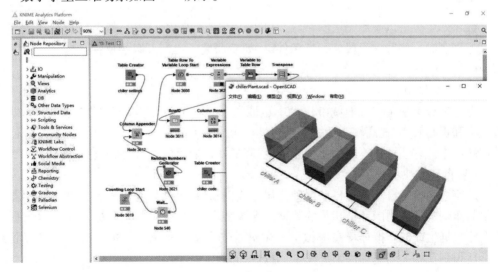

图 6-5　数字孪生三维场景

工作流分析：

大体分为三个部分：

（1）定时任务。

在 KNIME 工作流中，建立定时任务，可以实时对接数据库等数据源，从中获取系统运行的参数条件，并进行算法处理，为数字孪生系统中三维形体的几何属性（位置、大小、形状、颜色）的变化提供驱动参数条件。

（2）数据对接和处理部分。

根据业务逻辑需要，读取数据源数据，进行加工处理，这里跟具体的业务逻辑有直接的关系。如何将数据转化为三维模型的几何属性，需要业务人员的广泛参与。这在当前的平台式数字孪生系统的开发中是不可想象的，当前的模式是由业务人员对 IT 开发人员提出要求，由 IT 人员加以实现。

（3）数字孪生三维建模部分。

这与使用的开源软件平台有关系，这里使用了"OpenSCAD"，只是众多三维建模环境之一。这一部分，通过 KNIME 工作流对数据的组织和加工，与三维建模环境通过宏命令进行对接，从而完成三维建模环境的刷新，将系统运行参数条件的变化，用可视化图形的方式加以呈现。这样的三维建模环境提供了与用户交互的功能，用户可以在场景中进行漫游、缩放、平移、旋转，从而发现规律，进行决策。

应用价值：

数字孪生系统的应用场景是非常丰富的。

（1）智能制造。

数字孪生技术在制造业中应用最广泛，因为制造业部署了大量实时生成大量数据的设备。这些数据自然适用于构建数字孪生。我们可以建模从单台机器到整个企业的一切。

（2）医疗保健。

数字孪生也可以应用于医学领域。可以建立病人的数字孪生，然后通过观察数字孪生模型来刺激一些医疗手段或外部条件，比如新药或新治疗方案的反馈。这些对于医疗行业的发展，都会起到良好的促进作用。

（3）智慧城市。

近年来数字孪生在智能城市建设中也取得了充分的发展。数字孪生有助于降低城市成本和提高效率，提高城市活力和包容性。提高企业盈利能力，优化资源配置，降低城市创新成本。它还可以不断优化生态环境，降低城市能源成本，优化生态布局。

（4）自动驾驶。

数字孪生技术自然适合自动驾驶公司。我们知道，自动驾驶汽车包含许多传感器来收集与车辆本身和周围环境相关的数据。在数字孪生世界中，自动驾驶算法可以根据真实道路数据生成的虚拟环境在虚拟世界中进行安全实验和测试。这为处理自动驾驶汽车责任识别及相关问题提供了更安全、更自由的测试保障。

6.5　KNIME 进阶案例教程(5)自动更新报告模板

需求背景:

KNIME 中不仅能够通过节点固化数据的处理功能,而且当数据处理结果更新之后,可以通过建立模板,直接更新模板报告中的内容。这样就可以一键式完成数据处理过程,同时得到更新之后的报告。

工作流概览:

自动更新报告模板(数据处理工作流)如图 6-6 所示。

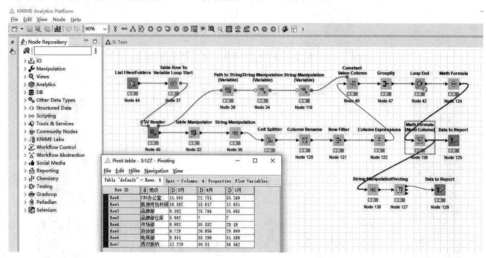

图 6-6　自动更新报告模板(数据处理工作流)

注:注意最后的"Data to Report"节点,它们将数据处理结果与报告模板相连接。当工作流中加入"Data to Report"节点,即可在菜单栏出现 ▦ 按钮,点击之后,可以进入报告编辑界面。

工作流分析:

建立工作流模板,从图 6-7 和图 6-8 看到,可以将模板输出为多种格式的报告,这些报告都可以在 KNIME 工作流一键完成数据的更新处理之后得到,将大大减轻人的重复劳动。

应用价值:

通过 KNIME 工作流一键加工数据,并且结合模板生成报告在办公自动化应用领域的价值已经无须赘述。可以大大提高决策效率,减轻工程师劳动,提高数据分析处理的一致性和可靠性。

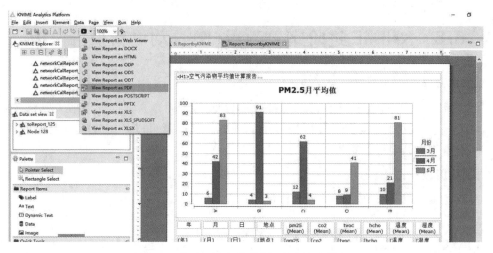

图 6-7　自动更新报告模板（建立报告模板）

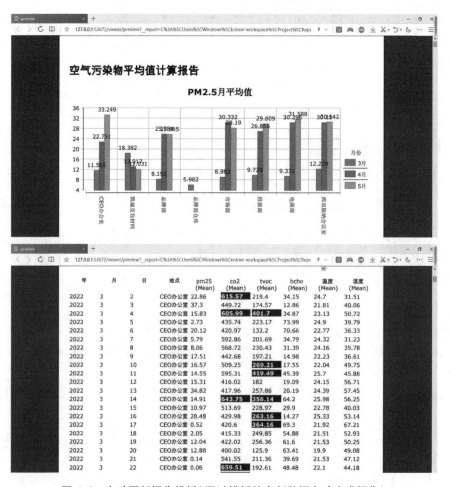

图 6-8　自动更新报告模板（通过模板结合新数据自动生成报告）

6.6　KNIME 进阶案例教程(6)人机协同交互调参

需求背景:

在工程计算领域,有很多尝试迭代的需求,需要工程师跟程序或者软件配合完成调参任务。这对软件环境提出了很高的要求,可以为工程师的经验发挥提供有效环境。如果使用平台性开发来完成,不仅耗费大量人力物力,需要 IT 人员进行极大投入才能实现这样的尝试迭代类的功能,并且开发出来的工具,不够灵活,这类任务的特点就是灵活多变,很多结果是不可预知的,不适合固化的模式开发。使用 KNIME 工作流则不同,过程中不需要 IT 人员的参与,基本功能模块资源都已经存在,并且由 IT 人员进行了组织和封装,工程人员想到那里就可以试到那里,灵活地根据数据反馈决定下一步的行动,可以高效完成此类任务。

这里使用一个调整压缩机等值线图的例子,来说明上述概念。压缩机等值线图的调整,十分依赖于工程技术人员的经验,很难开发一款软件来实现所有人都满意的效果,因为结果并不是固定不变的,需要一定的权衡和取舍,这样的规则,往往都在人的思维世界当中。

工作流概览:

人机协同交互调参(原始状态)如图 6-9 所示。

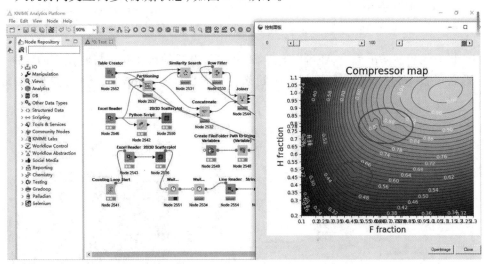

图 6-9　人机协同交互调参(原始状态)

工作流分析:

如图 6-9 所示,形成压缩机等值线图的点(压缩机单机测试点)与整机测试点(压缩机安装到冷水机组当中进行测试的点,图中红圈中的三个点)的融合效果并不好,也就是说,在同样的 XY 坐标下,二者的测试结果不尽相同。现在要求在整机测试点下,保持整机测试效率值,在其他区域,尽量保持压缩机单机测试效率值,而且要使整体压缩机等值线图看起来平顺、合理、趋势正确,这就是一种人机协同的任务要求。

　　该任务的目标具有模糊性,如何定义平顺、合理趋势正确并没有唯一的标准,而且有人的因素在里面,不是完全靠算法能够实现的。

　　通过交互式界面,调整对于压缩机单机测试点的剔除范围,可以改善二者融合的效果。在控制面板上,左侧的滑杆可以控制距离整机测试点的半径,半径内的单机测试点数据将被删除。这样二者融合的不一致性就得到了改善,可以观察到,融合之后的等值线图比原始状态平顺合理了很多(图 6-10)。

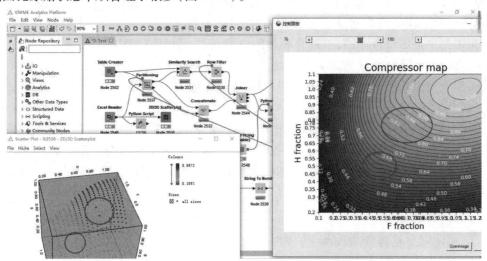

图 6-10　人机协同交互调参(调整删除值范围改善融合效果)

　　如果效果仍然不能满意,还可以通过右侧滑杆,设置随机删除单机测试点的比例,进一步改善。整个过程需要通过人机协同来完成,不断地尝试迭代,满足最终的效果(图 6-11)。

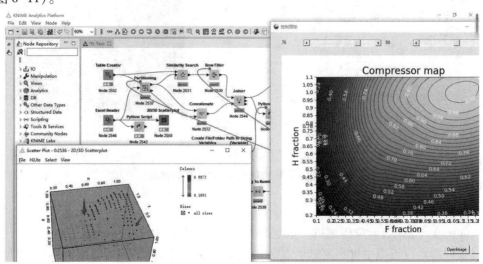

图 6-11　人机协同交互调参(随机删除测试点改善融合效果)

6.7　KNIME 进阶案例教程(7)彩色空间转换调参

需求背景:

在图像识别领域,经常需要对图像进行彩色空间转换,将 RGB 彩色空间的图像转化为 HSV 彩色空间图像,这样便于图像处理(特征提取)或者满足某些图像处理算法的需要。但是 HSV 彩色空间转化之后,确定彩色空间 HSV 值的范围,用以完成某种色彩区域的识别却是困难的,人很难直接判断出 HSV 三个量的上下限值究竟设置为多少,才能将原始图像进行很好的处理,这需要人的尝试、迭代,同样需要给工程人员建立一个交互式环境,便于他们找到合适的参数设置条件,并且将这样的条件加以固化。这样的参数设置人机协同过程可能是一次性的,当参数设置确定之后,就可以交给机器去批量执行了。

工作流概览:

彩色空间转换调参(建立图像选择界面及参数调整界面)如图 6-12 所示。

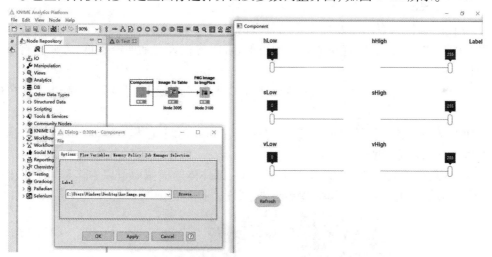

图 6-12　彩色空间转换调参(建立图像选择界面及参数调整界面)

工作流分析:

图 6-12 中的"Component"节点就是一个层级化(Hierarchical)节点,将大量的界面控件类节点进行封装,以便双击"组件节点"可以呈现图形选择对话框;在"组件节点"上右键,通过"Interactive View"可以进入调参界面,人机交互调整彩色空间变换后的 HSV 取值范围,从而对图像的处理效果产生影响。与此同时,可以通过控件看到图像的处理结果,通过人工调整获取满意的参数设置,进一步进行固化,便于后续机器自动应用这些参数设置条件。

注:彩色空间转换。

RGB 彩色空间及其局限性:

RGB 是我们接触最多的彩色空间,由三个通道表示一幅图像,分别为红色(R),绿色

（G）和蓝色（B）。这三种颜色的不同组合可以形成几乎所有的其他颜色。

RGB 彩色空间是图像处理中最基本、最常用、面向硬件的彩色空间，比较容易理解。

RGB 彩色空间利用三个颜色分量的线性组合来表示颜色，任何颜色都与这三个分量有关，而且这三个分量是高度相关的，所以连续变换颜色时并不直观，想对图像的颜色进行调整需要更改这三个分量才行。

自然环境下获取的图像容易受自然光照、遮挡和阴影等情况的影响，即对亮度比较敏感。而 RGB 彩色空间的三个分量都与亮度密切相关，即只要亮度改变，三个分量都会随之相应地改变，而没有一种更直观的方式来表达。

但是人眼对于这三种颜色分量的敏感程度是不一样的，在单色中，人眼对红色最不敏感，蓝色最敏感，所以 RGB 彩色空间是一种均匀性较差的彩色空间。如果颜色的相似性直接用欧氏距离来度量，其结果与人眼视觉会有较大的偏差。对于某一种颜色，我们很难推测出较为精确的三个分量数值来表示。

所以，RGB 彩色空间适合于显示系统，却并不适合于图像处理。

HSV 彩色空间：

基于上述理由，在图像处理中使用较多的是 HSV 彩色空间，它比 RGB 更接近人们对彩色的感知经验。非常直观地表达颜色的色调、鲜艳程度和明暗程度，方便进行颜色的对比。

在 HSV 彩色空间下，比 BGR 更容易跟踪某种颜色的物体，常用于分割指定颜色的物体。

HSV 表达彩色图像的方式由三个部分组成：Hue（色调、色相）、Saturation（饱和度、色彩纯净度）、Value（明度）。

用下面这个圆柱体来表示 HSV 彩色空间，圆柱体的横截面可以看作是一个极坐标系，H 用极坐标的极角表示，S 用极坐标的极轴长度表示，V 用圆柱中轴的高度表示（图 6-13）。

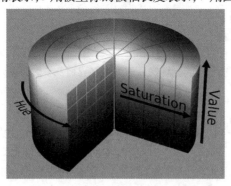

图 6-13　HSV 彩色空间

Hue 用角度度量，取值范围为 0~360°，表示色彩信息，即所处的光谱颜色的位置（图6-14）。

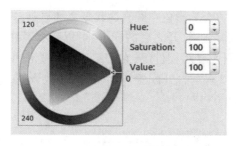

图 6-14　光谱颜色位置

颜色圆环上所有的颜色都是光谱上的颜色,从红色开始按逆时针方向旋转,Hue=0表示红色,Hue=120 表示绿色,Hue=240 表示蓝色,等等。

在 GRB 中颜色由三个值共同决定,比如黄色为(255,255,0);在 HSV 中,黄色只由一个值决定,Hue=60 即可。

HSV 圆柱体的半边横截面(Hue=60)如图 6-15 所示。

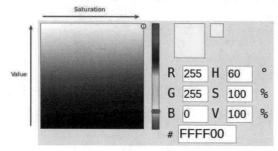

图 6-15　彩色空间界面

其中水平方向表示饱和度,饱和度表示颜色接近光谱色的程度。饱和度越高,说明颜色越深,越接近光谱色;饱和度越低,说明颜色越浅,越接近白色。饱和度为 0 表示纯白色。取值范围为 0~100%,值越大,颜色越饱和。竖直方向表示明度,决定彩色空间中颜色的明暗程度,明度越高,表示颜色越明亮,范围是 0~100%。明度为 0 表示纯黑色(此时颜色最暗)。

可以通俗理解为:在 Hue 一定的情况下,饱和度减小,就是往光谱色中添加白色,光谱色所占的比例也在减小,饱和度减为 0,表示光谱色所占的比例为零,导致整个颜色呈现白色。

明度减小,就是往光谱色中添加黑色,光谱色所占的比例也在减小,明度减为 0,表示光谱色所占的比例为零,导致整个颜色呈现黑色。

HSV 对用户来说是一种比较直观的颜色模型。我们可以很轻松地得到单一颜色,即指定颜色角 H,并让 V=S=1,然后通过向其中加入黑色和白色来得到我们需要的颜色。增加黑色可以减小 V 而 S 不变,同样增加白色可以减小 S 而 V 不变。例如,要得到深蓝色,V=0.4 S=1 H=240 度。要得到浅蓝色,V=1 S=0.4 H=240 度。

HSV 的拉伸对比度增强就是对 S 和 V 两个分量进行归一化(min-max normalize)即可,H 保持不变。

结论:RGB 彩色空间更加面向于工业,而 HSV 更加面向于用户,大多数做图像识别的都会运用 HSV 彩色空间,因为 HSV 彩色空间表达起来更加直观。

　　图 6-16 就是"层级化"部件节点打开之后的样子,可以看到其中封装了很多的控件节点,包括"刷新"按钮、滑杆、图像显示控件等,它们组成了概览图中右侧的交互式参数调整界面。这些控件节点也可以双击打开配置界面,进行参数设置,这将影响到他们出现在参数调整界面中的样式(图 6-17)。

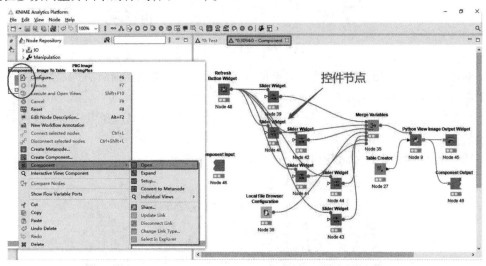

图 6-16　彩色空间转换调参(HSV 色彩转换参数设置部件节点)

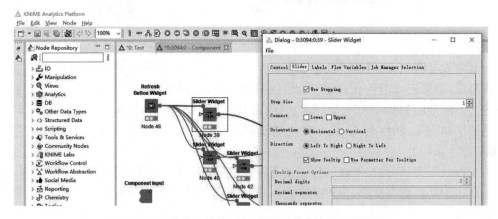

图 6-17　彩色空间转换调参(界面控件节点的设置界面)

　　在"Component"节点上右键,通过"Interactive View"可以进入调参界面,试着调低明度的上限,可以发现右侧的图像区域显示了当前对于 HSV 彩色空间图像的阈值处理效果(图 6-18)。

　　为了将两条曲线与网格线加以分离,调整色调(H)值的参数设置范围,可以观察到分离效果。从图 6-19 可以看到原图,网格线与其中的曲线色调有很大差别,可以通过色调值将二者分离。

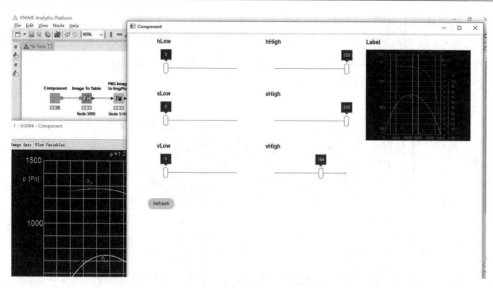

图 6-18　彩色空间转换调参（调整界面参数设置观察处理效果）

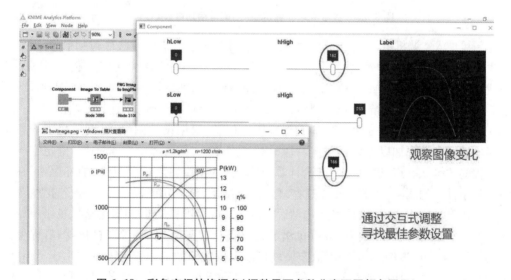

图 6-19　彩色空间转换调参（调整界面参数分离不同颜色图元）

应用价值：

适用于需要通过人机协同调整、迭代获取最佳参数设置的应用场景，大大加快需求解决的效率。

6.8　KNIME 进阶案例教程（8）灵活应对非标定制

需求背景：

某些设备具有灵活多变的特点，制造商为了能够应对多变的客户需求，对设备进行了模块化设计，根据实际情况进行设备构造单元的增配或者简配，形成不同的方案，最终形成产品设计方案和报价材料。

　　如图 6-20 所示的组合式新风机组是空气处理的最主要设备之一,其自身不带冷、热源,是以冷、热水或蒸汽为媒介,用以完成对空气的过滤、净化、加热、冷却、加湿、减湿、消声、新风处理等功能的箱体组合式机组。

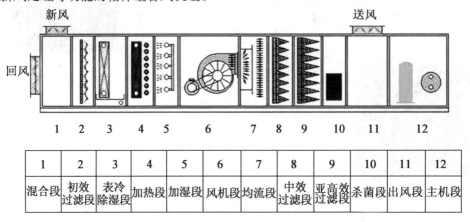

1	2	3	4	5	6	7	8	9	10	11	12
混合段	初效过滤段	表冷除湿段	加热段	加湿段	风机段	均流段	中效过滤段	亚高效过滤段	杀菌段	出风段	主机段

图 6-20　灵活应对非标定制(空调常用功能段示意图)

　　新风进入空调机组,与室内来的回风在混合段中混合。混合空气经过初效过滤段,滤去尘埃和杂物,再经过中效过滤段进行二次过滤,滤去更小的尘埃和杂物。然后,通过表冷段或加热段进行降温或加热后使空气达到所需的温度点,然后再通过加湿段加湿到系统所需要的湿度要求即达到指定的送风状态点,最后通过风机段把处理好的空气送入室内。

　　传统的设计流程完全由工程师人工来组织信息,根据设计图纸,对新风机组的各个功能段的组合情况加以确定。确定新风处理方案之后,需要根据工况条件,确定空气处理过程的关键状态点,进而通过理论计算,计算加热段的加热量,加湿段的加湿量,在设计风量条件下的压降,等等。根据这些理论计算结果,对各功能段的设备进行选型,当各个设备的型号确定之后,校核当前选型后的设备实际情况是否能够满足新风机组原始设计需求。然后,根据选型结果,进行机组的最终设计并汇总报价,形成报价材料,提供给市场人员,向客户报价。如果投标成功,就可以根据之前的选型进行图纸的生成、设备的生产和交付。这一切都是人工进行的,不仅对工程人员提出了很高的理论和经验要求,而且具体工作极其烦琐,劳动量很大;往往这样的需求又非常紧急,对于非标定制需求响应的时效性难以保证。一旦甲方的需求发生变更,往往需要重新进行设计、计算、选型、重新生成报告,重复劳动量很大。

　　这反映了设备制造行业的一类非常常见的需求,也就是非标定制需求,使用人力与之匹配显然不是最优的方案。如果能够将上述过程固化到工作流当中,允许工程人员在初期简单地确定系统形式,将空气状态点的理论计算过程由计算机通过模拟仿真自动完成,将选型的逻辑使用节点灵活实现,将设备选型和报价过程内嵌入工作流当中,那么通过人机协同,这样的非标设备设计和报价单生成工作将得以高效解决。

工作流概览:

　　灵活应对排标定制如图 6-21~6-23 所示。

如图 6-23 的空调设计方案工作流是非常灵活的,大家可以看到最初的室内、室外工
况条件是由交互式图表节点提供的,工程师可以打开节点,进行详细的工况参数条件设
置。然后根据具体方案情况,对多股气流进行灵活的混合,对单股气流进行加热、降温、
表冷等处理,这些处理都有对应的计算节点,经过若干节点可以确定新风的整个处理过
程,计算出各个关键状态点的状态参数。上述工作流最大的特点和优势就是它的灵活
性,工程师可以在工作流环境下灵活地对空气处理流程进行干预和调整,形成各种各样
的差异化方案(比如增加加热段,改变一次回风处理过程为二次回风过程),等等。

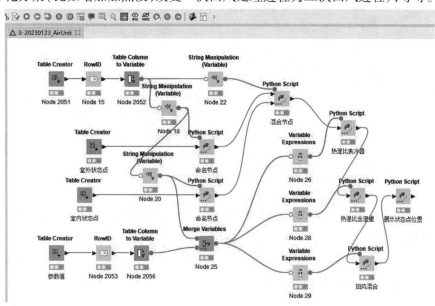

图 6-21　灵活应对非标定制(空调设计方案工作流)

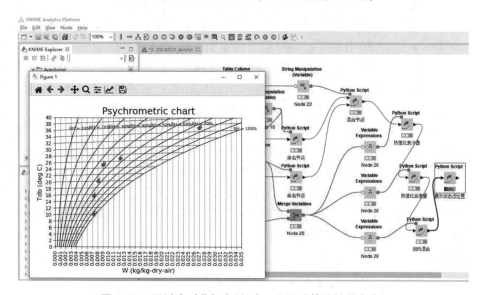

图 6-22　灵活应对非标定制(由工作流计算关键状态点)

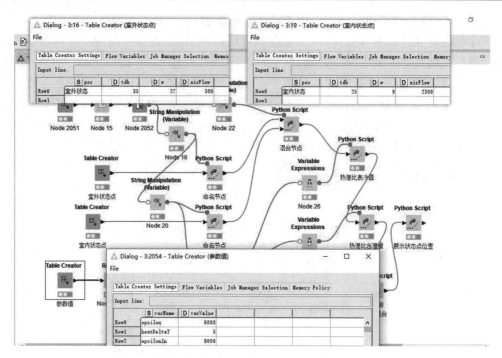

图 6-23　灵活应对非标定制（设计工况条件的输入）

　　由于 KNIME 的节点是通过连线进行链接的,可以随时在前面的处理流程中添加新的处理段,也可以在其中删除某些节点,都非常的快捷。当新风处理方案确定之后,重新执行工作流,就可以完成理论计算。

　　工作流分析:

　　由于工作流固化了空气处理过程的理论计算流程,可以重新设置条件,加以执行,高效获得结果。这就为工程师的参与、迭代和调整提供了可能。不是所有工况条件都能找到合理的新风处理方案,不是所有的产品非标定制组合能够满足任意的需求,这样的迭代尝试环境,为寻找最优设计方案带来了极大的便利。工程师可以从繁重的理论计算过程中脱身,将他们的能力和经验,充分地利用到新风处理方案的优化过程中来。KNIME可以调用 Python 丰富的数据后处理功能,为工程师发挥经验提供良好的环境,比如图6-22 所示的湿空气焓湿图,工程师对于这样的工程图表十分熟悉,自动生成的空气处理流程会呈现在图中,便于工程师判断方案的可行性,对方案进行细致的调整、优化。

　　在工作流当中,把两股气流的混合,单股气流的各类空气调节处理过程都"节点化了"。节点内的代码对修改封闭,几乎不用打开对代码进行更改。工程师如果想在某个处理流程上添加节点,只需要拷贝相应的封装节点,然后进行节点连线即可完成,非常高效;同理,删除节点就可以去掉某些功能段。

　　应用价值:

　　设备选型需求是设备厂家经常面临的重要需求之一。

　　当客户对设备厂家的市场人员提出一定的选型要求之后,需要技术人员提供支持,结合设备厂家自身设备能力和特点,仿真得到相应的设备型号,进而进行计算,形成报价单、选型说明书等资料。对于非标定制需求,人力工作量非常大,本例介绍了使用 KNIME 工作流、固化理论计算、设备选型、一键生成报价单等功能,大大提高非标定制需求解决的效率,提高企业的竞争力。

6.9　KNIME 进阶案例教程(9)如何提取字符串中的汉字

需求背景:

如何提取字符串中的汉字。

概略思路:

在 KNIME 当中使用字符串处理节点,在节点中使用字符串正则表达式替换函数把非汉字字符替换为空。

正则表达式使用单个字符串来描述、匹配一系列匹配某个句法规则的字符串,通常被用来检索、替换那些符合某个模式(规则)的文本。

关于正则表达式的详细介绍,参见附录 I。

工作流概览:

提取字符串中的汉字如图 6-24 所示。

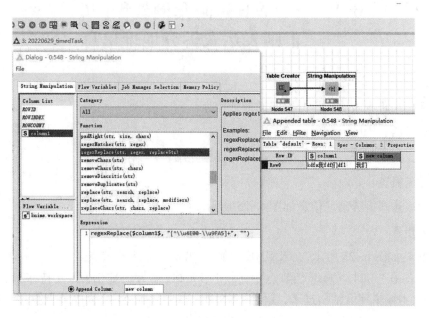

图 6-24　提取字符串中的汉字

具体步骤:

步骤 1:如图 6-24 所示,在 KNIME 中加入"Table Creator"节点。

步骤 2:在"Table Creator"节点中,双击单元格,输入样例文字(含汉字)。

步骤 3:拖入"String Manipulation"节点,进行字符串处理。

步骤4:选择"regexReplace"正则表达式替换函数,处理样例文字。

步骤5:输入正则表达式(下方有详解),将匹配的内容替换为空。

步骤6:查看处理结果,发现非汉字部分消失,只留下汉字信息。

细节详解:

解释1:何为正则表达式? 正则表达式使用单个字符串来描述、匹配一系列匹配某个句法规则的字符串,通常被用来检索、替换那些符合某个模式(规则)的文本。这里用来匹配非汉字文本,将其替换为空。

解释2:正则表达式如何匹配汉字?"\u4e00"和"\u9fa5"是 Unicode 编码,并且正好是中文编码的开始和结束的两个值,所以这个正则表达式可以用来判断字符串中是否包含中文。

解释3:何为 Unicode 编码? Unicode 编码,一种全世界语言都包括的一种编码(国际化功能中常常用到),\u4e00-\u9fa5 是用来判断是不是中文的一个条件。

解释4:图中正则表达式的含义是什么?"[A-Z]"代表匹配 A-Z 之间的字符,"[A-Z]+"代表匹配 A-Z 之间至少一位字符,"^"代表取反,所以"[^A-Z]+"代表匹配非 A-Z 之间至少一位字符。同理,图 6-24 中的正则表达式可以将匹配字符串中的所有非汉字字符,并将其替换为空。

6.10　KNIME 进阶案例教程(10)
正则表达式拆分地址信息

需求背景:

如何使用正则表达式拆分给定的地址信息。

概略思路:

使用正则表达式。关于正则表达式的详细介绍,参见附录Ⅰ。

工作流概览:

正则表达式拆分地址信息如图 6-25 所示。

具体步骤:

步骤1:如图 6-25 所示,在 KNIME 中加入"Table Creator"节点。

步骤2:在"Table Creator"节点中,双击单元格,输入地址信息(支持多行记录,从 Excel 等文本编辑环境粘贴过来,或使用 KNIME Excel、csv、txt 等读取节点直接读取数据文件)。

步骤3:拖入"Regex Extractor"节点,右键进入配置界面,对字符串进行正则表达式的匹配和提取。

(注:使用 KNIME 节点的一大好处是关于正则表达式的匹配是可视化的。可以边尝试写正则表达式,边看到正则表达式的匹配结果,以表格形式给出,非常直观;另外可以对匹配结果以行、列或者其他形式显示加以设置。)

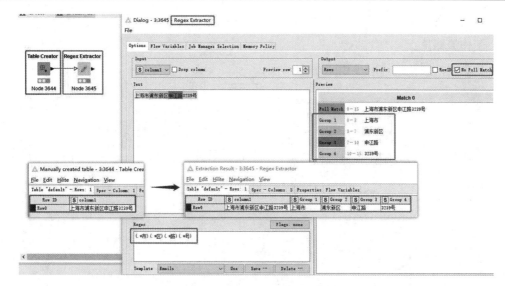

图 6-25　正则表达式拆分地址信息

步骤 4：在"Regex Extractor"节点的"Regex"框中，依据地址文本的样式，写下相应的正则表达式，匹配需要的内容。

步骤 5：在"Regex Extractor"节点右侧，观察匹配结果，如果不需要全部匹配，可以勾选"No Full Match"。

步骤 6：退出正则表达式配置环境，在节点上右键，点击最下方的表格选项，可以查看地址信息被拆分后的内容。

细节详解：

解释 1：何为正则表达式？正则表达式使用单个字符串来描述、匹配一系列匹配某个句法规则的字符串，通常被用来检索、替换那些符合某个模式（规则）的文本。这里用来匹配非汉字文本，将其替换为空。

解释 2：图 6-25 中正则表达式的含义是什么？"(. * 市)(. * 区)(. * 路)(. * 号)"，可以看到，正则表达式的每一段都是由"( )"进行分隔，其中的"."可以匹配任意字符，"＊"代表匹配 0 到任意多个，所以". ＊"代表了 0 到任意多个字符。由于每一段的最后，明确写出了要匹配地址信息中的"市区路号"这些文本，原来的地址信息就会被分割成四部分。但是要注意，这里可能会有例外的情况，比如某市叫作"＊市市"，对于特殊情况，我们可以对正则表达式进行进一步的加强处理。

6.11　KNIME 进阶案例教程（11）为重复的属性值排序号

需求背景：

在数据表的某一列，如何为相同的属性值，按照出现的顺序赋予序号 1,2,3...。

概略思路：

首先想到的就是分组排序功能，使用"Rank"节点，依据该属性值分组，接下来在分组内部依据出现的次序,或者其他的属性,比如行索引进行排序。

工作流概览：

为重复的属性值排序号如图 6-26 所示。

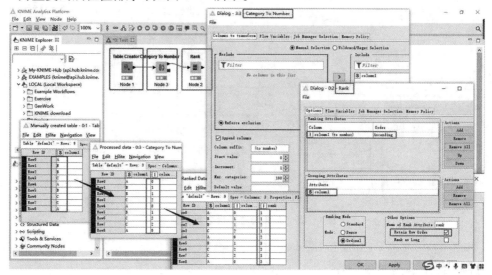

图 6-26　为重复的属性值排序号

具体步骤：

步骤 1:如图 6-26 所示,在 KNIME 中加入"Table Creator"节点。

步骤 2:在"Table Creator"节点中,双击编辑单元格,填入一列测试数据,其中含有三种属性值,A、B 和 C。但是它们的顺序和数量是随机的。

步骤 3:拖入"Category To Number"节点,目的是新建一个属性用于组内排序,方法并不唯一。

(注:这里使用"Math formula"节点获取 row index,或者将原来的列复制一份都是可以的。"Category To Number"节点的作用是将原来的属性值按类别转换为数字,注意可以设置类别的起始序号、步长及最大类别数,等等。)

步骤 4:拖入"Rank"节点,在"Grouping Attributes"里面选原始列,也就是依据原始属性值分组。

步骤 5:在"Rank"节点里,"Ranking Attributes"里选择新建的属性列,并选择排序方式为升序排列。

步骤 6:在"Rank"节点里,"Ranking Mode"选"Ordinal";"Other Options"里勾选保持行顺序。

步骤 7:执行工作流,可以看到原始数据列属性值的重复部分,依据出现的先后顺序赋予了序号。

6.12　KNIME 进阶案例教程(12)兼容读取多种日期格式数据

需求背景：

当我们使用 KNIME 的数据读取节点，读入多种数据格式文件(Excel,csv,txt,JSON等)中的日期时间信息，它们的格式并不一定完全相同。为了统一格式，同时为了后面使用 KNIME 日期处理节点进行深入处理，都需要将多种日期格式的数据进行类型转换，转换成 KNIME 内置的日期时间数据格式。

对多种数据源文件中的众多日期时间信息格式，进行统一处理，使其相互兼容，便于整理汇总。

(注:例如,20080808,2008-08-08,2008/08/08,2008-8-8,8/8/2008 等)

概略思路：

使用 KNIME 的时间处理相关节点完成功能。

工作流概览：

兼容读取多种日期格式数据如图 6-27 所示。

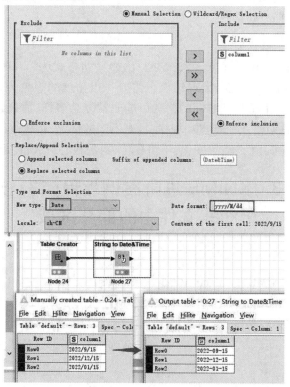

图 6-27　兼容读取多种日期格式数据

具体步骤：

步骤 1：如图 6-27 所示，在 KNIME 中加入"Table Creator"节点。

步骤 2：在"Table Creator"节点中，双击单元格，输入三行样例日期格式数据。

步骤 3：拖入"String to Date&Time"节点，进行字符串转日期时间格式操作。

步骤 4：进入"String to Date&Time"节点进行配置，这里情况很多，以此情况为例，可以举一反三。

步骤 5：通过观察，当前只有日期，可以在"Type and Format Selection"框的"New type"中选择类型为"Date"，否则可能出现类型不一致的错误。

步骤 6：在"Date Format"点击下拉菜单，可以看到许多常用的日期时间格式，可以选择相应的格式与我们的数据相匹配。

步骤 7（＊重点＊）：容易被很多人忽略的是，步骤 6 不仅可以选择日期时间格式，还支持手动输入时间格式，可以通过观察读取的日期时间格式特点来进行相应设置，这样灵活性、适用性就一下子开拓了。

（注：如图 6-27 所示，日期格式仅月份中存在单字符的情况，即"＊＊＊＊/9/＊＊"，而不是"＊＊＊＊/09/＊＊"，这样如果我们选择对应的日期格式为"yyyy/MM/dd"，"yyyy"代表年，"MM"代表两位的月，"dd"代表两位的日，就会出现识别错误。我们应该相应地将"MM"，改为"M"，设置日期格式为"yyyy/M/dd"，即可实现兼容，将日期格式顺利转化为 KNIME 日期时间格式。）

细节详解：

如果日期中也存在单字符应该怎么办？比如日期格式为"2008/8/8"，这时候使用"yyyy/M/dd"格式进行匹配也会出现错误。需要一点拓展的想象力，将格式改为"yyyy/M/d"即可匹配成功。由于日期时间的格式可能非常复杂多样，靠死记硬背是不现实的，我们应该深入了解日期格式的特点和规律，针对不同的情况，相机行事，灵活应对。

曹操《孙子注》中写道："临敌变化，不可先传，料敌在心，察机在目。"

6.13　KNIME 进阶案例教程（13）读取 Excel 文件中的部分区域

需求背景：

我们可以使用 KNIME 的"Excel Reader"节点来读取 Excel 文件中的数据。由于历史原因，企业内部、各个部门之间甚至组员之间建立了大量的 Excel 模板，它们的格式不尽相同，如何依据一些参数条件，有效读取 Excel 文件局部区域的数据，是我们日常工作当中经常要面临的一个问题。

概略思路：

首先对各种 Excel 模板文件的关键数据区域范围加以整理，建立索引文件，然后在使用的时候，查询索引文件（这样的索引文件可以共享、维护、作为读取范围的线索使用），根据其参数条件，建立读取 Excel 范围的变量，将变量值传递到"Excel Reader"节点当中，完成 Excel 局部区域数据的获取。

工作流概览：

读取 Excel 文件中的部分区域如图 6-28 所示。

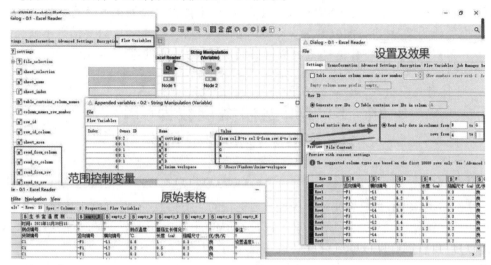

图 6-28　读取 Excel 文件中的部分区域

具体步骤：

步骤 1：如图 6-28 所示，在 KNIME 中加入"Excel Reader"节点，读入任意的 Excel 文件。如图 6-28 中左下角所示，该 Excel 模板文件当中的数据格式是依据人的阅读习惯建立的，并不能有效地为机器所直接读取，表头的部分有一些读取障碍。

步骤 2：打开"Excel Reader"节点的配置界面，我们可以看到很多的配置条件，比如 Excel 的路径，工作簿的名称都是可以灵活设置的。其中在"Sheet area"框中就有关于读取范围的设置功能。如图 6-28 所示，"columns from ＊ to ＊"以及"rows from ＊ to ＊"，其中"＊"的位置，就可以通过直接输入的方式来形成局部读取的范围。

（小技巧：在填写"＊"的时候可以留空，留空之后，KNIME 会根据 Excel 里面的内容范围，自动读取到最后一行或者最后一列。）

步骤 3：读取索引文件，获取当前 Excel 模板局部数据区域的范围情况，范围信息来源可能很多，仅以索引文件为例。这里主要是获取图中的列上下限"G"和"B"，还有行的下限 4（行的上限留空，读到最后一行），至于信息的来源，可以自行设计。

步骤 4：将行列上下限参数信息转化为变量，打开"Excel Reader"节点的"Flow Variables"标签页，在"read_from_column"变量右侧的下拉菜单中选择列下限变量（值为 B），同理为"read_to_column""read_from_row""read_to_row"（如果有设置的情况，本例可以不设置，默认读到最后一行）进行变量选择，然后单击 OK，关闭"Excel Reader"节点配置对话框。

步骤 5：执行工作流并观察读取的表格，如图 6-28 中右下角的表格所示，已经按照参数设置条件，读取了 Excel 文件局部区域的数据。

细节详解：

示例中的列名读取貌似不完整。这里主要介绍 Excel 文件的局部区域数据的获取方法，实际面临的情况可能是异常复杂的。本例中，由于 Excel 格式不规范，列名的来源在两行之上，需要更为精细的 KNIME 节点处理，这里不再赘述。如果读者有兴趣，可以在读取之后，作为练习，自行加以处理。KNIME 的节点功能十分丰富，只要信息不缺失，都可以进行进一步加工，将数据加工成数据框的形式，为后面的进一步分析、汇总创造条件。

6.14　KNIME 进阶案例教程（14）取字符串末尾的若干位字符

需求背景：

字符串操作是我们日常工作当中经常要进行的一类信息处理，本例将从字符串的末尾取一位字符，借这个案例给大家分享一下 KNIME 字符串处理节点的功能，节点丰富，功能繁多，我们从案例中体会，将来可以拓展应用到其他需求当中。

概略思路：

使用 KNIME 中的字符串处理相关节点来完成需求。

工作流概览：

取字符串的末尾若干位字符如图 6-29 所示。

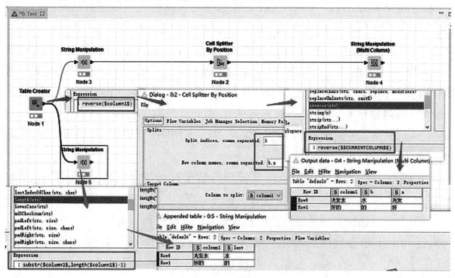

图 6-29　取字符串的末尾若干位字符

具体步骤：

步骤 1：如图 6-29 所示，在 KNIME 中加入"Table Creator"节点，输入任意多个字符串，这里是两行记录"洗发水"和"好的"。

步骤 2：方法一（图中绿色路线），我们使用字符串子串截取函数"substr"。拖入一个"String Manipulation"字符串处理节点，打开配置，可以看到这里有相当多的字符串处理函数，点击某一个函数，会在右边给出相应的函数解释、参数介绍、示例，从中可以体会字符串处理函数的功能。

步骤 3：方法一（图中绿色路线），在"String Manipulation"节点的下方"Expression"表达式框中输入公式，公式的形式为："substr"（要处理的列名[可以通过双击左侧列名列表添加]，截取的位置），如果只为"substr"函数传递两个参数，代表从截取位置开始，截取到字符串的结尾。

步骤 4：方法一（图中绿色路线），为了获取字符串的截取位置，我们需要使用"length"（列名）函数来获取字符串长度，然后通过减一，得到截取位置，这样就可以截取到字符串的最后一位字符，如图 6-29 中表格所示，我们分别得到了"水"和"的"。

步骤 5：方法二（图中红色路线），通过字符串分割"Cell Splitter By Position"节点，将字符串分割成两部分，从而获取字符串的最后一位字符。为了从最后开始分割，需要首先倒转字符串，使用"String Manipulation"节点的"reverse"函数实现。

步骤 6：方法二（图中红色路线），拖入"Cell Splitter By Position"节点，打开配置，可以看到除了要选择需要分割的列名，主要有两个编辑框需要输入。上方的"Split indices""comma separated"主要是输入位置，下方的"New column names""comma separated"是为分割之后的字符串赋予相应的列名。由于分割位置和分割段数存在："段数＝位置数＋1"的关系，所以上方的编辑框我们输入分割位置为"1"，也就是从倒转的字符串上从前往后，取第一位；下方的编辑框中就需要输入两列的名字"b，a"。同理，如果分割位置有两个，比如"1，3"，那么列名就应该有三个，比如"a，b，c"。

步骤 7：方法二（图中红色路线），通过步骤 6 的字符串分割，获取了字符串的最后一位字符；但字符都是倒着的，如果想把所有分割段的字符全部恢复，需要拖入"String Manipulation（Multi Column）"节点，对所有的列进行倒转，也就是"reverse"函数的处理。注意，在该节点的设置当中，翻转的是"＄＄CURRENTCOLUMN＄＄"（可以通过左侧列表双击加入），也就是当前列，即对所有列进行操作。

细节详解：

"substr"为什么有两种格式，两参数和三参数？本例介绍的是两参数的字符串子串截取方法，另有一个"substr"的三参数用法，其格式为："substr"（要处理的列名[可以通过双击左侧列名列表添加]，起始的位置，截取的字符串长度）。

6.15　KNIME 进阶案例教程(15)通过数据分箱标识其所属范围

需求背景:

对于连续性的数值变量,比如学生成绩,往往需要进行等级评定,优、良、中、差。对数值型数据进行标签化、等级化,确定其所属的范围,在机器学习等领域有广泛的需求。本例对正实数范围划定了几个等级,关键点分割点分别为 0、5、10、20、100、300、500、1 000。从而分成了类似[0-5),[5-10)...(1 000,+∞)等范围,需要为数据分箱,设定相应的标签。

概略思路:

方案 1:使用"Rule Engine"节点,写下若干范围判断语句,从而为数据设置相应的标签(形如:

xxx >= minA AND xxx < maxA=> "labelA"

xxx >= maxA AND xxx < maxB=> " labelB "

...

语句的构成较为复杂,不易维护,容易出错,参见 6.4 节,略)。

方案 2:使用数据分箱"Numerical Binner(PMML)"节点,对数值型变量的分箱、标签化需求具有针对性。

工作流概览:

通过数据分箱标识其所属范围(测试数据的生成设置和数据分箱标签结果)如图 6-30 和图 6-31 所示。

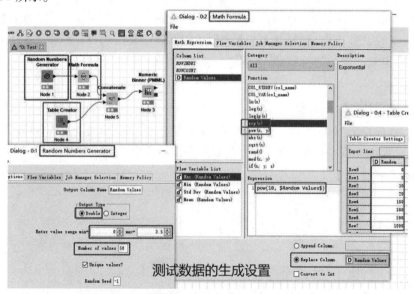

图 6-30　通过数据分箱标识其所属范围(测试数据的生成设置)

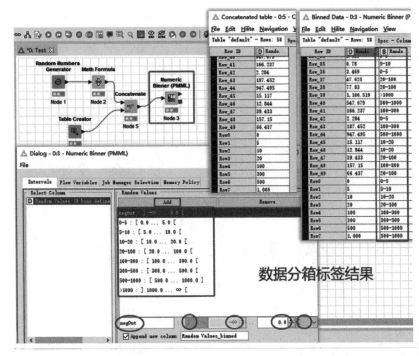

图 6-31　通过数据分箱标识其所属范围(数据分箱标签结果)

具体步骤:

步骤 1:(构造测试数据)如图 6-30 左侧部分所示,在 KNIME 中加入"Random Numbers Generator"节点,为测试设置 50 个随机数据,数据的类型为 double,范围为[0, 3.5](注:没有直接设置范围为 0 到∞,是因为分割点的数值大致成指数函数分布,如果直接设置随机数,会导致测试覆盖度不足)。

步骤 2:(构造测试数据)如图 6-30 中间部分所示,拖入"Math Formula"节点,指数函数可以使用"exp"或者"power",这里使用了"power"函数,生成底数为 10 的指数函数计算结果,从而构成了测试数据集。

步骤 3:(构造测试数据)如图 6-30 右侧部分所示,拖入"Table Creator"节点,将分割点输入表格,用以测试分箱函数对于分割点数值处理的正确性。继续拖入"Concatenate"节点,将基于随机数发生的测试集和分割点数据集加以合并,形成最终的测试数据集。

步骤 4:(测试数据分箱)如图 6-31 所示,拖入"Numerical Binner (PMML)"节点,将其与合并后的测试数据集节点相连。双击该节点打开配置页面,通过"Add"按钮不断添加对数值型数据的分箱范围设置条目。如图 6-31 中红色圆圈所示,不仅可以对分箱条目的标签加以设置(例如:"negOut"代表负数,">1 000",它们都是标签文本,代表分箱结果),还可以设置分箱范围的上下限值,以及对于界限值的开区间和闭区间设置,对于下边界(左侧),"["代表包含该界限值,"]"代表不包含该界限值(上边界,右侧,含义相反),这样的设置将改变关键分割点数据的分箱标签结果,大家可以自行尝试,我们的测试集里包括了对分割点数据的处理。

步骤5:(测试数据分箱)点击"OK",关闭"Numerical Binner(PMML)"节点设置并运行工作流,完成对测试数据集的分箱处理,形成数据标签,可以检查处理结果,如果有不符合经验判断的结果,可以去检查分箱设置是否有错误。

细节详解:

相对"Rule Engine"节点有何优势? 一方面"Rule Engine"节点完成同样的功能需要写下若干逻辑语句,有一定的学习成本;另一方面,对于区间的设置,逻辑语句通常需要使用"AND"来连接,对于开闭区间的设置,需要十分小心">=""＞""<=""＜"的用法,十分容易发生错误;使用分箱节点,只需要输入数据,下拉选择开闭区间,学习成本比较低,设置情况清晰明了,简单易懂,维护方便,不易发生错误,即使有设置错误,也十分容易发现。

6.16 KNIME 进阶案例教程(16)循环
判断是否含有若干子串

需求背景:

有这样一个 Excel 文档,其中有两个工作簿,第一个工作簿中记录了零件的代码和零件的描述,其中零件的描述是长字符串,可能含有运营商的标识符;第二个工作簿是运营商的标识符列表,其中的字符串可能为零件描述文本的子字符串。需求是批量判断零件描述字符串中,是否出现过第二个工作簿中的运营商标识符,出现过一次或多次,都得到结果"是",否则为"否"。

将使用多种方案来实现上述需求,从而通过这样的案例加深对 KNIME 诸多节点功能的认识,将来可以拓展到其他需求解决当中去。

方案:视频介绍请移步 B 站,搜索 Up:"星汉长空",视频:KNIME 案例(268)批量子串匹配1。具体步骤介绍请参考视频,下面仅简要介绍关键的步骤及涉的节点功能。

概略思路:

既然有若干个运营商标识符需要判断,自然想到可以使用循环节点,每次通过其中一个运营商标识符,依据零件描述文本特点构造正则表达式,看批量的零件描述是否与之匹配,通过 KNIME 字符串处理"String Manipulation"节点下的"regexMatcher"函数就可以得到匹配结果。对于同一个零件对于多个运营商标识符形成的正则表达式匹配结果取最大值,则只要含有一个匹配结果,就可以得到判别结果"是"。可以使用分组节点功能,依据零件代码进行分组,组中取匹配结果的最大值。最后使用字符串处理的方法,将布尔型结果转变为字符结果("是"和"否")即可满足需求。

工作流概览:

循环判断是否含有若干子串如图 6-32 所示。

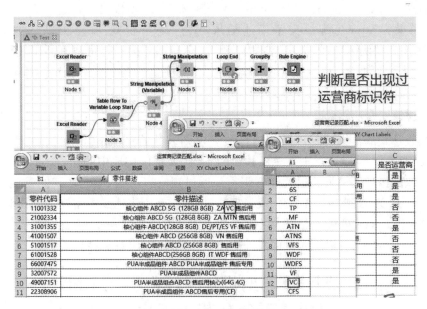

图 6-32　循环判断是否含有若干子串

具体步骤：

步骤 1：如图 6-32 所示，在 KNIME 中加入两个"Excel Reader"节点，分别读入数据源 Excel 文件的两个工作簿（注意工作簿名的选取设置）。得到零件代码和零件描述列表，还有运营商标识符列表。

步骤 2：加入表行转变量循环"Table Row To Variable Loop Start"节点，将其与运营商标识符列表相连，这样就可以循环读取表格中的运营商标识符信息。为了判断零件描述是否与这样的标识符相匹配，还需要拖入"String Manipulation(Variable)"节点，依据零件描述文本的特点来构造一个正则表达式与之匹配，这一步非常灵活。

步骤 3：拖入 KNIME 字符串处理"String Manipulation"节点，将其与零件代码和零件描述列表（另外一个"Excel Reader"节点）相连接，再将步骤 2 构成的表达式变量通过流变量与之连接，在字符串处理中使用"regexMatcher"函数来判断批量的零件描述是否可以与步骤 2 构成的正则表达式相匹配，并使用"toBoolean"函数，返回布尔型匹配结果。

步骤 4：通过循环（"Table Row To Variable Loop Start"以及 "Loop end"）节点的循环执行，可以对每一个零件的描述与若干运营商标识符形成的正则表达式进行一一匹配，得到了 M（零件数）＊N（运营商数）的匹配结果。由于只需要判断是否出现过一次匹配即可，所以可以对这样的诸多匹配结果依据零件代码进行分组。拖入一个"GroupBy"节点，在"Groups"设置里选择零件代码（小技巧：也加入零件描述，这对分组结果并没有影响，而且会将零件描述列代入到最终的结果表格当中），在"Manual Aggregation"里设置聚类方法为匹配结果"是否运营商"的最大值，由于布尔型中，"true"大于"false"，所以只要某种零件的匹配结果中有一个"true"，这里就会出现"true"的聚类结果。

步骤 5：加入"Rule Engine"节点，对表格的结果做最后的修整。需要将布尔型的结果，转变为"是"或"否"的字符串判别结果。在"Rule Engine"节点的"Expression"框中写下逻辑表达式,因为"是否运营商"类型本身就是布尔型,所以第一行逻辑为对其自身值的判断,如果为"true",那么文字描述结果就为"是";否则,在下方默认值处,写下"TRUE"(代表默认结果)的文字描述为"否"。亦即如果第一行逻辑判断不能满足的情况下,"是否运营商"为"False",则赋予默认结果为"否"。最后选择"Replace Column",替换掉原来的布尔型属性列,得到文字描述性的结果。

细节详解:

正则表达式的详细解释以及如何拓展。正则表达式(string(".＊[\\s\\(]+")+$$ {SA} $$ +"[\\s\\)]+.＊"),其中的.＊代表零件描述中的任意字符,$$ {SA} $$是获取的循环某一步的运营商标识符。通过观察零件描述文本,我们发现,标识符在描述文本中,左右侧是空格字符,或者括号,所以在正则表达式中需要加入类似"[\\s\\(]+"等字样,"\\s"匹配空格,"\\(\\)"匹配括号,当然这是非常灵活的,需要相机行事,并没有一定之规,可以随时根据零件描述文本的特点,进行兼容和拓展。

6.17 KNIME 进阶案例教程(17)相似性判断是否含有若干子串

需求背景:

有这样一个 Excel 文档,其中有两个工作簿:第一个工作簿中记录了零件的代码和零件的描述,其中零件的描述是长字符串,其中可能含有运营商的标识符;第二个工作簿是运营商的标识符列表,其中的字符串可能为零件描述文本的子字符串。需求是批量判断零件描述字符串中是否出现过第二个工作簿中的运营商标识符,出现过一次或多次,都得到结果"是",否则为"否"。

将使用多种方案来实现上述需求,从而通过这样的案例,加深对 KNIME 诸多节点功能的认识,将来可以拓展到其他需求解决当中去。

方案:视频介绍请移步 B 站,搜索 Up:"星汉长空",视频:KNIME 案例(269)批量子串匹配 2。具体步骤介绍请参考视频,下面仅简要介绍关键的步骤及涉及的节点功能。

概略思路:

KNIME 进阶案例教程(8)采用的是循环方式,每次通过其中一个运营商标识符,依据零件描述的文本特点构造正则表达式,与之匹配。方案二与之类似,对零件描述和运营商标识符进行了排列组合,利用 KNIME 中的字符串相似性计算"String Similarity"节点,计算每种零件描述与运营商标识符之间的字符串相似度数值(一个基本常识是如果二者存在包含关系,相似度计算值会较大)。然后利用去重节点,保留与每种零件描述最大相似度的运营商标识符,进而判断该标识符是否真实出现在零件描述当中,如果最大相似度的标识符都不曾在零件描述中出现,即得到"否"的判断结果;反之,出现了,为"是"。

工作流概览:

相似性判断是否含有若干子串如图 6-33 所示。

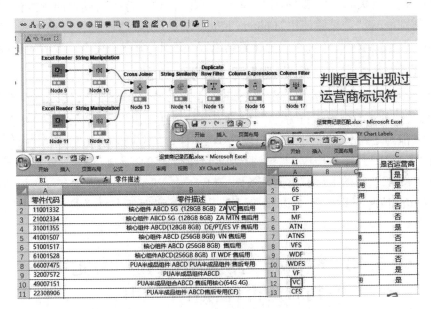

图 6-33　相似性判断是否含有若干子串

具体步骤：

步骤 1：如图 6-33 所示，在 KNIME 中加入两个"Excel Reader"节点，分别读入数据源 Excel 文件的两个工作簿（注意工作簿名的选取设置）。得到零件代码和零件描述列表，还有运营商标识符列表。

步骤 2：为每个"Excel Reader"节点各自拖入一个字符串处理"String Manipulation"节点，对零件描述字符串和运营商标识符字符串分别进行处理，以使它们具有相似度计算的可能性。具体做法是，对于零件描述字符串，使用正则表达式替换函数"regexReplace"（＄零件描述＄，"[\\s\\(\\)]+"，"#"）将零件描述文本中的连续多个空格和括号替换为"#"；将运营商标识符字符串前后加上"#"，这样可以形成单个单词的匹配关系，加强了匹配条件。经过这样的处理，即可进行两个新生成的"描述字符串"和"标识字符串"的相似度计算（分别更新自"零件描述"和"运营商标识符"）。

步骤 3：拖入"Cross Joiner"节点，对上述两个表格进行排列组合，从而为计算 M（零件数）＊N（运营商数）对字符串的相似度做好准备。拖入"String Similarity"节点，设置进行相似度计算的两列字符串为新生成的"描述字符串"和"标识字符串"，选择相似度计算的方法为"2-gram overlap"，进行计算，得到字符串相似度计算结果。

步骤 4：拖入"Duplicate Row Filter"节点，对字符串相似度计算结果，依据零件编号进行去重，留下与每个零件描述相似度最大的"标识字符串"（内含运营商标识符）。则在每条记录中，"描述字符串"与该"标识字符串"的包含关系，即可以决定最终判定结果（注：因为如果"标识字符串"包含在"描述字符串"里，结果为"是"无疑；反之，如果不包含，这已经是相似度最大的情况，如果都不包含在"描述字符串"里，可见结果为"否"）。

步骤 5：加入"Column Expressions"节点，来建立一个新列，命名为"是否运营商"，在该节点里，有关于字符串包含关系的计算函数"Contains"，用来计算"描述字符串"与"标识字符串"的包含关系。如果"描述字符串"包含"标识字符串",则返回判别值"是";反之,返回判别值"否"。最后使用"Column Filter"节点,删除掉辅助列("描述字符串""标识字符串""运营商标识符""相似度计算结果"),得到与方案一完全一致的输出表格。

细节详解:

为何要对输入的字符串加以特殊处理? 是为了加强匹配条件,实现整个单词的匹配。设想我们的运营商标识符为"A",则只有零件描述中出现"(A)"或者"_A_"("_"代表空格)才能与之匹配;如果零件中出现"AB"字样,是不应该与之匹配的。我们将零件描述中的多个"()_"都替换成"#",并且为运营商标识符前后加入"#",就将匹配条件加强为类似"#A#"这样的子字符串关系条件,避免了由于"AB"与"A"具有包含关系产生匹配。当然实际情况千差万别,可以根据情况采用相应的处理与之适应,并没有统一的解决方案。

6.18 KNIME 进阶案例教程(18)正则判断是否含有若干子串

需求背景:

有这样一个 Excel 文档,其中有两个工作簿:第一个工作簿中记录了零件的代码和零件的描述,其中零件的描述是长字符串,其中可能含有运营商的标识符;第二个工作簿是运营商的标识符列表,其中的字符串可能为零件描述文本的子字符串。需求是批量判断零件描述字符串中是否出现过第二个工作簿中的运营商标识符,出现过一次或多次,都得到结果"是",否则为"否"。

我们将使用多种方案来实现上述需求,从而通过这样的案例,加深对 KNIME 诸多节点功能的认识,将来可以拓展到其他需求解决当中去。

方案:视频介绍请移步 B 站,搜索 Up:"星汉长空",视频:KNIME 案例(270)批量子串匹配 3。具体步骤介绍请参考视频,下面仅简要介绍关键的步骤及涉及的节点功能。

概略思路:

KNIME 进阶案例教程(8)采用的是循环方式,每次通过其中一个运营商标识符,依据零件描述的文本特点构造正则表达式,与之匹配。方案二对零件描述和运营商标识符进行了排列组合,利用字符串相似性计算取到最大相似性的记录,然后通过包含关系进行判断。方案三的最主要思路就是通过构成一个长正则表达式,将运营商标识符全部纳入其中,用"|"(或者符号)来进行分隔。这样的长正则表达式,一方面可以匹配零件描述中的特殊部分,将其替换成特殊符号,通过特殊符号的有无来得到最终结论;也可以使用长正则表达式与零件描述的整体相匹配,能匹配上即为"是";反之为"否",后面一种方法更为直接。

工作流概览:

正则判断是否含有若干子串如图 6-34 所示。

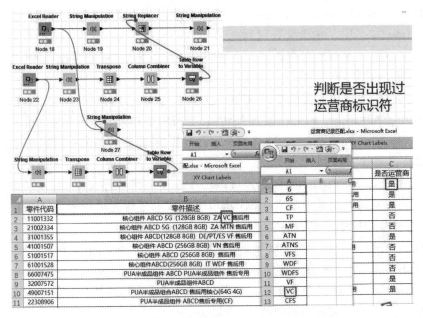

图 6-34　正则判断是否含有若干子串

具体步骤：

步骤 1：如图 6-34 所示，在 KNIME 中加入两个"Excel Reader"节点，分别读入数据源 Excel 文件的两个工作簿（注意工作簿名的选取设置）。得到零件代码和零件描述列表，还有运营商标识符列表。

步骤 2：拖入字符串处理"String Manipulation"节点，对运营商标识符字符串进行处理，让它们形成可以匹配零件描述文本内容的正则表达式。

2.1　在"String Manipulation"节点的"Expression"框中输入 string("[\\s\\( ]+") + $ A $ +"[\\s\\)]+"，通过这样的正则表达式，匹配零件描述文本中出现运营商标识符的部分；

2.2　在"String Manipulation"节点的"Expression"框中输入 string(". * [\\s\\( ]+") + $ A $ +"[\\s\\)]+. * "，匹配整个零件描述文本。

步骤 3：拖入"Transpose"节点，将运营商标识符列表形成的正则表达式表格进行转置，将若干正则表达式字符串一行排列。拖入"Column Combiner"节点，使用"|"符号对多列的正则表达式进行拼接，拼接成长长的正则表达式。由于使用了"|"或者符号，替代了循环判断，可以一次性判断零件描述中是否出现过运营商标识符。加入"Table Row to Variable"节点，将拼接的长正则表达式由字符串转变为变量备用。

步骤 4：对拼接好的长正则表达式（包含所有运营商标识符信息）加以应用，从而判断零件描述中是否出现过运营商标识符。

4.1　加入"String Replacer"节点，设置字符串替换列为"是否运营商"，设置"Pattern type"为"Regular expression"，"Replace"为"… all occurrences"，在该节点的流变量里，设置"Pattern"为步骤 3 形成的长正则表达式，将匹配内容替换为特殊符号，比如"#"。最后加入"String Manipulation"节点，通过判断是否存在"#"，就可以得出最后的判断。

replace(replace(string(toBoolean(indexOf($ 是否运营商 $, " # ") > - 1)) , " true " , " 是 ") , " false " , " 否 ") 的含义分别为：

（1）indexOf($ 是否运营商 $, " # ") 可以获取字符串中“#”符号出现的位置,如果不存在,则返回“-1”;

（2）indexOf($ 是否运营商 $, " # ") > - 1 如果为 True,则存在“#”号;反之,不存在;

（3）string(toBoolean(* *)) 是类型转换,将布尔型判断结果转变为字符串;

（4）replace(replace(* *)) 通过两个字符串替换,将布尔型的字符串表达文本替换成我们最终需要的“是”和“否”文本。

4.2　由于2.2生成的正则表达式可以匹配整个零件描述文本,加入“String Replacer”节点,可以直接使用其中的“regexMatcher”函数来进行逻辑判断。对于逻辑型的结果,也是使用4.1中类似的方法,完成文本转换。

replace(replace(regexMatcher($ 零件描述 $, $ $ { Spattern } $ $) , " True " , " 是 ") , " False " , " 否 ") 的含义分别为：

（1）regexMatcher($ 零件描述 $, $ $ { Spattern } $ $),直接判断零件描述与长正则表达式是否匹配,直接返回布尔型结果;

（2）replace(replace(* *)) 通过两个字符串替换,将布尔型的字符串表达文本替换成最终需要的“是”和“否”文本。

6.19　KNIME 进阶案例教程(19)列聚合判断是否含有若干子串

需求背景：

有这样一个 Excel 文档,其中有两个工作簿:第一个工作簿中记录了零件的代码和零件的描述,其中零件的描述是长字符串,可能含有运营商的标识符;第二个工作簿是运营商的标识符列表,其中的字符串可能为零件描述文本的子字符串。需求是批量判断零件描述字符串中,是否出现过第二个工作簿中的运营商标识符,出现过一次或多次,都得到结果“是”,否则为“否”。

我们将使用多种方案来实现上述需求,从而通过这样的案例,加深对 KNIME 诸多节点功能的认识,将来可以拓展到其他需求解决当中去。

方案:视频介绍请移步 B 站,搜索 Up:“星汉长空”,视频:KNIME 案例(271)批量子串匹配4。具体步骤介绍请参考视频,下面仅简要介绍关键的步骤及涉及的节点功能。

概略思路：

与 KNIME 进阶案例教程(8)的思路类似,使用循环节点遍历若干个运营商标识符,每次通过其中一个运营商标识符,依据零件描述文本特点构造正则表达式,看批量的零件描述是否与之匹配,通过 KNIME 字符串处理“String Manipulation”节点下的“regexMatcher”函数就可以得到匹配结果。方案一将这样的批量匹配结果累积在行方向,需要使用分组节点加以处理;如果将结果累积在列方向,就可以通过列聚合节点加以处理,同样可以得到最后的判别结果,判断运营商标识符是否在零件描述中出现过。

对于同一个零件对于多个运营商标识符形成的正则表达式匹配结果(布尔型或者整型)在列方向上进行聚合,只要一个匹配结果为"true",就得到判别结果"是";否则,为"否"。

工作流概览:

列聚合判断是否含有若干子串如图 6-35 所示。

图 6-35　列聚合判断是否含有若干子串

具体步骤:

步骤 1:如图 6-35 所示,在 KNIME 中加入两个"Excel Reader"节点,分别读入数据源 Excel 文件的两个工作簿(注意工作簿名的选取设置)。得到零件代码和零件描述列表,还有运营商标识符列表。

步骤 2:加入表行转变量循环"Table Row To Variable Loop Start"节点,将其与运营商标识符列表相连,这样就可以循环读取表格中的运营商标识符信息。为了判断零件描述是否与这样的标识符相匹配,还需要拖入"String Manipulation(Variable)"节点,依据零件描述文本的特点来构造一个正则表达式与之匹配,这一步非常灵活。

步骤 3:拖入 KNIME 字符串处理"String Manipulation"节点,将其与零件代码和零件描述列表(另外一个"Excel Reader"节点)相连接,再将步骤 2 构成的表达式变量通过流变量与之连接,在字符串处理中使用"regexMatcher"函数来判断批量的零件描述是否可以与步骤 2 构成的正则表达式相匹配,并使用"toBoolean"函数,返回布尔型匹配结果。

步骤 4:方案一是通过"Table Row To Variable Loop Start"以及"Loop end"节点组合搭配,完成了匹配结果的行方向累积;本方案使用"Table Row To Variable Loop Start"以及"Loop end(Column Append)"节点组合搭配,使匹配结果在列方向累积。

4.1　在循环内部加入"Math Formula"节点,对布尔型的变量进行转换,将"true"转为整型"0";"false"转为整型"1"。再拖入"Column Aggregation"节点,在"Columns"标签页,选择"Type Selection"选项,替代手动选择列,勾选"Number（integer）"类型,自动选择所有整型列,我们刚才构造的所有整型列都被选入,这里一旦出现过一次"true"就会出现"0",我们可以通过列聚合当中的乘积方法,得到所有列的乘积,如果结果为"0",就说明出现过运营商标识符。只有所有标识符都没出现过,结果都是"1",这里乘积才会不为零,这是方案4的核心思想。选择"Column Aggregation"节点的"Options"标签页,设置聚合的方法为"Product",并设置聚合的列名为"是否运营商"。

4.2　不必将布尔型转变为整型,使用"Column Filter"节点,通过设置正则表达式,取到所有布尔型的列,然后直接对布尔型进行字符串组合,再通过"Column Combiner"节点对所有布尔型的匹配结果加以合并。这一步的实现方式很多,也可以通过布尔型之间的运算来实现。

步骤5:使用"Rule Engine"节点或者"String Manipulation"节点对布尔型或者整型的匹配结果做最后的修整,转变为"是"或"否"的字符串判别结果。

5.1　加入"Column Filter"节点,过滤掉辅助列;再加入"Rule Engine"节点,对表格的结果做最后的修整。需要将整型的结果,转变为"是"或"否"的字符串判别结果。在"Rule Engine"节点的"Expression"框中写下逻辑表达式,如果"是否运营商"值为"0",那么文字描述结果就为"是";否则,在下方默认值处,写下TRUE(代表默认结果)的文字描述为"否"。亦即如果第一行逻辑判断不能满足的情况下,"是否运营商"为"1",则赋予默认结果为"否"。最后选择"Replace Column",替换掉原来的整型属性列,得到文字描述性的结果。

5.2　加入"String Manipulation"节点,对字符串中是否出现过"true"加以判断。

细节详解:

为什么可以做到将批量的匹配结果在列方向累积? 这里涉及思维层面的转变,KNIME 里面的若干循环起始节点和终了节点并不是一一对应的,虽然我们平时看到的例子,很多时候某些组合比较常见,但那并不是它们唯一的使用方法。突破了这个思维限制之后,我们对于循环节点的使用水平会有进一步的提升,不同的循环起始节点和不同的终了节点形成了多对多的关系,某些组合会起到妙用,加快问题解决的效率。

6.20　KNIME 进阶案例教程(20)依据 固定值设置分段序号

需求背景:

参见工作流概览图中的数据表格,如何依据固定的属性值(本例为"户主"),为所有的记录设置分段序号,出现"户主"记录的位置,恢复序号为1;对于该户的附属人员,按照出现的顺序赋予序号2,3,4...

概略思路:

自然想到使用"Rank"或者"Math Formula"节点来获取"ROWINDEX",获取基本序号。接着想到"户主"记录所在的位置,有其自身的行索引序号,如果将二者作差,就可以恢复"户主"位置的序号(得到 0,再加 1);对于其他的位置,则需要沿袭该位置从属的"户主"属性值所在位置的行索引序号。这既可以通过"Missing Value"节点实现,也可以像本例中,使用"Moving Aggregation"节点实现。

工作流概览:

依据固定值设置分段序号如图 6-36 所示。

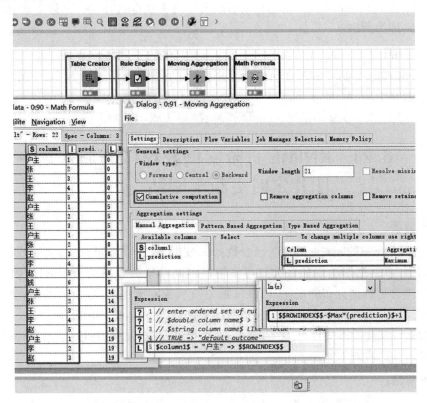

图 6-36　依据固定值设置分段序号

具体步骤:

步骤 1:如图 6-36 所示,在 KNIME 中加入"Table Creator"节点。

步骤 2:在"Table Creator"节点中,双击编辑单元格,填入一列测试数据(亦可由 Excel 文件读入,或者通过 Excel 文件拷贝粘贴得到),其中含有若干属性值"户主",代表新的一户记录的开始,下面接着记录了该户下面的人员情况。所有人员信息都依次在一列当中记录。

步骤 3:链接一个"Rule Engine"节点,在"Expression"框中,写下 $ column1 $ = "户主" => $ $ ROWINDEX $ $ 的语句,选择"Append Column",保持列名"prediction"的默认设置(也可以根据需要更改列名)。经过该节点处理,属性值为"户主"的位置,将出现行索引序号(整型),其他的位置为空(Missing Value)。

步骤 4:链接一个"Moving Aggregation"节点,勾选"Cumulative computation",在"Aggregation settings"标签页,"Available columns"框中,选择刚刚建立的"prediction"列,将其使用"add>>"按钮加入到聚合方法框中,选择聚合方法为"Maximum",完成节点设置。点击"OK"按钮,退出并执行该节点,可以得到图片中蓝色框中的新的"Max * (prediction)"数据列。由于我们使用了逐步最大值聚合,当遇到"户主"序号的时候,就会加以保持,为其从属属性值加入相同的行索引序号。达到了在上文"思路"段落中提到的要求。

步骤 5:链接一个"Math Formula"节点,在"Expression"框中,写下 $ $ ROWINDEX $ $ - $ Max * (prediction) $ +1,用行索引减去步骤 4 获得的"阶梯式"最大索引值(结合加 1 修正),即为所求。

细节详解:

使用"Missing Value"节点是如何完成步骤 4 的? 原理相似,链接一个"Missing Value"节点,对其中的"Number(long)"类型数据,使用"Previous Value *"的缺失值填充方法,一样可以得到与步骤 4 结果相同的"阶梯式"最大索引值列。

6.21 KNIME 进阶案例教程(21)将本地 图片定时更新至网站

需求背景:

使用 Python 中的 matplotlib 库,结合数据源数据,进行图形可视化,实时或者定期生成统计图形(本例图形展现的是大气污染物在不同粒径分布下的全年浓度变化趋势情况),其中蕴含了数据分布的规律,可以供相关领域专家审视决策、发挥经验。需求是如何将工作流或者 Python 代码生成的图形更新至网站,加速人机协同效率。

将数据可视化图形文件,更新至网站,通过 PC 端或移动端访问网址,加以浏览,实现多人共享、交流、协同工作。

概略思路:

使用 KNIME 的图形相关节点,更新云存储文件,完成网站更新。

工作流概览:

将本地图片定时更新至网站如图 6-37 所示。

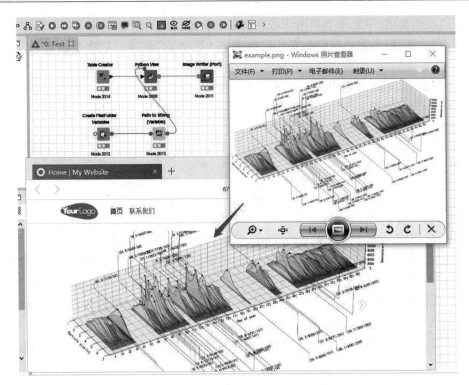

图 6-37　将本地图片定时更新至网站

具体步骤：

步骤 1：使用 Odoo 建立免费的网站环境，在里面挂载大量的腾讯云图像链接。当使用工作流对图像文件加以更新之后，工程人员可以登录这样的网站环境，观看数据可视化的各类图形图像，从中发现规律，辅助决策（图 6-37）。

步骤 2：在 KNME 中拖入"Table Creator"节点，随便输入一些值，形成一个表格，为下一步读取本地图像文件做准备。

步骤 3：拖入"Create File/Folder Variables"节点，建立图像文件的路径及文件名变量。在 Settings 标签页，"Create for"选择框的下拉菜单中选择"Local File System"，也就是从本地读取；然后点"Folder"右方的"Browse..."按钮，选择图像文件所在的路径。在"File/Folder variables"框中，可以设置"Variable name"，也可以保持原有名字"base_folder"不变；"Base location"下经过路径的选择，已经得到了图像文件的路径；还需要在"Value"和"File extension"下分别设置图像文件的名字及扩展名。当上述过程完成之后，就可以生成一个带有所要读取的图像文件的路径和文件名的变量，这样的变量可以设置若干个，只要通过右边的"Add variable"按钮进行添加即可；当然，也可以随时使用其下方的"Remove variable"按钮进行删除。

步骤 4：链接一个"Path to String（Variable）"节点，将步骤 3 生成的带有图像文件路径和文件名的变量转变为字符串。

步骤 5：链接一个"Python View"节点，将"Path to String（Variable）"节点的变量输出端口（红色）对接到"Python View"节点的左上角位置，实现了变量的输入；再将步骤 1 建立的任意数据表格(下面不会使用到该表格中的数据)链接到"Python View"节点的左侧输入端口上(注:因为我们这里没有任何数据输入的需求,该端口数据是闲置的,仅是为了保证"Python View"节点连接的正确性)。

在"Python View"节点中写入如下代码:

```
from io import BytesIO    #加载 IO 库
from PIL import Image     #加载图像库
im= Image.open(flow_variables['base_folder_location'])    #从指定的路径下读取
图像文件
buffer= BytesIO()    # 创建图像缓存区
im.save(buffer, format='png')    #将图像文件写入缓存区
output_image= buffer.getvalue()    #将图像文件写入节点的输出端口
```

步骤6:链接一个"Image Writer (Port)"节点,在"Settings"标签页,"Write to"选择框的下拉菜单中选择"Custom/KNIME URL",也就是准备将输入端口上获取的图像文件,写入云服务网络环境。在下方"URL"设置框中,输入腾讯云图像文件地址,然后在下方"If exists"单选框中选择"overwrite"选项,这样就可以完成对腾讯云图像文件的覆盖(当然,前提需要为腾讯云图像文件设置可读可写的权限)。

步骤7:登录 Odoo 建立的免费网站,观看图像更新,也可以将网址分享给他人,共享经验,协同工作。

细节详解:

何为 Odoo? Odoo 是一套完整的系统,是一个开源框架,针对 ERP 的需求发展而来,适合定制出符合客户各种需求的 ERP 系统、电子商务系统、CMS 或者是网站。

6.22   KNIME 进阶案例教程(22)Excel 多工作簿关键字段联结

需求背景:

Excel 表格中含有多个工作簿(如例子中的"员工职位信息表""员工个人信息表""部门信息表"等),它们之间含有相同名称的一个或者多个关键字段,需求是将这样的若干表格,依次按照关键字段进行联结,最终形成一张完整信息的大表。类似的需求,在数据库表格操作中是十分普遍的,一般使用 sql 语句中的 join 功能实现,可以进行类比。

概略思路:

建立 KNIME 定时任务工作流,固化 Excel 多个工作簿的联结流程,自动完成表格拼接合并任务。由于表格是依次进行联结操作的,下一步的操作建立在上一次联结的表格基础之上,属于迭代循环操作,所以方案中将使用递归循环"Recursive loop"节点来完成这样的联结操作。在循环的每一步,主要的思路就是对于上一步已经联结好的表格和新读取的下一张 Excel 工作簿表格,进行列名的比对,找出它们的列名交集传递到 KNIME 的"joiner"节点当中,对上述两个表格完成联结,形成新的表格。这样的步骤重复下去,就可以将 Excel 当中的多个工作簿,依据关键字段,联结成一张大表(图6-38)。

　　本例视频介绍请移步 B 站,搜索 Up:"星汉长空",视频:KNIME 案例(265)联结多工作簿,具体步骤介绍请参考视频,下面仅简要介绍关键的步骤及涉及的节点功能。

工作流概览:

　　Excel 多工作簿关键字段联结如图 6-38 所示。

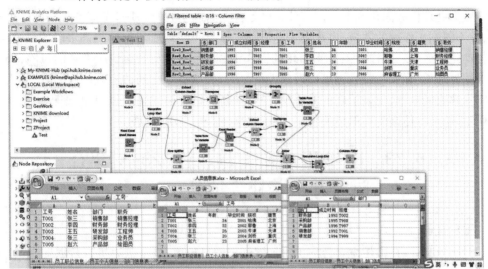

图 6-38　Excel 多工作簿关键字段联结

具体步骤:

　　步骤 1:在 KNIME 中拖入"Read Excel Sheet Names"节点,双击设置读取文件的路径,选择"人员信息表"Excel 文件,读取 Excel 文件的路径以及其中包含的所有工作簿名称。

　　步骤 2:为了循环遍历 Excel 文件中的工作簿,需要加入递归循环节点"Recursive Loop Start",且应该为其增加一个"Recursion"端口"Add Recursion port",因为这里不仅要传递 Excel 工作簿的名称列表,还需要将上一次联结好的表格传入。

　　步骤 3:为了循环读取并获得 Excel 文件中当前的工作簿,需要对"Recursive Loop Start"端口上的 Excel 工作簿的名称列表进行行分割操作,加入"Row Splitter"节点,设置只取其第一行,这样第一行的 Excel 路径信息和工作簿名称就可以用于读取当前的 Excel 工作簿;而剩余的部分,将传递到"Recursive Loop End"节点上,为下一次取 Excel 的工作簿做好准备。

　　步骤 4:拖入"Table Row to Variable"节点,将"Row Splitter"节点产生的当前 Excel 路径信息和工作簿名称转变为变量,再拖入"Excel Reader"节点,在路径设置里选择 Excel 路径信息变量,选择按名称读取 Excel 工作簿,并将工作簿名称变量传入,即可获得 Excel 当前工作簿的数据内容。

　　步骤 5:对步骤 3"Recursive Loop Start"端口上的上一步联结好的数据表格和步骤 4,新读取的 Excel 工作簿表格,都进行列名的提取操作,然后获取它们的交集部分,转变为列表,再转变为变量。

　　步骤 6:拖入"Joiner"节点,对步骤 5 中的两个表格进行联结(join)操作,联结依据的关键字段,就是步骤5形成的列名列表变量。

步骤7:执行工作流,在循环过程中,依次对 Excel 文件中的多个工作簿进行联结操作,逐步形成了一个大的信息表格。

细节详解:

数据处理任务固化成工作流有什么好处?上面建立的 Excel 多工作簿表格联结工作流,并不限制工作簿的数量,也没有手动设置工作簿间联结所依据的关键字段的名称,都是自动化完成的。这样的工作流固化的操作流程,减少了人工参与所带来的风险,确保了数据处理质量的一致性,也可以形成人员之间,人与机器之间的有效协同配合,大大加快需求解决的效率,代表了新的方法论,是一种新的组织模式的载体;且与编程实现功能有所不同,具有传递流程思想的作用,便于共享、维护、复用、拓展。

6.23 KNIME 进阶案例教程(23)对集合进行并交差补等运算

需求背景:

在使用 KNIME 工作流对数据进行加工处理的过程中,经常需要进行数据聚合(比如分组),形成列表或者集合(List or Set)类型,这就引发了对于集合的操作需求。如何完成集合的运算,对两个(进而对多个)集合,求取它们的并集、交集、差集、补集,这对于信息的处理将十分有益,在某些需求下,有效地使用集合运算操作,可以大大加快数据处理的效率。

概略思路:

本例通过一个去除真子集(集合 A 为集合 B 的子集,且 B 含有不包含在 A 内的元素,则将集合 A 删除)这样的例子,来介绍一下 KNIME 中的集合运算操作是如何实现的。当然,涉及集合操作的节点不止本例介绍的"Column Aggregator"节点一种,其他的集合运算节点,将在以后遇到合适案例的时候加以介绍。通过使用"Column Aggregator"节点,可以求取两个集合的交集、并集、异或以及它们各自含有的元素的数量,通过这样的列聚合节点功能,可以巧妙地完成很多看似较难实现的数据分析、处理需求。如果将集合运算与其他 KNIME 数据处理功能加以融合,将释放更大的能量。

本例视频介绍请移步 B 站,搜索 Up:"星汉长空",视频:KNIME 案例(276)数据集合运算,具体步骤介绍请参考视频,下面仅简要介绍关键的步骤及涉及的节点功能。

工作流概览:

对集合进行并交差补等运算如图 6-39 所示。

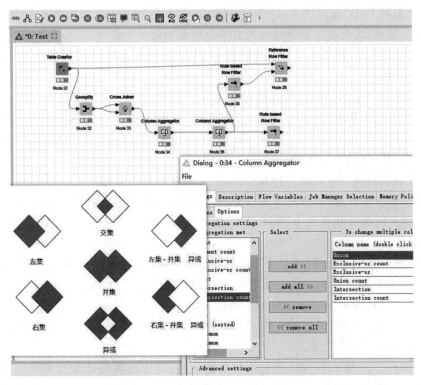

图 6-39　对集合进行并交差补等运算

具体步骤:

步骤 1:在 KNIME 中拖入"Table Creator"节点,输入两列测试数据,作为功能演示使用。第一列为大写字母(A、B、C、D),将依据此列来进行数据分组;第二列为大写字母组下的具体元素,每个组内包含若干小写字母。这样就形成了多行的原始数据表格。

步骤 2:拖入"GroupBy"节点,在"Groups"标签页,依据"column1",也就是大写字母来分组。在"Manual Aggregation"标签页,对"column2"的小写字母进行分组聚合,聚合方式选择"Set"。通过这样的设置,可以得到依据大写字母分成的若干数据组,每一组中包含了小写字母的集合(包含组中出现的所有元素,唯一、不重复且无固定顺序)。具体结果如下:

{ "A":[a,b], "B":[a,b,c], "C":[c,d], "D":[c,a] }

通过观察可知,集合 A 和集合 D 均为集合 B 的真子集,应当予以删除;集合 C 中,含有其他集合都不具有的元素 d,不是任何集合的真子集,经过工作流的最后处理,应该只留下集合 B 和集合 C(亦即,集合 B 替代集合 A,集合 D 出现在最后的结果里,这是本例的原始需求)。

步骤 3:为了判断各个集合之间的包含关系,也就是确定是否某一个集合是另一个集合的真子集,我们需要构造步骤 2 中出现的所有集合的排列组合。拖入"Cross Joiner"节点,将步骤 2,经过"GroupBy"节点分组聚合之后得到的表格(内含多个集合),连到"Cross

Joiner"节点的左侧上下两个端口上,形成其自身与自身的集合间的排列组合,也就是生成了 4 个(A、B、C、D)集合的 4×4＝16 个排列组合记录,每条记录中都含有左集合和右集合两个集合记录,将判断左集合是否为右集合的真子集。

步骤 4:由图 6-39 集合运算示意图所示,如果集合 A 为集合 B 的真子集,需要满足如下两个条件:

(1)左集减右集的差集元素数量为零。

即左集不包含右集没有的元素,左集减右集的差集获取,可以通过右集与左右并集的异或操作来实现,set(A)-set(B)＝ set(B) ^ set(set(A) & set(B)),集合 B 与 AB 并集不同之处,就是 set(A)-set(B) 的部分。

(2)左集与右集通过异或操作得到的集合,元素数量不为零。

即左右两个集合,除了公共部分以外,还有元素。由于已经满足了条件 1,那么这样的元素只能出现在 B 集合当中,即 B 集合当中含有 A 集合没有的元素,A 集合是 B 集合的真子集。

在 KNIME 中拖入"Rule-based Row Filter"节点,设置行过滤条件为: $ Exclusive-or count $ ＞0 AND $ Exclusive-or count (#1) $ ＝ 0＝> TRUE (注: $ Exclusive-or count(#1) $ 对应条件 1, $ Exclusive-or count $ 对应条件 2)。

经过这样的行筛选,可以筛选出真子集的列表,其中含有大写字母标签,用来指示哪些集合是其他集合的真子集。

步骤 5:经过步骤 4,得到了所有真子集的列表,可以根据每个集合的大写字母标签来清除其对应的原始数据集中的记录。在 KNIME 中拖入"Reference Row Filter"节点,"Data table column"和"Reference table column"都选择"column1",也就是大写字母标签所在的列,依据大写字母标签来决定删除哪些记录。在"Include rows from reference table"单选框里,选择"Exclude rows from reference table"选项,执行这样的行参照筛选节点,就可以将原始表格中,对含有真子集大写字母标签的行加以排除。

步骤 6(特殊情况):当集合列表中出现由完全相同若干元素组成的集合且这些集合不是其他集合的真子集时,它们的大写字母标签不会出现在真子集列表当中,也就不会被上一步的行参照筛选节点所删除。对于这些完全相同的集合,需要给出进一步的移出逻辑,是全部保留,还是基于先后出现顺序保留第一个或者最后一个,这都是需要确定的,只要需求确定下来,就可以利用工作流进一步加以实现。

6.24　KNIME 进阶案例教程(24)两列数据分段有限累积求和

需求背景:

本例代表的是一类比较复杂的数据处理需求,对具有两列整型数据的表格,进行累积求和,因为两列求和值分别有对应的上限值设定,所以这样的累积求和是分段进行的,需要通过循环的方式进行,为每一次累积求和的行打标签,确定哪些行是在同样的一段累积求和过程中选取的。如果使用 Excel 等工具来完成这样的功能,由于表格的循环变动,很难完成,这种复杂数据处理需求是有普遍代表性的,一般需要通过编程来实现,这里介绍使用 KNIME 工作流,也可以完成同样的需求。

概略思路:

详细介绍一下数据处理过程,原始表格中含有两列整型数据,如果对它们进行分别累积求和,从第一行开始,前两行,前三行,前四行…都会计算出相应的累积求和计算结果。由于我们对两列分别设置了累积求和的上限值,两列数据在累积的过程中,都会停止在某一行,如果再进行累积,就会超过上限值,那么累积到这样的一行,就可以保证累积和小于或等于上限值。一般情况下,两列停止的行号(也就是选取的行数)不会是相同的,因为每次要对两列取相同的行数,为了保证两列累积和都小于上限值,只能取两个行数当中较小的一个,这样就完成了原始数据表格的一次行的选取工作。持续进行这样的过程,就会将原始表格分成若干段,需求就是为这些段落赋予序号标签,区分哪些行是属于同一次累积求和过程所涉及的行。

本例视频介绍请移步 B 站,搜索 Up:"星汉长空",视频:KNIME 案例(277)持续数据累积,具体步骤介绍请参考视频,下面仅简要介绍关键的步骤及涉及的节点功能。

工作流概览:

对两列数据进行分段有限累积求和如图 6-40 所示。

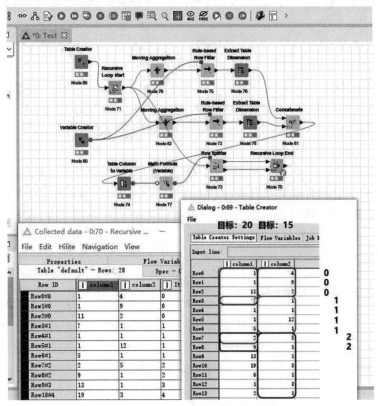

图 6-40　对两列数据进行分段有限累积求和

具体步骤:

步骤 1:在 KNIME 中拖入"Table Creator"节点,输入两列整型测试数据,作为功能演示使用(图 6-40)。

步骤 2:拖入"Variable Creator"节点,建立两个整型变量,分别命名为 a、b,并设置例子用数据,a=20、b=15,用来作为两列累积求和的上限值使用。

步骤 3:由于需要持续进行行累积求和,而且要选取相应的行,这是一个循环过程,所以需要加入递归循环("Recursive Loop Start"和"Recursive Loop End")节点,将"Table Creator"节点与"Recursive Loop Start"节点相连,作为第一次的数据表格输入条件。

步骤 4:在每一次的循环过程当中,对于两列分别进行数据处理(处理流程是一样的):

(1)加入"Moving Aggregation"节点,对于当前列的数据进行累积求和(聚合方法选择"Sum"),获取累积求和结果;

(2)累积求和结果在某一行的时候,将超过累积和上限值,所以加入"Rule-based Row Filter"节点,链接在"Moving Aggregation"节点之后,在过滤的规则中写下 $Sum(列名)$ <= $$|上限值变量名| $$ => TRUE,这样累积和超上限值的行就会被该行过滤节点所剔除;

(3)继续链接"Extract Table Dimension"节点,获取累积到小于等于上限值所选取的行数。

对于两列得到的行数进行合并,并借助"Table Column to Variable"节点,将二者转变为变量。

步骤 5:拖入"Math Formula(Variable)"节点,使用"if(logic,x,y)"函数来获取步骤 4 获取的两个行数的最小值。将该最小值传入一个"Row filter"节点,对循环每一步要处理的表格进行行筛选(选"Include by row number"选项),依据最小行数,获取表格头部的一段。

步骤 6:持续进行循环选取,在循环结束的时候,每一次循环所选取的行段落就会叠加在一起,形成一个新的表格。只要在"Recursive Loop End"节点中,勾选了"Add iteration column"选项,就会出现每一段的序号标签,区分某一行参与了哪一次的累积求和过程。

第 7 章　KNIME 视频教程分类导视

对 B 站上的视频教程进行分类,对每一集加入了简要的介绍,可以根据需要进行观看。主要分为下面几大类别:

(1)数据图形绘制;

(2)办公自动化;

(3)建筑工程设计;

(4)数据处理技巧;

(5)日常数据需求;

(6)工程计算软件;

(7)图像识别处理;

(8)信息获取绘图;

(9)人机协同任务;

(10)产品设计研发;

(11)会议教学交流;

(12)数字化解决方案。

为了从宏观上了解 KNIME 在这些应用方面发挥的作用,将简介制成如图 7-1 所示的词云图,供参考。从关键词的大致分布,可以看出 KNIME 所应用的领域是十分广泛的,可以固化各行各业的数据处理流程,引入算法资源,形成多组织间的协作。

图 7-1　KNIME 应用词云图

视频教程分类介绍如表 7-1 所示。

表 7-1　视频教程分类介绍

视频名称	类别	简要介绍
KNIME 数据分析案例(66)图 01 柱状成绩	数据图形绘制	调用 Python 图形库 matplotlib,绘制柱形图
KNIME 数据分析案例(67)图 02 分组柱图	数据图形绘制	调用 Python 图形库 matplotlib,绘制分组柱形图
KNIME 数据分析案例(68)图 03 船只分布	数据图形绘制	调用 Python 图形库 matplotlib,绘制分散条形图
KNIME 数据分析案例(69)图 04 填充地图	数据图形绘制	调用 Python 图形库 matplotlib,绘制填充多边形
KNIME 数据分析案例(71)图 05 线性回归	数据图形绘制	调用 Python 图形库 seaborn,绘制散点数据的线性回归结果,展示数据间的线性规律
KNIME 数据分析案例(72)图 06 钻石指标	数据图形绘制	调用 Python 图形库 seaborn,绘制多维数据图形,展示若干指标间蕴含的规律性
KNIME 数据分析案例(73)图 07 年龄分布	数据图形绘制	调用 Python 图形库 seaborn,绘制图形矩阵,行列均可以设置为某种分类属性
KNIME 数据分析案例(74)足球分子结构	数据图形绘制	调用 Python 图形库 mayavi,绘制三维立体图形,本例为 C60 的分子空间结构,三维图形支持使用者进行平移、缩放、旋转等交互式操作
KNIME 数据分析案例(75)图 08 污染浓度	数据图形绘制	调用 Python 图形库 seaborn,绘制图形矩阵,通过行列属性、折线图的线宽、线的颜色来区分各类属性,将多维数据当中的规律呈现出来
KNIME 数据分析案例(76)图 09 热力标签	数据图形绘制	调用 Python 图形库 seaborn,绘制带有标签的热力图,热力图本身的颜色信息能够凸显数据的大小,人眼对颜色比较敏感,再辅助标签信息,可以有效呈现数据的平面分布情况
KNIME 数据分析案例(77)图 10 教育分布	数据图形绘制	调用 Python 图形库 seaborn,绘制分组箱型图,主要呈现数据的分布情况、中位数、四分位数等关键的统计指标参数
KNIME 数据分析案例(78)图 11 等高线图	数据图形绘制	调用 Python 图形库 matplotlib,绘制云图/等值线图,可以有效呈现数据的分布情况
KNIME 数据分析案例(79)图 12 职龄峰峦	数据图形绘制	调用 Python 图形库 joypy,绘制峰峦图,可以反映数据在某一个维度(比如时间)下的概率密度分布情况

续表 7-1

视频名称	类别	简要介绍
KNIME 数据分析案例（80）图 13 职教提琴	数据图形绘制	调用 Python 图形库 seaborn，绘制分组小提琴图，反映数据的分布
KNIME 数据分析案例（81）图 12 人力分配	数据图形绘制	调用 Python 图形库 seaborn，绘制带有颜色大小属性的散点图，反映人力资源在项目上的分配情况
KNIME 数据分析案例（82）图 15 指标分箱	数据图形绘制	调用 Python 图形库 seaborn，绘制六边形分箱图，反映数据的分布情况
KNIME 数据分析案例（89）连杆机构动图	数据图形绘制	调用 Python 图形库 matplotlib，绘制曲柄摇杆（四连杆）机构的动图，可以用于机械结构的设计验证。其中的杆件几何尺寸是可以通过 KNIME 进行交互式设置的，也就是可以通过参数化驱动的方式来生成动图，可以由此完成机械结构的设计验证，或者观察其运动规律，非常高效、直观
KNIME 案例（184）机械结构验证	数据图形绘制	同上。只不过图形不是由 Python 库绘制，是来源于 SVG 矢量化图形文件
KNIME 案例（190）参数驱动动图	数据图形绘制	同上。为机械结构参数设置交互式调整界面，在调整之后，可以观察机械结构运动特点的改变
KNIME 数据分析案例（90）活塞机构动图	数据图形绘制	调用 Python 图形库 mayavi，绘制活塞机构三维立体模型，并可以通过程序来使其展示动画效果。借由 KNIME 加工和组织机械设计参数信息，完成机械结构的设计验证，观察其运动规律，非常高效、直观
KNIME 数据分析案例（92）图 16 产品方案	数据图形绘制	调用 Python 图形库 matplotlib，绘制不同产品方案的尺寸对比，空间排布情况对比等等。在通常情况下，这样的信息是通过计算得到的，并不是事先可以获得的，这时候就可以使用 KNIME 来加工处理数据，最终将结果呈现出来，便于工程师进行直观比对，辅助决策，提升效率
KNIME 数据分析案例（94）交互权重管网	数据图形绘制	调用 Python 图形库 pyEcharts，可以绘制交互式图形，pyEcharts 是百度开源的图形绘制控件 Echarts 的 Python 库版本，具有非常丰富的网页交互式图表绘制功能。这里使用 KNIME 加工管网数据，在网页上绘制了管网的拓扑结构，可以交互式查看参数数据及计算结果

续表 7-1

视频名称	类别	简要介绍
KNIME 数据分析案例(95)交互网页初探	数据图形绘制	调用 Python 图形库 plotly 的案例,plotly 同样是一个功能十分丰富的网页交互式图形库,大家可以去其官网,研究其丰富的图形可视化功能,不仅有 Python 版本,plotly 还支持 R,js 的调用
KNIME 案例(206)绘制文本曲线	数据图形绘制	借助矢量图形软件,由 KNIME 加工组织信息,生成由文本排布成的曲线。曲线形状预先由绘图软件绘制,由 KNIME 进行图形读取,获取曲线坐标位置,然后将文本排布在坐标点上
KNIME 案例(209)Python 交互图形	数据图形绘制	使用 KNIME 微件建立参数设置界面,并将 Python 图形也布置在界面中,通过调整参数,改变图形显示,有利于工程师进行尝试
KNIME 案例(216)假期日历分布	数据图形绘制	调用 Python 图形库 matplotlib,将假期分布绘制在日历坐标系下,同时提供交互式界面,当用户输入查询的时间段,可以给出假期分布的可视化结果
KNIME 案例(254)图形变化录像	数据图形绘制	使用循环节点,循环生成大量图形文件,然后借由 KNIME 的图像保存节点,将其合成为视频文件,动态展示数据变化规律
KNIME 数据分析案例(70)报价单据对比	办公自动化	新旧报价单对比,均为 Excel 格式,使用 KNIME 将表格读入进来,通过 Joiner 节点,对表格进行集合操作,对比新旧报价单的不同记录情况,加速数据处理的效率,提升处理质量,固化处理流程,减少人为因素带来的风险
KNIME 数据分析案例(91)地铁线路网络	办公自动化	对于一些存在于网页和数据文件当中的信息,可以使用 KNIME 加以提取,然后将其写入矢量图形绘制软件,从而展示信息间的拓扑关系、总分结构等。这里读取上海市地铁网络站点的信息,然后绘制成地铁网络图,一键生成,高效快捷
KNIME 数据分析案例(96)批量文件整理	办公自动化	我们有若干的 Excel 文件,里面记录了格式相近的数据,现在需要将这些信息加以合并。使用 KNIME 的 Excel reader 节点,可以将一个文件夹下的数据文件进行统一的读取,里面的信息需要通过其他节点的辅助来进行整理,最终形成一个总体表格,记录了所有文件中我们关心的数据信息,便于后续使用工作流进一步加工

续表 7-1

视频名称	类别	简要介绍
KNIME 数据分析案例（102）解耦数据算法	办公自动化	工程师经常使用 Excel 来固化业务逻辑和理论计算，如果这样的算法比较复杂，很难在 Excel 当中看清楚计算的过程，公式之间的嵌套现象十分严重，不利于传递计算流程和思想。这里介绍的是使用 KNIME 来实现同样的计算流程，但是由于 KNIME 是图形化、模块化的，可以通过工作流将流程固化下来，具有同样技能体系的人员之间可以分享这样的工作流成果，进行拓展和整合，实现多人协作，完成更为复杂的功能
KNIME 案例（176）批量 Excel 模板	办公自动化	复用既有 Excel 模板文件，使用 KNIME 循环节点，进行批量参数化数据填充，形成若干 Excel 文件实例。这样的过程可以由工程师手动完成，也可以使用工作流建立定时任务，自动由 Excel 模板生成报告，并通过邮件发送给相关人员
KNIME 案例（185）交互审视图集	办公自动化	使用 Excel VBA 建立一个交互环境，可以交互式浏览批量的图片。这里只是提供一种概念，各种工具可以有效地组织起来完成任务，并不是说使用 VBA 是先进的，或者说唯一的方案。即使是久远的技能体系，也可以在某些情况下形成经济合理，适合当下需求的解决方案
KNIME 案例（186）交互筛选数据	办公自动化	对于海量测试数据进行清洗，清洗的条件不是固定的，需要人通过对数据的分布状态观察而临时确定。使用 KNIME 可以完成这样的尝试迭代，工作流的运行可以被暂停，通过某种条件再次重启，借助巧妙的设计，就可以实现人机协同
KNIME 案例（187）交互数据清洗	办公自动化	同样是数据清洗，这一次清洗的条件不是通过观察就能获得的，需要通过算法计算，根据某种条件判断才能实现。例子给出了一个数据拟合的案例，拟合点偏差较大的点将被删除，这个较大的标准就是由人观察拟合结果后确定的，即使确定了，删除点的动作也是依赖算法的，使用 KNIME 可以固化这样的计算流程和逻辑判断，人机协同，完成复杂的数据清洗任务

续表 7-1

视频名称	类别	简要介绍
KNIME 案例(213)流程异常处理	办公自动化	使用 KNIME 建立办公自动化流程并不总是一帆风顺的,有时会遇到工作流异常终止的情况,这就需要我们熟练掌握 KNIME 的流程异常处理类节点,旁通掉异常部分,兼容错误的情况,使工作流仍然能够自动执行,同时可以记录错误出现的情况,这里通过一个案例加以介绍
KNIME 案例(217)条件终止循环	办公自动化	有时候要根据某些条件判断,中断 KNIME 工作流当中的循环,这里通过案例介绍了这一功能
KNIME 案例(223)操作多工作簿	办公自动化	如何使多个工作簿当中的内容逐次参与到工作流的数据处理流程,这里采用了三种方法,可以体会到不同节点在不同方案中的使用情况,都可以完成同一个数据处理目的
KNIME 案例(227)创建简易报告	办公自动化	KNIME 当中提供了报告节点和报告布局排布功能,可以将通过工作流执行出来的文本、图片,排版成报告格式,便于以后一键生成报告。报告支持的输出格式也非常多,word,pdf,excel,html,ppt,等等。这个功能非常实用,KNIME 不仅固化了大数据的处理流程,也固化了报告形式,一键生成报告可以汇报、分享、分析,都十分便捷,提高了需求解决的时效性
KNIME 案例(259)自助云档报告	办公自动化	可以将报告模板保存在云存储环境,由 KNIME 工作流建立的定时任务加以调用,向其中自动填入实时参数信息,形成实例化报告,并且调用邮件发送节点,将新生成的报告直接发送给相关人员
KNIME 案例(265)联结多工作簿	办公自动化	Excel 表格中含有多个工作簿(如例子中的"员工职位信息表""员工个人信息表""部门信息表"等等),它们之间含有相同名称的一个或者多个关键字段,需求是将这样的若干表格,依次按照关键字段进行联结,最终形成一张完整信息的大表。类似的需求,在数据库表格操作中是十分普遍的,一般使用 sql 语句中的 join 功能实现,可以进行类比

续表 7-1

视频名称	类别	简要介绍
KNIME 案例(272)业务逻辑脚本	办公自动化	工程实际中涉及指标公式计算,一般需要 IT 人员来固化逻辑,但业务人员对本行业的知识体系、理论公式、业务逻辑是最了解的。为了提高业务人员逻辑变更的时效性,减少 IT 人员与业务人员沟通交流的成本,需要业务人员对工作流具有更强的参与能力;否则,业务人员需要将业务层面的需求翻译给产品经理,产品经理还需要将其转化为可供开发的需求文档,IT 人员进行开发,还需要测试,兼容。因时间和人力成本太过高昂。这里介绍了一种借助 KNIME 的实现方式,通过脚本固化业务人员的知识和经验,他们对脚本具有干预和调整的能力,形成算法资源和资产,便于复用、分享、维护、拓展,可以有效地形成组织层面的革新,提高人与人,人与机器的协同能力
KNIME 案例(273)自动切换脚本	办公自动化	工程实际中涉及指标公式计算,一般需要 IT 人员来固化逻辑,但业务人员对本行业的知识体系、理论公式、业务逻辑是最了解的。为了提高业务人员逻辑变更的时效性,减少 IT 人员与业务人员沟通交流的成本,需要业务人员对工作流具有更强的参与能力。前面介绍了一种借助 KNIME 的实现方式,通过脚本固化业务人员的知识和经验,形成算法资源和资产。在业务人员可以借助脚本,直接参与到程序的计算逻辑维护之后,如果其他工程师想在工作流里实现相同的业务逻辑计算,调用相应的脚本就可以了;但是对于机器,它无法自动通过界面对脚本进行选择,这里借助调用工作流的节点,实现了机器自动化切换脚本的功能,这样就可以通过参数化驱动,切换业务人员建立的计算逻辑脚本,对同样的输入条件,产生不同的输出参数结果

续表 7-1

视频名称	类别	简要介绍
KNIME 案例（274）Excel 公式驱动	办公自动化	工程实际中涉及指标公式计算，一般需要 IT 人员来固化逻辑，但业务人员对本行业的知识体系、理论公式、业务逻辑是最了解的。为了提高业务人员逻辑变更的时效性，减少 IT 人员与业务人员沟通交流的成本，需要业务人员对工作流具有更强的参与能力。这里介绍了一种借助 KNIME 的实现方式，业务人员只需要维护和更新 Excel 文件中的计算逻辑和公式体系，工作流会自动将其读取和转化为可以执行的 Python 脚本代码，然后驱动工作流进行数据的加工处理，这样业务人员就对处理流程形成了直接的干预能力，提高人与人，人与机器的协同效率
KNIME 案例（275）生成 Excel 工具	办公自动化	工程实际中涉及复杂的算法逻辑，一般需要 IT 人员通过编写代码来实现（例如 Python 脚本代码）。业务人员有可能需要复用这些代码，实现同样的计算功能，但由于他们对编程并不熟悉，无法直接加以应用。这就产生一个需求，需要将 Python 脚本代码里面的计算逻辑转化为他们熟悉的工具和技能体系。这里介绍了一种借助 KNIME 的实现方式，使用工作流将 Python 脚本代码转化为 Excel 计算公式，自动生成同一功能的 Excel 工具，然后交给业务人员使用。在基本功能的基础上，业务人员可以进行局部调整和功能拓展，发挥他们的经验，有效地形成组织层面的革新，提高人与人，人与机器的协同能力
KNIME 数据分析案例（83）三维管网信息	建筑工程设计	使用 AutoCAD、Sketchup 等平面设计软件，交互式绘制三维图形，并保存为 dxf 格式文件，记录设计信息。使用 KNIME 调用 Python 读取 dxf 文件的库（有很多类似的库），读取 dxf 中的图元信息，然后借助 KNIME 丰富的数据处理节点功能，进行各类统计、分析、计算。也可以借由这种方式，实现人机交互、信息传递等功能
KNIME 数据分析案例（84）管网信息展示	建筑工程设计	调用 Python 图形库 mayavi，绘制管网三维立体结构，并结合一些比如管长、管径、编号等文本信息到三维环境当中，供工程师查看、分析、发挥经验，形成人机协同的有效方案

续表 7-1

视频名称	类别	简要介绍
KNIME 数据分析案例(85)管网拓扑解析	建筑工程设计	调用 Python 的 networkx 库,对管网结构进行拓扑解析,分析其连接关系和主次结构,可以用于管网的水力平衡计算,区分干管、支管及上下游关系。借助 KNIME 强大的数据处理节点功能,对经由拓扑算法分析得到的数据,进行进一步的加工处理,再将结果输出到外部文件
KNIME 数据分析案例(86)管网信息录入	建筑工程设计	使用 KNIME 读取管网信息,并为其建立一个交互式的环境,允许工程人员依据三维模型当中所展现的管网结构,进行输入参数条件的设置
KNIME 数据分析案例(88)高效管网置参	建筑工程设计	为了更为高效地完成管网参数的设置,可以使用 KNIME 将管网信息传递到一个矢量图形绘制软件(yEd Graph Editor)中,在该软件中完成人机交互参数设置,再使用 KNIME 将工程人员输入的信息加以读取,完成人机交互过程。由于使用了第三方的图形软件,功能更加丰富,操作更加友好
KNIME 数据分析案例(97)管网水力计算 a	建筑工程设计	无须额外的二次开发,充分利用现有的工具资源,比如矢量图形绘制软件,使用 KNIME 与其对接,就可以完成管网的结构设计、参数录入等交互式功能。当然,如果是读取 AutoCAD 图纸信息,需要借助 dxf 文件格式,并且需要对制图人员提出一定的要求,才能形成有效方案
KNIME 数据分析案例(98)管网水力计算 b	建筑工程设计	为了完成工程计算,仿真模拟,往往需要引入计算内核,这样的内核很可能开发年代久远,以 exe 文件、dll 文件等形式存在。使用 KNIME 可以调用这样的外部工具,将计算资源有效组织起来完成任务,结合 KNIME 自身的节点功能,高效、灵活完成各类需求,不必进行平台性的开发,避免了投入大,周期长,不确定因素多的不利影响
KNIME 数据分析案例(99)管网水力计算 c	建筑工程设计	计算结果的后处理,以往是在平台性工具上进行固定开发,很难解耦,很难进行灵活定制。在 KNIME 的工作流模式下,后处理与内核计算是解耦的,可以灵活地调用各种后处理模块资源来完成最终计算结果的呈现。本例是使用了 pyEcharts 库,通过网页交互式图形来呈现各类计算结果信息

续表 7-1

视频名称	类别	简要介绍
KNIME 数据分析案例（100）管网水力计算 d	建筑工程设计	对于管网的拓扑结构,使用网页交互式图形来呈现,借助 KNIME 的快速界面节点,可以创建交互式参数设置界面,允许用户对图形上显示的各类参数信息进行设置。这样只需要简单更改设置,就可以更新最后呈现的网页图形效果
KNIME 数据分析案例（101）管网水力计算 e	建筑工程设计	管网信息图元展示,使用 KNIME 将管网信息传递到一个矢量图形绘制软件(yEd Graph Editor)中,该软件具有图形拓扑结构重新布局功能,可以从不同的拓扑结构下对管网结构,包括里面的工况参数情况进行查看,非常直观,可以将图形加以输出,与他人分享结论
KNIME 数据分析案例（109）参数驱动建模	建筑工程设计	以往图纸的绘制是以人作为处理信息的主体,由人来组织信息,加工到图纸当中,这样的方式对于变更的适应是非常弱的,一旦有需求变更,往往需要推倒重来。如果在信息加工之初,人能够将流程加以记录,使用参数化驱动的方式进行建模、绘图,那么需求变更只需要通过参数改变,之前的所有工作都可以通过一键加以复现
KNIME 数据分析案例（122）生成拓扑网格	建筑工程设计	无论是工程设计还是产品设计领域,很多设备或者零件的排布都是有规律性的,可以形成一个拓扑图形,在 KNIME 中,可以使用 Python Script 节点来调用 networkx 库,进行拓扑图形的分析,对于有规律的拓扑图形,还可以借助 KNIME 的数据处理节点功能来完成连接关系,连接位置信息的生成,加快拓扑图形的生成效率
KNIME 案例（267）云档单位转换	建筑工程设计	实际工程计算中,经常要使用单位转换,这里使用云存储记录单位转换系数,然后在工作流中加以调用,非常方便
KNIME 数据分析案例（87）交互连接曲线	数据处理技巧	有两条曲线的散点数据,希望通过数学手段,将两条曲线的相交区域做平滑过渡,从而将它们连接成一条曲线。这样的平滑过渡涉及过渡区域的选择,过渡位置的选择,需要一个交互式环境来查看连接效果。调用 Python 图形库 matplotlib,建立一个带有两个参数调节滑杆的简易交互界面,通过滑杆的响应函数来驱动图像变化,供人发挥经验,确定连接曲线的效果

续表 7-1

视频名称	类别	简要介绍
KNIME 数据分析案例（106）批量交互拟合	数据处理技巧	工程中经常遇到拟合问题，就是将一组测试数据形成一个计算公式，在未来需要使用数据做出预测的时候，只需要通过自变量的公式计算，就可以得到因变量的值。但是往往数据需要清洗，这里介绍了使用 KNIME 完成交互式数据清洗，进而对数据进行公式拟合的过程，对于工程技术人员具有参考价值
KNIME 数据分析案例（111）压缩机测试图	数据处理技巧	将测试数据标识在由 Python 生成的底图上。在 KNIME 里调用 Python 图形库 matplotlib，绘制压缩机效率等值线图，并将测试数据结果，通过 KNIME 处理后，传入 Python Script 节点，从而完成图形上点的位置的标识，还可以写入相应的文本信息
KNIME 数据分析案例（116）正负抵消去重	数据处理技巧	通过排序节点，对原始数据进行分组排序，然后通过分组聚合节点，进行算法计算，实现特殊的正负抵消去重操作。这个案例所要讲述的本质是，对于一些复杂的数据处理功能，通过 KNIME 的一些节点功能的组合，可以巧妙地加以完成，前提是对于节点功能的熟悉程度，需要通过日常需求的练习，逐步提高使用水平
KNIME 数据分析案例（120）散点曲线曲率	数据处理技巧	在获取曲线散点坐标的情况下，计算曲线在每一点的数值曲率，从而判断曲线的弯曲程度，也是利用了 KNIME 与 Python 的数据处理能力，完成算法的封装和调用，这样的案例具有普遍性
KNIME 数据分析案例（125）原子个数统计	数据处理技巧	KNIME 软件起源于化工、生物医药领域，其中有很多关于分子式方面的插件，内含很多固化的计算功能。这里是一个关于原子个数统计的简单例子，对于分子式中没有出现的原子，可以使用缺失值填充的方式，将其统计结果赋值为零
KNIME 数据分析案例（133）网站计算资源	数据处理技巧	有一些网站提供了在线执行代码完成计算的功能，比如 octave 网站，其代码形式与 Matlab 基本一致。大家知道 Matlab 在数值科学计算领域的功能是十分强大的，为了利用这些网站的功能，可以使用 KNIME 来形成代码，然后使用 RPA 的方式，将其在网站环境中执行，从而获取计算结果

续表 7–1

视频名称	类别	简要介绍
KNIME 数据分析案例（134）数据表格比较	数据处理技巧	为了比较两个数据表格的不同，使用 KNIME 调用了 Python 的 filediff 库，可以将结果显示在网页环境中，查看两个数据表格的不一致之处
KNIME 案例（182）设备分区状态	数据处理技巧	确定状态点在一个 XY 平面直角坐标系中复杂的分区情况下的位置，处于哪一个区。这在压缩机运行的过程中是十分重要的参数，可以确定压缩机现在所处的运行工况特点。一般这样的分区图在手册或者教材上，需要将其数字化，然后通过一定的算法来确定当前运行状态点与各个工况分区的位置关系，返回所在分区的编号
KNIME 案例（207）划分产品编号	数据处理技巧	产品编号往往按位数分隔，具有固定的含义，如何将批量的编号信息，按一定的位数规律加以分割，识别其中每一段的含义。这里介绍的是使用 KNIME 完成相关需求的案例
KNIME 案例（220）命名分割条码	数据处理技巧	同上。采用了另外的节点来实现同一需求，并且为分割出来的部分命名
KNIME 案例（210）图片曲线插值	数据处理技巧	从图片上获取 XY 平面坐标系中的若干曲线，并使用曲线上的数据进行插值计算
KNIME 案例（211）XML 数据表格	数据处理技巧	在 KNIME 中，利用 XML 格式来维护数据，包括从 XML 文件中读取数据；或者将数据表格保存至 XML 文件
KNIME 案例（221）Excel 局部拷贝	数据处理技巧	读取 Excel 的局部区域，使用变量的例子
KNIME 案例（222）字符子串查找	数据处理技巧	通过正则表达式或者通配符来判断字符串是否为其他字符串的子字符串，使用循环批量判断
KNIME 案例（225）数据分段合并	数据处理技巧	使用四种方法实现了一列数据的分段列合并，虽然例子很小，但是通过不同的实现方法可以学到很多节点的功能，在其他的数据处理过程中，都可能会加以应用，通过这样的例子，可以建立节点功能的相关概念
KNIME 案例（228）破解日期密码	数据处理技巧	这里介绍了一种数字不同进制间转换的通用方法，可以用于信息加密、信息压缩、信息符号化等多种用途

续表 7-1

视频名称	类别	简要介绍
KNIME 案例(229)横竖汇总数据	数据处理技巧	熟悉 Excel 格式的使用者,往往希望能够在 KNIME 里对表格进行行方向和列方向的数据汇总,比如求和、求平均值、求最大/最小值,等等,希望将这样的统计指标附加在原数据表格之上。虽然这样的需求不是必需的,统计指标不是一定要附加在原数据表格才能供人发挥经验,且会对原始表格造成一定干扰,但是考虑到使用习惯问题,这样的需求在某些情况下也需要得到满足,这里介绍了在行列方向上对 KNIME 当中的数据表格进行汇总的方法
KNIME 案例(236)非均日期序列	数据处理技巧	根据给定的起始日期和日期间隔序列,生成一组非均匀分布的日期序列,这里采用了三种方法来实现这一需求:日期筛选法、日期偏移法、依次偏移法。之所以用了三种方法,是想通过这样一个简单易懂的实例,来展示很多节点的功能,加深读者对于这些节点的理解和认识,便于在其他数据处理需求当中对它们加以应用
KNIME 案例(238)脚本数据结构	数据处理技巧	在脚本代码里使用科学的数据结构,可以拓展脚本的使用场景,便于后续的维护拓展。数据结构的科学性、合理性,对于数据处理的效率是至关重要的,需要加以重视
KNIME 案例(245)多边形内外点	数据处理技巧	使用 KNIME 固化射线法判断点与任意形状多边形位置关系的算法,从而判断点是在多边形的内部还是外部。值得一提的是,借助 KNIME 的数据处理和后处理可视化功能,可以十分容易地实现算法的验证,这是直接使用代码进行编程不容易做到的
KNIME 案例(252)多属性值筛选	数据处理技巧	根据给定的多个属性值,对于数据表格的某一列进行多属性值筛选。这一集采用了相当多的方法来实现这一需求,通过这些方法,全面介绍了很多节点的使用方法,以便加深读者对于这些节点的理解和认识,在其他数据处理需求当中对它们加以应用

续表 7-1

视频名称	类别	简要介绍
KNIME 案例(264)连续变量分箱	数据处理技巧	对于连续性的数值变量,比如学生成绩,往往需要进行等级评定,优、良、中、差。对数值型数据进行标签化、等级化,确定其所属的范围,在机器学习等领域有广泛的需求。本例对正实数范围划定了几个等级,关键点分割点分别为 0,5,10,20,100,300,500,1 000。从而分成了类似[0-5),[5-10)...(1 000,+∞)等范围,需要为数据分箱,设定相应的标签
KNIME 案例(268)批量子串匹配 1	数据处理技巧	有这样一个 Excel 文档,其中有两个工作簿:第一个工作簿中记录了零件的代码和零件的描述,其中零件的描述是长字符串,其中可能含有运营商的标识符;第二个工作簿是运营商的标识符列表,其中的字符串可能为零件描述文本的子字符串。需求是批量判断零件描述字符串中,是否出现过第二个工作簿中的运营商标识符,出现过一次或多次,都得到结果"是",否则为"否"。本例中采用循环判断的方式实现
KNIME 案例(269)批量子串匹配 2	数据处理技巧	同上。通过字符串相似性判断是否含有若干子串
KNIME 案例(270)批量子串匹配 3	数据处理技巧	同上。使用长正则表达式判断是否含有若干子串
KNIME 案例(271)批量子串匹配 4	数据处理技巧	同上。列聚合判断字符串是否含有若干子串
KNIME 案例(276)数据集合运算	数据处理技巧	在使用 KNIME 工作流对数据进行加工处理的过程中,经常需要进行数据聚合(比如分组),形成列表或者集合(List or Set)类型,这就引发了对于集合的操作需求。如何完成集合的运算,对两个(进而对多个)集合,求取它们的并集、交集、差集、补集,这对于信息的处理将十分有益,在某些需求下,有效地使用集合运算操作,可以大大加快数据处理的效率

续表 7-1

视频名称	类别	简要介绍
KNIME 案例（277）持续数据累积	数据处理技巧	本例代表的是一类比较复杂的数据处理需求，对具有两列整型数据的表格，进行累积求和，因为两列求和值分别有对应的上限值设定，所以这样的累积求和是分段进行的，需要通过循环的方式进行，为每一次累积求和的行打标签，确定哪些行是在同样的一段累积求和过程中选取的。如果使用 Excel 等工具来完成这样的功能，由于表格的循环变动，很难完成，这种复杂数据处理需求是有普遍代表性的，一般需要通过编程来实现，这里介绍使用 KNIME 工作流，也可以完成同样的需求
KNIME 案例（279）结合数据库 SQL	数据处理技巧	介绍了 KNIME 的数据库相关节点的使用，如何连接数据库，使用 SQL 语句对数据库进行增删改查等一系列操作。使用 KNIME 工作流来固化数据库处理流程，比较直观、清晰，便于维护和拓展
KNIME 案例（280）JSON 维护 SQL	数据处理技巧	同上。使用 JSON 格式文件来维护 SQL 语句，便于多人复用分享
KNIME 案例（281）SQL 界面工具	数据处理技巧	同上。为了便于维护和使用 SQL 语句，使用 KNIME 的界面控件节点，为其建立简易的界面，这样没有数据库基础技能的工程师也可以通过界面完成对数据库的一些简单数据查询工作
KNIME 数据分析案例（93）农历坐标日历	日常数据需求	使用 KNIME 调用 Python 关于农历的计算库—sxtwl，借助 KNIME 强大的时间处理及数据处理节点功能，生成一张农历坐标下的日历，对于天文历法爱好者的日常研究有很好的参考价值
KNIME 数据分析案例（110）利用网站数据	日常数据需求	从网站下载数据文件，再使用 KNIME 去调用其中的数据，结合 Python 图形库 matplotlib 完成数据后处理可视化。这反映了一种数据的新的组织、分发、分享、处理方式，如果不能有效地建立起在这样的模式下的工作方式，将来会产生与他人协作方面的障碍，甚至获取信息都很困难
KNIME 数据分析案例（112）迷宫路径寻优	日常数据需求	使用 KNIME 的图片处理节点将图片文件读入进来，使用 Python Script 节点，调用 Python 函数功能，对其中的路径进行分析，找到迷宫的解法，这是一个喜闻乐见的，体现 KNIME 数据处理功能的案例

续表 7-1

视频名称	类别	简要介绍
KNIME 数据分析案例（135）求解拼板玩具	日常数据需求	拼接玩具的解法，需要进行大量尝试，使用 KNIME 数据处理功能替代人去进行拼板的可行性结果尝试，从而获取部分答案。这是机器替代人工进行烦琐劳动的一个案例，十分易懂
KNIME 数据分析案例（140）解金字塔玩具 a	日常数据需求	坐标体系，基础之重。主要介绍了为了完成一定的数据处理或者算法计算任务，一定要做好基础性准备工作。为了使用 KNIME 求解金字塔玩具的解法，首先需要建立合理的坐标系。一个合理的坐标系，可以为 KNIME 加工数据带来极大的便利条件
KNIME 数据分析案例（141）解金字塔玩具 b	日常数据需求	人机协同遍历积木。积木的形态有很多，如果使用算法来遍历生成，得不偿失。可以使用人机协同的方式，通过人在一些软件环境中的快速操作，再由 KNIME 读取人生成的信息，就可以使某些任务的完成变得十分高效
KNIME 数据分析案例（142）解金字塔玩具 c	日常数据需求	工作流解耦灵活性。工作流的设计是十分灵活多变的，通过工作流的组合，可以将整体任务变为多个独立的单元部分，这些部分可以自由地组合，根据情况使用不同的搭配。这在代码的编写模式下是十分困难的，这是 KNIME 工作流的一大特点，可以实现解耦，快速搭接形成新方案
KNIME 数据分析案例（143）解金字塔玩具 d	日常数据需求	用户交互输入界面。对于某种金字塔的解法，预先都会给出一些提示，提前放置几块积木，不然可能的解法太多，失去了人工解决的可能。如何将提前放置的积木信息加以录入，需要一个人机交互的界面，使用 KNIME 就可以很容易地实现这样的界面需求，不仅有可编辑数据的表格节点，也有各种快速交互控件可供选择
KNIME 数据分析案例（144）解金字塔玩具 e	日常数据需求	快速应对需求变革。由于使用了 KNIME 工作流的节点进行搭接来完成需求，如果需求有所变化，也可以迅速推倒重来，对需求的变更响应速度非常快，这是编写代码不容易做到的。这里是由于后续需求变更，对于积木块编码形式的变化，使用 KNIME 可以迅速实现

续表 7-1

视频名称	类别	简要介绍
KNIME 数据分析案例(145)解金字塔玩具 f	日常数据需求	组织资源完成任务。关于金字塔玩具解法的结果展示,是一种数据结果的后处理,可以使用多种绘图软件加以实现,调用矢量绘图软件的现有功能,为展示金字塔玩具解法服务,加快了功能实现的效率
KNIME 数据分析案例(146)解金字塔玩具 g	日常数据需求	虚拟环境,人机协同。既然金字塔玩具是一种三维立体玩具,使用 KNIME 调用 Python 绘图库 maya-vi,在电脑上实现了一个虚拟的玩金字塔玩具的环境,人可以在这个环境下完成搭建积木的尝试,相当于一个十分简单的数字孪生
KNIME 数据分析案例(103)盘管仿真数据	工程计算软件	在工业企业中,存在大量过往开发的软件工具,这些工具短时间难以替代,但也很难进行升级维护。比如本例中介绍的空调盘管计算设计工具,可能开发年代久远,但十分稳定可靠,一时间难以替代,如果想对其中的计算结果进行后处理,去升级软件工具显然是不明智的,会带来很大风险。可以使用 KNIME 对接软件工具的工程文件,对其中的信息进行解耦式的分析整理,通过图形可视化手段,呈现数据当中的规律,甚至可以进行批处理,轻松快捷地完成一些只有通过大规模开发、投入才能实现的复杂功能
KNIME 数据分析案例(104)批量稳态仿真	工程计算软件	在工业企业中,存在大量过往开发的软件工具,这些工具短时间难以替代,但也很难进行升级维护。这个案例展示了可以使用 KNIME,像提线木偶一样去操纵这类软件,无论是通过 RPA 的方式,还是直接调用计算内核,都可以实现批量的软件计算。然后对于批量的计算结果,使用 KNIME 进行分析整理,自动形成报告,避免了大规模的平台性开发工作,高效快捷

续表 7-1

视频名称	类别	简要介绍
KNIME 数据分析案例（105）制冷循环图示	工程计算软件	各种工业门类往往有自己本专业的一些工程图表，这样的图表对于工程师发现和判断工艺流程中的一些规律和问题是十分有价值的，比如本例中提到的制冷循环压焓图。由于十分专业，这样的图形可视化功能交给专业的 IT 人员开发，周期长，沟通交流复杂，成本非常高。这里介绍的方式是使用 KNIME，对接现有图形可视化资源，高效完成定制化任务。由于使用了 KNIME 模块化、可视化的节点资源，开发效率非常高，甚至可以做到即想即得，即用即弃，开发的压力非常小，对定制化需求的响应速度大大提升
KNIME 数据分析案例（107）调用空气物性	工程计算软件	使用 Python Script 节点，可以将我们既往开发的一些代码资源复用起来。这里介绍的是复用了空气物性计算的一些代码，然后通过调用 Python 图形库 matplotlib，绘制湿空气的焓湿图，展示空气状态点的位置。使用 KNIME 来做工程计算以及数据图形化是非常灵活高效的，这样的节点以及里面的代码，可以任意复用到其他工作流当中去，一次性的工作，可以为多人多项目的工作流服务
KNIME 数据分析案例（108）递归单位转换	工程计算软件	这里也是一个使用 Python Script 节点，复用既往 Python 代码实现单位转换功能的例子。使用 Python 代码实现了递归单位转换，由于 Python 代码十分简洁，这样的代码对修改几乎是封闭的，同样一份代码资源，即可以用在 Python 项目当中，也可以封装在 KNIME 的节点当中，来为工作流服务。这样的功能具有行业特殊性，很难找到外部资源，可以借助这样的方式将内部算法资源进行盘活，避免重复劳动及由此带来的返工、分歧及风险
KNIME 数据分析案例（121）制冷软件应用	工程计算软件	一些工程软件里面沉淀了大量成熟可靠的功能，可以充分将其作为资源加以利用，无论是由其生成的数据，还是由其生成的图像，都可以成为资源，在 KNIME 当中加以调用，完成一些工程类的计算和数据可视化需求都将非常高效。无须重复性的开发，直接针对本质需求，通过资源的组织和调用就可以实现目的

续表 7-1

视频名称	类别	简要介绍
KNIME 数据分析案例(127)地质行业应用 a	工程计算软件	地质钻孔文件的读取和生成,地质行业有其特殊的数据格式,可以使用 KNIME 加以对接和读取其数据格式文件中包含的数据;反之,也可以使用 KNIME,将地质信息数据加工为某种特殊的数据格式,通过这种方式可以与某些地质行业的软件完成对接,形成整合方案流程
KNIME 数据分析案例(128)地质行业应用 b	工程计算软件	钻孔数据文件的信息可视化。平台软件的后处理可视化功能毕竟是有限的,可以通过 KNIME,链接更为广泛的数据后处理可视化资源,灵活多变地完成数据可视化需求,开发效率高,成本低,可以满足零散需要,即想即得,即用即弃
KNIME 数据分析案例(129)地质行业应用 c	工程计算软件	人机协同创建地层信息,即使在平台软件上进行数据处理,有的时候也需要人来发挥经验,有些地层信息的赋值,是存在多义性的。单纯使用平台功能,可能效率并不高,使用 KNIME 当中的交互式界面功能,可以快速开发出人机交互界面,完成类似人机协同标定数据的功能
KNIME 数据分析案例(131)地质行业应用 d	工程计算软件	克里金曲面可视化,地质行业的克里金插值曲面,可以利用 Python 的 GemPy 函数库生成,然后由 Pyvista 库进行三维绘图
KNIME 数据分析案例(139)工作流桑基图	工程计算软件	使用 KNIME,向单机版桑基图制作软件的工程文件中输入数据,从而改变桑基图的显示样式,完成桑基图的自动绘制和更新。这本质上利用了现有桑基图制作软件的功能,与 KNIME 的数据信息处理功能相结合,合作完成桑基图的制作
KNIME 案例(231)图纸部件统计	工程计算软件	使用 KNIME 读取工程图纸文件,获取其中的信息,完成设备的统计,设备工况参数的获取等需求,然后将这些信息进一步加工整理。固化工程师的操作流程,减少工作量,提升工作效率

续表 7-1

视频名称	类别	简要介绍
KNIME 案例(237)拟合湿球温度	工程计算软件	关于湿空气湿球温度的计算,有理论公式可以应用,但该公式较为复杂,不适合在比如控制领域的 PLC 编程领域使用。本例给出的方案是,首先通过离线计算,获取大量状态点下湿球温度的计算结果,然后通过 KNIME 的数据处理功能,进行曲面拟合,获取简单形式拟合公式的拟合系数,未来可以将拟合系数内置于 PLC 当中,实时计算湿球温度用于控制逻辑,是一种高效可行的方案
KNIME 案例(258)文档驱动计算	工程计算软件	对于不具备编程能力的业务人员,可以借由文档实现计算逻辑,然后由 KNIME 读取文档内容,将内容自动转化为脚本代码,实现计算功能。这个方案增强了业务人员参与工程计算的程度,无须等待 IT 人员开发软件功能,就可以自己上手使用 KNIME 完成软件计算逻辑的调整,十分灵活多变,提高了软件功能的开发效率
KNIME 案例(278)随机森林预测	工程计算软件	本例介绍的是利用实测的室外空气参数条件(干球温度、相对湿度),各种工况参数(比如冷冻水、冷却水的工况条件,流量),等等,对建筑需要的冷热负荷加以预测,从而指导智能算法,对设备的节能运行提供依据
KNIME 数据分析案例(113)图片图元面积	图像识别处理	对图片中的多个多边形图形进行图像识别,计算其所占面积的数值。调用 Python 的 OpenCV 库,对图形进行角点识别,获取图像中的角点,也就是多边形的定点。根据它们的连接关系为其分组,对于同组的顶点,根据其坐标数据,使用"鞋带"公式来计算多边形的面积。这是一个从图像识别到算法计算的综合案例,当然也可以使用 KNIME 自带的图像处理节点,在后面的视频教程中会加以介绍

续表 7-1

视频名称	类别	简要介绍
KNIME 数据分析案例(114)图片元素计数	图像识别处理	在一些工业生产工艺流程中,需要对一些物体的数量进行统计,可以是零件、零件上的孔洞、药物颗粒等的数量,应用非常广泛。可以使用 KNIME,灵活获取这些物体的特征。通过 Python 的 OpenCV 库,对这样的特征部分进行高亮、凸显处理,屏蔽掉无效区域,然后对其数量加以统计计算,可以实现一些自动化任务,比如产品质量检验,产品数量统计,等等,减轻人的劳动,特别是对于细小、密集类的物品的识别,可以使用人机协同方式来高效完成任务。同样,这样的需求也可以使用 KNIME 自带的图像处理节点来完成,在后面的视频教程中会加以介绍
KNIME 数据分析案例(132)图像账单识别	图像识别处理	对于批量的发票图像文件,使用 KNIME 调用 pytesseract 进行 OCR 文字识别,获取其中含有的金额信息,然后使用 KNIME 进行统计汇总,固化这样的处理流程,可以一键完成账单统计计算(后面还会介绍到使用 KNIME 自带的 OCR 节点功能来完成相似的需求)
KNIME 案例(226)发票信息提取	图像识别处理	同上。这种方式更为先进,可以借助 KNIME 中的交互式标记节点,选出需要识别的区域,然后使用 KNIME 自带的 OCR 识别节点,完成发票数据信息的批量提取,最后加以汇总整理
KNIME 数据分析案例(136)图像尺寸识别	图像识别处理	使用 Python 的 OpenCV 库(当然也可以使用 KNIME 自带的图像处理节点,在后面的案例中会加以介绍),识别图像中的 PCB 板及参照物(硬币)的轮廓,通过对轮廓数据的计算,获取二者的像素面积,已知一枚硬币的实际大小,可以通过比例关系,推算出 PCB 板的面积
KNIME 数据分析案例(137)图像尺寸提取	图像识别处理	使用 KNIME 中的交互式图形标记节点,在图像上做标记,从而标识 PCB 板上的大量电子器件的坐标位置及相对位置关系,通过硬币作为参照物,可以推算出各个电子器件的尺寸,间隔距离等信息

续表 7-1

视频名称	类别	简要介绍
KNIME 数据分析案例(138)透视图像尺寸	图像识别处理	使用 Python 的 OpenCV 库,借助 KNIME 的交互式图形标记节点,可以对透视图像进行校正。例子中是将高速公路的透视图,校正为俯视图,从而计算车辆之间的间距情况
KNIME 案例(232)图像调参识别	图像识别处理	某些图像不具备直接文字识别的条件,其背景颜色非纯色填充。可以使用 KNIME,调用 OpenCV 库,通过调参界面,观察彩色空间变换的结果,找到适合文字识别的图片处理方式
KNIME 案例(233)复现折线图像	图像识别处理	将网站上的一个折线图,通过图像识别的方式在 KNIME 中加以复现,提取折线图上的数据(当然,也可以通过网页爬虫的方式获取数据,通过该案例展示 KNIME 图像处理节点相关功能)
KNIME 案例(234)交互文本识别	图像识别处理	使用 KNIME 图像处理节点中的交互式标记节点,可以通过人机交互的方式,选定需要进行文本识别的范围,这样便于对于图像局部进行文本识别,避免了全部识别之后再进行筛选的操作
KNIME 案例(241)识别仪表读数	图像识别处理	使用 KNIME 交互式标记图像的节点,对图像中的关键信息点进行预先的标记,然后以这些参考点的坐标作为辅助,来识别图像中的特征。本例是如何实时监控机械仪表的读数,采用的是上述的原理,首先对表盘的参考点进行人工标记,然后通过 KNIME 的图像识别节点,确定指针的形态,通过角度计算,折算出当前指针所在的位置以及读数数据。这样就可以通过摄像头,获取固定时间间隔的关键帧图像,再将仪表的读数结果传递到后台,实现机械仪表的实时监控
KNIME 案例(242)简化仪表识别	图像识别处理	同上。借助标记文本和局部识别功能,简化了仪表读数流程
KNIME 案例(243)求颐和园面积	图像识别处理	使用 KNIME 交互式标记图像的节点,标记图像中关键区域的外轮廓,再标记比例尺的位置,通过对二者像素坐标的获取,进行折算,可以获取图像中某个封闭范围的真实面积。本例是获取了颐和园的地图图像,通过上述方法,估算了颐和园的占地面积

续表 7-1

视频名称	类别	简要介绍
KNIME 案例(244)图片特征识别	图像识别处理	使用 KNIME 中的图像处理节点,获取图像中关键区域的外轮廓像素坐标序列,通过数学的方法,对这些坐标点的像素值加以处理,获取关键特征参数,比如斜率、截距等,这些特征参数值就可以作为判断关键区域形状的特征值来使用,从而实现简单的形状识别
KNIME 案例(253)读取视频字幕	图像识别处理	使用 KNIME 中的图像处理节点,对字幕部分进行唯一化处理和拼接,然后借助网站 OCR 功能获取图像中的字幕文本信息(当然,也可以使用 KNIME 自带的 OCR 识别节点)
KNIME 案例(255)拼合视频字幕	图像识别处理	同上。这里介绍了拼合多图的详细方法
KNIME 案例(256)两图片找不同	图像识别处理	使用 KNIME 当中的图像处理节点,对两幅图像进行机器比对,然后调用 Python OpenCV 库,对可疑的较大差异的部分进行标记,实现了使用机器玩"找不同"游戏的效果。这在实际工程中应该是有一定的实用价值的,由机器替代人做一些图像识别和判断的工作
KNIME 案例(257)光纤产品检测	图像识别处理	一个光纤通信产品检测的案例。无论产品以何种角度拍照,数量有多少,都可以通过 KNIME 中的图像识别、处理节点,固化对其中心位置的定位,并截取该部分的图片,进一步完成产品的检测和统计,然后驱动控制机构产生相应的动作,加快产品检测的效率,最后可以加入人工复核
KNIME 案例(261)批量局部识图	图像识别处理	使用 KNIME 交互式标记图像的节点,对图像中的关键区域进行手动设定(工作量非常小),只在关键区域进行图像识别和处理,可以大大提高识别效率,改善识别效果

视频名称	类别	简要介绍
KNIME 数据分析案例（115）爬取天气预报	信息获取绘图	随着社会层面的数字化建设与发展,大量的基础数据会存在于网页环境当中,需要使用者自己提升技能去加以获取,比如从网站的 API 接口去爬取有用数据,这就形成了一种新的信息传播、分享方式。这里是以一份从网上爬取的气象数据文件为例(使用了单机版爬虫软件,当然也可以使用 KNIME 相关的网站信息获取节点,在后面的视频教程中会加以介绍),使用 KNIME 丰富的数据处理节点功能,对其中的关键气象信息进行提取,处理,固化数据清洗的流程,最后将处理好的气象数据结果保存到数据文件当中,与他人共享,更为直接的方式是共享工作流文件
KNIME 数据分析案例（118）全国温度云图	信息获取绘图	使用在线气象网站获取全国各个城市的气温数据,使用 KNIME 当中的地理信息相关节点读取地理信息格式文件,形成地图底图,然后将数形结合,利用 Python 图形库 matplotlib 进行绘图,形成全国温度分布云图。这样形成的图形,可控性非常强,绘制范围、绘制形式都是可以灵活掌握的,还可以拓展到其他数据地图可视化需求当中,原理都是相通的
KNIME 数据分析案例（119）青岛小区房价	信息获取绘图	获取一份从网上爬取的青岛各个小区的房价数据文件(使用了单机版爬虫软件,当然也可以使用 KNIME 相关的网站信息获取节点,在后面的视频教程中会加以介绍),使用 KNIME 当中的地理信息相关节点读取地理信息格式文件,形成地图底图,然后将数形结合,利用 Python 图形库 matplotlib 进行绘图,绘制青岛小区的房价分布图
KNIME 案例（183）数据驱动亿图	信息获取绘图	使用亿图软件,可以绘制设备系统流程图,因为其中已经内置了大量的设备图块资源,不需要从零绘制。这里介绍了使用 KNIME 来驱动亿图图像上的文本信息发生变化,从而反映参数的实时变化,结合图形化的设备系统图,这样的参数变化更为直观,便于工程师对系统整体的运行情况有所掌握

续表 7-1

视频名称	类别	简要介绍
KNIME 案例（204）归一曲线比较	信息获取绘图	对不同的参数进行归一化处理,将它们的值都归一化到比如[0,1]区间,这样便于观察它们之间的相关性、一致性,或者是否有固定相位差的规律。如果不进行归一化,数据的数量级相差太大,这样的规律很难被观察出来
KNIME 案例（230）太阳辐射数据	信息获取绘图	从网站图片上获取信息的案例,在光伏行业,太阳辐射数据是非常重要的基础数据。在网站上根据经纬度坐标,获取某地的太阳辐射数据表格图片,然后识别其中的数据,未来用于仿真计算
KNIME 案例（239）固化图上取点	信息获取绘图	从样本、教科书或者网站,可以获取带有坐标系曲线的图片,往往需要将其数字化,得到图片中曲线上的数据。整体流程较为复杂,使用 KNIME 可以固化整个流程,首先是可以利用 KNIME 交互式标记图像的节点,进行图片中坐标轴位置的确定,参考坐标点的信息录入,接着可以使用交互标记功能,把曲线上的点通过人工方式进行标记或者通过图像识别的方式进行获取,得到的是曲线的像素坐标位置。最后使用 KNIME 强大的数据处理功能,根据坐标系相关信息进行折算,最终获取图片上曲线的真实坐标值,然后用于后续的计算
KNIME 案例（240）实时取点拟合	信息获取绘图	上面介绍的图像取点过程,是一种人机协同的方式,用于离线获取图片上的曲线坐标。如果是在线,需要实时获取图像中图元的信息,就难以实现。需要使用 KNIME 的图像相关处理节点,固化图像的处理过程,本例介绍的是根据曲线的不同颜色,将多条曲线加以区分,从而替代人对于曲线的识别和选择,将曲线识别和坐标获取的整体流程完全加以固化,这种方案会多消耗一些工作量,且完全交给机器不能保证 100% 准确,可以视应用场景来确定是否需要人机协同

续表 7-1

视频名称	类别	简要介绍
KNIME 数据分析案例(117)电阻曲线拐点	人机协同任务	对于实际测试的大量地质方面的电阻曲线,需要人工找出其拐点位置,然后完成相应的数据处理。这样的拐点位置,如果使用算法加以确定,算法将十分复杂,而且未必能保证100%准确。基于以上考虑,这里介绍了一种使用 KNIME 人机协同完成任务的方式,具有普遍意义。首先,使用 KNIME 读取测试的电阻曲线数据,将数据结果通过 KNIME 加工成矢量图形工程文件格式,然后使用矢量图形软件打开,观察不同的电阻曲线,由人在认为是拐点的位置,快速加以标记,人的工作量非常小,但能够发挥直觉和经验。将工程文件加以保存,再次由 KNIME 工作流以读取,就可以读到人为设置的拐点位置,以此为依据,进一步将数据加工处理到所需的格式,保存到结果文件当中,人机协同完成任务
KNIME 数据分析案例(124)交互图形调整	人机协同任务	对于使用程序绘制出的图形图像,如果想进行人工调整,并且获取调整之后的新数据,可以将图形图像的格式转化为 SVG 格式,它是一种矢量图形格式,可以借由一些编辑工具人工进行调整,调整之后的数据结果,可以由 KNIME 读取 SVG 文件,获取其中的数据信息的方式得到。这就完成了一种人机协同,人对于数据的调整可以是凭经验的,这是无法用算法精确描述的
KNIME 案例(188)交互点集分类	人机协同任务	对于点集分类这样的任务,具有很强的主观性,使用 KNIME 建立交互式环境,允许人在里面发挥经验,简单设置点集的分类属性,然后由 KNIME 读取人的分类结果,完成最后的数据处理,为数据添加分类属性
KNIME 案例(235)交互点集识别	人机协同任务	同上
KNIME 案例(189)参数调整对比	人机协同任务	使用 KNIME 的界面控件节点,建立参数调整界面,通过人的调整,寻找最佳的数据处理阈值条件,对于不同的设置,可以通过三维数据可视化节点进行结果的对比,人机协同高效完成任务

续表 7-1

视频名称	类别	简要介绍
KNIME 案例(195)百变功能界面	人机协同任务	为了完成参数条件的录入,需要开发人机交互界面,这样的界面是千人千面的,难免重复开发。这里采用了通用数据交换格式文件(JSON 文件)的编辑工具来作为人机交互界面,这样就大大提高了该界面的适用范围。KNIME 可以调用外部工具,将该单机工具作为工作流的一部分,这样就省去了界面开发的工作量
KNIME 案例(218)参数设置界面	人机协同任务	同上。详细介绍了使用 KNIME 调用外部工具
KNIME 案例(196)灵活拓展界面	人机协同任务	同上。JSON 界面用于大屏设备状态控制需求
KNIME 案例(197)树形信息维护	人机协同任务	使用矢量图形软件来形成人机交互界面的方案
KNIME 案例(198)通用驱动界面	人机协同任务	使用 C++开发了一个通用的人机交互界面,还可以实现参数的滑杆调整,因为 C++中有丰富的控件资源,这样的开发工作量不大。但是要注意界面的通用性、复用性,一次开发最好能应用于不同的项目当中。当然,不能复用也没有关系,这样的开发工作量非常小,C++开发非常成熟
KNIME 案例(199)通用图形浏览	人机协同任务	将上面 C++开发的通用交互界面应用于参数调整需求,界面提供参数条件,KNIME 通过参数化驱动来更新图像,在交互界面上就可以看到图形变化。用户不会感知到工作流的工作,工作流处于后台运行。用户只在通用界面上调整参数,就可以立即观察到图形的变化,进行迭代、尝试
KNIME 案例(200)交互融合数据	人机协同任务	这是一个实际工程需求,融合压缩机单机测试数据和整机测试数据,使二者合成的压缩机效率云图既能反映整机测试结果,又不违和,云图等值线平滑流畅,趋势正确,这是很难实现的任务,以往需要有经验的工程师慢慢调整数据来实现。这里使用 KNIME 工作流,配合上面的 C++通用交互界面的滑杆来逐渐改变设置,立刻可以观察到两组数据的融合效果,调整两组滑杆,直到等值线图达到满意的效果为止,然后由 KNIME 工作流将更新后的数据信息输出至数据文件

续表 7-1

视频名称	类别	简要介绍
KNIME 案例(201)参数动画界面	人机协同任务	同上。还是利用 C++通用界面,实现动画效果的改变,观察在时间维度下图形的变化趋势
KNIME 案例(202)调整空调方案	人机协同任务	同上。还是利用 C++通用界面,改变空气调节方案中的设计参数条件,来观察方案的可行性
KNIME 案例(203)寻找下界曲面	人机协同任务	同上。还是利用 C++通用界面,通过调整参数设置,找到一组三维分布散点的下边界曲面
KNIME 案例(208)微件选参绘图	人机协同任务	通过 KNIME 中的微件,形成界面,为数据可视化图形的生成,提供参数输入
KNIME 案例(214)曲线交互分类	人机协同任务	将一簇曲线(散点形式)进行分类,为每个散点数据点赋予标签,确定其属于哪一条曲线,这种任务需要人机协同完成,实际情况千差万别,使用算法未必能够保证 100% 的正确率。这里介绍的使用 KNIME 进行曲线分类的方案,尽量减轻了人的劳动
KNIME 案例(215)快速交互界面	人机协同任务	通过 KNIME 微件建立人机交互参数输入界面,比如输入参数数值、日期范围,等等,然后由参数驱动后面的工作流运行,完成相应的数据筛选及处理
KNIME 案例(219)多工作流协作	人机协同任务	多人建立的工作流可以通过互相调用实现整合
KNIME 案例(224)人工圈选点集	人机协同任务	借助 KNIME 的图形处理节点(图形交互式标记节点),实现人机协同,由人进行点集的圈选,然后由工作流进行处理,对点的分类属性进行设置
KNIME 案例(246)主观散点排序	人机协同任务	对平面上的一些散点进行排序,使它们形成一条曲线,这样的曲线十分依赖于人的主观判断,不同的人可能连接成的曲线形状是不一样的,对于起始点和终了点的选择有多种可能。这里使用 KNIME 的交互式标记节点,允许工程人员手绘一条近似的曲线,来表达主观意图,再通过散点距离曲线上最近点的情况,对其进行排序,使得散点获得符合人主观判断的排序序号

续表 7-1

视频名称	类别	简要介绍
KNIME 案例(247)估算钢筋数量	人机协同任务	在一些工业生产工艺流程中,需要对一些物体的数量进行统计,可以是零件、零件上的孔洞、药物颗粒等的数量,应用非常广泛。这里使用 KNIME 中的图像处理节点,通过参数界面调整参数,对图像进行适当的彩色空间变换,再通过点识别节点,来统计钢筋的数量,是一种可以用于实时获取产品工艺参数的解决方案
KNIME 案例(248)坐标系图绘线	人机协同任务	使用 KNIME 交互式标记图像的节点,标记图片当中的坐标系关键点,然后将数据折算成像素坐标位置,在图像上绘图。这样可以将复杂的底图与数据精确地结合在一起。可以控制折线的颜色、粗细、样式等属性,在实际工作中有很多相关的需求场景
KNIME 案例(249)手绘曲线坐标	人机协同任务	使用 KNIME 交互式标记图像的节点,使用自由曲线绘制功能,允许工程师手动绘制曲线,并通过相关的图像处理节点,获取该曲线上点的像素坐标位置
KNIME 案例(251)图片线簇取值	人机协同任务	使用 KNIME 交互式标记图像的节点,对图片上的一簇曲线进行样条曲线标记,不仅可以为所有散点数据点赋予标签,确定其属于哪一条曲线,而且可以获取散点的像素坐标位置。再通过标记坐标轴参考点,获取其像素坐标位置,可以折算前面获得的曲线散点像素坐标值,将它们转换成真实的坐标值。整体上是完成了图片上线簇的取值和分类任务
KNIME 数据分析案例(123)枚举盘管方案	产品设计研发	在产品设计领域,经常需要对设计方案进行优中选优,排列组合出多种设计方案,进行仿真计算,然后将结果展示给产品工程师,供其决策。本例是空调产品中的风机盘管的设计方案优化。在 KNIME 中,可以使用 Python Script 节点来调用 networkx 库,进行拓扑图形的生成和仿真计算,使用 KNIME 固化这样的流程,使其可以自动化完成,将大大提高产品开发效率

视频名称	类别	简要介绍
KNIME 案例(180)空调二次回风	产品设计研发	空调新风机组的组合情况非常多,存在大量的非标定制任务,以往需要工程师大量的手工劳动来进行空气调节方案计算,确定湿空气处理工况状态点的参数,然后经过理论计算确定机组各种设备的相关型号,然后汇总成报价单、选型计算书等文件,工作量非常大,而且变更频繁,消耗大量人力物力。这里介绍的方案是通过 KNIME 工作流固化机组选型计算流程,工程师可以在 KNIME 环境下进行充分的发挥,灵活根据空气处理方案的特点建立状态点计算流程。一旦某种类型的方案工作流确定下来,当工况条件发生变化时,可以一键自动完成设备选型计算工作;如果方案无效,也可以灵活调整,通过增加空气处理段,加以适配,在 KNIME 中非常容易实现
KNIME 案例(181)设备数量统计	产品设计研发	以往工程师在 Excel 或者 AutoCAD 环境下完成系统设计之后,机器对设备的类型和数量并不能感知,因为图纸和计算书中的内容还是以人处理信息的方式设计的,所以关于统计类的需求,都只能通过人的手工劳动来获取,数量不大的时候,问题还不够突出,当系统中的阀门、管件等数量众多,人工方式存在风险。这里要求工程师在设计的时候就使用矢量图形软件,这样信息可以被机器感知,通过 KNIME 读取图形文件,就可以对其中的信息加以获取和统计,十分方便
KNIME 案例(205)选风冷冷凝器	产品设计研发	基于 KNIME 工作流的风冷冷凝器选型软件
KNIME 数据分析案例(147)时序数据会议	会议教学交流	关于金融数据的处理会议。处理的是时序数据,根据需要使用 KNIME 对金融市场的数据加以分析整理,加入人的经验判断,形成操作策略,加快决策形成的效率,时效性非常强。甚至可以结合定时任务,RPA,实现自动化交易
KNIME 数据分析案例(148)主次信息合并	会议教学交流	很多数据源是有其自身的格式设计的,为了完成数据处理,需要使用 KNIME 设计相应的工作流完成数据的清洗、分类、合并等操作。这里是一个简单的关于气体成分信息的主表、次表依据关键字进行合并的案例

续表 7-1

视频名称	类别	简要介绍
KNIME 数据分析案例(149)选型软件架构	会议教学交流	通过 KNIME 工作流节点,固化空调制冷设备系统的选型逻辑。其中提供了人机交互的界面,可以输入工况参数、选型要求,等等。通过 KNIME 来进行制冷系统的设计计算,通过计算结果完成设备的选型,整个过程可以通过一键实现,减轻了人的劳动,特别适合非标定制的需求实现
KNIME 案例(150)合并机器日志	会议教学交流	随着传感器的大量引入,机器替代人去观察和记录世界,产生了大量的日志文件,里面记录了设备运行的关键信息。使用 KNIME 可以固化对日志文件的读取、分析流程,将大量机器日志中的有用信息加以提取,然后以报告的方式发送给相关工程人员,便于他们定位问题、高效决策
KNIME 案例(151)水力平衡计算	会议教学交流	建筑设计行业。使用 KNIME 自动生成采暖水力计算书,减少建筑设计师的手工劳动,统一管网系统水力计算书生成质量,一键固化理论计算方法和人为操作流程。人机协同进行调整,允许人发挥经验进行干预和调整
KNIME 案例(152)图纸信息提取	会议教学交流	将保存在比如 AutoCAD 文件中的建筑设计信息加以提取并进行分析整理。建筑设计的原有模式,处理信息的主体是人,人处理信息的效率非常低,而且有很大风险。既然信息已经被保存在通用格式文件当中,使用 KNIME 或者 Python 就可以读取里面的信息,固化信息提取、分析、整理的流程
KNIME 案例(156)获取图纸信息	会议教学交流	同上
KNIME 案例(153)空间拓扑信息	会议教学交流	可以利用一些三维设计软件,实现人的设计意图,将工程文件保存为通用信息格式文件,比如 dxf 格式,就可以使用 KNIME 调用 Python 库对其中的几何信息加以读取,然后利用 KNIME 丰富的数据处理节点功能进行分析、整理、计算,后续对接计算引擎或其他处理模块实现进一步的工程计算功能

续表 7-1

视频名称	类别	简要介绍
KNIME 案例(154)设备数据汇总	会议教学交流	设备采样数据具有数据量大,清洗需求多样,汇总难度大等特点。使用 KNIME 对上述流程进行工作流固化,可以大大减轻工程师的劳动,提高数据处理的质量,KNIME 当中对于数据处理的节点十分丰富,各种各样的数据处理需求都可以灵活地加以实现
KNIME 案例(155)大气数据清洗	会议教学交流	大气污染物数据,数据文件格式特殊,数据需要清洗,数据的特点很多,处理方式多样,具有非常强的专业性。可以通过 KNIME,将这些专业处理逻辑加以固化,这样可以节省工程人员宝贵的时间,将这样的需求交给他人,他人不会有这样的专业能力,只有固化在工作流当中,由机器执行,才是相对正确的方式
KNIME 案例(157)与 Python 对接	会议教学交流	可以大大拓展 KNIME 的功能,因为 Python 的函数库非常多,算法资源也非常丰富。在 KNIME 里调用 Python 应该成为一种基本技能
KNIME 案例(158)改造 Excel 工具	会议教学交流	企业当中有很多 Excel 工具,沉淀了很多业务逻辑、算法流程。可以使用 KNIME,采用文档化编程的方式,将其中蕴含的逻辑挖掘出来,形成基于 KNIME 的计算工具,这样便于团队协作、共享和复用算法资源
KNIME 案例(159)资源组织模式	会议教学交流	使用 KNIME 可以实现人员、算法、数据的高度自组织,任何需求都可以通过现有资源的高效组织复用加以应对
KNIME 案例(160)钢筋数量识别	会议教学交流	在一些工业生产工艺流程中,需要对一些物体的数量进行统计,可以是零件、零件上的孔洞、药物颗粒等的数量,应用非常广泛。这里使用 KNIME,通过 Python 的 OpenCV 库,识别钢筋的数量,是一种低成本、高效率获取产品工艺参数的解决方案
KNIME 案例(161)统一期货格式	会议教学交流	时序数据文件的格式可能是不尽相同的,为了完成统一处理,必须预先进行格式的"同一"操作。这里介绍了一些 KNIME 时间处理相关的节点功能,这都是十分基础的功能。KNIME 当中的相关节点非常多,用好了会对时序数据处理任务起到事半功倍的效果

续表 7-1

视频名称	类别	简要介绍
KNIME 案例(162)绘制矢量图形	会议教学交流	使用 KNIME 组织信息,使用参数化驱动的方式来绘制矢量图形文件,十分高效、精确
KNIME 案例(163)工作流宏配合	会议教学交流	使用宏命令文件,可以将 KNIME 与其他软件平台对接起来,共同配合完成很多数据处理任务。这里使用的是 ParaView 图形后处理开源平台,功能十分强大,它的信息处理部分,可以交给 KNIME,KNIME 通过固定格式的数据文件,宏命令文件与其对接,可以实现十分复杂的数据后处理需求
KNIME 案例(164)工作流初认识	会议教学交流	简单介绍了工作流的相关概念和理念,KNIME 在数据分析处理任务中能够发挥的价值,起到的关键作用
KNIME 案例(165)工作流实例讨论	会议教学交流	使用工作流完成的一些实际项目介绍
KNIME 案例(166)公式拟合讲解	会议教学交流	使用 KNIME 工作流固化公式拟合的流程,并可以支持交互式公式调整、交互式数据清理,等等
KNIME 案例(167)图像识别讨论	会议教学交流	使用 KNIME 工作流完成的图像识别项目介绍(后面有 KNIME 自带的图像处理节点介绍)
KNIME 案例(168)冷机设计节能	会议教学交流	使用 KNIME 工作流完成冷机相关的设计及优化
KNIME 案例(169)简单文件操作	会议教学交流	介绍了 KNIME 中一些涉及文件操作的节点功能,比如复制、移动、删除、读取内容,等等
KNIME 案例(170)实验数据获取	会议教学交流	从一些专业软件上获取基础数据,可以使用 KNIME 来固化这样的数据获取流程
KNIME 案例(171)电量清洗计费	会议教学交流	使用 KNIME 处理电量统计数据表格,对电量数据进行清洗、分析、分类统计等处理
KNIME 案例(172)循环保存文件	会议教学交流	使用 KNIME,将一个 Excel 文件中的多个工作簿,拆分保存为多个 Excel 文件。这里面涉及循环节点的使用,这是很重要的技能,需要对 KNIME 中的各种循环节点进行系统学习。在很多的数据处理过程中,都会用到
KNIME 案例(173)透视地理数据	会议教学交流	市面上不可能刚刚好有一款软件平台,正好适合获取地理数据需要,并进行地理信息系统可视化展示,这像极了企业中海量临时的数字化需求,通过 KNIME 结合数字平台数据源,灵活多变加以应对,却可以达到这样高的时效性要求

续表 7-1

视频名称	类别	简要介绍
KNIME 案例(193)处理气象数据	会议教学交流	通过处理气象数据案例,进行 KNIME 工作流教学,使学员初步掌握 KNIME 处理数据的基本功能,对 KNIME 工作流模式形成基本概念和直观感受,以便在工程实际中加以应用,提升水平
KNIME 案例(194)循环节点讲解	会议教学交流	循环节点在 KNIME 工作流使用中是非常重要的一类节点,很多时候都需要对数据集合当中的某个维度的多组数据进行同样的操作。熟练掌握各类循环节点的用法,以及它们之间的组合用法,对于提升数据处理水平是很有帮助的
KNIME 案例(250)如何学好 KNIME	会议教学交流	分享了笔者学习 KNIME 的切身体会,希望能为后来的学习者起到参考作用。虽然学习的过程是艰难痛苦的,但是学成后可以达成: 工具自由,即想即得; 数据处理,肋生双翼; 资源获取,多人协作
KNIME 案例(174)参数监控大屏	数字化解决方案	现在数字大屏特别流行,但是购买一套大屏系统的成本很高,而且定制化很难满足。使用 KNIME,可以通过一些开源资源的组合,形成一个大屏数据展示系统。开发效率高,定制化程度强,成本低,基本都是开源免费资源组合形成,适合工业企业现场大屏数据展示使用
KNIME 案例(175)链接多数据库	数字化解决方案	在 KNIME 里面,有大量的数据库处理相关节点,可以链接数据库,对数据库的表格进行加工整理,写回数据库,都十分方便,而且可以固化、分享和传递这样的流程。可以在 KNIME 里面,联合使用关系型和非关系型数据库,充分发挥它们各自的特点,为我们的需求服务
KNIME 案例(177)设备状态监控	数字化解决方案	建立简易设备监控面板,使用 KNIME 工作流建立定时任务,更新监控面板网页图元。使用图形可视化的手段,监控设备实时状态
KNIME 案例(178)生成 SVG 动画	数字化解决方案	使用矢量图形工具绘制设备系统流程图十分方便,将流程图保存为 SVG 格式文件,可以由网页浏览器打开,观看 SVG 系统流程图上的参数信息。使用 KNIME 工作流建立定时任务,对接数据库,参数化驱动流程图上的文本信息发生变化,可以实现简单的实时系统状态监控任务

续表 7-1

视频名称	类别	简要介绍
KNIME 案例(179)图形节点看板	数字化解决方案	使用开源免费的大屏项目工具包,对接云存储文件中的数据和图像,使用 KNIME 工作流建立定时任务,根据实时数据库中的数据,分析整理生成图形文件,然后更新云存储文件内容,即可在大屏项目网页中实现实时图像更新
KNIME 案例(191)参数控制面板	数字化解决方案	通过在 KNIME 中建立一个参数控制面板,来控制设备在监控大屏上的状态,这样的控制面板和监控大屏界面可以不在同一台电脑上,可以是联网的任意两台电脑,可以实现远程控制
KNIME 案例(192)免费在线界面	数字化解决方案	利用免费在线流程图绘制环境,作为参数输入和维护的界面,使用 KNIME 读取其工程文件,然后驱动工作流进行信息的处理和各种工程计算,这样就免去了人机前端交互界面的开发
KNIME 案例(212)图表看板要点	数字化解决方案	在 KNIME 里面建立图表看板,可以通过布局界面来调整图形及控件所在的位置
KNIME 案例(260)三维数字孪生	数字化解决方案	使用 KNIME 实现了简单的数字孪生系统。可以由 KNIME 参数化驱动三维模型的属性变化
KNIME 案例(262)请求数据任务	数字化解决方案	使用微博传递参数信息,当工程人员改变微博中的内容进行发布之后,KNIME 工作流定时任务可以感知这样的改变,然后使用参数化驱动的方式,完成相应的数据任务,最后将报告发送至前端界面或者以微信、邮件等方法直接发送给相关人员
KNIME 案例(263)手机物性查询	数字化解决方案	同上。采用的是同样的原理,这里是通过手机端实现了物性参数的查询,后台计算是由服务器上的 KNIME 软件完成的
KNIME 案例(266)手机参数监控	数字化解决方案	实现了手机端的设备系统运行工况参数实时监控

第 8 章　KNIME 节点详解

表 8-1　Auto-Binner 节点

节点编号	节点名称	图标	案例编号[1]
A001	Auto-Binner	Auto-Binner Node 1	（33）

节点概述

　　该节点允许将数值数据分组到称为"bins"的区间中。有两个箱命名选项和两种定义箱中数值的数量和范围的方法,完成连续性数值变量不同分箱区间的标签化。如果您想定义自定义箱,请使用"Numeric Binner"节点

"自动分箱设置"选项卡

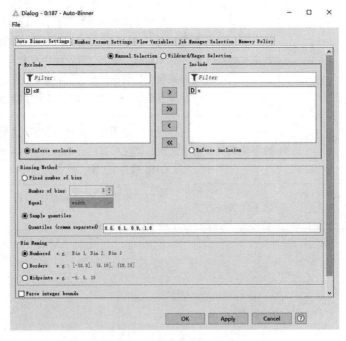

注:① 案例编号指的是第 5 章 KNIME 入门案例教程中的集数。

续表 8-1

列选择	"包含"列表中的列被单独处理。节点会忽略"排除"列表中的列
分箱方法	使用固定数量的箱子:可以按照相等数值宽度区间或者相等数值出现频率区间将原数值数据分为 N 份 使用样本分位数所对应的数值列表分箱:最小的元素对应的概率为 0,最大的元素概率为 1。应用的估算方法与 R、S 和 Excel 中的默认方法一致
Bin 命名	三种方式:使用有限的,带有前缀"Bin"的整数标记;边界标记,使用"(a, b]"间隔符号的标签;中点标记,使用显示间隔中点的标签
强制整数界限	强制间隔的界限为整数。将转换十进制界限,以便第一个区间的下限将是最低值的下限,而最后一个区间的上限将是最高值的上限。分隔区间的边将是小数边的上限。重复的边将被移除。 示例: $[0.1,0.9]$,$(0.9,1.8]$→$[0,1]$, $(1,2]$ $[3.9,4.1]$,$(4.1,4.9]$, $(4.9,5.1]$→$[3,5]$, $(5,6]$
替换目标列	如果设置,"包含"列表中的列将被合并列替换,否则将追加以后缀"[binned]"命名的列

"数值格式设置"选项卡

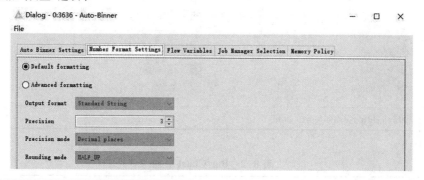

高级格式	如果启用,标签中的双精度格式可以通过此选项卡中的选项进行配置
输出格式	指定输出格式。数字 0.000 000 352 39 将显示为 3.52E-7 的标准字符串,0.000 000 352 的普通字符串(无指数)和 352E-9 的工程字符串
精度	要舍入到的双精度值的小数位数。如果比例缩小,则应用指定的舍入模式
精度模式	值舍入到的精度类型。小数位数,默认选项舍入到指定的小数位数,而有效数字选项舍入到有效位数

续表 8-1

舍入模式	舍入双精度值时应用的舍入模式。舍入模式指定舍入行为。有七种不同的舍入模式可用： ● 向上：舍入模式，从零开始舍入； ● 向下：舍入模式，向零舍入； ● 上限：向正无穷大舍入的舍入模式； ● 下限：舍入模式，向负无穷大舍入； ● HALF_UP：舍入模式，向"最近的邻居"舍入，除非两个邻居等距，在这种情况下向上舍入； ● HALF_DOWN：舍入模式，向"最近的邻居"舍入，除非两个邻居等距，在这种情况下向下舍入； ● HALF_EVEN：舍入模式，向"最近的邻居"舍入，除非两个邻居等距，在这种情况下，向偶数邻居舍入

输入端口

要分类的数据

输出端口

端口一：定义了箱位的数据。
端口二：包含如何绑定信息的 PMML 模型片段

常用前(图中左侧)后(图中右侧)链接节点

资料参考网站：https://nodepit.com/

表 8-2　Bar Chart 节点

节点编号	节点名称	图标	案例编号
B001	Bar Chart	**Bar Chart** Node 1	(6)(21)

节点概述

该节点绘制 CSS 样式条形图。您可以将 CSS 规则放入单个字符串中，并在节点配置对话框中将其设置为流变量

续表 8-2

"选择"选项卡

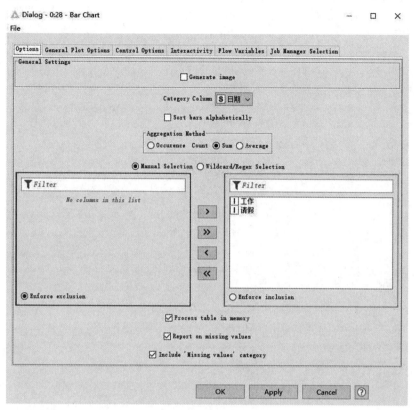

类别列	选择包含类别值的列
按字母顺序排列条形图	选中时,条形根据其从类别列派生的标签按字母顺序排序。如果未选中,则从输入表中第一次出现的值开始排序
聚合方法	选择在所选列上使用的聚合方法。"出现次数"方法由所选列唯一值确定
频率栏	选择包含要绘制条形图的频率的列。注意:频率列中缺失值将被忽略,并显示相应的警告消息 如果在汇总后,某些条形或整个类别只包含缺失值,它们将从视图中排除,并会引发警告消息
内存中的进程	处理内存中的表。需要更多内存,但速度更快,因为表在聚合之前不需要排序。内存消耗取决于唯一组的数量和所选的聚合方法
报告缺失值	通过检查在视图中获取有关缺失值的详细警告消息,并启用"缺失值"类别。如果未选中,将忽略缺失值,而不发出警告。"缺失值"类别将不存在
包括"缺失值"类别	如果选中,类别列中的缺失值将形成一个名为"缺失值"的单独类。否则它们将被忽略

续表 8-2

"常规绘图选项"选项卡

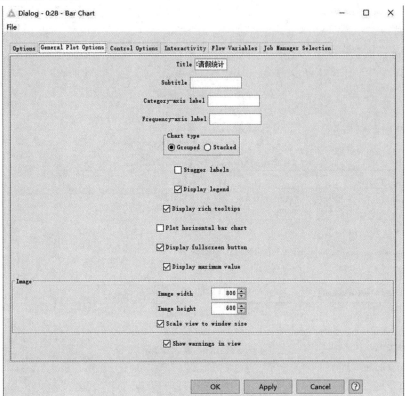

标题（＊）	图表标题
副标题（＊）	图表副标题
分类轴标签（＊）	用于分类轴的标签
频率轴标签（＊）	用于频率轴的标签
图表类型	选择如何显示条形图例。在分组条形图，一列代表一个独立的值，而在叠放在一起的图表条形图是一列中所有值的堆叠
交错标签	选中时，条形图类别图例以交错方式呈现，以便为长类别名称提供可读空间
显示图例	选中后，将显示条形图图例
显示丰富的工具提示	选中后，当鼠标悬停在条形图的各个条上时，会显示丰富的工具提示
绘制水平条形图	选中此项可水平绘制条形图。默认情况下，条形图用竖条绘制
显示全屏按钮	选中可显示一个按钮，将视图切换到全屏模式。该按钮仅在 KNIMEWeb-Portal 中可用

续表 8-2

显示最大值	检查是否应显示 Y 轴的最大值
显示静态条形图值	检查每个条形的值是否应显示在条形旁边
图像	SVG 图像生成的设置
在视图中显示警告	如果选中,警告消息将在发生时显示在视图中

"常规绘图选项"选项卡

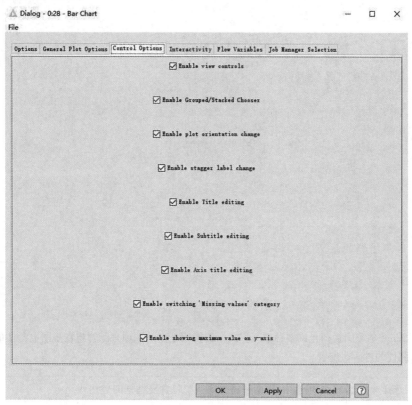

启用视图控制	选中以启用图表中的控件
启用分组/堆叠选择器	选中此项可启用显示控件来选择条形的分组或堆叠显示
启用绘图方向更改	选中可启用水平或垂直条形图之间的交互式切换
启用交错标签更改	选中此项可以编辑分类轴的标签是否交错显示
启用标题编辑	选中此项可在视图中编辑标题
启用字幕编辑	选中此项可在视图中编辑字幕
启用轴标题编辑	选中此项可在视图中编辑轴标题
启用切换"缺失值"类别	选中可在视图中显示和隐藏"缺失值"类别
允许在 y 轴上显示最大值	选中此项可显示和隐藏 y 轴上的最大值

续表 8-2

启用显示静态条形图值	选中此项可在视图中显示和隐藏静态条形图值

"交互"选项卡

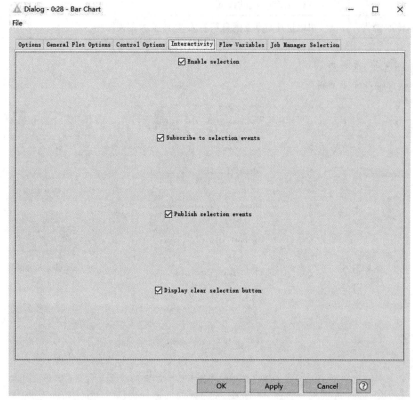

注：JavaScript 条形图视图允许多种交互方式。请使用下面的选项来配置将在视图上激活的功能以及交互式属性的进一步配置

启用选择	如果选中，视图中将呈现一个包含复选框的单独列
订阅选择事件	如果选中，视图会对来自其他交互式视图的选择已被更改的通知做出反应。另请参见"发布选择事件"
发布选择事件	如果选中，当用户更改当前视图中的选择时，通知其他交互式视图。另请参见"订阅选择事件"
显示清除选择按钮	显示清除当前选择的按钮
输入端口	

端口一：包含要绘制在条形图中的类别和值的数据表。

端口二：包含一个列的数据表，该列具有表的列名，此外还分配了颜色。注意：对于"出现次数"聚合方法，颜色表中的列名也应该是"出现次数"

输出端口

续表 8-2

条形图的 SVG 图像

常用前(图中左侧)后(图中右侧)链接节点

分组依据	9 %	要报告的图像	37 %
颜色管理器	7 %	图像到表格	16 %
绕轴旋转	6 %	图像输出(传统)	10 %
行过滤器	6 %	图像输出部件	8 %
数字到字符串	5 %	分量输出	5 %

资料参考网站:https://nodepit.com/

表 8-3　Box Plot(local) 节点

节点编号	节点名称	图标	案例编号
B002	Box Plot(local)	**Box Plot (local)** ▶ ▤ ▶ Node 1	(33)

节点概述

　　箱线图显示稳健的统计参数:最小值、下四分位数、中位数、上四分位数和最大值。这些参数被称为稳健的,因为它们对极端异常值不敏感。

　　一个数值属性的盒图按以下方式构建:盒本身从下四分位数(Q1)到上四分位数(Q3)。中间值被绘制为盒子内部的水平条。Q1 和 Q3 之间的距离称为四分位距(IQR)。盒子的上方和下方是所谓的"胡须"。它们在最小值和最大值处绘制为水平条,并通过虚线与方框相连。胡须永远不会超过 $1.5 * IQR$。这意味着,如果有一些数据点超过了 $Q1-(1.5 * IQR)$ 或 $Q3 + (1.5 * IQR)$,则须在这些范围内绘制,并且数据点被单独绘制为异常值。对于异常值,区分轻度异常值和极端异常值。轻度异常值是那些被认为成立的数据点 $p:p < Q1-(1.5 * IQR)$ 和 $p > Q1-(3 * IQR)$ 或 $p > Q3 + (1.5 * IQR)$ 和 $p < Q3 + (3 * IQR)$。换句话说,轻度异常值是那些位于 $1.5 * IRQ$ 和 $3 * IRQ$ 之间的数据点。极端异常值是那些数据点 $p,p < Q1-(3 * IQR)$ 或 $p > Q3 + (3 * IQR)$。因此,三倍的框宽(IQR)标志着"轻度"和"极端"异常值之间的界限。轻度异常值用圆点表示,而极端异常值用十字表示。为了识别异常值,可以对它们进行选择和利用。这提供了数据集极端特征的快速概览。

　　如果可用空间太小而无法显示,则所有标签(最小、Q1、中位数、Q3、最大)都不会显示,缺少的信息会作为工具提示提供

续表 8-3

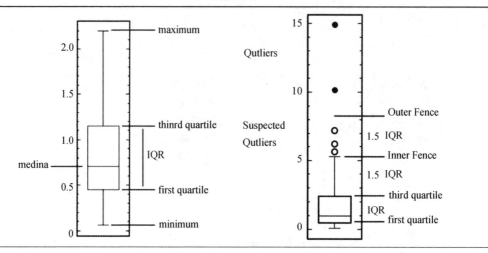

图形显示界面

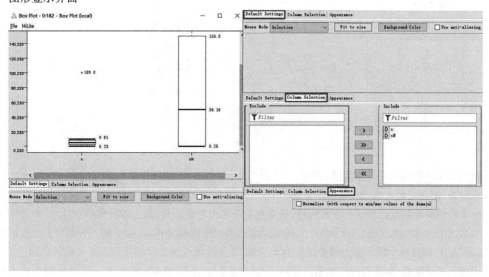

高亮凸显	可以通过用鼠标在异常点上拖动一个矩形或点击它们来选择异常点。按住 Ctrl 键进行多项选择。可以通过右键单击获得上下文菜单或通过菜单栏中的高亮菜单来选择离群值。重要提示:如果一行在几列中包含异常值,该行的所有异常值将被立即选择和提升,因为选择和提升是基于数据点(行)的
工具提示	将鼠标移动到方框的条形上以获得所显示参数的精确值,或将鼠标移动到异常值上以获得关于值和行索引的信息
属性	默认设置: ● 鼠标模式:选择"选择"来选择离群点或"缩放"来放大。如果您已经放大,您可以选择"移动"在放大显示中导航; ● "适合屏幕"使显示器再次适合可用空间; ● "背景颜色"让您选择显示的背景颜色

续表 8-3

列选择	选择要检查的列
外观	选中"正常化",如果所有列都应该使用可用的高度;如果你想映射框到一个单一的 y 坐标,则取消选中它

输入端口

要显示的数据

输出端口

包含每列统计信息的数据表:最小值、最小值(非异常值)、Q1、中位数、Q3、最大值(非异常值)和最大值

常用前(图中左侧)后(图中右侧)链接节点

统计数字　9%	条件盒图(局部)　10%
列过滤器　7%	箱形图　4%
CSV阅读器　7%	交互式直方图(局部)　4%
文件阅读器　5%	行过滤器　4%
行过滤器　5%	统计数字　4%

资料参考网站:https://nodepit.com/

表 8-4　Column Expressions 节点

节点编号	节点名称	图标	案例编号
C001	Column Expressions	Column Expressions ► EX ► Node 1	(3)(12)(21)(27)

节点概述

　　此节点提供了使用表达式追加任意数量的列或修改现有列的可能性。对于将被附加或修改的每一列,定义了单独的表达式。这些表达式可以使用数学公式和字符串处理函数。然而,对于一个表达式的行数和它使用的函数的数量没有限制。允许用户通过一个节点,可以批量地创建他们自己的表达式,比如带有多条复杂逻辑判断语句的表达式。

　　此外,通过将函数或计算的中间结果赋给变量(使用"="),可以将它们存储在表达式中。允许结果在被赋值后在表达式的不同部分重用(参见示例)。注意:这些变量的名称必须不同于所有预定义函数的名称,否则将会出现错误。要添加/删除表达式,必须分别使用"+"/"-"按钮。在列表中选择表达式,可以在表达式编辑器中进行编辑。对输入数据按行执行创建的表达式。输入表的可用流变量和列可以通过提供的访问函数 variable("variableName")和 column("columnName")来访问。新创建的列将按照它们被定义的顺序(从上到下)进行追加,而被替换的列将保留在输入表的原始位置。对于每个表达式,将返回最后一条计算指令。表达式的语法基于 JavaScript 语言

续表 8-4

设置界面

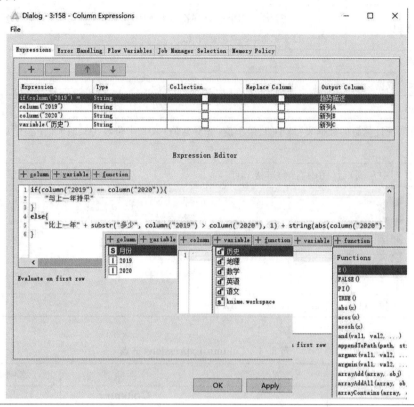

示例:

· 5 * 7+3

将为每行追加一个值为 38 的列;

· salary = column("salary")

salary + salary * 0.1

将在输入表的 salary 列中追加一个值增加 10% 的列;

· " a1 "

" a2 "

将为每行追加一个值为"a2"的列,而

a1 = " a1 "

a2 = " a2 "

a1

将为每行追加一个值为"a1"的列;

· and(column("age") < 26, not(column("student")))

将向列追加 true 值为 26 岁以下非学生的每个人,以及 Flase 值为其他人。这样的 and(...) 和 not(...)是由表达式编辑器提供的预定义函数

续表 8-4

通用设置	
+	添加可定义的表达式
-	删除选定的表达式
↑	将选定的表达式在顺序中上移,这将影响输出列的顺序
↓	将选定的表达式在顺序中下移,这将影响输出列的顺序

"表达式"选项卡	
表达式　Expression	显示当前为指定输出列定义的表达式
类型　Type	显示所有已定义返回值类型,结果列在输出表中将具有选定的类型
收集　Collection	如果选中,定义的输出列将是选定类型的集合
替换列　Replace Column	如果选中,定义的输出列将被替换。如果未选中,将追加输出列
输出列　Output Column	定义结果表中输出列的名称

表达式编辑器	
列　+ column	将打开一个包含输入表所有可用列的列表。可以通过按 Enter 键或双击列来插入选定的列。该菜单也可以通过快捷键"Alt+c"（Windows 和 Linux）或"Ctrl+Option+c"（Mac）来访问,并用"Esc"关闭
变量　+ variable	将打开一个包含所有可用流变量的列表。可以通过按 Enter 键或双击变量来向表达式中插入选定的流变量。也可以通过快捷键"Alt+v"（Windows 和 Linux）或"Ctrl+Option+v"（Mac）访问该菜单,并使用"Esc"关闭
函数　+ function	这将打开一个列表,其中包含所有可用的预定义功能及其描述。可以通过按回车键或双击功能来插入所选功能。该菜单也可以通过快捷键"Alt+f"（Windows 和 Linux）或"Ctrl+Option+f"（Mac）来访问,并用"Esc"关闭
评估　Evaluate	点击此按钮触发输入表第一行当前表达式的评估（如果可用）并显示结果

先进功能	
启用多行访问,窗口大小	如果选择了脚本的 column(Object, int)方法允许访问当前行的前一行或后一行中的列值。第二个参数(int offset)定义了"后面"或"前面"的行数。由于这可能是一个开销很大的操作（需要缓存数据）,因此需要指定窗口大小。例如,值 5 将导致节点缓存当前行之前的 5 行和当前行之后的 5 行。试图访问此窗口之外的值将导致节点失败

续表 8-4

对于第一行之前（或最后一行之后）的行,使用…	对于表中的第一行和最后一行,多行访问可以寻址值范围之外的行(例如列(0,-3)在第一行)。选择第一(最后)行中的值,当访问具有负行索引的行时,将分配第一行的值,当访问表维度之外的行的值时,将分配最后一行的值。选择使用"null"将它们的值赋空。
脚本错误时失败 <table><tr><td>Expressions</td><td>**Error Handling**</td><td>Flow Variables</td><td>Jc</td></tr><tr><td colspan="4">☑ Fail on script error</td></tr><tr><td colspan="4">☑ Fail on invalid colum/variable access</td></tr></table>	如果选中,则在执行过程中发生错误时,节点将失败
无效列/变量访问失败 <table><tr><td>Expressions</td><td>**Error Handling**</td><td>Flow Variables</td></tr><tr><td colspan="3">☐ Fail on script error</td></tr><tr><td colspan="3">☑ Fail on invalid colum/variable access</td></tr></table>	如果选中,在执行期间发生无效的列/变量访问,节点将失败(这是默认设置)。提供未知名称(列/变量)或过高/过低的索引(列)可能会导致无效访问

输入端口

任何输入表。对于每一行,将计算已定义的表达式,其结果将被插入到指定的列中

输出端口

输出表

常用前(图中左侧)后(图中右侧)链接节点

分组依据	6 %		列过滤器	8 %
列表达式	6 %		分组依据	7 %
行过滤器	5 %		列表达式	6 %
列过滤器	4 %		行过滤器	5 %
列重命名	4 %		连锁的	5 %

资料参考网站:https://nodepit.com/

表 8-5　Conditional Box Plot 节点

节点编号	节点名称	图标	案例编号
C002	Conditional Box Plot	**Conditional Box Plot** Node 1	(3)

续表 8-5

节点概述

箱线图显示稳健的统计参数:最小值、下四分位数、中位数、上四分位数和最大值。这些参数被称为稳健参数,因为它们对极端异常值不敏感。

条件盒图根据另一个标称列将数字列的数据划分为多个类,并为每个类创建一个盒图。

一个数值属性的盒图按以下方式构建:盒本身从下四分位数(Q1)到上四分位数(Q3)。中间值被绘制为盒子内部的水平条。Q1 和 Q3 之间的距离称为四分位距(IQR)。盒子的上方和下方是所谓的"胡须"。它们在最小值和最大值处绘制为水平条,并通过虚线与方框相连。胡须永远不会超过 1.5 * IQR。这意味着,如果有一些数据点超过 Q1-(1.5 * IQR)或 Q3 + (1.5 * IQR),则须在这些范围内的第一个值处绘制,并且数据点作为异常值单独绘制。对于异常值,区分轻度异常值和极端异常值。轻度异常值是那些被认为成立的数据点 p:p < Q1-(1.5 * IQR)和 p > Q1-(3 * IQR)或 p > Q3 + (1.5 * IQR)和 p < Q3 + (3 * IQR)。换句话说,轻度异常值是那些位于 1.5 * IRQ 和 3 * IRQ 之间的数据点。极端异常值是那些数据点 p,它们成立:p < Q1-(3 * IQR)或 p > Q3 + (3 * IQR)。因此,三倍的框宽(IQR)标志着"轻度"和"极端"异常值之间的界限。轻度异常值用圆点表示,而极端异常值用十字表示。为了识别异常值,可以对它们进行选择和利用。这提供了数据集极端特征的快速概览。

该节点支持自定义 CSS 样式。您可以简单地将 CSS 规则放入单个字符串中,并在节点配置对话框中将其设置为流变量。

设置界面

续表 8-5

"选项"选项卡	
类别列 Category Column ⬛ income ▾	选择包含类别值的列
包含的列 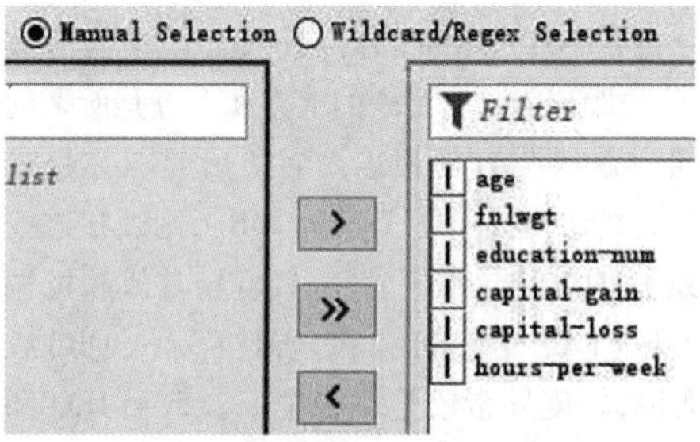 ◉ Manual Selection ○ Wildcard/Regex Selection ▼Filter list ❙ age ❙ fnlwgt ❙ education-num ❙ capital-gain ❙ capital-loss ❙ hours-per-week	选择要为其绘制框的列。数据列中缺失值将被忽略,并显示相应的警告消息
选定的列 Selected Column ❙ hours-per-week ▾	选择包含数值的列
报告缺失值 ☑ Report on missing values	检查以在视图中获取有关缺失值的详细警告消息,并启用"缺失值"类。如果未选中,将忽略缺失值,而不发出警告。"缺失值"类将不存在
包括"缺失值"类 ☑ Include 'Missing values' class	如果选中,类别列中的缺失值将形成一个名为"缺失值"的单独类。否则它们将被忽略
特殊双精度数据失败 ☑ Fail on special doubles	如果选中该选项,当节点在输入数据中遇到特殊的双精度值时,将会执行失败。这可以是 NaN,负的或正的无穷大值。如果未选中,特殊双精度值将被视为缺失值,并在以下情况下一起报告缺失值已设置
"常规绘图选项"选项卡	
标题(*) Title Conditional Box Plot	图表标题
副标题(*) Subtitle	图表副标题
显示全屏按钮 ☑ Display fullscreen button	选中可显示一个按钮,将视图切换到全屏模式。该按钮仅在 KNIME WebPortal 中可用
图像 Image width 800 ⬦ Image height 600 ⬦ ☑ Scale view to window size	图像生成的设置

续表 8-5

背景颜色 Background color □ Change...	背景的颜色
数据区域颜色 Data area color □ Change...	轴内数据区域的背景颜色
按类别应用颜色 ☑ Apply colors by category	选中此项可按类别对框应用配色方案。颜色可以定义为一个表格,其中有一列包含类别名称和相应的应用颜色设置。 如果没有提供所需配色方案的表格,将使用标准配色方案
方框颜色 Box color □ Change...	框的填充颜色。如果选中了前一个选项,则不可用
在视图中显示警告 ☑ Show warnings in view	如果选中,警告消息将在发生时显示在视图中

“控制选项”选项卡

启用视图控制	选中以启用图表中的控件
启用列选择	选中此项可选择要显示盒图的数字列
启用标题编辑	选中此项可在视图中编辑标题
启用字幕编辑	选中此项可在视图中编辑字幕
启用切换“缺失值”类	选中可在视图中显示和隐藏“缺失值”类

输入端口

端口一:包含要在箱线图中绘制的类别和值的数据表。
端口二:包含应用了颜色的类别名称的数据表

输出端口

箱形图的 SVG 图像

常用前(图中左侧)后(图中右侧)链接节点

■ 颜色管理器	8%	■ 要报告的图像	24%
2+3 数字到字符串	7%	■ 图像到表格	21%
■ CSV阅读器	7%	■ 图像写入器(端口)	8%
■ 行过滤器	5%	■ 分组依据	8%
■ 分组依据	5%	■ 图像输出(传统)	6%

资料参考网站:https://nodepit.com/

表 8-6　Column Combiner 节点

节点编号	节点名称	图标	案例编号
C003	Column Combiner	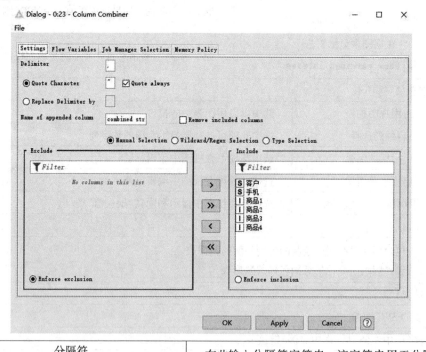	(5)

节点概述

　　组合一组列的内容,并将连接的字符串作为单独的列追加到输入表中。用户需要在对话框中指定感兴趣的列和一些其他属性,如分隔不同单元格内容的分隔符和引用选项

"选择"选项卡

分隔符 Delimiter　　,	在此输入分隔符字符串。该字符串用于分隔新追加列中不同的单元格内容
引用字符 ◉ Quote Character　　"　　☑ Quote always	此处输入的字符将用于引用包含分隔符字符串的单元格内容,例如,如果单元格内容为"一些;价值",分隔符字符串是";"(单个分号),并且如果引号字符是"'"(单引号字符),则带引号的字符串将是"'一些';'价值'"(包括单引号)。您可以通过选中"总是引用"来强制引用。或者,用户也可以替换单元格内容字符串中的分隔符字符串(见下文)

续表 8-6

将分隔符替换为 ○ Replace Delimiter by ☐	如果单元格内容的字符串中包含分隔符字符串,它将被此处输入的字符串替换(对于上面"一些;价值"的例子,如果您在此处输入了"-",输出将是"一些-价值")
追加列的名称 Name of appended column [ined string]	新列的名称
删除包含的列 ☐ Remove included columns	如果选中,则从输出中删除"包含"列表中的列
列选择	将感兴趣的列移动到"包含"列表中

输入端口

任意输入数据

输出端口

输入数据+包含字符串组合的附加列

常用前(图中左侧)后(图中右侧)链接节点

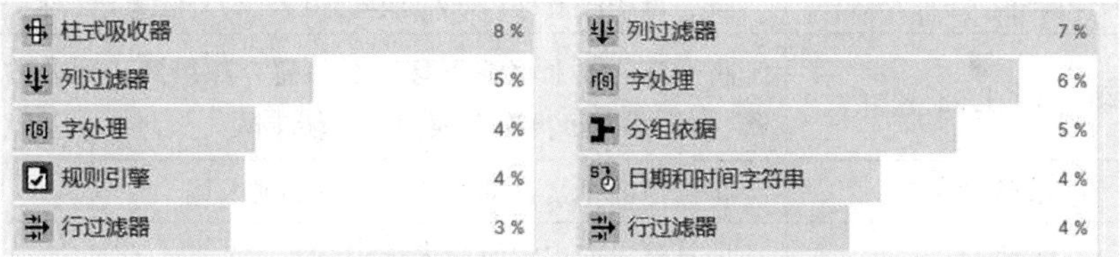

柱式吸收器	8%	列过滤器	7%
列过滤器	5%	字处理	6%
字处理	4%	分组依据	5%
规则引擎	4%	日期和时间字符串	4%
行过滤器	3%	行过滤器	4%

资料参考网站:https://nodepit.com/

表 8-7　Column Resorter 节点

节点编号	节点名称	图标	案例编号
C004	Column Resorter	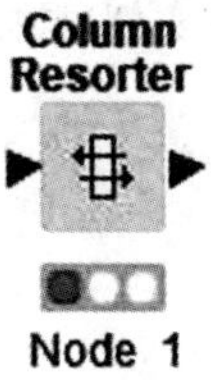 **Column Resorter** ▶ ✛ ▶ ⬛⬜⬜ Node 1	(7)

节点概述

　　此节点根据用户定义的设置更改输入列的顺序。列可以单步向左或向右移动,或者完全移动到输入表的开头或结尾。此外,还可以根据名称对列进行排序。在输出端口提供重新排序的表。

　　一旦配置了节点的对话框,就可以将具有不同结构的新输入表连接到节点并执行它,而无须再次配置对话框。新的和以前未知的列将被插入到列占位符"<任何未知的新列>"的位置。这个占位符可以像任何列一样放置在任何地方

续表 8-7

"选择"选项卡

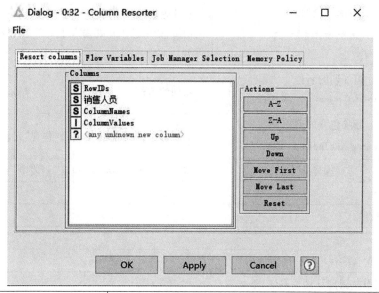

按字母顺序排序[A-Z,Z-A]	按字母顺序升序(A-Z)或降序(Z-A)对元素进行排序
移动一步[上、下]	将所选元素上移或下移一个位置。如果到达列表的顶部或底部,所选元素将再次在表的另一端排队
先/后移动	将选定的元素移动到表格的顶部或末尾
重置	恢复输入表中的原始表结构

输入端口

包含要重新排列的列的表

输出端口

重新排列了列的表格

常用前(图中左侧)后(图中右侧)链接节点

资料参考网站:https://nodepit.com/

表 8-8　Cell Splitter 节点

节点编号	节点名称	图标	案例编号
C005	Cell Splitter	 **Cell Splitter** ▶ [a] ▶ Node 1	(8)(13)(18)

节点概述

　　该节点使用用户指定的分隔符将选定列的内容分成几部分。它将固定数量的列追加到输入表中,每个列包含原始列的一部分,或者将包含单元格集合(列表或集合)的单个列追加到分割输出中。可以指定输出是由一列或多列组成、仅由一列包含列表单元格组成,还是仅由一列集合单元格(已删除重复单元格)组成。

　　如果该列包含的分隔符比所需的多(导致可分割部分比追加的列多),则忽略附加的分隔符(导致最后一列包含该列的未拆分的剩余部分)。

　　如果所选列包含的分隔符太少(导致可分割部分少于预期),将在该行中创建空列。

　　基于分隔符和结果部分,集合单元格可以具有不同的大小。如果指定,新列的内容将被修剪(即前导和尾随空格将被删除)。

"选择"选项卡

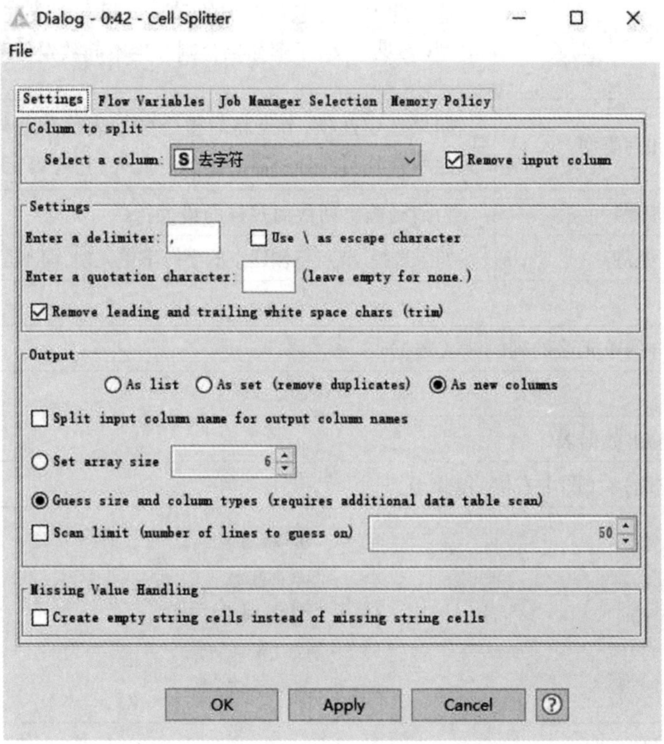

续表 8-8

列选择	选择其值被拆分的列
删除输入列	选中后,所选输入列将不会成为输出表的一部分
分隔符	在值中指定分隔各部分的分隔符
使用转义字符	如果启用,反斜杠(" \ ")可用于转义字符,如制表符的" \t "。您可以使用 Java 的全部转义功能
引用字符	如果值中的不同部分被引用,请指定引用字符(转义引号的字符始终是反斜杠。);如果不需要引用字符,请将其留空
删除前导和尾随空白字符(trim)	如果选中,将删除每个部分的前导空格和尾随空格
输出形式列表	如果选中,输出将由一列组成,该列包含存储拆分部分的列表集合单元格。列表单元格中可能会出现重复
输出-按设置(删除重复)	如果选中,输出将由一列组成,该列包含存储分割部分的唯一值集合。重复项将被删除,并且不能出现在集合单元中
输出-作为新列	如果选中,输出将由一列或多列组成,每列包含一个拆分部分
拆分输入列名	当输出为新列时,如果输入列名称可以按照与列内容相同的方式拆分以获得输出列的名称,请选中此选项
设置数组大小	选中此项并指定要追加的列数。所有创建的列都将是字符串类型(参见上文,了解如果分割产生不同数量的部分会发生什么)
猜测大小和列类型	如果选中此项,节点将对整个数据表执行额外的扫描,并计算保存所有分割部分所需的列数。此外,它还确定新列的列类型
扫描界限	为猜测输出列数而扫描的最大行数
缺失值处理	如果选择,节点将创建空的字符串单元格,而不是缺失值的单元格

输入端口

带有包含要拆分的单元格的列的输入数据表

输出端口

带有附加列的输出数据表

常用前(图中左侧)后(图中右侧)链接节点

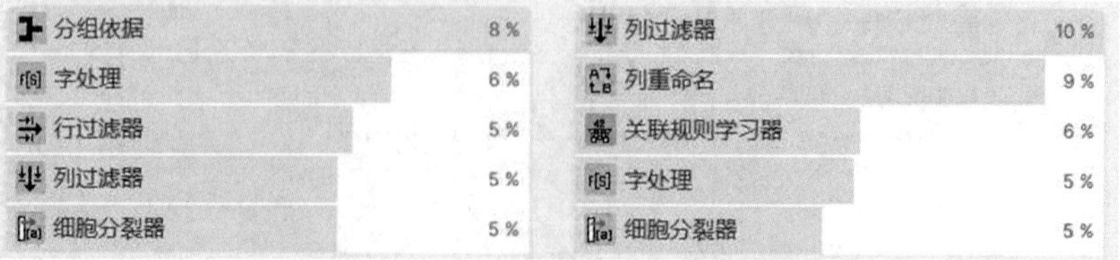

分组依据	8 %	列过滤器	10 %
字处理	6 %	列重命名	9 %
行过滤器	5 %	关联规则学习器	6 %
列过滤器	5 %	字处理	5 %
细胞分裂器	5 %	细胞分裂器	5 %

资料参考网站:https://nodepit.com/

表 8-9　Column Rename 节点

节点编号	节点名称	图标	案例编号
C006	Column Rename	Column Rename A↗ ↳B Node 1	(8)(15)

节点概述

重命名列名或更改其类型。该对话框允许您通过编辑文本字段来更改单个列的名称,或者通过在组合框中选择一种可能的类型来更改列类型。兼容类型是指列中的单元格可以安全地转换为的类型。带有红色边框的配置表示已配置的列不再存在

"改变列"选项卡

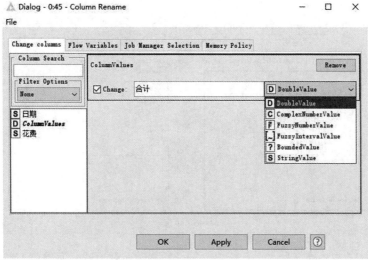

(注:通过双击左侧列名列表添加若干设置,对于每个设置,可以通过"Remove"按钮进行删除)

输入端口

应重命名/重新键入其列的表

输出端口

来自输入的表,但具有定制的列规范

常用前(图中左侧)后(图中右侧)链接节点

列过滤器	14 %	连锁的	9 %
分组依据	13 %	列过滤器	6 %
行过滤器	4 %	柱式吸收器	4 %
细胞分裂器	3 %	分组依据	4 %
王匠	3 %	行过滤器	4 %

资料参考网站:https://nodepit.com/

表 8-10　Column to Grid 节点

节点编号	节点名称	图标	案例编号
C007	Column to Grid	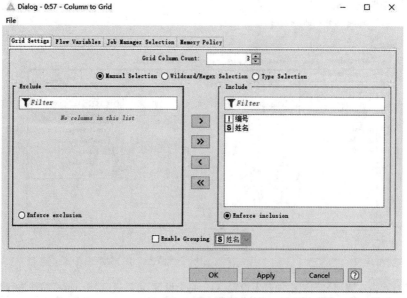	(11)

节点概述

将选定的列(或一组列)拆分成新列,使它们在网格中对齐。这对于显示非常有用,例如,在网格中包含图像的列可以显示在报告表中。网格列数在对话框中设置,行数相应确定

"表格设置"选项卡

网格列计数	网格列的数量,应该是一个比较小的数字
列过滤器	选择要在网格中显示的列。如果选择了多列,整个集合将构成一个网格列
启用分组	选择此选项并选择一个组列,以便分隔不属于同一组的输入行。这在可视化时是有用的,例如聚类结果,由此来自不同聚类的记录由不同的输出行表示。分组列将是输出表中的另一列

输入端口

要在网格中显示一列或多列的表

输出端口

网格中包含选定列的表格

常用前（图中左侧）后（图中右侧）链接节点

列过滤器	6%	移项	8%
王匠	4%	Excel Writer (XLS)	6%
列附加器	4%	列过滤器	3%
分组依据	3%	列重命名	3%
环端	3%	交互式表格(本地)	2%

资料参考网站：https://nodepit.com/

表 8-11 Cell Replacer 节点

节点编号	节点名称	图标	案例编号
C008	Cell Replacer	Cell Replacer ▶ ▦ ▶ ▢▢▢ Node 1	(14) ~ (16)

节点概述

根据字典表替换列中的单元格（第二个输入）。该节点有两个输入：第一个输入包含一个目标列，其值将使用字典表替换（第二个输入）。从字典表中，选择一个列（或 rowID 列）作为查找标准，并选择一个包含相应替换的输出列。目标列（第一个输入）中匹配查找值的任何匹配项都将被输出列（字典表中的另一列）的相应值替换。

当查找列是字符串类型时，也可以替换单元格，如果：

• 查找字符串是目标单元格中唯一的一个子字符串。示例：将查找字符串"John"与单元格"Johnny"匹配；

• 查找字符串是匹配目标单元格的通配符表达式，其中"*"表示零个或多个任意字符，而"?"代表单个可选字符。示例：将"A*a"与所有以"A"开头和"a"结尾的专有名词匹配，例如"America""Australia"或者"Alabama"；

• 查找字符串是匹配目标单元格的正则表达式。示例：将"^[knime]+$"与仅包含字母"k""n""i""m"和"e"的所有单词匹配，例如"knee"或"mine"。

注意，Substring、Wildcard 和 RegEx 方法会带来显著的性能损失，因为必须针对每个查找单元检查每个目标单元。

匹配字符串时，可以区分大小写或忽略大小写。

可以追加包含替换内容的列，而不是替换目标列。此外，还可以附加一列，指示该值是否被找到（并因此被替换）。

缺失值被视为普通值，也就是说，它们作为查找和替换值是有效的。如果字典表的查找列中有重复项，则最后一个匹配项（最下面的行）定义替换对。

如果输入/查找列是集合类型，则集合中包含的每个值都是搜索元素

续表 8-11

"选择"选项卡

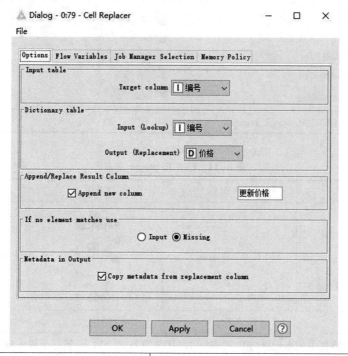

输入表,目标列	第一个输入表中其值将被替换的列
字典表,输入(查找)	第二个输入表中的搜索列
字典表,输出(替换)	第二个输入表中包含替换值的列
字典匹配行为,匹配行为	仅当字典输入(查找)是字符串类型时才启用。选择如果查找字符串与目标单元格完全匹配,是其子字符串,是匹配的通配符表达式还是匹配的正则表达式,是否应替换单元格
字典匹配行为,区分大小写	仅当字典输入(查找)是字符串类型时才启用。决定匹配是否应该区分大小写
(附加)结果列,将结果追加为新列	选中复选框并输入将包含映射输出的新列名。如果未选中,结果将替换目标列
(附加)结果列,创建附加的找到/未找到列	如果选中,将追加一列,指示是否在目标单元格中找到了查找值(并因此被替换)。这里可以使用任何字符串作为列的值
如果没有匹配的元素,请使用	定义如何处理输入表中不匹配任何搜索模式的值。"输入"将保持值不变,"缺失"用缺失值替换该值

续表 8-11

从替换列复制元数据	如果"替换"列中的任何元数据应保留在输出中,请选中该框。这包括域信息、任何颜色/大小/形状处理程序、元素名称(如果列表示集合)等。仅当不匹配项表示为缺失值时(与复制以前的值相反),才可以选择此选项。如果有疑问,请选择此选项

输入端口

端口一:包含要替换其值的列的表。
端口二:包含两列的字典表:一个查找列和一个替换列

输出端口

目标列被替换的输入表

常用前(图中左侧)后(图中右侧)链接节点

资料参考网站:https://nodepit.com/

表 8-12　Column Merger 节点

节点编号	节点名称	图标	案例编号
C009	Column Merger	Column Merger Node 1	(14)

节点概述

　　通过选择非缺失的单元格,将两列合并为一列。配置对话框允许您选择主列和次列。该节点的输出将是一个新列(或所选输入列的替换),由此每行的输出值将是:

　　如果主列中的值没有丢失,取主列值;否则为次列中的值。

　　请注意,当且仅当次列包含缺失值时,输出值才可能缺失。还要注意,输出列的类型是两个选定输入的超类型,也就是说,如果您选择合并一个数字和一个字符串列,输出列将具有更加通用的数据类型

续表 8-12

"控制"选项卡

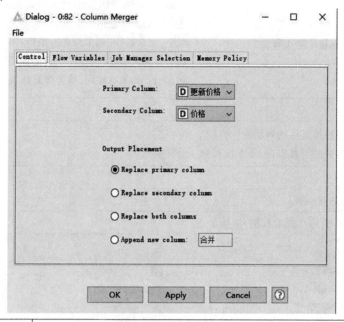

主列	除非缺失值,否则将使用该值的列
次列	具有将在其他情况下使用的值的列
输出布局	选择放置结果列的位置。您可以替换任一输入列、两个输入列(输出列将替换主列)或追加一个具有给定名称的新列

输入端口

输入两个要合并的列

输出端口

与合并列一起输入

常用前(图中左侧)后(图中右侧)链接节点

资料参考网站:https://nodepit.com/

表 8-13　Category To Number 节点

节点编号	节点名称	图标	案例编号
C010	Category To Number	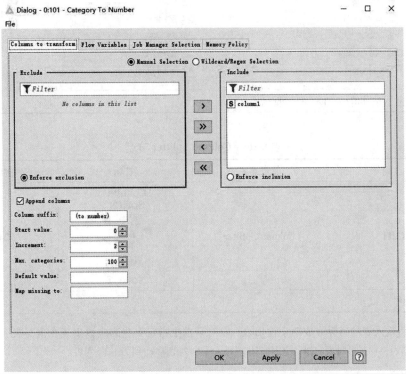	（17）

节点概述

该节点获取包含名义数据的列,并将每个类别映射到一个整数(映射的整数可以设置起始值,步长等)。为了方便起见,您可以用这个节点处理多个列。但是,这些列是单独处理的,就好像您将使用单个类别对每列的节点进行编号一样

"列转换"选项卡

列	包括应该被处理的列。您只能包含带有名义数据的列
追加列	如果选中,计算列将被追加到输入表中。否则,计算列将替换包含列表中的列
列后缀	计算列的列名是输入中附加了此后缀的列名
起始值	第一行中的类别将被映射到该值
增量	第 i 类映射到值 i $*$ Increment + Start value
最大值种类	对于超过最大类别数的输入,处理会中断

续表 8-13

缺省值	应用 PMML 模型时使用该值。它定义了在映射中找不到输入时使用的值。在这种情况下,将其留空以分配缺失的单元格
缺少到的映射	缺少的单元格映射到该值。您可以输入任何整数。如果为空,缺少的单元格将被映射到缺少的单元格

输入端口

数据

输出端口

端口一:具有转换列的数据。
端口二:包含已执行操作的 PMML 端口对象

常用前(图中左侧)后(图中右侧)链接节点

资料参考网站:https://nodepit.com/

表 8-14　Column Splitter 节点

节点编号	节点名称	图标	案例编号
C011	Column Splitter	Column Splitter ▶ A↓R ■□□ Node 1	(24)

节点概述

该节点将输入表的列拆分成两个输出表。在对话框中指定哪些列应该出现在顶部表格(左侧列表)和底部表格(右侧列表)中。使用按钮将列从一个列表移动到另一个列表。

注:

按数据"类型"筛选在某些情况下非常方便;

如果列名有一定的规律性,可以使用正则表达式筛选

续表 8-14

"设置"选项卡

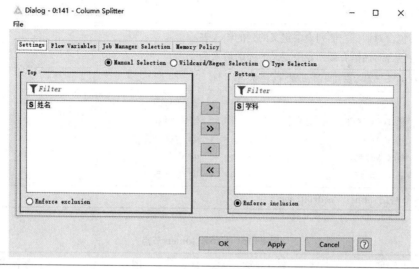

手动选择

顶端	该列表包含输入表中要包含在顶部输出表中的那些列的名称
底部	该列表包含输入表中要包含在底部输出表中的那些列的名称
过滤器	使用这些字段之一来筛选特定列名或名称子字符串的包含或排除列表
操作按钮	使用这些按钮在"包括"和"排除"列表之间移动列。单箭头按钮将移动所有选定的列。双箭头按钮将移动所有列(考虑过滤)
强制排除(顶部)	选择此选项可强制当前的顶级列表保持不变,即使输入表规格发生变化。如果某些包含的列不再可用,将显示一条警告(新列将自动添加到底部列表中)
强制包含(底部)	选择此选项可强制当前排除列表保持不变,即使输入表规格发生变化。如果底部的一些列不再可用,将显示一条警告(新列将自动添加到顶部列表中)

通配符/正则表达式选择

键入与要移入包含或排除列表的列相匹配的搜索模式。可以指定使用哪个列表。您可以使用通配符"?"匹配任何字符,"＊"匹配任何字符或者使用正则表达式。您可以指定您的模式是否应该区分大小写

类型选择

选择要包含的列类型。当前不存在的列类型以斜体显示

输入端口

续表 8-14

要拆分的表格
输出端口
端口一:包含对话框左侧列表中定义的列的输入表。 端口二:包含对话框右侧列表中定义的列的输入表
常用前(图中左侧)后(图中右侧)链接节点

资料参考网站:https://nodepit.com/

表 8-15　Cross Joiner 节点

节点编号	节点名称	图标	案例编号
C012	Cross Joiner	**Cross Joiner** Node 1	(24)(25)

节点概述

　　执行两个表的交叉连接(全排列)。顶部表格的每一行都与底部表格的每一行连接在一起。请注意,这是一个开销非常大的操作,因为输出中的行数是两个输入表行数的乘积,通过增加块大小可以提高速度。

　　注意:如果在流式模式下执行,则只有顶部输入将以流式方式处理

"选择"选项卡

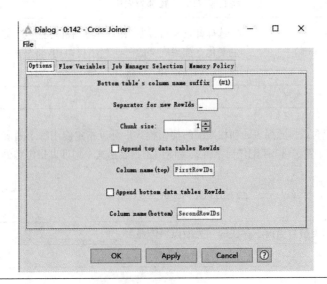

续表 8-15

底部表格的列后缀	如果底部表格包含同名的列,则附加到列名的后缀。总是保留第一个输入的列名。如果在第二个表中发现重复项,则添加一次或多次后缀以确保唯一性
新行索引值的分隔符	该字符串将分隔新数据表中的行索引值。例如 RowID1 + sep + RowID2
区块大小	一次读取的行数,增加该值会加快执行时间,但也会增加内存消耗
追加顶级数据表行索引值	如果选中,一个新列将被附加到输出,包含顶部数据表的行索引值
列名(顶部)	新生成的行键列的名称
追加底层数据表行索引值	如果选中,一个新列将被附加到输出,包含底部数据表的行索引值
列名(底部)	新生成的行键列的名称

输入端口

端口一:要连接的顶层表(可流式传输)。

端口二:要连接的底部表(不可流式传输)

输出端口

交叉连接表

常用前(图中左侧)后(图中右侧)链接节点

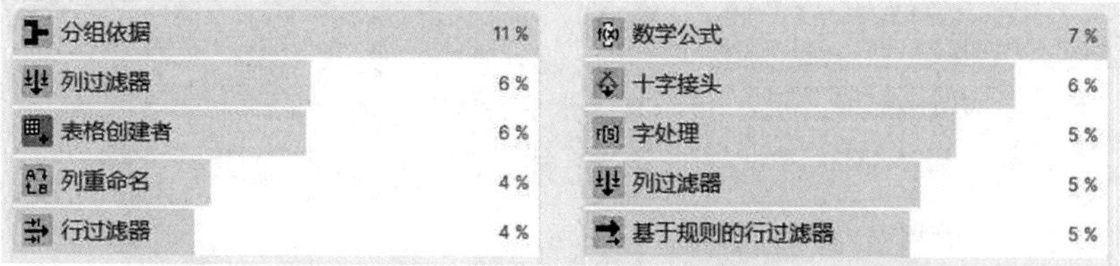

分组依据	11%	数学公式	7%
列过滤器	6%	十字接头	6%
表格创建者	6%	字处理	5%
列重命名	4%	列过滤器	5%
行过滤器	4%	基于规则的行过滤器	5%

资料参考网站:https://nodepit.com/

表 8-16 Concatenate 节点

节点编号	节点名称	图标	案例编号
C013	Concatenate	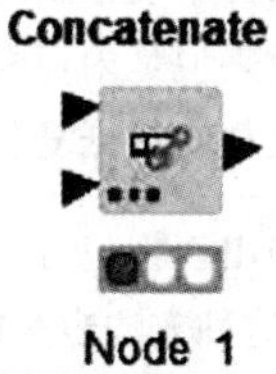 Concatenate Node 1	(24)

续表 8-16

节点概述

　　该节点连接两个表。输入端口 0 处的表作为第一个输入表(左侧顶部输入端口)给出,输入端口 1 处的表是第二个表(左侧底部输入端口)。名称相同的列被连接在一起(如果列类型不同,则列类型是两种输入列类型的公共基类型)。如果一个输入表包含另一个表不包含的列名,则这些列可以用缺失值填充,也可以被过滤掉,即它们不会出现在输出表中。

　　注:

　　在节点上右键,通过"Add input port"选项可以添加表格输入端口,通过"Remove input port"选项可以删除最后一个表格输入端口;

　　允许添加多个输入表格,完成多个表格在行方向上的合并(列名自动匹配,并可设置取列名的交集还是并集),这是非常实用的数据整理功能

　　"设置"选项卡

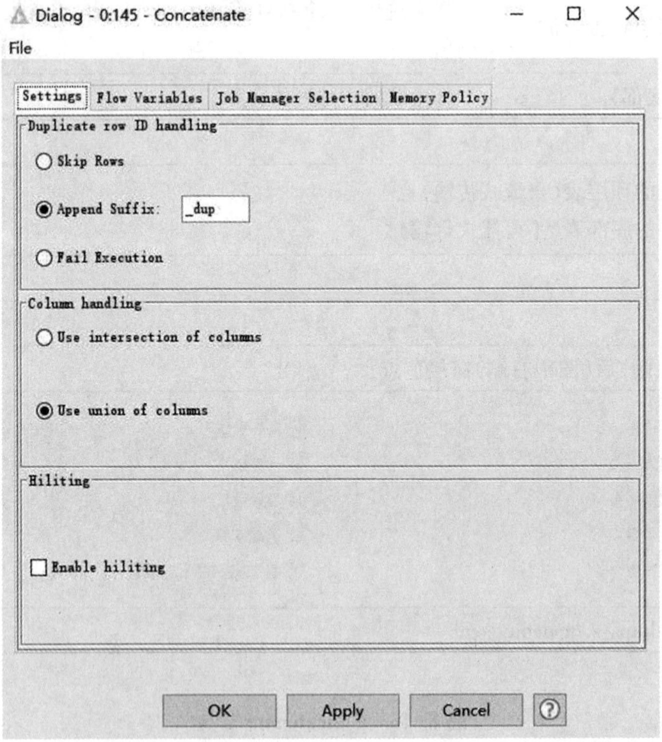

跳过行	第二个表中出现的重复行标识符(RowID)不会追加到输出表中。这个选项相对来说是内存密集型的,因为它需要缓存行索引来查找重复项。此外,需要完整的数据复制
追加后缀	输出表将包含所有行,但重复的行标识符标有后缀。类似于"跳过行"选项,这种方法也是内存密集型的
失败	如果遇到重复的行索引,节点将在执行过程中失败。该选项在检查唯一性时很有效

续表 8-16

使用列的交集	仅使用同时出现在两个输入表中的列。任何其他列都会被忽略,不会出现在输出表中
使用列的联合	使用输入表中所有可用的列。如果缺少某些列的单元格,则用缺失值填充行
启用高亮凸显	启用两个输入和串联输出表之间的高亮凸显

输入端口

端口一:构成输出表第一部分的行的表。
端口二:构成输出表第二部分的行的表。
端口 N:构成后续行的表(右键添加任意数量的输入表)

输出端口

包含两个表中的行的表

常用前(图中左侧)后(图中右侧)链接节点

资料参考网站:https://nodepit.com/

表 8-17　Column Aggregator 节点

节点编号	节点名称	图标	案例编号
C014	Column Aggregator	**Column Aggregator** ▶ ⧍ ◀ ⬛◻◻ Node 1	(28)

节点概述

对每行的选定列进行分组,并使用选定的聚合方法聚合它们的单元格。

注:

(1)按数据"类型"筛选在某些情况下非常方便;

(2)如果列名有一定的规律性,可以使用正则表达式筛选。

要更改新创建的聚合列的名称,请双击名称列。

可用聚合方法的详细说明可在节点对话框的"说明"选项卡中找到

"列"选项卡

列	选择一个或多个要聚合列
强制排除	选择此选项可强制当前排除列表保持不变,即使输入表规格发生变化。如果某些被排除的列不再可用,则会显示一条警告(新列将自动添加到包含列表中)
强制包含	选择此选项可强制当前包含列表保持不变,即使输入表规格发生变化。如果某些包含的列不再可用,将显示一条警告(新列将自动添加到排除列表中)

续表 8-17

"选择"选项卡

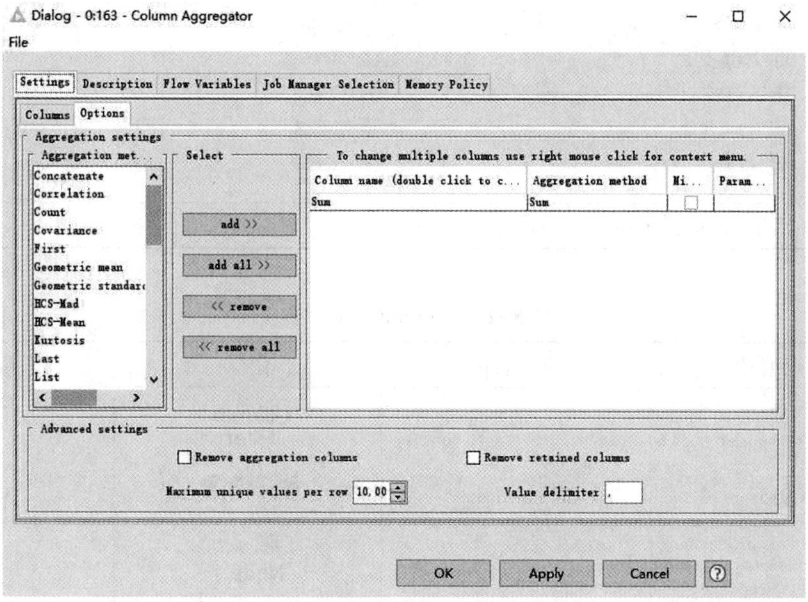

聚合设置	从可用方法列表中选择一种或多种聚合方法。仅显示与所选聚合列兼容的方法。通过双击名称单元格来更改聚合列的名称。您可以多次添加相同的方法。但是,您必须更改结果列的名称。勾选缺失框以包括缺失值,如果聚合方法不支持缺失值,则可能会禁用此选项。"参数"列显示了一个"编辑"按钮,用于所有需要附加信息的聚合操作符。点击"编辑"按钮打开参数对话框,允许更改操作符特定的设置
删除聚合列	选择此选项可从结果表中删除选定的聚合列
移除保留的列	选择此选项可从结果表中删除保留的列
每行的最大唯一值	定义每行唯一值的最大数量,以避免内存过载问题。在计算过程中,将跳过所有具有更多唯一值的行,在相应的行中设置缺失值,并显示警告
值分隔符	聚合方法(如串联合并)使用的值分隔符
还原选定的名称	该选项在上下文菜单中可用,并将所选方法的结果列的名称恢复为默认名称
缺失值	如果为列聚合表中的相应行勾选了"缺失值"选项,则在聚合过程中会考虑缺失值。一些汇总方法不支持选择"缺失值"选项,如平均值

输入端口

要聚合的输入表

输出端口

每行有聚合列的结果表

续表 8-17

常用前(图中左侧)后(图中右侧)链接节点

列过滤器	5 %	列过滤器	6 %
列聚合器	5 %	列重命名	5 %
分组依据	5 %	分组依据	5 %
柱式吸收器	4 %	列聚合器	5 %
绕轴旋转	4 %	行过滤器	4 %

资料参考网站:https://nodepit.com/

表 8-18   Column Filter 节点

节点编号	节点名称	图标	案例编号
C015	Column Filter	**Column Filter** ►↓↓↓► Node 1	(30)

节点概述

该节点允许从输入表中筛选出列,而只将剩余的列传递给输出表。在该对话框中,可以在"包含"和"排除"列表之间移动列。

注:

(1)按数据"类型"筛选在某些情况下非常方便;

(2)如果列名有一定的规律性,可以使用正则表达式筛选

"列过滤"选项卡

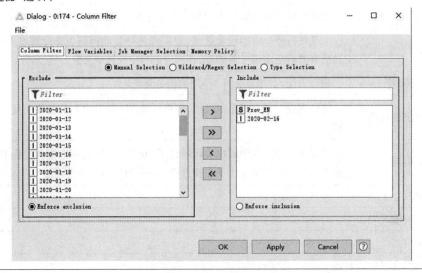

续表 8-18

手动选择	
包括	该列表包含输入表中要包含在输出表中的那些列的名称
排除	该列表包含输入表中要从输出表中排除的那些列的名称
过滤器	使用这些字段之一来筛选特定列名或名称子字符串的包含或排除列表
按钮	使用这些按钮在包括和排除列表之间移动列。单箭头按钮将移动所有选定的列。双箭头按钮将移动所有列(考虑过滤)
强制包含	选择此选项可强制当前包含列表保持不变,即使输入表规格发生变化。如果某些包含的列不再可用,将显示一条警告(新列将自动添加到排除列表中)
强制排除	选择此选项可强制当前排除列表保持不变,即使输入表规格发生变化。如果某些被排除的列不再可用,则会显示一条警告。(新列将自动添加到包含列表中)

通配符/正则表达式选择	
启用高亮凸显	键入与要移入包含或排除列表的列相匹配的搜索模式。可以指定使用哪个列表。您可以使用通配符"?"匹配任何字符," * "匹配任何字符或使用正则表达式。您可以指定您的模式是否应该区分大小写

类型选择

选择要包含的列类型。当前不存在的列类型以斜体显示

输入端口

要从其中排除列的表

输出端口

不包括选定列的表

常用前(图中左侧)后(图中右侧)链接节点

资料参考网站:https://nodepit.com/

表 8-19　Color Manager 节点

节点编号	节点名称	图标	案例编号
C016	Color Manager	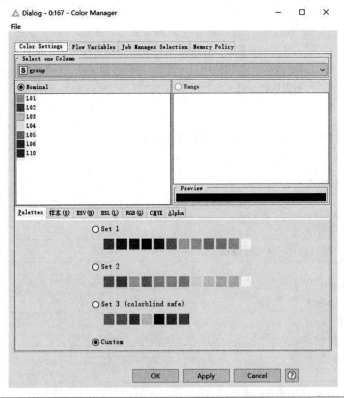	（30）

节点概述

可以为标称列（必须有可用的值）或数字列（有上限和下限）分配颜色。如果这些界限不可用，则"?"作为最小值和最大值提供。然后在执行过程中计算这些值。如果选择了列属性，可以使用颜色选择器更改颜色。提供了多种配色方案，也接受自定义配色。

对于分类属性，可以使用配色加以区分，在数据后处理可视化图形绘制当中经常使用

"颜色设置"选项卡

列	选择其可能值或范围应用于颜色选择的列
标称	根据选定列的可能属性值分配颜色。颜色可以按值单独设置（"自定义"）或通过预定义的调色板（设置1-3）。后者还会将颜色应用于执行时出现的新值（与导致节点失败的"自定义"调色板相反）。如果数据中的不同值比调色板中定义的多，颜色将被重新使用

续表 8-19

范围	基于数值属性分配颜色渐变。如果范围已知,最小值和最大值将显示在列表中,否则显示"?"。 颜色由属性值在数值范围内的位置决定,相应的颜色设置取值为渐变颜色中的相同位置
阿尔法	在 0~255 范围内调整颜色的 alpha 分量。请注意,如果执行的操作不是硬件加速的,alpha 合成的代价会很高

输入端口

应用颜色的表格

输出端口

端口一:颜色信息附加到一个属性的相同表格。
端口二:应用于输入表的颜色设置

常用前(图中左侧)后(图中右侧)链接节点

资料参考网站:https://nodepit.com/

表 8-20　Column Appender 节点

节点编号	节点名称	图标	案例编号
C017	Column Appender	Column Appender Node 1	(33)

节点概述

列追加器接受两个或更多的表,并通过根据输入端口处表的顺序追加它们的列来快速组合它们。它只是将第二个输入表中的列追加到第一个输入表中,如果添加了额外的(动态)端口,则对任何后续的表执行相同的操作。该节点执行简单直接的加入操作,但是如果满足某些前提条件,可以更快。有关更多详细信息,请阅读下面对"相同的行键和表长度"选项的描述。如有疑问,使用连接器。

如果输入表共享一些列名,底部表中不符合要求的列名将被附加"(#1)""(#2)",依此类推

续表 8-20

"选择"选项卡

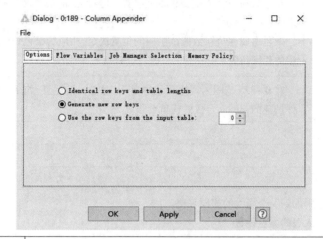

相同的行键和表长度	如果两个输入表中的行关键字完全匹配(即行关键字名称、顺序和编号必须匹配),则可以选中此选项,以便在消耗较少内存的情况下加快执行速度。如果行键(名称、顺序、编号)不完全匹配,节点执行将会失败。 　　如果这个选项未选中结果表是新创建的。可能会导致更长的处理时间。但是,在这种情况下,输入表中的行数可能会有所不同,并且会相应地添加缺失值。行关键字要么是新生成的,要么是从某个输入表中获取的(参见下面的选项)
生成新的行键	行键是新生成的。如果其中一个输入表比另一个长,则会相应地插入缺失值
使用其中一个输入表中的行键	使用具有所选索引的表的行键。行数较少的表将相应地用缺失值填充。并且具有更多行数的表将被截断

输入端口

端口一:如果选中"相同的行键和表长度"选项:一个有 n 行的排序表,另有一张没有限制的表格。
端口二:如果选中"相同的行键和表长度"选项:另一个有 n 行的排序表,另有一张没有限制的表格
端口 N:构成后续列的表。

输出端口

包含所有输入表中的列的表(表 0,表 1,表...)

常用前(图中左侧)后(图中右侧)链接节点

资料参考网站:https://nodepit.com/

表 8-21 Date&Time to String 节点

节点编号	节点名称	图标	案例编号
D001	Date&Time to String	Date&Time to String Node 1	(4)(20)

节点概述

使用用户提供的自定义模式将日期和时间列中的时间值转换为字符串日期时间格式。

有多种日期字符串格式可供选择(参见后面的详细介绍,熟练使用可以高效完成特定任务,比如在"Date format"里直接键盘输入日期字符串格式"W",可以直接获得日期所在月当中的周数情况(以周日开始),十分便捷

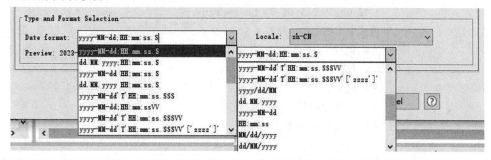

"选择"选项卡

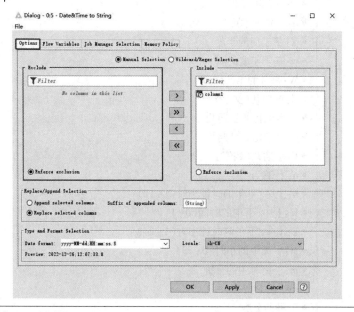

"选择"选项卡→"列选择"

列选择器	只有包含的列才会被格式化

续表 8-21

"选择"选项卡→"替换/追加选择"	
追加选定的列	所选列将被追加到输入表中,可以在右侧的文本字段中提供附加列的后缀
替换选定的列	所选列将被转换后的列替换

"选择"选项卡→"格式选择"	
日期格式	格式字符串。 示例: • "yyyy. MM. dd HH:mm:ss. SSS"生成诸如"2001.07.04 12:08:56.000"之类的日期; • "yyyy-MM-dd'T'HH:mm:ss. SSSZ"生成诸如"2001-07-04T12:08:56.235-0700"之类的日期; • "yyyy-MM-dd'T'HH:mm:ss. SSSXXX'['VV']'"生成日期,如"2001-07-04t 12:08:56.235+02:00[Europe/Berlin]"。 模式中支持的占位符有: • G:时代 • u:年份 • y:纪元年 • D:一年中的某一天 • M:一年中的月份(区分上下文) • L:一年中的月份(独立形式) • d:一个月中的某一天 • Q:一年的季度 • q:一年的季度 • Y:基于周的年度 • w:基于年度的周 • W:每月的第几周 • E:星期几(文字) • e:本地化的星期几 • c:本地化的星期几 • F:星期几(数字) • a:上午/下午 • h:上午/下午的时钟小时(1~12) • K:上午/下午的时间(0~11) • k:上午/下午的时钟小时(1~24) • H:一天中的小时(0~23) • m:一小时中的分钟 • s:一分钟的秒 • S:秒的分数 • A:百万分之一天 • n:毫微秒

续表 8-21

日期格式	• N:毫微秒 • V:时区 ID • z:时区名称 • O:局部时区偏移 • X:时区偏移("Z"代表零) • x:时区偏移 • Z:时区偏移 • p:下一个填充 • ':文本转义 • '':单引号 • [:可选部分开始 •]:可选部分结束
预览	显示应用于当前日期和时间的当前设置的预览

输入端口

输入表

输出端口

包含已解析列的输出表

常用前(图中左侧)后(图中右侧)链接节点

资料参考网站:https://nodepit.com/

表 8-22　Duplicate Row Filter 节点

节点编号	节点名称	图标	案例编号
D002	Duplicate Row Filter	**Duplicate Row Filter** ▶ 🔳 ▶ 🔲⬜ Node 1	(16)

节点概述

　　此节点标识重复的行。重复的行在某些列中具有相同的值。节点为每组副本选择一行("选择")。您可以从输入表中移除所有重复的行,仅保留唯一的和选定的行,或者使用有关重复状态的附加信息来标记这些行

续表 8-22

"选择"选项卡

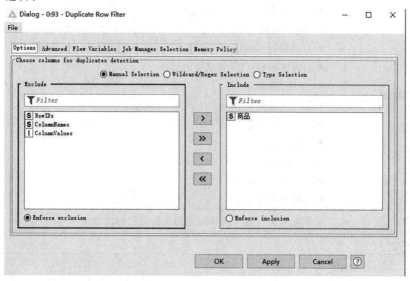

选择用于重复检测的列	允许选择标识重复项的列。未选择的列在"高级"选项卡中的"行选择"下处理

"高级"选项卡

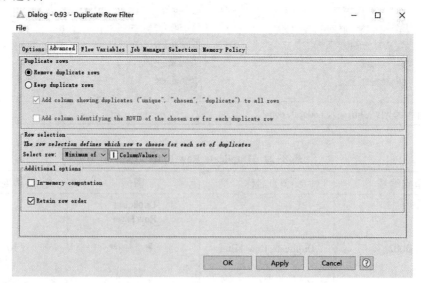

"高级"选项卡→重复行

删除重复项	删除重复的行,只保留唯一的和选定的行

续表 8-22

保留重复行	将包含附加信息的列追加到输入表中： ● 添加分类列：追加描述行类型的列； 　独一无二的：所选列中没有其他具有相同值的行； 　挑选出来的：此行是从一组重复行中选择的； 　复制：此行是重复的，由另一行表示。 ● 添加行索引列：为重复行追加具有所选行的行索引的列。唯一行和选 　定行不会被分配行索引

"高级"选项卡→行选择

选择行	定义为每组重复项选择哪一行： ● 第一：选择序列中的第一行； ● 最后的：选择序列中的最后一行； ● 最少的：第一选择所选列中具有最小值的行。在字符串的情况下，将按 　照字典顺序选择行，缺失值按最大值排序； ● 最大的：第一选择所选列中具有最大值的行。在字符串的情况下，将按 　照字典顺序选择行，缺失值在最小值之前排序

"高级"选项卡→附加选项

内存计算	如果选中，将通过利用工作内存（RAM）来加快计算速度。所需的内存量高于常规计算，并且还取决于输入数据量
保留行顺序	如果选中，输出表中的行将按照与输入表中相同的顺序进行排序

输入端口

包含潜在重复项的数据表

输出端口

没有重复的输入数据或者具有标识重复的附加列的输入数据

常用前（图中左侧）后（图中右侧）链接节点

列过滤器	12%	行过滤器	9%
连锁的	9%	分组依据	7%
行过滤器	8%	列过滤器	6%
分类机	4%	Excel Writer	5%
Excel阅读器	4%	连锁的	4%

资料参考网站：https://nodepit.com/

表 8-23　Excel Reader 节点

节点编号	节点名称	图标	案例编号
E001	Excel Reader	 **Excel Reader** Node 1	(1)~(14)，(16)(18)~(34)

节点概述

此节点读取 Excel 文件(xlsx、xlsm、xlsb 和 xls 格式)。它可以同时读取一个或多个文件,但是每个文件只能读取一页。可以读入的支持的 Excel 类型有字符串、数字、布尔、日期和时间,但不能读入图片、图表等。如果需要,也可以读入公式并重新计算。

数据被读入并转换为 KNIME 类型字符串、整数、长整型、双精度、布尔型、本地日期、本地时间和本地日期和时间。执行时,节点将扫描输入文件以确定列的数量和类型,并输出一个带有自动猜测的结构和 KNIME 类型的表。

这个节点的性能是有限的(由于 Apache POI 项目的底层库)。读取大文件需要很长时间并使用大量内存(尤其是启用公式重新计算时 xlsx 格式的文件)。

该节点的对话框显示了文件内容的预览。预览显示的是将在应用设置时读取并在设置更改后更新的表格,而文件内容显示的是在 Excel 中显示的文件内容。这使得通过行号和列名指定 Excel 不同位置更加容易

"设置"选项卡

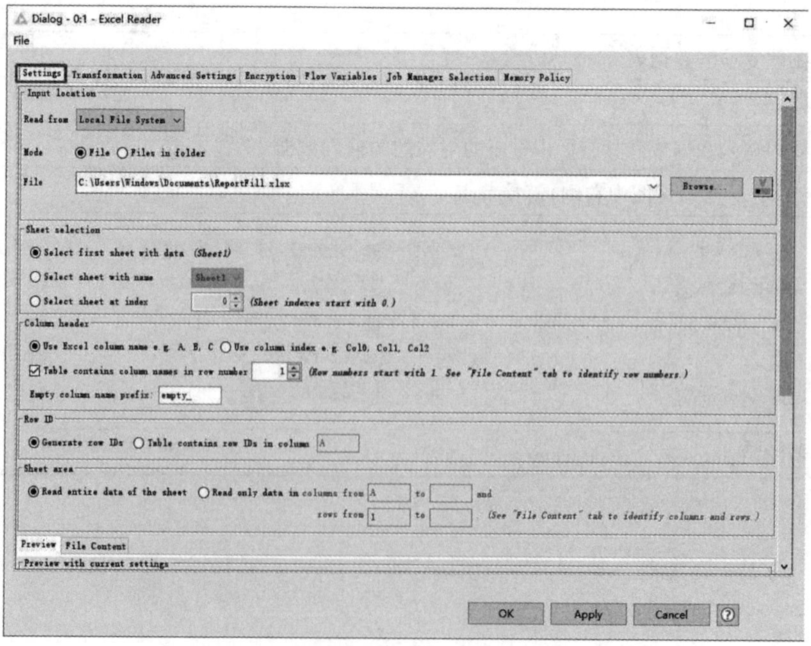

续表 8-23

从 ... 读取

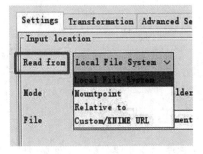

选择存储要读取的数据的文件系统。有四个默认文件系统选项可供选择：

• 本地文件系统：允许从本地系统中选择文件/文件夹。

• 装载点：允许从装载点读取。选中后，会出现一个新的下拉菜单来选择挂载点。未连接的挂载点是灰色的，但是仍然可以被选择（注意，在这种情况下浏览是禁用的）。转到 KNIME Explorer 并连接到挂载点以启用浏览。如果以前选择了某个装载点，但它不再可用，则该装载点显示为红色。只要没有选择有效的（即已知的）挂载点，就无法保存该对话框。

• 相对于：允许选择是否解析相对于当前装载点、当前工作流或当前工作流数据区的路径。选中后，会出现一个新的下拉菜单，选择使用三个选项中的哪一个。

• 自定义/KNIME URL：允许指定 URL（例如 file://、http:// 或 knime:// protocol）。选中时，会出现一个微调器，允许指定所需的连接和读取超时（以毫秒为单位）。如果连接到主机/读取文件需要更长时间，节点将无法执行。此选项禁止浏览。

要从其他文件系统中读取，请单击 ... 在节点图标的左下角跟着添加文件系统连接端口。然后，将所需的文件系统连接器节点连接到新添加的输入端口。文件系统连接将显示在下拉菜单中。如果文件系统未连接，它将呈灰色显示，在这种情况下，必须首先（重新）执行连接器节点。注意：如果文件系统是通过输入端口提供的，则不能选择上面列出的默认文件系统

方式

选择要读取文件夹中的单个文件还是多个文件。读取文件夹中的文件时，您可以设置过滤器来指定要包括哪些文件和子文件夹（见下文）

续表 8-23

过滤器选项 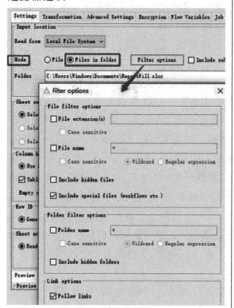	仅当模式文件夹中的文件被选中。允许根据文件扩展名和/或名称指定应该包括哪些文件。还可能包含隐藏文件。文件夹过滤器选项能够根据文件夹的名称和隐藏状态来指定应该包括哪些文件夹。请注意,不会包括文件夹本身,只包括它们包含的文件
包括子文件夹 	如果选中该选项,该节点将包括子文件夹中满足指定筛选选项的所有文件。如果未选中,将只包括选定文件夹中的文件,而忽略子文件夹中的所有文件
文件、文件夹或 URL 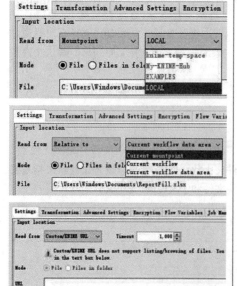	读取时输入 URL 自定义/KNIME URL,否则输入文件或文件夹的路径。所需的路径语法取决于所选的文件系统,例如"C:\ path \ to \ File"(Windows 上的本地文件系统)或"/path/to/File"(Linux/MAC OS 和 Mountpoint 上的本地文件系统)。对于通过输入端口连接的文件系统,各个连接器节点的节点描述描述了所需的路径格式。也可以从下拉列表中选择以前选择的文件/文件夹,或从"浏览 … "中选择一个位置对话。请注意,浏览在某些情况下是禁用的: 　　●自定义/KNIME URL:浏览总是被禁用; 　　●装载点:如果选定的装载点未连接,浏览将被禁用,转到 KNIME Explorer 并连接到挂载点以启用浏览; 　　●通过输入端口提供的文件系统:如果自工作流打开后尚未执行连接器节点,则浏览被禁用。(重新)执行连接器节点以启用浏览。 　　该位置可以公开指定,也可以通过路径流变量来设定

续表 8-23

工作表选择	● 选择包含数据的第一页:将读入包含数据的所选文件的第一页。包含数据意味着不为空。如果文件的所有工作表都是空的,则读入一个空表。

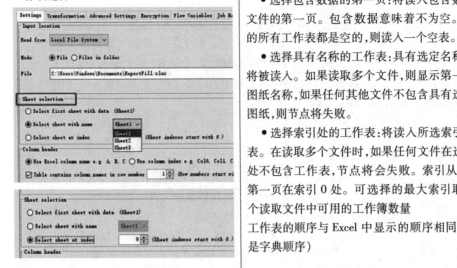

● 选择具有名称的工作表:具有选定名称的工作表将被读入。如果读取多个文件,则显示第一个文件的图纸名称,如果任何其他文件不包含具有选定名称的图纸,则节点将失败。

● 选择索引处的工作表:将读入所选索引处的工作表。在读取多个文件时,如果任何文件在选定的索引处不包含工作表,节点将会失败。索引从 0 开始,即第一页在索引 0 处。可选择的最大索引取决于第一个读取文件中可用的工作簿数量

工作表的顺序与 Excel 中显示的顺序相同(即不一定是字典顺序)

列标题	● Excel 列名,如 A、B、C:根据 Excel 中的列名生成列名。

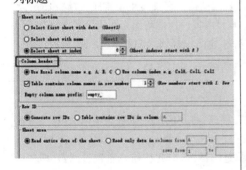

● 使用列索引,例如 Col0、Col1、Col2:列名由带有"Col"前缀的列的索引生成。

● 表格在行号中包含列名:如果选中,可以选择包含列名的行。第一行的数字是 1。在筛选空行或隐藏行或限制应该读取的区域时,文件内容视图有助于找到正确的行号。

如果读取多个文件,将只使用第一个文件的列名。所有其他文件中具有指定数量的行将不会被读取,并将被忽略。

如果未选中此选项,或者所选行包含缺失值,将根据前面提到的选项生成列名。对于后者,可以使用下面的选项添加自定义前缀。

● 空列名前缀:设置列标题前缀,在上述选项中的选定行包含缺失值时使用。基于对 Excel 列名或列索引选项的选择,它创建一个带有此前缀的列名

续表 8-23

行索引	
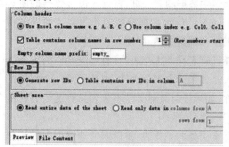	• 生成行索引:行索引从 Row0 开始, Row1、Row2 等; • 表的列中包含行索引:可以选择包含行索引的列。输入标签("A""B"等)或列的编号(从 1 开始)。工作表中的所有行索引必须是唯一的,否则执行会失败
工作表区域 	• 读取工作表的全部数据:读入工作表中包含的所有数据。这包括图表、边框、颜色等区域。并可能创建空行或空列。 • 只读数据在...:仅读入指定区域的数据。开始和结束列/行都包含在内。对于列,输入它们的标签("A""B"等))或数字(从 1 开始)。对于行,输入它们的编号(从 1 开始)。通过将字段留空,区域的开始或结束不受限制

"转换"选项卡

该选项卡将表中的每一列显示为一行,允许修改输出表的结构。它支持重新排序、过滤和重命名列,也可以改变列的类型。重新排序是通过拖放完成的。只需将一列拖动到它在输出表中应有的位置。在执行过程中是否以及在哪里添加未知列是通过特殊的行"<任何未知的新列>"指定的。请注意,如果选择了新的文件或文件夹,对话框中的列位置会重置

重置	
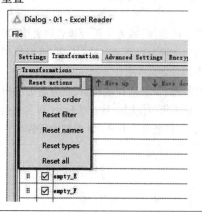	• 重置顺序:将列的顺序重置为输入文件/文件夹中的顺序; • 重置过滤器:点击此按钮将重置过滤器,即包括所有列; • 重置名称:如果文件/文件夹不包含列名,则将名称重置为从文件中读取的名称或创建的名称; • 重置类型:将输出类型重置为从输入文件/文件夹推测的默认类型; • 全部重置:重置所有转换

续表 8-23

重新命名与强制类型	
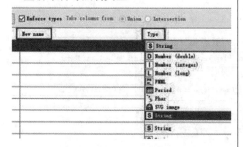	可以为各列赋予新的列名,可以控制如何处理类型变化。如果选中,我们将尝试映射到配置的 KNIME 类型,如果不可能,会显示失败。如果未选中,将使用与新类型相对应的 KNIME 类型
从以下位置获取列 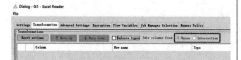	仅在"文件夹中的文件"模式下启用。指定输出表考虑哪组列。 ●并集:考虑作为任何输入文件一部分的任何列。如果文件缺少一列,它会用缺失值来填充。 ●交集:输出表只考虑出现在所有文件中的列。 注意:如果使用流变量控制输入位置,此设置具有特殊含义。如果选择了交叉点,则在执行过程中移动到交叉点的任何列都将被视为新列,即使它以前是列的联合一部分。还需要注意的是,执行过程中的转换匹配是基于名称的。这意味着如果在对话框中配置时有一个列[A,Integer],而在执行时这个列变成了[A,String],那么存储时转换将会被应用。对于过滤、排序和重命名,这是非常简单的。对于类型映射,需要做以下工作:如果指定的 KNIME 类型有一个可选的转换器,那么使用这个转换器,否则我们默认为新类型的默认 KNIME 类型。在我们的例子中,可能已经指定[A,Integer]应该映射到 Long。对于已更改的列[A,String],没有到 Long 的转换器,因此默认返回到 String,A 在输出表中成为 String 列

"高级设置"选项卡

跳过空列	如果选中,工作表的空列将被跳过,不会显示在输出中。列是否被认为是空的取决于表格规格设置。这意味着,如果一列中所有扫描行的单元格都为空,则该列被视为空,即使工作表在扫描行后包含非空单元格。取消扫描行数的限制可确保正确检测空列和非空列,但也会增加扫描所需的时间
跳过隐藏列	如果选中,工作表的隐藏列将被跳过,不会显示在输出中
跳过空行	如果选中,工作表的空行将被跳过,不会显示在输出中
跳过隐藏行	如果选中,工作表的隐藏行将被跳过,不会显示在输出中
使用 Excel 15 位数精度	如果选中,数字将以 15 位精度读入,这与 Excel 显示数字的精度相同。这将防止潜在的浮点问题。对于大多数数字,如果未选中该选项,则不会观察到任何差异
用缺失值替换空字符串	如果选中,空字符串(即只有空格的字符串)将被替换为缺失值。此选项也适用于计算结果为字符串的公式

续表 8-23

重新评估公式	如果选中,公式将被重新计算并放入创建的表中,而不是使用缓存的值。当存在底层 Apache POI 库没有实现的函数时,这可能会导致错误。 注意:xlsb 格式的文件不支持此选项。对于 xlsx 和 xlsm 文件,重新计算需要明显更多的内存,因为整个文件需要保存在内存中(xls 文件无论如何都会完全加载到内存中)
公式错误处理	指定对工作表中包含的公式错误单元格或公式重新计算过程中出现的错误的处理。 • 插入错误模式:插入已定义的模式来代替错误单元。这将导致整个列变成字符串列,以防出现错误。 • 插入缺失值单元格:插入缺失值单元格来代替错误的单元格。缺失值将被替换,需要确保不会引起显著影响。
表格规格	如果启用,只有指定数量的输入行用于分析文件(即确定列类型)。对于长文件,建议使用此选项,其中第一个 n 行代表整个文件
支持更改文件模式	如果选中,读取器将在执行时计算表规格。如果配置的文件/文件夹的内容在两次执行之间发生变化,即在文件中添加/删除列或其类型发生变化,则需要此行为。注意:选中时,节点在配置期间不会输出表规范,也不会应用转换(因此转换选项卡被禁用)
因规格不同而失败	如果选中,通过文件夹中的文件选项读取多个文件,并且并非所有文件都具有相同的表结构,即相同的列,则该节点将失败
路径列	如果选中,节点会将具有所提供名称的路径列追加到输出表中。该列包含每一行从哪个文件中读取。如果使用提供的名称添加列导致与读取的表中的任何列发生名称冲突,则节点将失败

"加密"选项卡

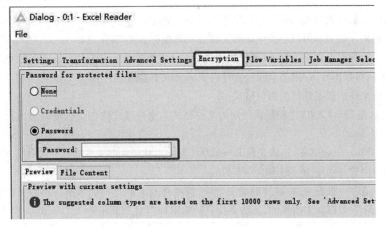

续表 8-23

保护文件的密码	允许通过 Excel 指定密码来解密受密码保护的文件。 • 无:只能读取没有密码保护的文件。 • 凭据:使用通过工作流凭据设置的密码。没有密码保护的文件也可以读取。 • 密码:指定密码。没有密码保护的文件也可以读取

输入端口

文件系统连接

输出端口

从读取的文件自动猜测列的数量和类型,输出数据表格

常用前(图中左侧)后(图中右侧)链接节点

表格行到变量循环开始	24%	列过滤器	8%
表格行到变量	11%	行过滤器	7%
Excel Writer	11%	连锁的	6%
路径字符串(变量)	9%	分组依据	4%
等待...	2%	分割	2%

资料参考网站:https://nodepit.com/

表 8-24　Excel Writer 节点

节点编号	节点名称	图标	案例编号
E002	Excel Writer	**Excel Writer** Node 1	(1)

节点概述

此节点将输入数据表写入 Excel 文件的电子表格中,然后可以用其他应用程序(如 Microsoft Excel)读取该电子表格。该节点可以创建全新的文件或将数据追加到现有的 Excel 文件中。追加时,输入数据可以作为新的电子表格追加,或者追加到现有电子表格的最后一行之后。通过添加多个数据表输入端口,可以将数据写入/附加到同一文件内的多个电子表格中。

该节点支持文件扩展名选择的两种格式:

. xls 格式:这是 Excel 2003 之前默认使用的文件格式。这种格式的电子表格的最大行数和列数分别是 256 和 65 536。

. xlsx 格式:Office Open XML 格式是从 Excel 2007 开始默认使用的文件格式。这种格式的电子表格的最大行数和列数分别是 16 384 和 1 048 576。

如果数据不适合一张表,它将被分割成多个块,按顺序写入新选择的表名。新的工作表名称是从最初选择的工作表名称派生出来的,方法是在它后面附加"(i)",其中 i=1,…,n

追加到文件时,可能已经存在一个工作表。在这种情况下,节点将(根据其设置)替换工作表,失败或在该工作表的最后一行后追加行。这可用于将数据追加到 Excel 文件中,而无须在原始工作表已满时创建新的工作表名称,只需选择原始工作表名称即可。数据将被追加到名称序列中的最后一个工作表,不需要更改原始的工作表名称。

此节点不支持将文件写入 xlsm 格式,但支持追加

"设置"选项卡

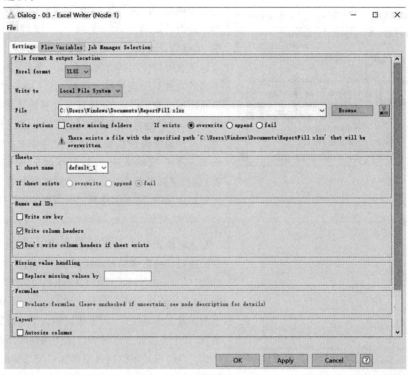

写至	选择要存储文件的文件系统。有四个默认文件系统选项可供选择:

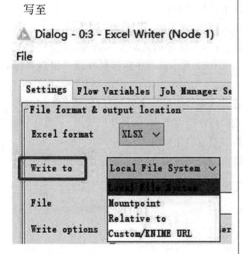

选择要存储文件的文件系统。有四个默认文件系统选项可供选择:

● 本地文件系统:允许在本地系统上选择一个位置。

● 装载点:允许写入装载点。选中后,会出现一个新的下拉菜单来选择挂载点。未连接的挂载点是灰色的,但是仍然可以被选择(注意,在这种情况下浏览是禁用的)。转到 KNIME Explorer 并连接到挂载点以启用浏览。如果以前选择了某个装载点,但它不再可用,则该装载点显示为红色。只要没有选择有效的(即已知的)挂载点,就无法保存该对话框

写至 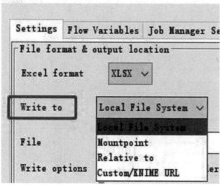	• 相对于:允许选择是否解析相对于当前装载点、当前工作流或当前工作流数据区的路径。选中后,会出现一个新的下拉菜单,选择使用三个选项中的哪一个。 • 自定义/KNIME URL:允许指定 URL(例如 file://、http://或 knime:// protocol)。选中时,会出现一个微调器,允许指定所需的连接和以毫秒为单位的写入超时。如果连接到主机/写入文件需要更长时间,节点将无法执行。此选项禁止浏览。 该节点可以使用其他文件系统。为此,必须启用此节点的文件系统连接输入端口,方法是单击"…"在节点图标的左下角,选择添加文件系统连接端口。然后,可以简单地将所需的连接器节点连接到这个节点。文件系统连接将显示在下拉菜单中。如果文件系统未连接,它将变灰,在这种情况下,必须首先(重新)执行连接器节点。注意:如果文件系统是通过输入端口提供的,则不能选择上面列出的默认文件系统
文件/URL 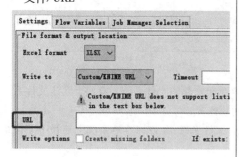	写入时输入 URL 自定义/KNIME URL,否则输入文件的路径。所需的路径语法取决于所选的文件系统,例如"C:\ path \ to \ File"(Windows 上的本地文件系统)或"/path/to/File"(Linux/MAC OS 和 Mountpoint 上的本地文件系统)。对于通过输入端口连接的文件系统,各个连接器节点的节点描述描述了所需的路径格式。也可以从下拉列表中选择以前选择的文件,或从"浏览…"中选择一个位置对话。请注意,浏览在某些情况下是禁用的: • 自定义/KNIME URL:浏览总是被禁用。 • 装载点:如果选定的装载点未连接,浏览将被禁用。转到 KNIME Explorer 并连接到挂载点以启用浏览。 • 通过输入端口提供的文件系统:如果自工作流打开后尚未执行连接器节点,则浏览被禁用。(重新)执行连接器节点以启用浏览。 该位置可以公开指定,也可以通过路径流变量设定

续表 8-24

创建丢失的文件夹 	如果所选输出位置的文件夹尚不存在,则选择是否应创建这些文件夹。如果未选中此选项,如果文件夹不存在,节点将失败
如果存在	指定输出文件已经存在时节点的行为。 　●覆盖:将替换任何现有文件。 　●追加:将通过创建新表或追加到现有表中,将输入表追加到现有 Excel 文件中。 　●失败:将在节点执行期间发出一个错误(以防止意外覆盖)
工作表名称	将创建电子表格的名称。下拉菜单可用于选择 Excel 文件中已经存在的工作表名称,也可输入自定义名称。如果"如果工作表存在"未设置为追加,每个工作表名称必须是唯一的。该节点按照连接的顺序附加表
如果工作表存在	如果具有输入名称的工作表已经存在,请指定节点的行为(仅当选择了"文件附加"选项时,此选项才相关)。 　●覆盖:将替换任何现有的工作表。 　●追加:将在工作表的最后一行后追加输入表。 注意:根据工作表中已经存在的行选择最后一行。行可能显示为空,但仍然存在,因为它或它的一个单元格包含样式信息,或者在用户清除它后没有被 Excel 删除。 　●失败:将在节点执行期间发出一个错误(以防止意外覆盖)
写行键	如果选中,行索引将被添加到电子表格第一列的输出中

续表 8-24

写入列标题	如果选中,列名将写在电子表格的第一行
如果工作表存在,不要写列标题	如果工作表是新创建或替换的,只写列标题。如果以前已将相同规格的数据写入现有工作表,并希望向其追加新行,则此选项很方便
将缺失值替换为	如果选中,缺失值将被指定的值替换,否则将创建一个空白单元格
评估公式	如果选中,文件中的所有公式将在工作表写入后进行计算。如果文件中的其他工作表引用了刚刚写入的数据,并且它们的内容需要更新,这将非常有用。仅当选择了"附加"选项时,此选项才相关。当存在底层 Apache POI 库没有实现的函数时,可能会导致错误。注意:对于 xlsx 文件,评估需要明显更多的内存,因为整个文件需要保存在内存中(xls 文件无论如何都要完全加载到内存中)
自动调整列的大小	使每列的宽度适合其内容

续表 8-24

纵向/横向 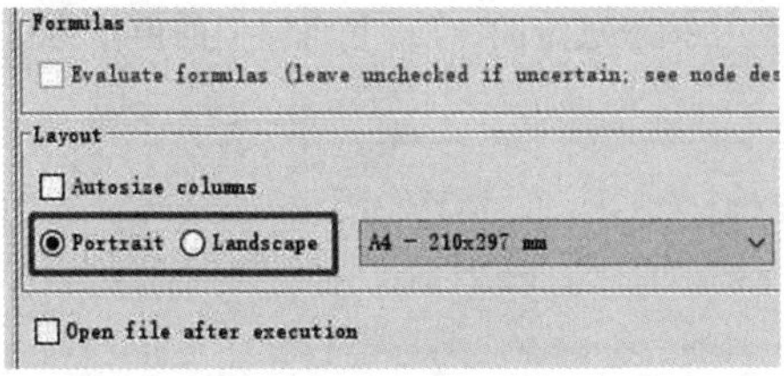	将打印格式设置为纵向或横向
纸张大小 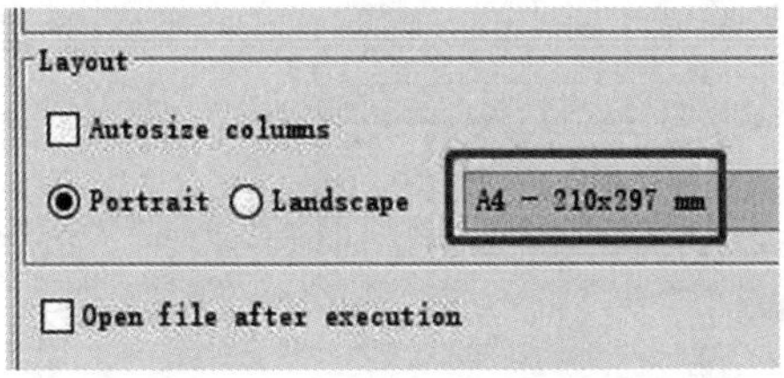	在打印设置中设置纸张尺寸

输入端口

要写入的数据表。
文件系统连接。
要写入的附加数据表

输出端口

无

常用前(图中左侧)后(图中右侧)链接节点

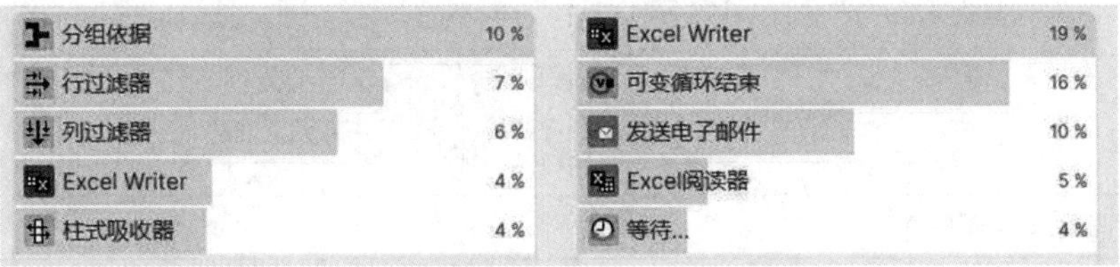

分组依据	10 %		Excel Writer	19 %
行过滤器	7 %		可变循环结束	16 %
列过滤器	6 %		发送电子邮件	10 %
Excel Writer	4 %		Excel阅读器	5 %
柱式吸收器	4 %		等待...	4 %

资料参考网站:https://nodepit.com/

表 8-25　Extract Date&Time Fields Column 节点

节点编号	节点名称	图标	案例编号
E003	Extract Date& Time Fields Column	 Extract Date& Time Fields Node 1	(3)

续表 8-25

节点概述
从本地日期、本地时间、本地日期时间或分区日期时间列中提取选定的字段,并将它们的值作为相应的整数或字符串列追加

设置界面

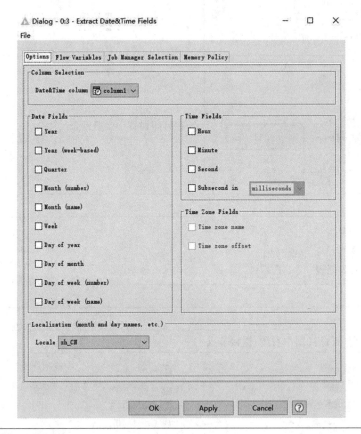

"选项"选项卡→列选择

日期和时间列	
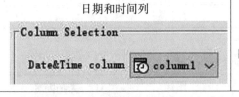	要提取其字段的本地日期、本地时间、本地日期时间或分区日期时间列

"选项"选项卡→日期字段

年	如果选中,年份将被提取并附加为整数列
年(基于周)	如果选中,基于周的年将被提取并附加为整数列。根据所选的语言环境,一年中的第 1 周可能已经开始于前一年,或者一年中的第 52 周可能持续到下一年(例如,2010 年 12 月 30 日属于 2011 年的第 1 周(语言环境 en-US)),因此提取的年(基于周)将是 2011 年,而提取年会是 2010 年)

续表 8-25

季度	如果选中,一年中的季度将被提取为范围[1-4]内的一个数字,并附加为一个整数列
月份(数字)	如果选中,一年中的月份将被提取为范围[1-12]内的数字,并附加为整数列
月份(名称)	如果选中,一年中的月份将被提取为本地化名称并附加为字符串列
周	如果选中,一年中的星期将被提取为范围[1-52]内的数字,并附加为整数列。根据所选的时区设置来处理年初的部分周
一年中的某一天	如果选中,一年中的某一天将被提取为范围[1-366]内的数字,并作为整数列追加
一月中的某一天	如果选中,一个月中的某一天将被提取为范围[1-31]内的一个数字,并附加为一个整数列
星期几(数字)	如果选中,星期几将被提取为范围[1-7]内的数字,并作为整数列追加。编号基于所选的时区设置
星期几(名称)	如果选中,星期几将被提取为本地化名称并附加为字符串列
"选项"选项卡→时间字段	
小时	如果选中,一天中的小时将被提取为范围[0-23]内的数字,并附加为整数列
分钟	如果选中,一小时中的分钟将被提取为范围[0-59]内的数字,并附加为整数列
秒	如果选中,分钟的秒将被提取为范围[0-59]内的数字,并附加为整数列
亚秒	如果选中,秒的分数将被提取为数字并附加为整数列。可以指定所需的时间单位。 • 毫秒:提取为毫秒,范围[0-999] • 微秒:提取为微秒,范围[0-999 999] • 纳秒:提取为纳秒,范围[0-999 999 999]
"选项"选项卡→时区字段	
时区名称	如果选中,唯一时区名称将被提取为非本地化名称并附加为字符串列
时区偏移	如果选中,时区偏移量将被提取为本地化的格式化数字,并作为字符串列追加
"选项"选项卡→本地化	
本地	控制输出字符串(月、星期几、时区偏移量)本地化的时区设置,并考虑本地日历特征(星期和星期几编号)
输入端口	
输入表	
输出端口	
包含提取的字段作为追加列的输出表	

续表 8-25

常用前(图中左侧)后(图中右侧)链接节点

日期和时间字符串	21 %	分组依据	16 %
行过滤器	5 %	行过滤器	6 %
列过滤器	5 %	工匠	5 %
创建日期和时间范围	5 %	数学公式	5 %
分组依据	4 %	规则引擎	5 %

资料参考网站:https://nodepit.com/

表 8-26　Extract Column Header 节点

节点编号	节点名称	图标	案例编号
E004	Extract Column Header	Extract Column Header ▶ ▶ Node 1	(33)

节点概述

用包含列名的单行或单列创建新表。该节点有两个输出端口:第一个端口包含列标题(所有列都是字符串类型),或者作为包含所有标题的单行,或者作为每个标题的一行。第二个输出端口包含输入数据,从而将列名更改为默认模式(假设设置了相应的选项)

"选择"选项卡

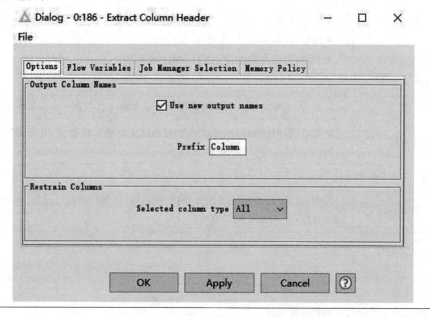

续表 8-26

使用新的列名	选择此项以用模式替换原始列名。该模式将在相应的文本字段中设置。如果未选中,将在输出表中使用原始列名(第二个输出将是对输入表的引用)
前缀	新列名的前缀
列名的输出格式	第一个输出端口可以选择单行(默认)或多行单列
选定的列类型	选择要处理的列类型,例如仅使用双重兼容的列

输入端口

初始输入数据

输出端口

端口一:包含原始列名的单行或单列表格。
端口二:具有原始或更改的列名的输入表

常用前(图中左侧)后(图中右侧)链接节点

列过滤器	11 %		移项	25 %
Excel阅读器	5 %		插入列标题	14 %
分组依据	4 %		连锁的	7 %
移项	4 %		表格行到变量	4 %
行过滤器	4 %		列过滤器	4 %

资料参考网站:https://nodepit.com/

表 8-27　GroupBy 节点

节点编号	节点名称	图标	案例编号
G001	GroupBy	**Extract Column Header** ▶■■■ ▶■■■ ▭▭▭ Node 1	(1)(3)(5)(6)(8)(13)(26)(30)(33)

节点概述

　　根据选定分组列中的唯一值对表中的行进行分组。为选定组列的每个唯一值集创建一行。其余的列根据指定的聚合设置进行聚合。对于所选组列的每个唯一值组合,输出表中都有一行。

　　要聚合的列可以通过直接选择列、基于搜索模式的名称或基于数据类型来定义。输入列按此顺序处理,并且只考虑一次,例如,直接添加到"手动聚合"选项卡上的列将被忽略,即使它们的名称与"基于模式的聚合"选项卡上的搜索模式匹配,或者它们的类型与"基于类型的聚合"选项卡上的定义类型匹配。这同样适用于基于搜索模式添加的列。即使它们符合"基于类型的聚合"选项卡中定义的标准,也会被忽略。

　　●"手动聚合"选项卡允许更改多个列的聚合方法。为此,选择要更改的列,用鼠标右键单击打开上下文菜单,并选择要使用的聚合方法

续表 8-27

• 在"基于模式的聚合"选项卡中,可以根据搜索模式将聚合方法分配给列。该模式可以是带通配符的字符串或正则表达式。名称与模式匹配但数据类型与所选聚合方法不兼容的列将被忽略。仅考虑未被选作组列或未被选作"手动聚合"选项卡上的聚合列的列。

• "基于类型的聚合"选项卡允许为特定数据类型的所有列选择聚合方法,例如计算所有十进制列(DoubleCell)的平均值。仅考虑其他选项卡(如"组""基于列"和"基于模式")未处理的列。可供选择的数据类型列表包含基本类型,如字符串、双精度等。以及当前输入表包含的所有数据类型

可用聚合方法的详细说明可在节点对话框的"说明"选项卡中找到

"组"选项卡

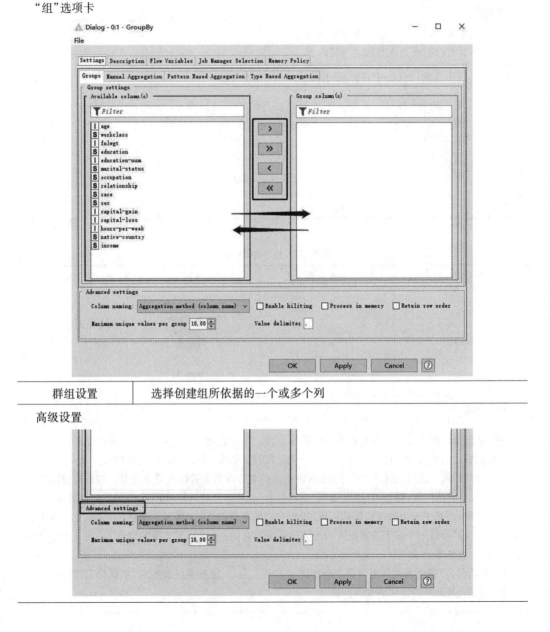

群组设置	选择创建组所依据的一个或多个列

高级设置

续表 8-27

每组的最大唯一值	定义每组唯一值的最大数量,以避免内存过载问题。在计算过程中,将跳过所有具有更多唯一值的组,在相应的列中设置缺失值,并显示警告。应避免使用连续数值量作为分组依据
列命名	生成的聚合列的名称取决于所选的命名方案。 • 保留原始名称:保留原始列名。请注意,使用此列命名选项时,所有聚合列只能使用一次,以防止列名重复。 注:这种方法比较常用,因为可以保持原有的列名不变。但是对同一列如果采用了多种聚合方法,就会出现列名重复的现象,需要使用下面两种命名方式。 • 聚合方法(列名):先使用聚合方法,并将列名附加在括号中,格式为"聚合方法+(列名)"。 • 列名(聚合方法):先使用列名,并将聚合方法附加在括号中,格式为"列名+(聚合方法)"。 如果未在聚合设置中勾选缺失值选项,则所有聚合方法都会附加一个"＊"号,以区分在聚合过程中考虑缺失值的列和不考虑缺失值的列,二者列名会有所差异
启用高亮	如果启用,组行的高亮设置将在其他视图中高亮该组的所有行。根据行数,启用此功能可能会消耗大量内存
值分隔符	聚合方法(如串联合并)使用的值分隔符
内存中的进程	处理内存中的表。需要更多内存,但速度更快,因为表在聚合之前不需要排序。内存消耗取决于唯一组的数量和所选的聚合方法。输入表的行顺序会自动保留
保留行顺序	保留输入表的原始行顺序。可能会导致更长的执行时间。如果选择了"在内存中处理"选项,将自动保留行顺序

"手动汇总"选项卡

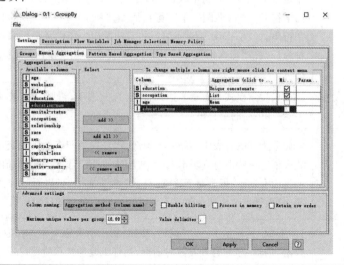

续表 8-27

聚合设置	从可用列列表中选择一个或多个要聚合的列,在表的聚集列中更改聚集方法,可以多次添加同一列。要更改多个列的聚合方法到同一个聚合方法,请选择要更改的所有列,用鼠标右键单击打开上下文菜单,然后选择要使用的聚合方法
缺失值	如果为列聚合表中的相应行勾选了"缺失值"选项,则在聚合过程中会考虑缺失值。一些汇总方法不支持选择"缺失值"选项,如平均值,这时选择该选项将没有反应;但是对于比如"计数"汇总方法,可以通过选择或不选择该选项,分别得到考虑缺失值或不考虑缺失值情况下的计数结果
参数	"参数"列显示了一个"编辑"按钮,用于所有需要附加信息的聚合操作符。点击"编辑"按钮打开参数对话框,允许更改操作符特定设置

"基于模式的聚合"选项卡

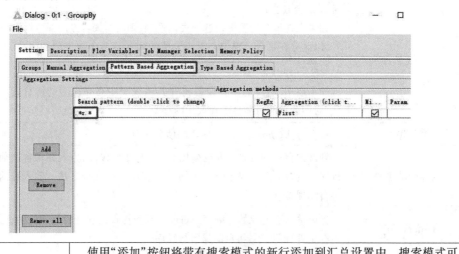

聚合设置	使用"添加"按钮将带有搜索模式的新行添加到汇总设置中。搜索模式可以是带通配符的字符串或正则表达式。支持的通配符有"∗"(匹配任意数量的字符)和"?"(匹配一个字符),例如,"KNI∗"将匹配所有以"KNI"开头的字符串,如"KNIME",而"KNI?"将只匹配以"KNI"开头后跟第四个字符的字符串。双击"搜索模式"单元格以编辑模式。如果模式无效,单元格将显示为红色
正则表达式	如果搜索模式是正则表达式,则勾选此选项,否则它将被视为带有通配符("∗"和"?")的字符串)
缺失值	如果为列聚合表中的相应行勾选了"缺失值"选项,则在聚合过程中会考虑缺失值。一些汇总方法不支持选择"缺失值"选项,如平均值,这时选择该选项将没有反应;但是对于比如"计数"汇总方法,可以通过选择或不选择该选项,分别得到考虑缺失值或不考虑缺失值情况下的计数结果
参数	"参数"列显示了一个"编辑"按钮,用于所有需要附加信息的聚合操作符。点击"编辑"按钮打开参数对话框,允许更改操作符特定设置

续表 8-27

"基于类型的聚合"选项卡

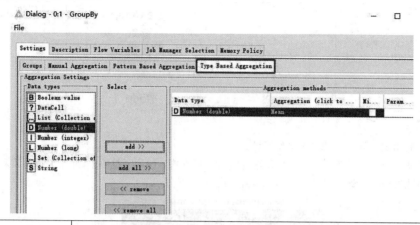

聚合设置	从可用类型列表中选择一种或多种数据类型。在表的聚集列中更改聚集方法。您可以多次添加相同的数据类型。该列表包含标准类型(如双精度、字符串等)和所有类型的输入表
缺失值	如果为列聚合表中的相应行勾选了"缺失值"选项,则在聚合过程中会考虑缺失值。一些汇总方法不支持选择"缺失值"选项,如平均值,这时选择该选项将没有反应;但是对于比如"计数"汇总方法,可以通过选择或不选择该选项,分别得到考虑缺失值或不考虑缺失值情况下的计数结果
参数	"参数"列显示了一个"编辑"按钮,用于所有需要附加信息的聚合操作符。点击"编辑"按钮打开参数对话框,允许更改操作符特定设置
类型匹配	• 严格:基于类型的聚合方法仅适用于选定类型的列; • 包括子类型:基于类型的聚合方法也适用于包含选定类型的子类型的列。例如布尔型是整型的子类型,以及整型之于长整型,长整型之于双精度型

输入端口

要分组的输入表

输出端口

结果表,所选列的每个现有值组合占一行

常用前(图中左侧)后(图中右侧)链接节点

资料参考网站:https://nodepit.com/

表 8-28　Heatmap 节点

节点编号	节点名称	图标	案例编号
H001	Heatmap	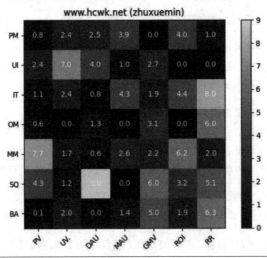	(4)

节点概述

该节点将给定的输入表显示为交互式热图。

该节点支持自定义 CSS 样式。可以简单地将 CSS 规则放入单个字符串中，并在节点配置对话框中将其设置为"customCSS"流变量。热力图概念图示例如下：

"选择"选项卡

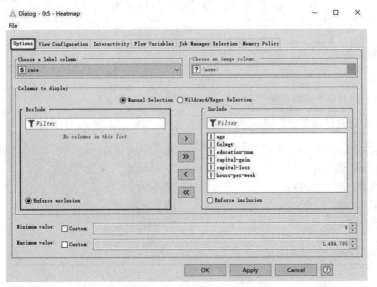

续表 8−28

标签栏	其值将用作热图行标签的列。默认情况下,行索引用作标签
图像列	一列 SVG 图像,当鼠标悬停在行标签上时会出现。只有当一个或多个 SVG 图像列可用时,才能修改此字段。否则,当鼠标悬停在行标签上时,无法选择列,也不会显示图像
要显示的列	选择要在热图中显示的列
最小值	要映射到的颜色渐变的最小值。如果"自定义"选择后,可以输入自定义值。计算最小值时,将不使用没有定义最小值的列
最大值	要映射到的颜色渐变的最大值。如果"自定义"选择后,可以输入自定义值。计算最大值时,将不使用没有定义最大值的列

"查看配置"选项卡

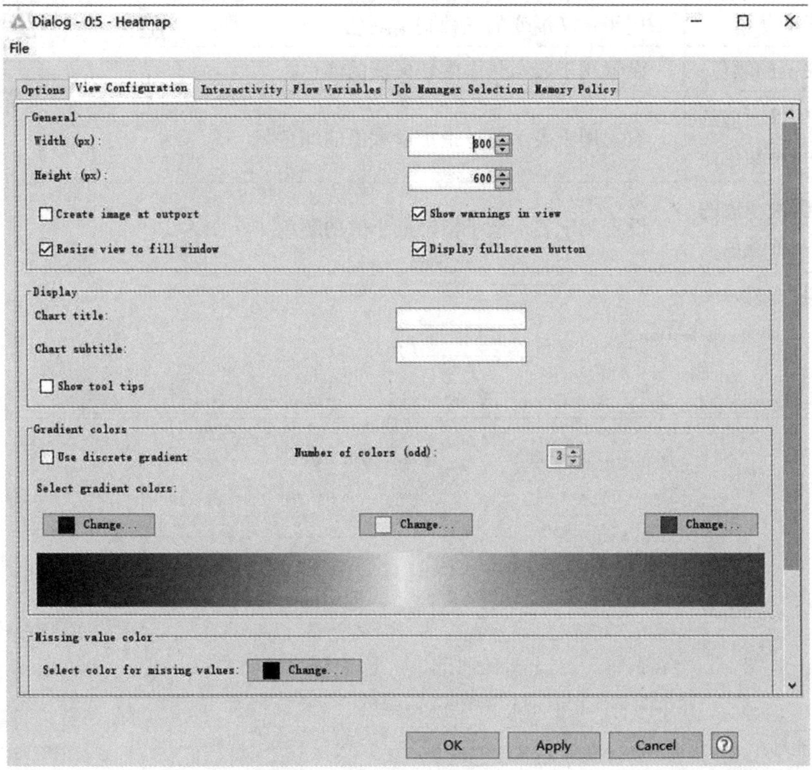

以像素为单位的图像宽度	输出 SVG 图像的宽度,以像素为单位。如果没有选择"调整视图大小以填充窗口",这也是视图的静态宽度
以像素为单位的图像高度	输出 SVG 图像的高度,以像素为单位。如果没有选择"调整视图大小以填充窗口",这也是视图的静态高度
在输出端口创建图像	如果选中,将生成一个 SVG 图像作为输出
在视图中显示警告	如果选中,警告消息将在发生时显示在视图中

续表 8-28

根据窗口调整大小	设置此选项会根据窗口的可用区域调整视图的大小。如果禁用,视图大小将根据设置的宽度和高度保持不变
显示全屏按钮	显示启用全屏模式的按钮
图表标题(＊)	在生成的图像上方显示的图形的标题。如果留空,将不显示任何标题
图表副标题(＊)	在生成的图像上方显示的图形的副标题。如果留空,将不会显示字幕
显示工具提示	如果选中,当鼠标悬停在热图视图中的单元格上时,将显示包含附加信息的工具提示
使用离散渐变	如果选中,将使用离散渐变为热图着色。如果不是,则使用连续梯度
颜色数量	如果使用离散梯度,这是要使用的离散点的数量。最少需要三种颜色,并且数量必须是奇数
选择渐变颜色	用于定义渐变的三种基本颜色
选择缺失值的颜色	设置用于表示热图中缺失值的颜色
为大于范围最大值的值选择一种颜色	设置用于表示超过指定最大值的颜色
为小于范围最小值的值选择一种颜色	设置用于表示低于指定最小值的颜色

"交互性"选项卡

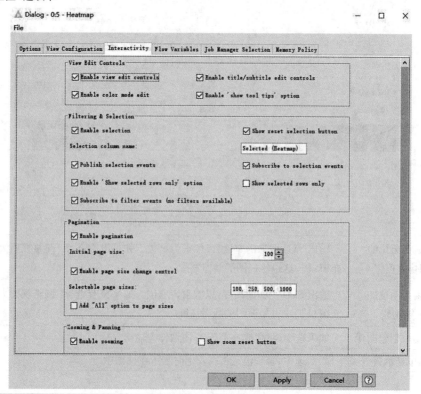

续表 8-28

启用视图编辑	如果选中,下面选择的所有编辑控件都将在视图中呈现。取消选中此选项将禁用所有编辑控件
启用标题/副标题编辑控制	呈现文本框以更改视图中的图表标题和副标题
启用颜色模式编辑	如果选中,颜色渐变可以在视图中在连续和离散之间切换
启用"显示工具提示"选项	如果启用,可以在视图中打开/关闭热图数据单元格和行标签的工具提示
启用选择	选中此选项后,可以通过激活相应的按钮并单击数据单元格来选择热图中的数据点。通过按住 Shift 键并单击点来扩展选择。选择出现在数据表的附加列中
显示重置选择按钮	如果选中,视图中将显示重置选择按钮
选择列名称	包含布尔值的追加列的名称,用于指示是否在视图中选择了数据单元格
发布选择事件	如果选中,当用户更改当前视图中的选择时,通知其他交互式视图。另请参见"订阅选择事件"
订阅选择事件	如果选中,视图会对来自其他交互式视图的选择已被更改的通知做出反应。另请参见"发布选择事件"
启用"仅显示选定行"选项	如果选中,视图菜单中将显示"仅显示选定行"复选框
仅显示选定的行	如果启用,将只显示选定的行
订阅过滤器事件	如果选中,视图会在应用的过滤器发生变化时做出反应
启用分页	全局启用或禁用分页功能。禁用时,表格在一个页面上完整呈现。启用后,使用下面的选项进一步优化分页设置
初始页面大小	设置用于初始布局的页面大小。页面大小定义为表格在一页上显示的行数。如果启用了页面大小更改控件,则可以在视图中更改页面长度
启用页面尺寸更改控制	启用或禁用控件以在视图中交互更改页面大小
可选页面尺寸	为页面大小控件定义允许页面大小的逗号分隔列表
为页面尺寸添加"全部"选项	选中时,页面大小控件中会有一个额外的"全部"选项
启用平移	启用绘图上的平移。要开始平移,请单击并拖动鼠标。注意如果启用了平移和拖动缩放,可以通过按住 Ctrl 键并拖动鼠标来实现平移
启用缩放	使用鼠标滚轮缩放绘图
显示缩放重置按钮	呈现一个按钮,以将绘图调整到其延伸范围
输入端口	
要显示为热图的输入数据表	

续表 8-28

输出端口

端口一:视图的 SVG 图像表示。

端口二:输入数据表,如果启用了选择,则带有附加的选择列

常用前(图中左侧)后(图中右侧)链接节点

线性相关	14 %	图像写入器(端口)	16 %
列过滤器	6 %	要报告的图像	12 %
标准化者	4 %	图像输出(传统)	5 %
记分员	4 %	热图(JFreeChart)	4 %
颜色管理器	4 %	热图	4 %

资料参考网站:https://nodepit.com/

表 8-29　Joiner 节点

节点编号	节点名称	图标	案例编号
J001	Joiner	Joiner Node 1	(5)(30)

节点概述

　　该节点将两个表组合在一起,类似于数据库中的"联结"。它将顶部输入端口的每一行与底部输入端口的每一行相结合,这些行在选定的列中具有相同的值,还可以输出不匹配的行。

　　注:使用 Joiner 节点是在将两个表格依据某些字段联结关系进行集合操作,集合操作的概念图如下:

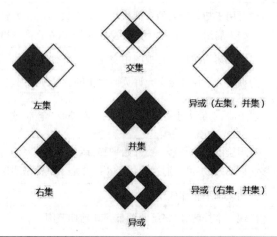

续表 8-29

"联结设置"选项卡

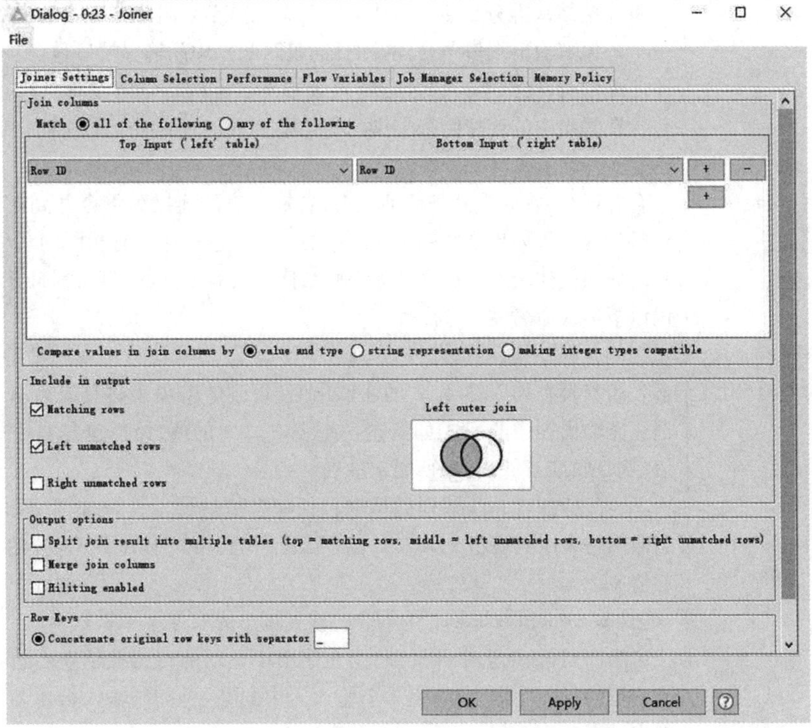

连接列	从顶部输入("左"表)和底部输入("右"表)中选择应该用于联结的列。每对列都定义了 A= B 形式的等式约束。对于要连接的两行,左输入表中的行在列 A 中的值必须与右输入表中的行在列 B 中的值相同。行键可以与行键或常规列进行比较,在这种情况下,行键将被解释为字符串值。 全部匹配:如果选中,两行必须在所有要匹配的选定联结列中一致。 匹配任意:如果选中,两行必须在至少一个要匹配的选定联结列中一致。 比较联接列中的值:如果价值和类型表示时,两行只有在它们的联结列在值和类型上都一致时才匹配,例如,整数值永远不会匹配长整型值。如果使整数类型兼容时,单元格将按其长整型值表示形式进行比较(如果可用)。例如,整数单元将匹配具有相等值的长单元。如果字符串表示时,连接列在比较之前被转换为字符串
包括在输出中	选择连接结果中包含的行。 匹配行:如果选择该选项,则输出中将包括连接的行。停用此选项可用于仅查找在另一个表中没有联结伙伴的行。 左侧不匹配的行:在选定的联结列中,是否包括左表中和右表中没有相同值的行。例如,仅包括匹配行和左侧不匹配行对应于数据库术语中的左外连接。 右侧不匹配的行:是否包括右输入表中不匹配的行。例如,在数据库术语中,只包含右不匹配行相当于右反连接

输出选项	选择连接结果的输出格式以及是否启用高亮。 将连接结果拆分到多个表中:如果选中,该节点将生成三个输出表,而不是一个。顶部输出端口包含连接的行(仅匹配),中间输出端口包含左输入表中不匹配的行,底部端口包含右输入表中不匹配的行。请注意,将为未被选择包含在输出中的连接结果类型(即匹配、左侧未匹配行、右侧未匹配行)生成空表。 合并联结列:如果处于活动状态,右输入表的连接列将合并到左输入表的连接伙伴中。如果合并列在右表中的一个联结伙伴具有相同的名称,则合并列的命名类似于左联结列。如果联结伙伴具有不同的名称,则合并后的列将以下形式命名左栏=右栏。 例如,当使用联结谓词 A=A、A=X 和 C=Z,将具有列 A、B 和 C 的表作为左输入表与具有列 X、A 和 Z 的表联结时,得到的输出表将具有列 A、B、C=Z。请注意输出表中的列 A 如何包含左表中列 A 的值,该值也是右表中列 X 的值,这是联结条件 A=X 所要求的。 不匹配行的合并联结列的值取自任何有值的行。例如,在上面的示例中,当输出右表中具有值 x、A 和 Z 的不匹配行时,格式为 A,B,C=Z 的结果行具有值 x,?,z。 当"merge join columns"为 off 时,该行输出为?,?,?,x,a,z。 启用高亮:如果选中此选项,则在输出中显示的行将显示左右输入表中构成该行的行。同样,当高亮一个输入表中的某一行时,输入行参与的所有行都将被高亮显示。 禁用此选项可以减少连接器的内存占用、工作流的磁盘占用,并且在主内存不足的情况下可以加快执行速度
行键	如何生成组合输出行的键? 用分隔符连接原始行键:所生成的行键连接输入行的行键,例如,将具有键 Row3 和 Row17 的行连接起来的行被赋予键 Row3_Row17。 按顺序分配新的行键:组合行按照它们产生的顺序被分配行键,例如,连接结果中的第一行被分配行键 Row0,第二行被分配行键 Row1,等等。 保留行键:仅当联结条件保证匹配行的键相等时才可用。组合行被赋予输入行的行键。为了保证相等①连接条件断言行键相等;②如果输出是单个表,则它不能包含来自左右输入的不匹配行。请注意,这是保证行键相等且唯一的充分条件,但不是必要条件。出于性能原因,仅当条件成立时才启用保留行键

"列选择"选项卡

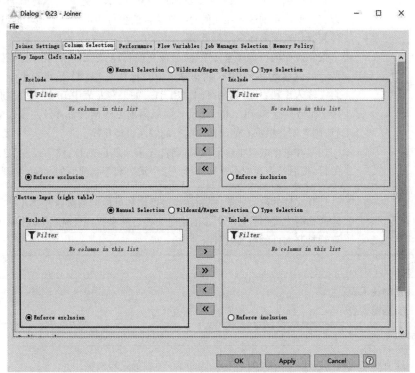

列选择(顶部输入(左表)和底部输入(右表))	包括:选择合并行中包含的列。 排除:选择组合行中丢弃的列
重复的列名	该选项配置当左输入表和右输入表中都出现列名冲突时的处理方式。 不要执行:如果左输入表和右输入表中有重复的列名,该节点将显示一条警告,并且不会执行。 追加后缀:将指定的后缀附加到右输入表中的重复列名

"性能"选项卡

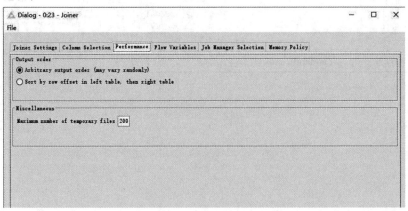

续表 8-29

输出指令	任意输出顺序:如果不必对输出进行排序,那么连接的执行时间可以得到改善。所产生的顺序在任何两次连接符的执行中可能会有所不同,这取决于连接操作期间有多少主存可用。 　　按左表中的行偏移量排序,然后按右表排序:输出中的组合行根据起作用的行的偏移量进行排序。考虑输出中的行 R=(L1,R1),该行组合了分别来自左输入表和右输入表的行 L1 和 R1。如果在左表中 L1 在 L2 之前,则输出中 r 在另一行 S=(L2,R2)之前。如果输出中的两行都涉及左侧表中的同一行,则它们将根据右侧起作用的行的顺序进行排序。 　　如果在单个端口中输出结果,则首先输出匹配的行,然后是左表中不匹配的行,最后是右表中不匹配的行。这个输出顺序与前面的 joiner 实现相同
混合的	打开文件的最大数量:控制在连接操作和可能的后续排序操作期间可以创建的临时文件的数量。更多的临时文件可能会提高性能,但操作系统可能会限制打开文件的最大数量

输入端口

端口一:左侧输入表。
端口二:右侧输入表

输出端口

端口一:所有结果或内部连接的结果(如果不匹配的行在单独的端口中输出)

端口二:左侧输入表(顶部输入端口)中的不匹配行。如果"将不匹配的行输出到单独的端口"被禁用,则为非活动状态。

端口三:右输入表中的不匹配行(底部输入端口)。如果"将不匹配的行输出到单独的端口"被禁用,则为非活动状态

常用前(图中左侧)后(图中右侧)链接节点

资料参考网站:https://nodepit.com/

表 8-30　JSON Reader 节点

节点编号	节点名称	图标	案例编号
J002	JSON Reader	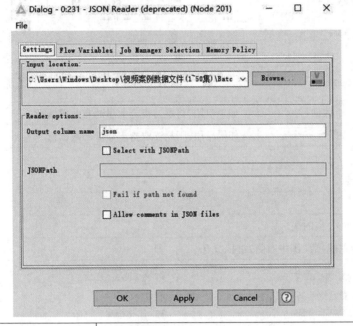	（35）

节点概述

此节点读取 JSON 文件并将其解析为 JSON 值

"设置"选项卡

从…读取	参考 E001 节点的相关设置说明
方式	参考 E001 节点的相关设置说明
过滤器选项	参考 E001 节点的相关设置说明
包括子文件夹	参考 E001 节点的相关设置说明
文件、文件夹或 URL	参考 E001 节点的相关设置说明
输出列名	输出列的名称
使用 JSONPath 选择	如果选中，选择读取 JSON 的一部分
JSONPath	要从输入 JSON 中选择的部分。使用 JSONPath 最好只有一个结果（对于多个结果，将从中创建新行）
如果找不到路径，则失败	如果选中，没有找到这样的部分，执行将失败。如果未选中且未找到，结果将是一个空文件

续表 8-30

允许 JSON 文件中的注释	当被选择时,/*...*/和行注释//,#被解释为注释并被忽略,而不是导致错误
路径列	如果选中,节点会将具有所提供名称的路径列追加到输出表中。该列包含每一行从哪个文件中读取。如果使用提供的名称添加列导致与读取的表中的任何列发生名称冲突,则节点将失败

"限制行数"选项卡

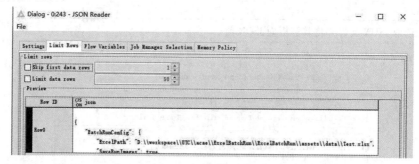

跳过第一个数据行	如果启用,将跳过指定数量的有效数据行
限制数据行	如果启用,则只读取指定数量的数据行

输入端口

文件系统连接

输出端口

具有读取的 JSON 值的表

常用前(图中左侧)后(图中右侧)链接节点

表格行到变量循环开始	28 %		JSON到表	44 %
表格行到变量	17 %		JSON到XML	9 %
路径字符串(变量)	8 %		JSON变压器	6 %
本地文件系统连接器	4 %		获取请求	4 %
文件路径的URL(变量)	3 %		JSON模式验证器	3 %

资料参考网站:https://nodepit.com/

表 8-31 JSON Path 节点

节点编号	节点名称	图标	案例编号
J003	JSON Path	**JSON Path** Node 1	(35)

续表 8-31

节点概述

JSONPath 是 JSON 的查询语言,类似于 XML 的 XPath。

简单查询(也称为确定 JSONPath)的结果是单个值。集合查询(也称为不定 JSONPath)的结果是多个值的列表。JSONPath 查询的结果被转换成选定的 KNIME 类型。如果结果是一个列表,并且所选的 KNIME 类型不兼容,执行将会失败。如果结果不能被转换成选定的 KNIME 类型,将返回一个缺失值。

JSONPath 查询可以通过节点配置对话框自动生成。要创建简单的查询,请从 JSON-Cell 预览窗口中选择一个值,然后单击"添加单个查询"。要创建集合查询,请从 JSON-Cell 预览窗口中选择属于值列表一部分的值,然后单击"添加集合查询"。或者,可以通过单击"添加 JSONPath"按钮编写自己的 JSONPath 查询。

示例输入:

```
{"book":[
  {"year": 1999,
  "title": "Timeline",
  "author": "Michael Crichton"},
  {"year": 2000,
  "title": "Plain Truth",
  "author": "Jodi Picoult"}
]}
```

JSONPath 查询和评估结果示例:

$.图书[0]

{"year": 1999, "title": "Timeline", "author": "Michael Crichton"} (JSON 或者单独字符串值)

$.书[*].年

[1999,2000] (JSON,(同 Internationalorganizations)国际组织或者真实的列表)

$.书[2].年

? (无此部分)

$.书[? (@ .年份==1999)].标题

Timeline (字符串)或者"Timeline" (JSON)

默认路径($..*)将选择所有可能的子部分(不包括整个 JSON 值)。

当您请求路径而不是 $.book[0].*JSONPath,您将获得路径——用括号表示——作为字符串列表:

- $['book'][0]['year']
- $['book'][0]['title']
- $['图书'][0]['作者']

这些是输入 JSON 值的有效 JSONPaths。

过滤器? (expr)可用于选择具有特定属性的内容,例如 $..book[? (@.publisher)]选择指定其出版商的图书(@ 指的是实际元素)

续表 8-31

"设置"选项卡

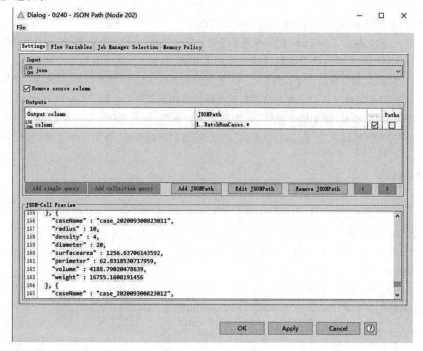

输入	从中选择路径的 JSON 列
删除源列	选中时,将删除源列
输出	要从输入列中选择路径的摘要。可以使用自定义选定的行编辑 JSONPath 按钮,或者通过编辑表格内的单元格,双击某一行
添加单个查询	添加预览游标的(特定:仅选定)路径到输出列表中
添加集合查询	添加预览游标的(泛型:选定的和数组中的同级)路径到输出列表中
添加 JSONPath	将新行添加到输出表格。这个新条目选择 JSON 中所有可用的路径,而不管预览。然后可以手动编辑这个通用条目,以指向特定的路径。为了向选择值预览中添加路径,使用"添加单个查询"或者"添加集合查询"替代
编辑 JSONPath	允许使用弹出对话框编辑选定的行
移除 JSONPath	从中移除选定的行输出表格
JSON-单元格预览	第一个 JSON 值的内容(如果可用的话)有助于编写 JSONPath 表达式,可以根据光标的位置添加新行,将其移动到想要选择并单击添加单个查询或者添加集合查询。当输出的某一行被选中时,突出显示预期结果

输入端口	
带有 JSON 列的表	

续表 8-31

输出端口

带有找到的部分的表

常用前(图中左侧)后(图中右侧)链接节点

获取请求	16 %	取消组	30 %
取消组	11 %	列过滤器	11 %
字符串到JSON	8 %	JSON到表	7 %
XML到JSON	7 %	JSON路径	5 %
列过滤器	6 %	行过滤器	3 %

资料参考网站:https://nodepit.com/

表 8-32　JSON to Table 节点

节点编号	节点名称	图标	案例编号
J004	JSON to Table	JSON to Table ▶◼▶ Node 1	(35)

节点概述

　　将一个 JSON 列转换为多个列,从而从 JSON 结构中试探性地提取列列表。它既可以提取原始的叶子元素(如字符串和数字),省略 JSON 树路径,也可以提取完整的 JSON 结构。然而,后者可能会产生一些令人困惑的输出,因为列的类型仍然是 JSON 或 JSON 的集合。

　　请注意,该节点旨在用于"结构良好""相对扁平"的 JSON 对象,这些对象在所有行中都遵循相同的模式。如果 JSON 对象更复杂,最好使用如下节点 JSON 路径或者 JSON 路径(字典)。

　　以下 JSON 列输入的一些例子可能有助于阐明生成的输出。

JSON

{"a":{"b":[1,2]," c":"c"}}

{"a":{"b":[3]," d":null} }

一些选项及其结果:只有叶子元素,使用叶名称(用(#1)/(#2)/(唯一化)...)

类型:

- b-JSON when 保留为 JSON 数组时,整数列表保留为收集要素
- c-字符串
- d-字符串

(列的实际顺序可能不同)

　b　c　d

[1,2]　c　?

　[3]　?　?

仅达到水平 1, 使用叶名称(用(#1)/(#2)/(唯一化)...)

类型:a-JSON

a

{"b":[1,2]," c":"c"}

{"b":[3]," d":null}

只有叶子元素,使用带分隔符的路径,扩展到列

类型:

- a.b.0, a.b.1-整数
- a.c, a.d-字符串

a.b.0	a.b.1	a.c	a.d
1	2	c	?
3	?	?	?

对于嵌套对象,请参见以下示例:

JSON

{"a":[{"b":3},4]}

{"a":[1]}

仅达到水平 1,使用叶名称(用(#1)/(#2)/(唯一化)...),忽略嵌套对象,扩展到列:

类型:

- a-整数列表

仅达到水平 1 或者 2,使用叶名称(用(#1)/(#2)/(唯一化)...),不要忽略嵌套对象,扩展到列:

类型:

- a-JSON 值列表

a

[4]

[1]

请注意,第一行中的值是两个 JSON 值的 KNIME 列表:{"b":3}和 4,而不是单个 JSON 值,类似地,在第二行中,会得到单个 JSON 值的 KNIME 列表:1.

虽然已保留为 JSON 数组(不管忽略嵌套对象):

类型:

- a-JSON 值

a

[{"b":3},4]

[1]

续表 8-32

"选择"选项卡

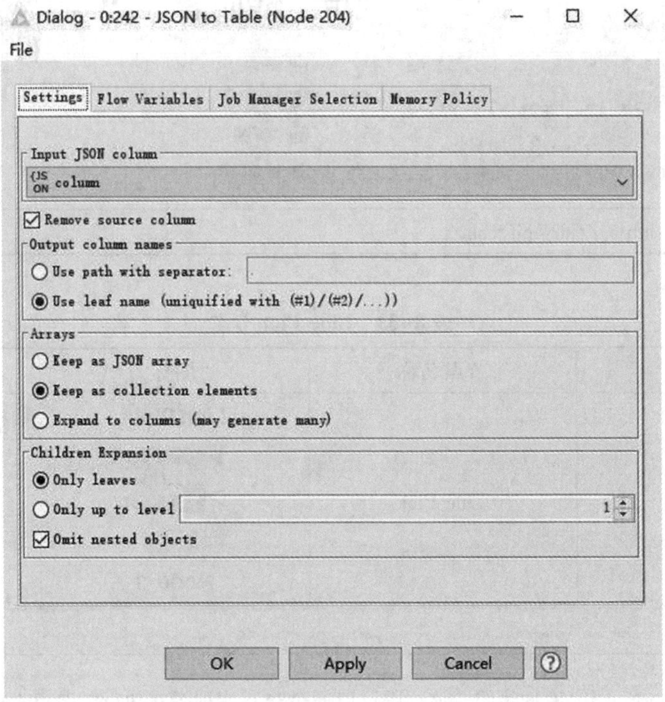

输入 JSON 列	要展开的 JSON 列的名称
删除源列	选中后,将删除输入 JSON 列
使用带分隔符的路径	将从找到的 JSONPaths 创建输出列名,用该值分隔路径的各个部分
使用叶名称 (用(#1)/(#2)/(唯一化)...)	输出列的名称是叶子的键,用数字来区分
数组|保留为 JSON 数组	JSON 数组没有被扩展,它们保持为 JSON 数组
数组|保留为集合元素	JSON 数组没有展开,而是作为 KNIME 集合返回
数组|扩展到列	JSON 数组被扩展成列,每个列对应一个值(这可能会创建许多列)
只有叶子元素	只返回叶子,不提取中间值(作为 JSON 列)
仅达到水平	仅为长度不超过该值(包括从 1 开始)的路径生成列
忽略嵌套对象	选中时,嵌套对象不包括在输出中(除非输出列是 JSON 列)。这有时是可取的,因为子对象被提取到单独的层级中。另请参见上面的示例

输入端口

包含 JSON 列的表

输出端口

包含从所选 JSON 列中提取的值的表

续表 8-32

常用前(图中左侧)后(图中右侧)链接节点 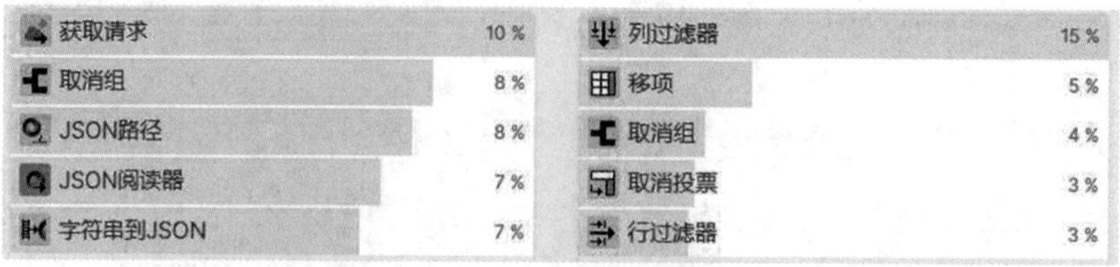

获取请求	10 %		列过滤器	15 %
取消组	8 %		移项	5 %
JSON路径	8 %		取消组	4 %
JSON阅读器	7 %		取消投票	3 %
字符串到JSON	7 %		行过滤器	3 %

资料参考网站:https://nodepit.com/

表 8-33　Line Plot 节点

节点编号	节点名称	图标	案例编号
L001	Line Plot	 **Line Plot** Node 1	(7)

节点概述

使用基于 JavaScript 图表库的线图。该线图可以通过交互式视图在执行的节点上或在 KNIME Web 门户中操作。

节点的配置允许您选择要显示的样本大小,并启用某些控件,这些控件随后在视图中可用。这包括为 x 和 y 选择不同列的能力或者设置标题的可能性。乍看之下,通过配置对话框启用或禁用这些控件似乎并不实用,但在最终用户无权访问工作流本身的 Web 门户/向导执行中使用时却很有好处。

第二个输入端口提供了为图中不同的线/列指定颜色的可能性。因此,将"提取列标题"和"转置"节点附加应用在该节点绘制的数据表中,然后,使用颜色管理器根据各个列名添加颜色。该节点自动从颜色管理器中选择列,并将颜色值指定给打印的列。

此外,可以呈现静态 SVG 图像,然后在第一个输出端口提供该图像。

注意,此节点目前正在开发中。该节点的未来版本可能会有更多或更改的功能

续表 8-33

"选择"选项卡

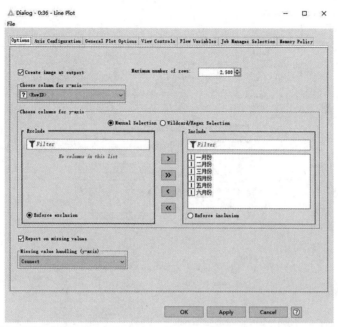

在输出端口创建图像	勾选则在节点执行之后,在上部输出端口呈现图像。如果不需要图像或创建图像太耗时,请禁用此选项
最大行数	使用此数值来限制用于此可视化的行数
选择 x 轴的列	定义包含 X 坐标值的列
选择 y 轴的列	定义包含 Y 坐标值的列。每个包含的列在视图中由一行表示
报告缺失值	检查以获得关于缺失值的警告消息,并能够选择缺失值处理策略。如果未选中,将忽略缺失值,而不发出警告。对于 y 轴连接,将使用设置的处理方法
缺失值处理(y 轴)	定义如何处理 y 轴上的缺失值。有三种方法可用: • 连接:曲线图将以连续线条显示,忽略缺失值; • 缝隙:缺失值的列可能会在绘制线中产生间隙; • 跳过列:如果整列包含缺失值,则不会绘制整列

续表 8-33

"轴配置"选项卡

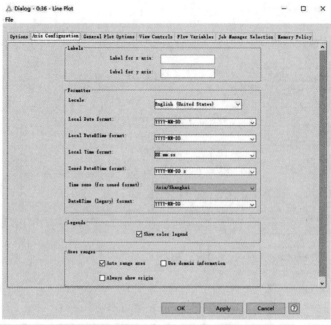

x 轴标签(*)	x 轴的标签。如果留空,将显示选定的列名
y 轴标签(*)	y 轴的标签。如果留空,将显示选定的列名
日期和时间类型	使用选定或输入的转换模式将日期和时间值转换为字符串 示例: ●"dddd,MMMM Do YYYY,h:mm:ss a"将日期格式化为"Sunday, February 14th 2010, 3:25:50 pm"; ●"ddd,hA"将日期格式化为"Sun,3PM"; ●"YYYY-MM-DDTHH:mm:ssZ"日期格式化依据 ISO 8601。 一些有效的模式元素包括: ●y:年份 ●Q:四分之一 ●M:一年中的月份 ●W:一年中的第几周 ●DDD:一年中的某一天 ●D:一个月中的某一天 ●d:星期几 ●dd:星期几(Su Mo … Fr Sa) ●a:上午/下午标记 ●h:一天中的小时(0-23) ●k:一天中的小时(1-24) ●h:上午/下午的小时数(1-12)

续表 8-33

日期和时间类型	• m:小时中的分钟 • s:分钟中的秒 • S:毫秒 • z:时区(美国东部时间…MST PST) • Z:时区(偏移) • X: unix 时间戳 • 本地化格式: • LT:时间(如 8:30 PM) • LTS:以秒为单位的时间(如 8:30:25 PM) • l:月份数字(0 填充)、月份日期(0 填充)、年份(例如 09/04/1986) • l:月份数字、月份中的日期、年份(例如 9/4/1986) • LH:月份名称,月份中的某一天,年份(例如 September 4 1986) • LH:月份名(短),月份中的某一天,年份(例如 Sep 4 1986) • LLL:月份名称、月份日期、年份、时间(例如 September 4 1986 8:30 PM) • lll:月份名称(短)、月份日期、年份、时间(Sep 4 1986 8:30 PM) • LLLL:月份名称、月份中的某一天、星期几、年份、时间(例如,Thursday, September 4 1986 8:30 PM) • llll:月份名称(短)、月份日期、星期日期(短)、年份、时间(例如,Thu, Sep 4 1986 8:30 PM) 要打印任意字符串,请用方括号将字符串括起来,例如"[today] dddd"
本地	用于呈现所有日期/时间单元格的时区设置
本地日期格式	适用于所有时区日期单元格的全局格式。使用框架 Moment. js 来格式化字符串
本地日期和时间格式	适用于所有本地日期/时间单元格的全局格式。使用框架 Moment. js 来格式化字符串
本地时间格式	适用于所有本地时间单元的全局格式。使用框架 Moment. js 来格式化字符串
分区日期和时间格式	适用于所有分区日期/时间单元格的全局格式。使用框架 Moment. js 来格式化字符串
时区(对于分区格式)	呈现分区日期和时间格式时使用的时区。时区日期和时间格式必须包含时区掩码符号("z"或"Z")才能启用时区选择器
日期和时间(传统)格式	适用于所有日期/时间(传统)单元格的全局格式。使用框架 Moment. js 来格式化字符串
显示颜色图例	打开/关闭图例。图例显示了视图中使用的颜色与相应列名之间的映射
自动范围轴	选择是否应该自动计算轴范围。如果视图中的列发生变化,也适用

续表 8-33

使用域信息	使用此选项,轴范围由初始布局上的域边界决定
总是显示原点	使用此选项,原点将始终显示在视图内

"常规绘图"选项卡

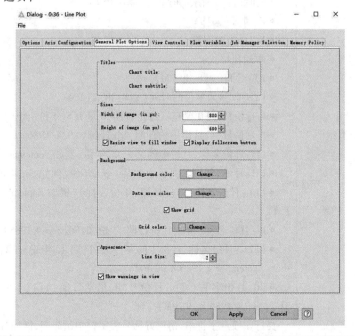

图表标题(*)	在生成的图像上方显示的图形的标题。如果留空,将不显示任何标题
图表副标题(*)	在生成的图像上方显示的图形的副标题。如果留空,将不会显示字幕
图像宽度(像素)	生成的 SVG 图像的宽度
图像的高度(像素)	生成的 SVG 图像的高度
调整视图大小以填充窗口	设置此选项会根据窗口的可用区域调整视图的大小。如果禁用,视图大小将根据设置的宽度和高度保持不变
显示全屏按钮	显示启用全屏模式的按钮
背景颜色	图像背景的颜色
数据区域颜色	轴内数据区域的背景色
显示网格	如果在轴刻度位置呈现附加网格
网格颜色	网格的颜色
管道尺寸	图中线条的粗细
在视图中显示警告	如果选中,警告消息将在发生时显示在视图中

续表 8-33

"查看控件"选项卡

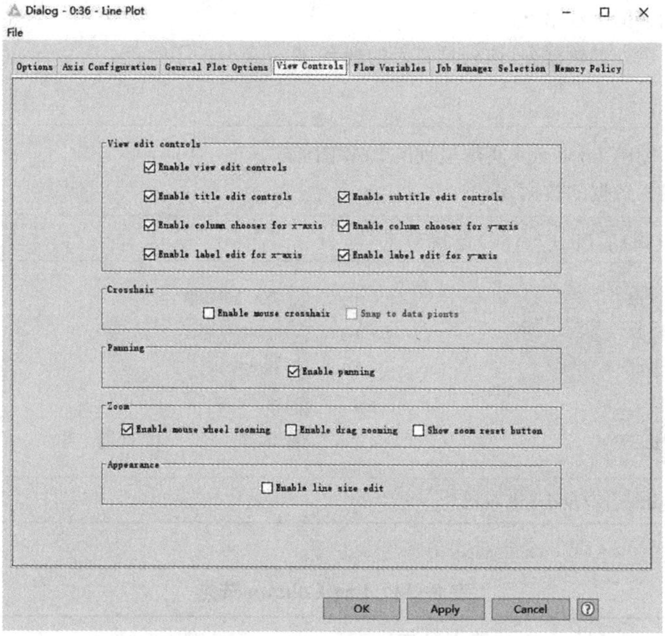

启用视图编辑控件	如果选中,下面选择的所有编辑控件都将在视图中呈现。取消选中此选项将禁用所有编辑控件
启用标题编辑控件	呈现文本框以更改视图中的图表标题
启用字幕编辑控制	呈现文本框以更改视图中的图表副标题
为 x 轴启用列选择器	呈现选择框以更改视图中用于 x 坐标的列
为 y 轴启用列选择器	呈现选择框以更改视图中用于 y 坐标的列
启用 x 轴标签编辑	呈现文本框以更改视图中的 x 轴标签
为 y 轴启用标签编辑	呈现文本框以更改视图中的 y 轴标签
启用鼠标十字线	允许显示带有当前鼠标位置标签的附加十字光标
对齐数据点	如果启用,十字准线将根据鼠标位置捕捉到最近的数据点
启用平移	启用绘图上的平移。要开始平移,请单击并拖动鼠标。注意如果启用了平移和拖动缩放,可以通过按住 Ctrl 键并拖动鼠标来实现平移
启用鼠标滚轮缩放	使用鼠标滚轮缩放绘图
启用拖动缩放	通过拖动鼠标并绘制缩放矩形来启用绘图缩放。从左上角向下拖动将创建一个缩放矩形,从右下角向上拖动将重置缩放以适应绘图的范围。注意如果启用了平移和拖动缩放,可以通过按住 Ctrl 键并拖动鼠标来实现平移
显示缩放重置按钮	呈现一个按钮,以将绘图调整到其延伸范围
启用线条大小编辑	渲染数字微调器以控制视图中线条的粗细

续表 8-33

输入端口

端口一:要显示数据的数据表。

端口二:包含一个列的数据表,该列具有表的列名,此外还分配了颜色

输出端口

端口一:由线形图的 JavaScript 实现呈现的 SVG 图像。

端口二:包含输入数据的数据表

常用前(图中左侧)后(图中右侧)链接节点

分组依据	11 %	要报告的图像	7 %
绕轴旋转	7 %	线形图	6 %
列过滤器	6 %	图像到表格	6 %
Excel阅读器	4 %	表格视图	4 %
数字记分员	3 %	条形图	4 %

资料参考网站:https://nodepit.com/

表 8-34　Lag Column 节点

节点编号	节点名称	图标	案例编号
L002	Lag Column	**Lag Column** ▶ 〔图标〕 ▶　Node 1	(12)

节点概述

将前面行中的列值复制到当前行中。该节点可用于:

- 复制所选列,并按间隔"I"错行移动单元格(I=滞后间隔);
- 制造"L"份所选列的副本,并将每个副本的单元格移动 $1,2,3,\dots,L-1$ 步(L=滞后)。

滞后选项 L 对于时间序列预测非常有用。如果行按时间递增顺序排序,则应用滞后 L 到选定的列意味着放置 $L-1$ 行上该列的过去值和当前值,该数据表可用于时间序列预测。

此节点中的滞后间隔选项 I(周期性或季节性)对于将过去的值与当前值进行比较非常有用。同样,如果行按时间递增顺序排序,则应用滞后间隔 I 意味着在同一行上留出当前值和发生的值 I 之前的步骤。

L 和 I 可以合并以获得所选列的 $L-1$ 个副本,每个副本移位 I, $2*I$, $3*I$, $\dots$ $(L-1)*I$ 的错行移位

续表 8-34

"配置"选项卡

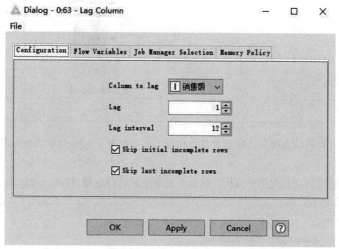

滞后	L=滞后,定义要应用多少列副本
滞后间隔	I=滞后间隔(有时也称为周期性或季节性)定义要应用多少行移位
跳过初始的不完整行	如果选中该选项,则输出中将忽略输入表中的第一行,以便滞后输出列不会缺失(除非参考数据缺失)
跳过最后未完成的行	如果选中,包含最后一个实际数据行的滞后值的行将被忽略(没有人为的新行)。否则,将添加新行,这些新行包含除新的滞后输出之外的所有列中缺失的值
输入端口	
输入数据	
输出端口	
带有附加列的输入数据从前面的行复制值	
常用前(图中左侧)后(图中右侧)链接节点	

分类机	11 %	数学公式	12 %
滞后列	8 %	规则引擎	8 %
群组循环开始	4 %	滞后列	8 %
列过滤器	4 %	漏测值	4 %
分组依据	3 %	行过滤器	4 %

资料参考网站:https://nodepit.com/

表 8-35　Line Plot(local)节点

节点编号	节点名称	图标	案例编号
L003	Line Plot(local)	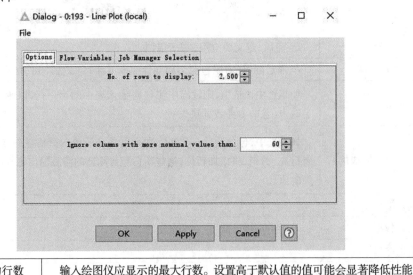	(33)

节点概述

　　将输入表的数字列绘制为线条。所有值都映射到一个 y 坐标。如果列中的值差异很大,这可能会扭曲可视化效果。

　　只有具有有效域的列在此视图中可用。确保上游节点被执行或用"DomainCalculator"节点设置域

"选择"选项卡

最大显示的行数	输入绘图仪应显示的最大行数。设置高于默认值的值可能会显著降低性能
忽略标称值大于以下值的列	输入视图应考虑的不同标称值的最大数量。值多于指定数目的列将被忽略,并且不能在视图中选择。另请注意,标称值必须出现在输入表的表规格中(通过检查前任输出视图的表规格选项卡进行检查)。如果表中没有标称值,执行前一个或考虑使用"DomainCalculator"节点并强制确定标称值

图形显示界面

高亮凸显	可以通过用鼠标在数据点上拖动一个矩形或点击数据点来选择数据点(如果点没有显示,您将看不到选择或高亮凸显,因为只有数据点可以被选择或高亮凸显)。按住 Ctrl 键进行多项选择。所选数据点可通过右键单击获得上下文菜单或通过菜单栏中的高亮菜单进行高亮凸显
工具提示	将鼠标移动到数据点上以获得关于数据点的详细信息(行索引、x 和 y 值)

续表 8-35

属性	默认设置： • 鼠标模式:选择"选择"来选择数据点或"缩放"来放大。如果已经放大,可以选择"移动"在放大显示中导航； • "适合屏幕":使显示器再次适合可用空间； • "背景颜色":选择显示的背景颜色； • "抗锯齿":检查视图是否应启用抗锯齿(使绘图更平滑)。这也会降低性能。 列选择:选择要显示为行的列。如果可视化由于列之间的巨大差异而失真,则可以移除最失真的列,以正确地缩放 y 轴。 图例:因为线条的颜色不依赖于行的颜色(因为不是行,而是列显示为线条),所以颜色是自动创建的。单击"更改..."在图例中更改参考线的颜色。 缺省值:缺省值会中断该行。选中"插值"对缺失值进行线性插值。开头和结尾缺失值不会被插值。 外观： • "显示/隐藏点":检查点是否应该显示为点,如果想隐藏点,取消选中； • "粗细"允许定义线条的粗细； • "点大小"允许定义点的大小
输入端口	
要显示的数据	
输出端口	
无	

常用前(图中左侧)后(图中右侧)链接节点

资料参考网站:https://nodepit.com/

表 8-36　Loop End 节点

节点编号	节点名称	图标	案例编号
L004	Loop End	**Loop End** ▶ ◯ ▶ ▪▪▪ ▪▪ ▫▫ **Node 1**	(34)

续表 8-36

节点概述
循环末尾的节点。它用于标记工作流循环的结束,并通过按行连接传入的表来收集中间结果。循环的开始由"循环开始"节点定义,在该节点中,可以定义循环的执行频率(固定或从数据中导出,例如"组循环开始"节点)。中间的所有节点都被执行多次。 　　可以使用右键菜单中的"Add Collector port"添加更多的输入和输出表

"标准设置"选项卡

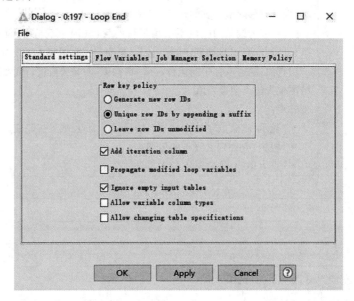

行索引策略	指定如何处理每个表的行索引。 　●生成新的行索引:新生成的行索引(行0,行1,…); 　●通过添加后缀来唯一化行索引:迭代号被添加到传入表的每个行索引中,从而使行索引在所有迭代中都是唯一的; 　●保持行索引不变:传入的行索引不变。在这种情况下,必须确保在不同的迭代中没有重复的行索引,否则会出现错误
添加迭代列	允许将包含迭代编号的列添加到输出表中
传播修改的循环变量	如果选中,其值在循环中被修改的变量将由该节点导出。这些变量必须在循环外部声明,即从侧支注入到循环中,或者在相应循环开始节点的上游可用。对于后者,变量的任何修改都将在后续迭代中传递回起始节点(例如移动求和计算)。注意,由循环开始节点本身定义的变量被排除在外,因为这些变量通常表示循环控制(例如当前迭代次数(currentIteration))
忽略空输入表	如果选中此选项,空输入表及其结构将被忽略,并且不会导致节点失败

续表 8-36

允许可变列类型	如果选中,当不同表迭代之间的列类型改变时,循环不会失败。结果列将具有不同列类型的公共超类型
允许更改表格规格	如果选中,迭代之间的表格规格可以不同。如果在迭代之间添加或删除了列,则在结果表中相应地插入缺失值。如果未选中并且表规格不同,节点将失败

输入端口

端口一:任何数据表。

端口 N:任何数据表

输出端口

端口一:从循环体收集的结果。

端口 N:从循环体收集的结果

常用前(图中左侧)后(图中右侧)链接节点

资料参考网站:https://nodepit.com/

表 8-37　Missing Value 节点

节点编号	节点名称	图标	案例编号
M001	Missing Value	Missing Value ? Node 1	(6)

节点概述

　　该节点有助于处理在输入表的单元格中发现的缺失值。对话框中的第一个选项卡(标记为"默认")为给定类型的所有列提供默认处理选项。这些设置适用于输入表中未在第二个标签"单独设置"中明确提及的所有列。第二个选项卡允许对每个可用列进行单独设置(因此,优先级高,将覆盖默认设置)。要使用第二种方法,请选择需要额外处理的列或列列表,单击"添加",然后设置参数。单击带有列名的标签,将选择列列表中所有覆盖的列。要删除这种额外的处理方式(改为使用默认处理方式),请单击该列的"删除"按钮。

　　标有星号(*)的选项将导致非标准 PMML。如果选择此选项,对话框中的警告标签将变为红色,并在节点执行期间显示警告。非标准 PMML 使用除 KNIME 之外的其他工具无法读取的扩展

"默认"及"默认列设置"选项卡

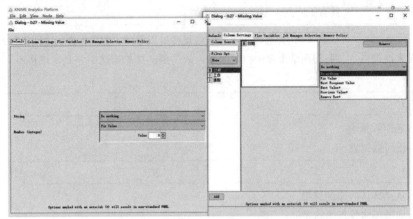

缺失值处理程序选择	选择并配置用于数据类型或列的缺失值处理程序。不产生有效 PMML 4.2 的处理程序标有星号(*)。 平均插值 * 这个缺失值处理程序用它所配置的列中上一个和下一个遇到的非缺失值的平均值替换缺失值。当处理有大量行但没有太多列需要缺失值替换的表时,使用磁盘备份统计信息的选项可以避免主内存的溢出。这应该谨慎使用,因为它通常比内存中的统计数据慢得多。这个缺失值处理程序不能产生标准的 PMML 4.2。 固定值(双精度) 用用户给定的双精度值替换缺失值。这个缺失值处理程序产生有效的 PMML 4.2。 固定值(整数) 用用户给定的整数替换缺失值。这个缺失值处理程序产生有效的 PMML 4.2。 固定值(字符串) 用用户给定的字符串替换缺失值。这个缺失值处理程序产生有效的 PMML 4.2。 固定值(长型) 用用户给定的长整型值替换缺失值。这个缺失值处理程序产生有效的 PMML 4.2。 固定值 未提供描述。 线性插值 * 这个缺失值处理程序用它所配置的列中上一个和下一个遇到的非缺失值之间的线性插值替换缺失值。当处理有大量行但没有太多列需要缺失值替换的表时,使用磁盘备份统计信息的选项可以避免主内存的溢出。应该谨慎使用,因为它通常比内存中的统计数据慢得多。这个缺失值处理程序不能产生标准的 PMML 4.2。

续表 8-37

缺失值处理程序选择	最高的 　查找列的最大值,并用它替换所有缺失值。这个缺失值处理程序产生有效的 PMML 4.2。 　平均 　计算列中所有非缺失单元格的平均值,并用该平均值替换缺失值。这个缺失值处理程序产生有效的 PMML 4.2。 　中位数 　查找列的中位数并用它替换所有缺失值。对于大型表,可能计算量很大,因为需要对表进行排序以找到中位数。这个缺失值处理程序产生有效的 PMML 4.2。 　最低限度 　查找列的最小值并用它替换所有缺失值。这个缺失值处理程序产生有效的 PMML 4.2。 　最频繁值 　计算列中最频繁出现的值,并用它替换缺失值。这个缺失值处理程序产生有效的 PMML 4.2。 　移动平均值 * 　计算由"lookahead"和"lookbehind"给定的窗口内所有值的平均值,并用该平均值替换缺失值。这个缺失值处理程序不能产生标准的 PMML 4.2。可以分别使用选项"lookahead"和"lookbehind"设置当前单元格前后要考虑的单元格数量。 　下一个 * 　这个缺失值处理程序用它所配置的列中下一个遇到的非缺失值替换缺失值。当处理有大量行但没有太多列需要缺失值替换的表时,使用磁盘备份统计信息的选项可以避免主内存的溢出。应该谨慎使用,因为它通常比内存中的统计数据慢得多。这个缺失值处理程序不能产生标准的 PMML 4.2。 　上一个 * 　这个缺失值处理程序用为其配置的列中最后遇到的非缺失值替换缺失值。这个缺失值处理程序不能产生标准的 PMML 4.2。 　删除行 * 　此缺失值处理程序删除在为其配置的列中有缺失值的行。这个缺失值处理程序不能产生标准的 PMML 4.2。 　舍入平均值 　计算列中所有非缺失单元格的平均值,并用该平均值替换缺失值。这个缺失值处理程序产生有效的 PMML 4.2
输入端口	
缺失值的表	
输出端口	

端口一:缺失值被替换的表格。

端口二:PMML 记录缺失值替换的表格

常用前(图中左侧)后(图中右侧)链接节点

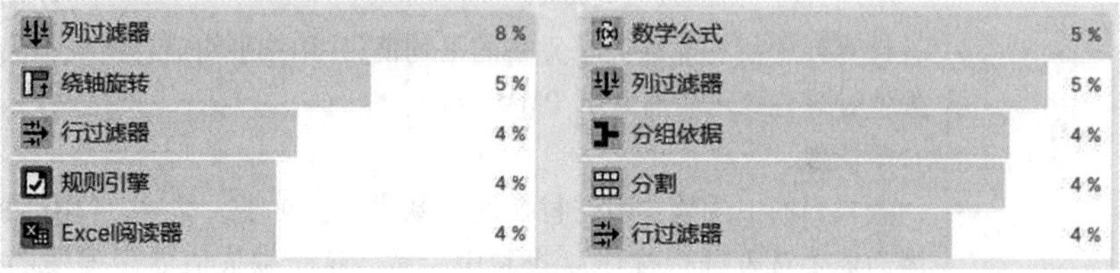

🔧 列过滤器	8 %		数学公式	5 %	
绕轴旋转	5 %		列过滤器	5 %	
行过滤器	4 %		分组依据	4 %	
规则引擎	4 %		分割	4 %	
Excel阅读器	4 %		行过滤器	4 %	

资料参考网站:https://nodepit.com/

表 8-38　Math Formula 节点

节点编号	节点名称	图标	案例编号
M002	Math Formula	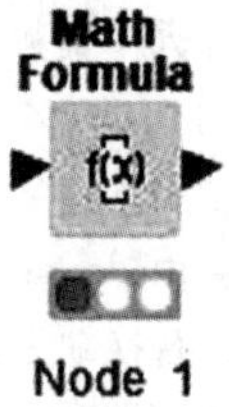 **Math Formula** f(x) Node 1	(9)(11)(21)

节点概述

此节点基于行中的值计算数学表达式。计算结果既可以作为新列追加,也可以用于替换输入列。可用变量是表格相应行中的值(对话框中的左侧列表)。常用函数显示在"数学函数"列表中。还有一些常量可用,例如圆周率(圆的周长与其直径的比值)、e(自然对数的底数)、表中的总行数以及一些其他基于列的常数(constant 功能类别)。

此节点为使用 JEP 的 Java 数学表达式解析器。

基于列的常数,例如最小列(列名)会提前计算(如果需要的话)。

可以像这样引用整数流变量:$ $ {IflowVar} $ $,浮点流变量如下:$ $ {DflowVar} $ $。

用以下形式引用列:$ colName $

当任何使用的列包含缺失值时,结果就会缺失,就像当请求时结果会是 NaN、无穷大值或超出 32 位有符号整数范围一样。

NaN 值在布尔表达式中充当值 true,并以任何方式与任何东西(包括 NaN)进行比较(包括 = =, 但不是!=,类似!(... = = ...))为假(0)。

请注意,表达式区分大小写

续表 8-38

"数学表达式"选项卡

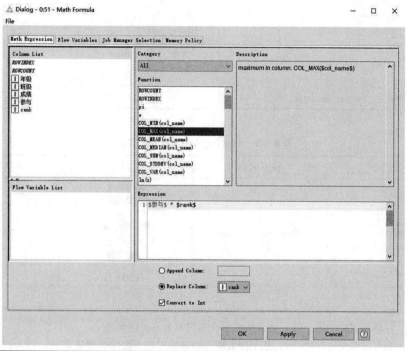

列列表	可用的数字列,可在表达式中用作变量
流变量列表	可用的流变量,可用作表达式中的变量
种类	操作符类别
功能	所选类别中有效运算符的列表
描述	关于操作符的简短帮助
表达式	数学表达式编辑器。灵活编写,功能丰富
追加列	要追加的列的名称
替换列	要替换的列
转换为整数	结果应该转换成整数,或者保存为浮点数

输入端口

任何输入数据

输出端口

用数学列修改输入数据

常用前(图中左侧)后(图中右侧)链接节点

续表 8-38

数学公式	13 %	数学公式	13 %
分组依据	10 %	分组依据	8 %
行过滤器	5 %	列过滤器	6 %
规则引擎	4 %	规则引擎	6 %
漏测值	4 %	行过滤器	5 %

资料参考网站:https://nodepit.com/

表 8-39　Moving Aggregation 节点

节点编号	节点名称	图标	案例编号
M003	Moving Aggregation	Moving Aggregation ▶ ◀ Node 1	(28)

节点概述

此节点计算移动窗口的聚合值。聚合值显示在追加到表末尾的新列中。

要聚合的列可以通过直接选择列、基于搜索模式的名称或基于数据类型来定义。输入列按此顺序处理,并且只考虑一次,例如,直接添加到"手动聚合"选项卡上的列将被忽略,即使它们的名称与"基于模式的聚合"选项卡上的搜索模式匹配,或者它们的类型与"基于类型的聚合"选项卡上的定义类型匹配。同样适用于基于搜索模式添加的列。即使它们符合"基于类型的聚合"选项卡中定义的标准,也会被忽略。

"手动聚合"选项卡允许更改多个列的聚合方法。为此,选择要更改的列,用鼠标右键单击打开上下文菜单,并选择要使用的聚合方法。

在"基于模式的聚合"选项卡中,可以根据搜索模式将聚合方法分配给列。该模式可以是带通配符的字符串或正则表达式。名称与模式匹配但数据类型与所选聚合方法不兼容的列将被忽略。仅考虑未在"手动聚合"选项卡上选择为聚合列的列。

"基于类型的聚合"选项卡允许为特定数据类型的所有列选择聚合方法,例如计算所有十进制列(双精度单元格)的平均值。仅考虑其他选项卡未处理的列,例如基于列和基于模式。可供选择的数据类型列表包含基本类型,如字符串、双精度等,以及当前输入表包含的所有数据类型。

可用聚合方法的详细说明可在节点对话框的"说明"选项卡中找到

续表 8-39

"设置"选项卡

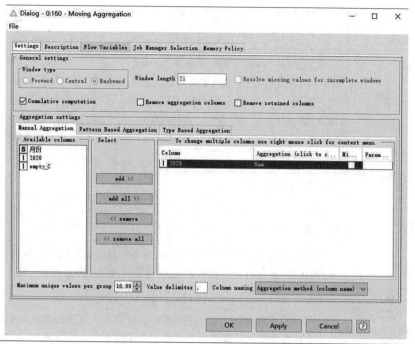

常规设置

窗口类型	• 向前:从当前点向前看窗口长度行; • 中央:从当前点向后看窗口长度的一半,向前看一半; • 向后:从当前点向后查看窗口长度行
窗口长度	移动窗口中包含的样本数。最小值:2 个样本。最大值:时间序列长度
解决不完整窗口 的缺失值	如果选中此选项,将根据目前可用的数据行计算不完整窗口的聚合值
累积计算	选择此选项以计算累积值,例如整个表格的累积和。每个结果行都是通过将第一行的值聚合到当前行来计算的
删除聚合列	如果选中该选项,将从输出表中过滤用于聚合的列
移除保留的列	如果选中该选项,将从输出表中筛选出未聚合的列

手动汇总

可用列	从可用列表中选择一个或多个要聚合的列。在表的聚集列中更改聚集方法。您可以多次添加同一列。要更改多个列的聚合方法,请选择要更改的所有列,用鼠标右键单击打开上下文菜单,然后选择要使用的聚合方法
缺失值	如果为列聚合表中的相应行勾选了"缺失值"选项,则在聚合过程中会考虑缺失值。一些汇总方法不支持选择"缺失值"选项,如平均值

续表 8-39

参数	"参数"列显示了一个"编辑"按钮,用于所有需要附加信息的聚合操作符。点击"编辑"按钮打开参数对话框,允许更改操作符特定设置
基于模式的聚合	
聚合设置	使用"添加"按钮将带有搜索模式的新行添加到汇总设置中。搜索模式可以是带通配符的字符串或正则表达式。支持的通配符有"＊"(匹配任意数量的字符)和"?"(匹配一个字符)例如,"KNI＊"将匹配所有以"KNI"开头的字符串,如"KNIME",而"KNI?"将只匹配以"KNI"开头后跟第四个字符的字符串。双击"搜索模式"单元格以编辑模式。如果模式无效,单元格将显示为红色
正则表达式	如果搜索模式是正则表达式,则勾选此选项,否则它将被视为带有通配符"＊"和"?"的字符串
缺失值	如果为列聚合表中的相应行勾选了"缺失值"选项,则在聚合过程中会考虑缺失值。一些汇总方法不支持选择"缺失值"选项,如平均值
参数	"参数"列显示了一个"编辑"按钮,用于所有需要附加信息的聚合操作符。点击"编辑"按钮打开参数对话框,允许更改操作符特定设置
基于类型的聚合	
聚合设置	从可用类型列表中选择一种或多种数据类型。在表的聚集列中更改聚集方法。可以多次添加相同的数据类型。该列表包含标准类型,如双精度、字符串及所有类型的输入表
缺失值	如果为列聚合表中的相应行勾选了"缺失值"选项,则在聚合过程中会考虑缺失值。一些汇总方法不支持选择"缺失值"选项,如平均值
参数	"参数"列显示了一个"编辑"按钮,用于所有需要附加信息的聚合操作符。点击"编辑"按钮打开参数对话框,允许更改操作符特定设置
类型匹配	●严格:基于类型的聚合方法仅适用于选定类型的列; ●包括子类型:基于类型的聚合方法也适用于包含选定类型的子类型的列。例如布尔型是整型的子类型,以及整型之于长整型,长整型之于双精度型
聚合设置	
每组的最大唯一值	定义每组唯一值的最大数量,以避免内存过载问题。在计算过程中,将跳过所有具有更多唯一值的组,在相应的列中设置缺失值,并显示警告
值分隔符	聚合方法(如串联合并)使用的值分隔符
列命名	生成的聚合列的名称取决于所选的命名方案。 ●保留原始名称:保留原始列名。请注意,使用此列命名选项时,所有聚合列只能使用一次,以防止列名重复。 ●聚集方法(列名):首先使用聚集方法,并将列名附加在括号中。 ●列名(聚合方法):首先使用列名,并将聚合方法附加在括号中。 如果未在聚合设置中勾选缺失值选项,则所有聚合方法都会附加一个"＊"号,以区分在聚合过程中考虑缺失值的列和不考虑缺失值的列

续表 8-39

输入端口
包含时间序列的表

输出端口
包含保存聚合值的列的表

常用前(图中左侧)后(图中右侧)链接节点

分类机	10 %		数学公式	12 %
群组循环开始	9 %		列重命名	7 %
数学公式	7 %		规则引擎	5 %
规则引擎	6 %		行过滤器	5 %
分组依据	6 %		环端	4 %

资料参考网站:https://nodepit.com/

表 8-40　Math Formula(Multi Column)节点

节点编号	节点名称	图标	案例编号
M004	Math Formula (Multi Column)	**Math Formula (Multi Column)** ▶ f(x) ▶ Node 1	(33)

节点概述

数学公式(多列)节点是数学公式节点的扩展,它基于一组选定列的行中的值来计算数学表达式。它允许用户使用单个节点完成原本需要多个节点才能完成的工作。如果想用数学公式节点对多个列的同一个表达式求值,需要将几个数学公式节点串在一起。对于这些情况,数学公式(多列)允许编写一个引用一组选定列中的当前列的公式。

例如,要将 A、B 和 C 列的值加 1,可以选择 A、B 和 C 列,然后输入公式" \$ \$ CURRENT_COLUMN \$ \$ + 1"进入表达式编辑器。

计算结果既可以作为新列追加,也可以用于替换选定的输入列。

表达式中可用的变量是表中相应行的值(对话框中的左侧列表)。

常用函数显示在"数学函数"列表中。还有一些常量可用,例如圆周率(圆的周长与其直径的比值)、e(自然对数的底数)、表中的总行数以及一些其他基于列的常数(constant 功能类别)。

此节点为使用 JEP 的 Java 数学表达式解析器。

基于列的常数,例如最小列(列名)会提前计算(如果需要的话)。

可以像这样引用整数流变量: \$ \$ {IflowVar} \$ \$,浮点流变量如下: \$ \$ {DflowVar} \$ \$ 。

可以使用如下所示的 CURRENT_COLUMN 占位符来引用选定列的集合: \$ \$ CURRENT_COLUMN \$ \$ 。在节点的每次迭代中(在所选列集上循环),该占位符将被当前迭代中的列名替换。它不适用于名称中包含"\$"的列。

用以下形式引用列: \$ colName \$ 。

续表 8-40

当任何使用的列包含缺失值时,结果就会缺失,就像当请求时结果会是 NaN、无穷大值或超出 32 位有符号整数范围一样。

NaN 值在布尔表达式中充当值 true,并以任何方式与任何东西(包括 NaN)进行比较(包括 = =, 但不是 ! =, 类似 ! (... = = ...)))为假(0)。

请注意,表达式区分大小写

"数学表达式"选项卡

(注:右侧上下滑动杆太长,故分为两部分,左半图为滑动杆到底的状态(下半部分,写表达式),右半图为滑动杆到顶的状态(上半部分,选参与列)。)

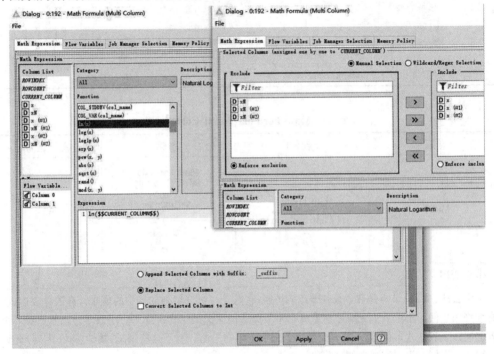

选定的列	
列过滤器	选择节点应该循环的可用数字列。在每次迭代中,所选内容中的一个列名将被用作表达式中" $ $ CURRENT_COLUMN $ $ "占位符的替换

数学表达式	
列列表	可用的数字列,可在表达式中用作变量
流变量列表	可用的流变量,可用作表达式中的变量
种类	操作符类别
功能	所选类别中有效运算符的列表
描述	关于操作符的简短帮助
表达式	数学表达式编辑器
向所选列添加后缀	如果选中,将使用带有指定后缀的原始列名追加新列

续表 8-40

替换选定的列	是否应替换选定的列
将所选列转换为整数	每个选定列的结果是应该转换为整数,还是保留为浮点数

输入端口

任何输入数据

输出端口

用数学列修改输入数据

常用前(图中左侧)后(图中右侧)链接节点

资料参考网站:https://nodepit.com/

表 8-41　One Row to Many 节点

节点编号	节点名称	图标	案例编号
O001	One Row to Many	**One Row to Many** ▶ 📊 ▶ ⬛⬜⬜ Node 1	(17)

节点概述

每行根据整数列中的数字相乘。例如,如果您有属性值列,还有属性值的数量列,则可以使用此节点创建属性值重复行,行数量为数量列的值

"选择"选项卡

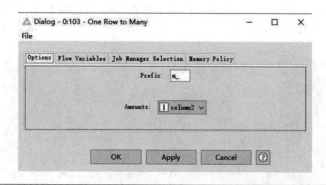

续表 8-41

总额	包含应该打印给定行的数字的整数列。如果该数字小于 1,则该行随后不会显示。例如,一个购物篮中的商品数量
前缀	新行键的前缀。新行键随后是旧行键+前缀+计数器,其中计数器是从 1 到新行数的数字

输入端口

包含一个整数的数据

输出端口

相同的数据,但行相乘。根据数量列重复出相应数量的行

常用前(图中左侧)后(图中右侧)链接节点

数学公式	6 %	军阶	8 %
行过滤器	6 %	列过滤器	7 %
列过滤器	6 %	数学公式	7 %
常量值列	5 %	计数器生成	6 %
王匠	4 %	字处理	4 %

资料参考网站:https://nodepit.com/

表 8-42　OSM Map to Image 节点

节点编号	节点名称	图标	案例编号
O002	OSM Map to Image	**OSM Map to Image** Node 1	(30)

节点概述

生成"Open Street Map"(http://www.openstreetmap.org/)的选定部分的图像。也可以选择将一些感兴趣的点(地图标记)放在上面。KNIME 当中有非常丰富的地图类控件,由于其开源兼容特性,与很多开源地图类资源都可以链接

续表 8-42

"选择"选项卡

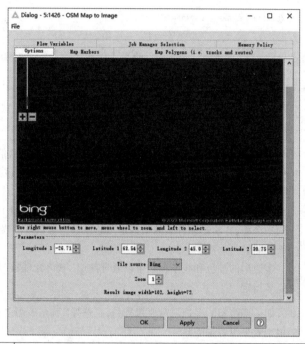

选择	帮助映射到选择图像部分。使用鼠标右键移动,鼠标滚轮或左键双击缩放,左键选择
经度 1/纬度 1	矩形图像部分的第一个点的坐标
经度 2/纬度 2	矩形图像部分的第二个点的坐标
图块源	将从中加载用于创建图像的单幅图块的源
缩放	结果图像的细节层次。选定的坐标和缩放决定了最终的图像尺寸。请注意,如果图像尺寸非常大,生成图像可能需要相当长的时间

"地图标记"选项卡

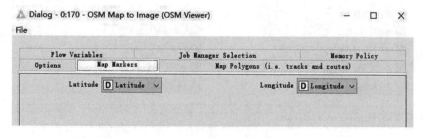

纬度/经度	包含要覆盖在生成的图像上的兴趣点(地图标记)的坐标的列。标记的外观由行属性决定,并且可以使用相应的节点(形状、大小、颜色管理器节点)进行设置

续表 8-42

"地图多边形"选项卡

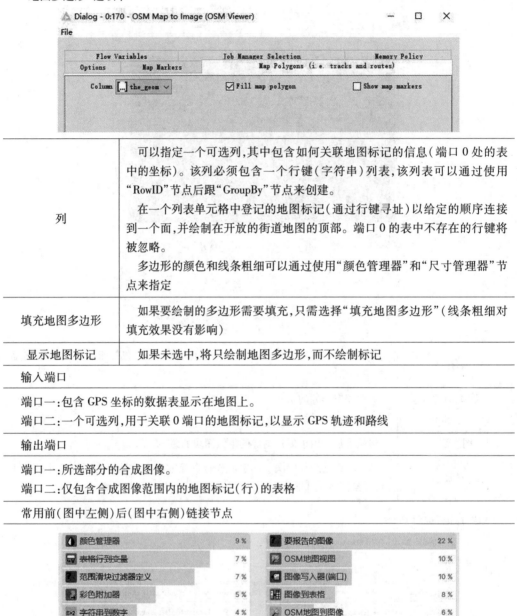

列	可以指定一个可选列,其中包含如何关联地图标记的信息(端口 0 处的表中的坐标)。该列必须包含一个行键(字符串)列表,该列表可以通过使用"RowID"节点后跟"GroupBy"节点来创建。 在一个列表单元格中登记的地图标记(通过行键寻址)以给定的顺序连接到一个面,并绘制在开放的街道地图的顶部。端口 0 的表中不存在的行键将被忽略。 多边形的颜色和线条粗细可以通过使用"颜色管理器"和"尺寸管理器"节点来指定
填充地图多边形	如果要绘制的多边形需要填充,只需选择"填充地图多边形"(线条粗细对填充效果没有影响)
显示地图标记	如果未选中,将只绘制地图多边形,而不绘制标记

输入端口

端口一:包含 GPS 坐标的数据表显示在地图上。
端口二:一个可选列,用于关联 0 端口的地图标记,以显示 GPS 轨迹和路线

输出端口

端口一:所选部分的合成图像。
端口二:仅包含合成图像范围内的地图标记(行)的表格

常用前(图中左侧)后(图中右侧)链接节点

颜色管理器	9 %	要报告的图像	22 %
表格行到变量	7 %	OSM地图视图	10 %
范围滑块过滤器定义	7 %	图像写入器(端口)	10 %
彩色附加器	5 %	图像到表格	8 %
字符串到数字	4 %	OSM地图到图像	6 %

资料参考网站:https://nodepit.com/

表 8-43 Pivoting 节点

节点编号	节点名称	图标	案例编号
P001	Pivoting	Pivoting Node 1	(4)(6)(20) (22)(25)(34)

节点概述

使用选定数量的列进行分组和透视,对给定的输入表执行透视。分组列将产生唯一的行,由此透视值将变成每组列组合以及每种聚合方法的列。此外,该节点返回总计仅基于组列,以及仅基于透视列,从而产生一行;作为备选,可以形成非透视的总聚合值。

该节点使用数据透视将一维数据转为二维表格,另有"Unpivoting"节点作为其逆操作节点。

要更改多个列的聚合方法,请选择要更改的所有列,用鼠标右键单击打开上下文菜单,然后选择要使用的聚合方法。

可用聚合方法的详细说明可在节点对话框的"说明"选项卡中找到

群组设置

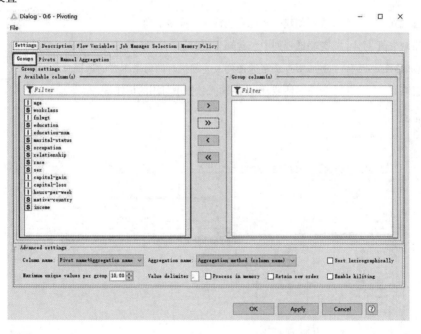

分组列	选择一个或多个列,根据这些列创建组行

续表 8-43

透视设置

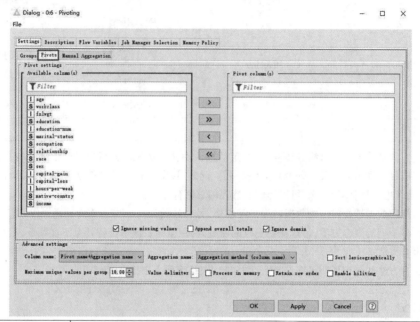

透视列	根据创建的透视列选择一个或多个列
忽略缺失值	忽略透视列中包含缺失值的行
追加总计	追加所有选定透视列上一起执行的每个聚合的透视总计
忽略域	忽略属性域,仅使用输入数据中可用的可能值

手动汇总

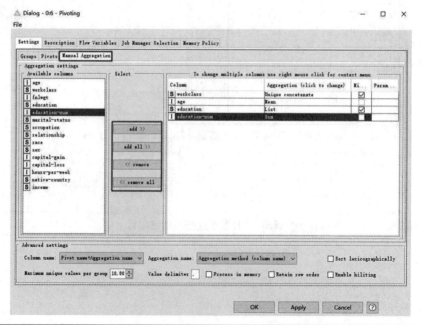

续表 8-43

聚合方法	从可用列列表中选择一个或多个要聚合的列。在表的聚集列中更改聚集方法。可以多次添加同一列。要更改多个列的聚合方法,请选择要更改的所有列,用鼠标右键单击打开上下文菜单,然后选择要使用的聚合方法。勾选缺失框以包括缺失值。如果聚合方法不支持缺失值,则可能会禁用此选项。"参数"列显示了一个"编辑"按钮,用于所有需要附加信息的聚合操作符。点击"编辑"按钮打开参数对话框,允许更改操作符特定设置

高级设置

列名	结果透视列的名称取决于所选的命名架构。 • 透视名称+聚合名称:首先使用透视名称,然后聚合名称通过+字符连接。保留原始列名。请注意,使用此列命名选项时,所有聚合列只能使用一次,以防止列名重复。 • 聚合名称+透视名称:首先使用聚合名称,然后透视名称通过+字符连接。 • 透视名称:仅使用透视名称。请注意,该选项仅支持选择一种聚合方法,以确保列名的唯一性。
聚合名称	生成的聚合列的名称取决于所选的命名方案。 • 保留原始名称:保留原始列名。请注意,使用此命名选项时,所有聚合列只能使用一次,以防止列名重复。 • 聚集方法(列名):首先使用聚集方法,并将列名附加在括号中。 • 列名(聚合方法):首先使用列名,并将聚合方法附加在括号中。 如果未在聚合设置中勾选缺失值选项,则所有聚合方法都会附加一个" * ",以区分在聚合过程中考虑缺失值的列和不考虑缺失值的列
按字典顺序排序	按字典顺序对属于同一逻辑组的所有列进行排序,即透视表(聚合)、组和汇总
每组的最大唯一值	定义每组唯一值的最大数量,以避免内存过载问题。在计算过程中,将跳过所有具有更多唯一值的组,在相应的列中设置缺失值,并显示警告
值分隔符	聚合方法(如串联合并)使用的值分隔符
内存中的进程	处理内存中的表。需要更多内存,但速度更快,因为表在聚合之前不需要排序。内存消耗取决于唯一组的数量和所选的聚合方法。输入表的行顺序会自动保留

续表 8-43

保留行顺序	保留输入表的原始行顺序。可能会导致更长的执行时间。如果选择了"在内存中处理"选项,将自动保留行顺序
启用高亮	如果启用,组行的高亮设置将在其他视图中高亮该组的所有行。根据行数,启用此功能可能会消耗大量内存
缺失值	如果为列聚合表中的相应行勾选了"缺失值"选项,则在聚合过程中会考虑缺失值。一些汇总方法不支持选择"缺失值"选项,如平均值

输入端口

要透视的输入表

输出端口

端口一:数据透视表。

端口二:包含每个已定义组的总计的表。也就是说,每个组的聚合忽略透视组。该表可以与数据透视表连接(两个表的行索引值表示相同的组)。该表将包含与数据中的不同组一样多的行,以及与所选聚合一样多的列。该表与"GroupBy"节点的输出相同,其中相应地选择了"组"和"聚合"列。

端口三:包含数据透视表的聚合值的单行表。表格结构与数据透视表相同(如果选择了"追加总计",可能会增加总计)。该表通常与数据透视表和组表连接后得到的表连接在一起

常用前(图中左侧)后(图中右侧)链接节点

分组依据	11 %	漏测值	9 %
行过滤器	9 %	Excel Writer	6 %
规则引擎	5 %	列重命名	5 %
列过滤器	4 %	数学公式	5 %
连锁的	4 %	条形图	4 %

资料参考网站:https://nodepit.com/

表 8-44   Python Script 节点

节点编号	节点名称	图标	案例编号
P002	Python Script	 **Python Script** ▶ 🐍 ▶ ••• ■□□ **Node 1**	(15)(29) (31)(32)

节点概述

该节点允许在本地 Python 3 环境中执行 Python 脚本。环境必须在下配置文件→首选项→KNIME→Python 或通过流变量,如 KNIME Python 集成指南。各种类型的多个输入和输出端口可以动态地添加到节点中,并在脚本中使用。参见端口和编辑的介绍章节,了解所有可用输入和输出的描述,以及如何在 Python 脚本中访问它们。此外,该节点允许通过 knime. scripting. jupyter 可以在脚本中导入的模块。参见 API 文档获取完整 API 的详细描述

与传统 KNIME Python 集成的节点相比,该节点带来了显著的性能改进,并支持处理大于内存的数据。可以找到关于如何过渡到节点的新脚本 API 的更多细节。还有一些示例工作流进一步说明了它的用法以及示例模板节点的选项卡。

使用此节点之前,请满足以下前提条件:

• py4j 和 pyarrow 包需要在特定版本的 Python 3 环境中安装。我们建议通过 File→Preferences→KNIME→Python 创建一个包含这些包的新 Conda 环境。

• Columnar Backend 应启用以获得最佳性能

"脚本"选项卡

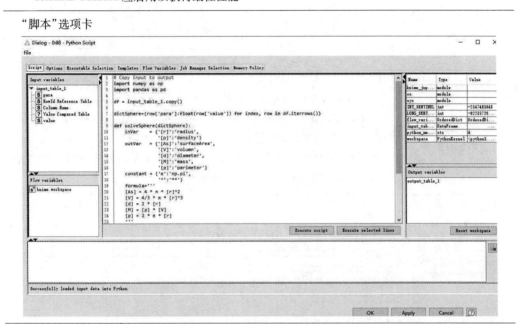

编辑器	编辑器允许配置 Python 脚本(参见附录例子),该脚本将在稍后执行该节点时运行。在脚本中,使用 knime. scripting. io 模块(导入为 knio 默认情况下)访问节点的输入数据并填充其输出数据,如港口下面的部分。使用 knio. flow _variables 字典按名称访问输入流变量,并按名称添加新的输出流变量。 执行脚本和执行选定的行允许在对话框中执行脚本或其选定部分,而不必执行整个节点。可以通过编辑器右侧的工作区检查执行的输出。请注意,对话框中的所有执行都共享和重用同一个工作区。也就是说,先前执行的输出保存在工作区中,在那里它们对后面的执行是可见的。可以用重置工作空间,如果想使工作区独立于所有以前的执行,请在执行之前清除工作区。在对话框之外,整个节点的执行总是相互独立的。 编辑器可以选择提供自动完成功能(通过按 Ctrl + Space),如果 Python 模块被安装在节点使用的 Python 环境中(如果 Python 环境是通过 KNIME 创建的,则为默认值)
工作空间	编辑器面板右侧的窗格是工作区,列出了正在运行的 Python 实例中当前定义的标识符。重置工作空间删除所有以前脚本执行的输出

续表 8-44

控制台	编辑器面板下方的控制台显示正在运行的 Python 实例的标准输出和标准错误以及其他信息

"可执行选择"选项卡

Conda 环境传播（Python 3）	允许选择是从 KNIME 首选项还是从 flow 变量获取 Python 3 可执行文件。 ● 使用 KNIME 首选项：使用在文件→首选项→KNIME→Python 下配置的 Python 3 可执行文件来执行节点； ● 使用 Conda 流变量：使用由选定的 Conda 流变量传播的 Conda 环境来执行节点。传播的环境必须是 Python 3 环境。

"模板"选项卡

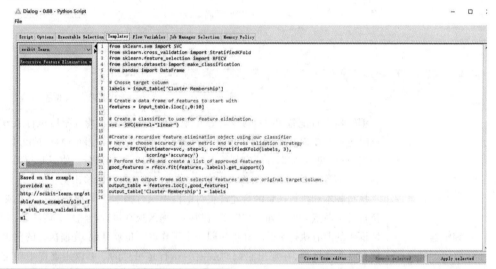

从编辑器创建…	点击此按钮，根据脚本选项卡的编辑器面板中的脚本创建一个新模板
移除所选内容	点击此按钮移除所选模板。不能删除内置模板
应用选定内容	用选定的模板替换"脚本"选项卡的编辑器面板中的脚本

续表 8-44

"模板"选项卡

脚本	控制此节点执行的 Python 脚本
Python3 _命令	控制该节点使用哪个 Python 3 可执行文件。流变量接受 Python 可执行文件、启动脚本或 Conda 环境的路径,如 KNIME Python 集成安装指南

输入端口

端口一:一个输入对象。输入对象会自动取消拾取。可以通过以下方式访问它们 knio. input_ob-jects。例如,第一个输入对象可以这样访问:knio. input_objects[0]。

端口二:输入表。可以通过以下方式访问输入表 knio. input_tables。例如,第一个输入表可以这样访问:knio. input_tables[0]。每个表都是类型的实例 knio. Table。在能够使用该表之前,必须将其转换为,例如,一个 pandas. DataFrame 或者一个 pyarrow. Table。请参考 KNIME Python 集成指南了解如何做到这一点,或者查看模板节点的选项卡

输出端口

端口一:输出表。该表必须通过以下方式填充 knio. output_tables 在你的剧本里。例如,要填充第一个输出表,请为其分配如下值:knio. ouput_tables[0] = <value>。分配的值必须是类型的实例 knio. Table,例如,它可以从 pandas. DataFrame 或者一个 pyarrow. Table。请参考 KNIME Python 集成指南了解如何做到这一点,或者查看模板节点的选项卡。

端口二:输出图像。图像必须通过以下方式填充 knio. output_images 在你的剧本里。例如,要填充第一个输出图像,请为它指定一个值,如下所示 knio. output_images[0] = <value>。分配的值必须是编码 PNG 或 SVG 图像的类似字节的对象。

端口三:输出对象。该对象必须通过 knio. output_objects。例如,要填充第一个输出对象,请为其赋值,如下所示:knio. output_objects[0] = <value>。赋值可以是任何类型的,可以被自动转化

常用前(图中左侧)后(图中右侧)链接节点

续表 8-44

Python脚本(传统)	14%	Python脚本	15%
Python脚本	10%	计时器信息	11%
康达环境传播	9%	分量输出	10%
列过滤器	6%	表格差异检查器	7%
数据生成程序	6%	环端	5%

资料参考网站：https://nodepit.com/

表 8-45　Polynomial Regression Learner 节点

节点编号	节点名称	图标	案例编号
P003	Polynomial Regression Learner	**Polynomial Regression Learner** ▶ ⫚ ▶ ▶ ■■■ Node 1	（19）

节点概述

该节点对输入数据执行多项式回归，并计算最小化平方误差的系数。用户必须选择一列作为目标（因变量）和多个自变量。默认情况下，计算二次多项式，可以在对话框中更改

"回归设置"选项卡

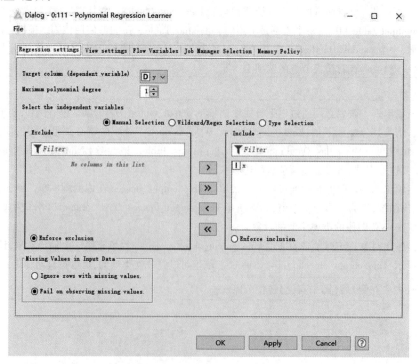

续表 8-45

目标列	包含从属"目标"变量的列
多项式次数	多项式回归函数应该具有的最大次数
列选择	选择包含独立变量的列,并将它们移动到"包含"列表中

"查看设置"选项卡

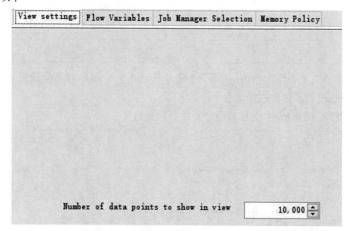

要在视图中显示的 数据点数	该选项可用于更改节点视图中数据点的数量,例如,如果有太多的点。默 认值为 10 000 点

输入端口

可以在对话框中配置输入样本,哪些列用作独立变量。输入不得包含缺失值,必须通过使用缺失值节点等方式修复它们

输出端口

端口一:计算出的回归系数作为 PMML 模型用于回归预测。
端口二:用学习的模型和相应的误差分类的训练数据。
端口三:将计算出的回归系数作为一个表,其中包含与训练数据相关的统计信息

常用前(图中左侧)后(图中右侧)链接节点

分割	18 %	回归预测器	66 %
x分割器	6 %	散点图	3 %
Excel阅读器	4 %	线形图	2 %
线性回归学习者	4 %	Excel Writer (XLS)	2 %
行过滤器	3 %	Excel Writer	1 %

资料参考网站:https://nodepit.com/

表 8-46　Reference Row Filter 节点

节点编号	节点名称	图标	案例编号
R001	Reference Row Filter	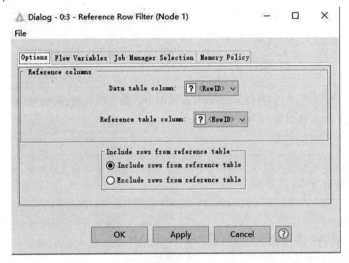	(2)

节点概述

此节点允许使用第二个表作为引用,从第一个表中筛选出行。根据对话框设置,引用表中的行会包含在输出表中,也可能不包含在输出表中。

在测试"包含/排除"的过程中,会比较两个表中所选列的值

"选择"选项卡

数据表列	要筛选的表中用于比较的列
参考表列	筛选表中用于比较的列
在引用表中/ 从引用表中排除行	在第一个输入的结果表中包括或排除引用表中的所有行

输入端口

端口一:包含或排除行的表
端口二:用作引用过滤器的表格行。

输出端口

带有筛选行的表

常用前(图中左侧)后(图中右侧)链接节点

续表 8-46

行过滤器	13 %	分组依据	11 %
分组依据	8 %	行过滤器	7 %
表格创建者	6 %	参考行过滤器	7 %
参考行过滤器	4 %	连锁的	6 %
基于规则的行过滤器	4 %	列过滤器	5 %

资料参考网站：https://nodepit.com/

表 8-47　Rule Engine 节点

节点编号	节点名称	图标	案例编号
R002	Rule Engine	**Rule Engine** ▶ ☑ ▶ ● ● ○ Node 1	(4)(9)(22) (25)(30)

节点概述

该节点获取用户定义的规则列表，并尝试将它们与输入表中的每一行进行匹配。如果规则匹配，其结果值将添加到新列中。定义顺序中的第一个匹配规则决定了结果。

每条规则由一条线表示。要添加注释，请用以下内容开始一行"//"（注释和规则不能放在同一行）。"//"之后不会被解释为规则。规则由条件部分（前提条件）组成，该条件部分的计算结果必须为真实的或者错误的，以及一个结果（结果，在"=>"符号之后），如果规则匹配，该结果将被放入新列。

规则的结果可能是以下任何一项：字符串（介于"或者/）、数字、布尔常量、对另一列的引用或流变量值。"outcome"列的类型是所有可能结果的公共超类型（包括永远不匹配的规则）。如果没有匹配的规则，则结果是缺失值。

列的名称用 $ ，数字用通常的十进制表示。请注意，字符串不能包含（双引号）。流变量表示为" $ $ ｛TypeCharacterAndFlowVarName｝ $ $ "。对于双精度（实）值，类型字符应为"D"，对于整数值应为"I"，对于字符串应为"S"。可以手动插入列名或流变量，也可以在对话框的列表中通过双击添加表达式。

逻辑表达式可以用括号分组。它们的优先规则如下：NOT 结合优先，然后是 AND，XOR，OR。比较运算符总是优先于逻辑连接词。所有运算符（及其名称）都区分大小写。

行索引表示行键字符串，则 ROWINDEX 是行的索引（第一行有 0 值），而 ROWCOUNT 代表表格中的行数。

在 Rule Engine 中编写规则的例子，图示如下：

续表 8-47

一些示例规则(每个规则应在一行中):

// This is a comment

`$Col0$ > 0 => "Positive"`

当 Col0 中的值大于 0 时,将正数赋给结果列值(如果前面没有匹配的规则)。

`$Col0$ = "Active" AND $Col1$ <= 5 => "Outlier"`

可以组合条件。

`$Col0$ LIKE "Market Street*" AND`

`($Col1$ IN ("married", "divorced")`

       `OR $Col2$ > 40) => "Strange"`

`$Col0$ MATCHES $${SFlowVar0}$$ OR $$ROWINDEX$$ < $${IFlowVar1}$$`

`=>`

    `$Col0$`

使用括号,可以组合多个条件。第二种情况下的结果来自其中一列。

`$Col0$ > 5 => $${SCol1}$$`

结果也可以来自流变量。

可以使用 Ctrl+Space 插入预定义的部分,或者从上部控件中选择它们。

以下比较结果为真(其他值既不小于也不大于或等于缺失值和 NaN 值):

- ? =, <=, >= ?
- NaN =, <=, >= NaN

续表 8-47

"规则编辑器"选项卡

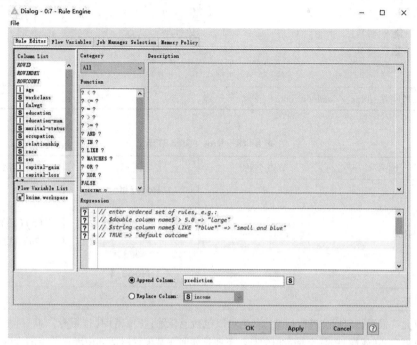

注:规则是十分灵活的,可以构成千变万化的逻辑,将在具体的实例中加以介绍

列列表	可用列,可用作规则中的变量(双击选项可添加逻辑表达式)
流变量列表	可用的流变量,可用作规则中的变量(双击选项可添加逻辑表达式)
种类	操作类别
功能	所选类别中有效运算符的列表
描述	关于操作的简短帮助
表示	规则编辑器。可以用 Ctrl+Space 完成表达式。每行代表一条规则。该行的红色背景表示有错误,编辑器的左侧会显示一个错误图标
追加列	包含规则结果的新追加列的名称
替换列	要替换的列

输入端口
任何数据表

输出端口
带有附加列的输入表,其中包含每行匹配规则的结果

常用前(图中左侧)后(图中右侧)链接节点

续表 8-47

☑ 规则引擎	11%	☑ 规则引擎	11%
⊠ 数学公式	6%	⊣ 分组依据	9%
⊣ 分组依据	5%	⊣ 列过滤器	7%
⇄ 行过滤器	5%	⇄ 行过滤器	6%
⊠ 字处理	4%	⊠ 连锁的	4%

资料参考网站：https://nodepit.com/

表 8-48　Row Filter 节点

节点编号	节点名称	图标	案例编号
R003	Row Filter	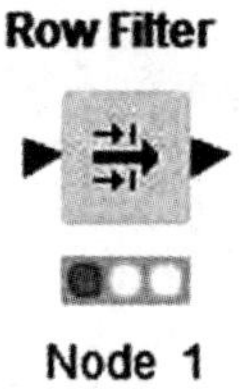 **Row Filter** ▶ ⇄ ▶ ⬤◻◻ **Node 1**	（5）（13）（16） （24）（32）（33）

节点概述

该节点允许根据特定标准进行行过滤。它可以包括或排除：特定范围（按行号）、具有特定行索引的行以及可选列（属性）中具有特定值的行。下面是如何在其配置对话框中配置节点的步骤。注意：节点不会改变数据表的域。即：即使一个边界或一个值被完全过滤掉，表"spec"中的上限和下限或可能值也不会被修改

"过滤条件"选项卡

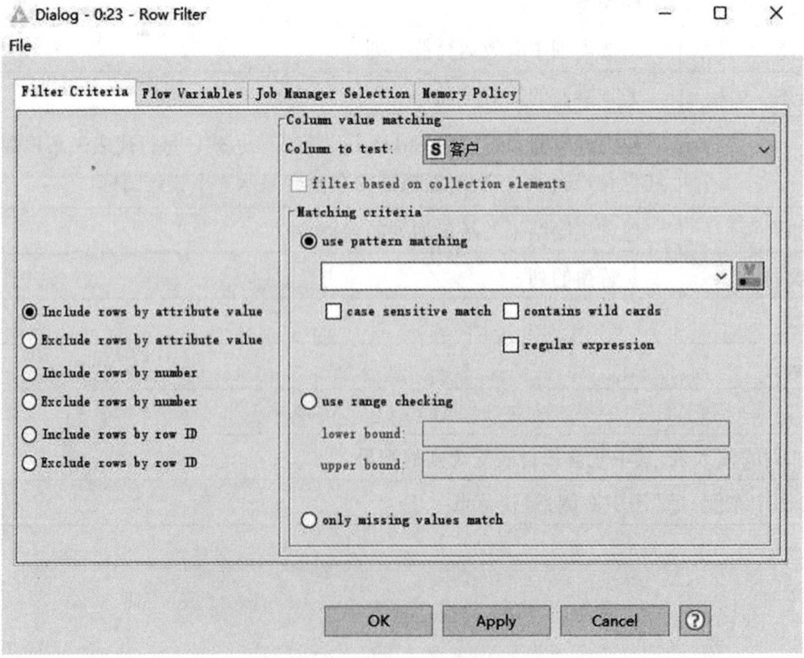

续表 8-48

根据条件包含或排除行	必须首先从左侧选择用于过滤的标准。还可以根据所选标准选择是"包括"还是"排除"行,这取决于建立哪种逻辑更为简单。根据您的选择,必须在右侧面板中调整过滤器参数
列值匹配	如果选择了按属性值筛选,请选择其值应匹配的列的名称。如果所选列是集合列,则"基于集合元素的筛选"选项允许根据集合的元素而不是其字符串表示来筛选每一行。然后,为字符串匹配输入模式,或为范围过滤输入值范围。使用模式匹配时,可以根据模式是包含通配符还是正则表达式来设置复选标记。通配符模式包含"＊"(匹配任何字符序列)和"?"(匹配任意一个字符)。下面给出了正则表达式的例子。此外,可以通过相应的复选标记启用区分大小写的匹配。注意:如果从模式文本字段的下拉菜单中选择一个模式,节点仍会对数据值的字符串表示形式进行比较。 如果指定了一个范围,并且只指定了一个边界,则另一个边界将被设置为(正或负)无穷大。 以下是正则表达式的一些示例: "^foo.＊"匹配任何以"foo"开头的内容。'^'-character 代表单词的开头,点号匹配任何(一个)字符,星号允许前一个字符的任何数字(包括零)。 "[0-9]＊"匹配任何数字字符串(包括空字符串)。"[ ]"定义一组字符(它们可以单独添加,如[0123456789]或按范围)。该集合匹配集合中包含的任何(一个)字符。 有关正则表达式的完整解释,请参考相关书籍或者视频资料
行号范围	如果选择了"按范围过滤",请指定要包含/排除的第一个行号。范围的结尾可以由行号指定,也可以设置为表的结尾,从而导致所有剩余的行被包含/排除
行索引模式	如果选择了"按行索引筛选",请指定一个正则表达式,该表达式将与每行的行索引相匹配。如果应该执行区分大小写的匹配,并且行索引应该以指定的模式开头,则可以设置复选标记

输入端口

从中筛选行的数据表

输出端口

包含符合指定标准的行的数据表

常用前(图中左侧)后(图中右侧)链接节点

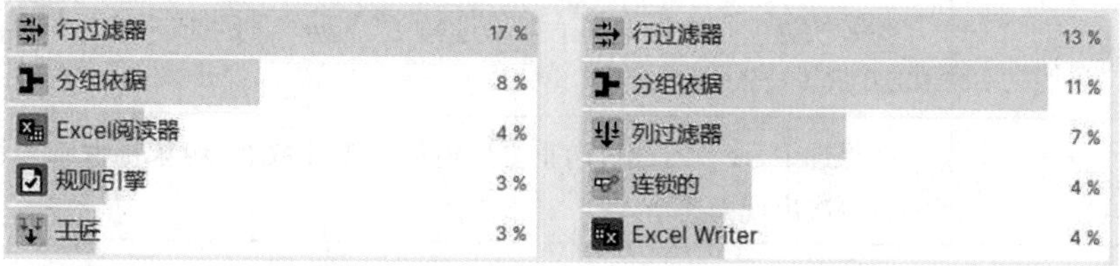

行过滤器	17 %	行过滤器	13 %
分组依据	8 %	分组依据	11 %
Excel阅读器	4 %	列过滤器	7 %
规则引擎	3 %	连锁的	4 %
王匠	3 %	Excel Writer	4 %

资料参考网站:https://nodepit.com/

表 8-49　RowID 节点

节点编号	节点名称	图标	案例编号
R004	RowID	RowID Node 1	(7)(23)(24)

节点概述

此节点可用于将输入数据的行索引替换为另一列的值（通过将值转换为字符串）或格式为 Row0,Row1,Row2,... 用户有额外的选项来确保唯一性和处理缺失值。

它还可以用于创建一个新列，该列包含行索引作为值。

如果选择了这两个选项，则该节点会向表中追加一个包含当前行索引值的新列，并用所选列或生成的行索引的值替换当前行索引。

注意：如果"启用高亮"选项被禁用，则突出显示在此节点上不起作用

"选择"选项卡

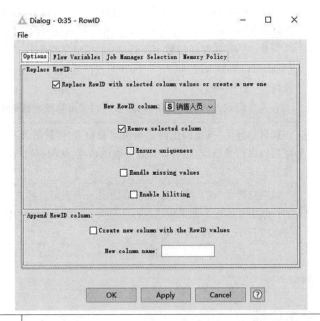

用选定的列值 替换行索引	如果选中，该节点会用所选列的相应字符串值（不唯一将报错）或生成的键替换每个行索引
新行索引列	要替换当前行索引的列。如果选择了"None"，将生成一个行索引，格式为：Row0,Row1,Row2,...
确保唯一性	如果选中，该节点通过向重复项追加一个计数器(x)来确保唯一性，其中 x 随着每次出现而递增

续表 8-49

处理缺失值	所有缺失值都替换为"？"如果勾选了此复选框。我们建议激活"确保唯一性"复选框，以处理任何重复的缺失值
启用高亮突出	如果启用，将保持将旧行索引与新行索引连接起来的映射。根据行数，启用此功能可能会消耗大量内存
用行索引值创建新列	如果选中此项，节点将使用当前行索引的值创建一个新列
新列名	正在添加到表中的新列的名称

输入端口

要处理的数据表

输出端口

具有替换的行索引的数据和/或具有当前行索引值的新列

常用前（图中左侧）后（图中右侧）链接节点

资料参考网站：https://nodepit.com/

表 8-50　Rank 节点

节点编号	节点名称	图标	案例编号
R005	Rank	Rank Node 1	（9）（16）

节点概述

对于每个组，基于所选择的分级属性和分级模式来计算单独的分级。用户必须至少提供一个计算排名所依据的属性。

这些组由分组属性的唯一值组合决定。如果没有提供分组属性，将为整个表计算一个排名。

缺失值被认为是可能的最大值。

输入表中的列将被称为"属性"，以避免与对话框中的表结构相混淆

续表 8-50

"选择"选项卡

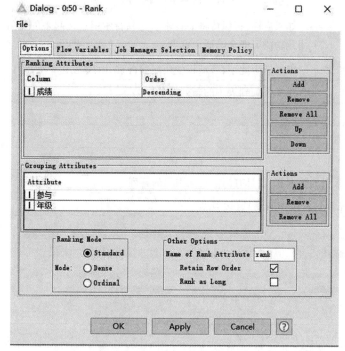

注:要注意排名模式的细微差别,下方有详细介绍。可以通过自行尝试,体会变化

排名属性	可以通过相应的按钮来添加、删除和区分等级属性的优先级。要更改选定的属性,用户可以单击属性名称,打开包含所有可用属性的下拉菜单。这同样适用于排名顺序、选项。 排名表中的第一个属性具有最高的排名优先级,只有当表中更高的属性出现平局时,后面的所有属性才会起作用。 可以通过单击表中的一个属性名称并在下拉菜单中选择所需的属性来选择属性。 对于每个属性,用户可以选择是按升序还是降序来计算排名。为此,单击相应等级属性的顺序,并选择所需的值
分组属性	可以通过相应的按钮添加和删除等级属性。 可以通过单击属性名称并在下拉菜单中选择所需的属性来选择属性
排名模式	有三种可能的排名模式: • 标准:等级属性中具有相同值的行获得相同的等级,而具有不同值的下一行获得的等级根据具有相同等级的行数而增加,因此排名有差距; • 密集:等级属性中具有相同值的行获得相同的等级,但是具有下一个不同值的行获得的等级仅增加 1; • 序数:排名是连续的,即使在排名属性中具有相同值的行也会获得唯一的排名

续表 8-50

等级属性的名称	追加的排名列应该具有的名称。不允许空名称
保留行顺序	如果选中,将保留原始行顺序。只有在真正必要时才应选中此选项,因为行顺序的恢复是运行时密集型的
排名一样长	如果附加的等级属性应为 Long 类型,请选中此选项。建议仅在输入表非常大时使用此选项。否则,INT 类型将足以捕获所有等级

输入端口
要排序的数据

输出端口
包含附加等级列的表格

常用前(图中左侧)后(图中右侧)链接节点

分组依据	12 %	行过滤器	14 %
数学公式	9 %	基于规则的行过滤器	7 %
行过滤器	6 %	数学公式	7 %
分类机	6 %	分类机	6 %
基于规则的行过滤器	4 %	分组依据	5 %

资料参考网站:https://nodepit.com/

表 8-51　Regression Predictor 节点

节点编号	节点名称	图标	案例编号
R006	Regression Predictor	**Regression Predictor** Node 1	(19)

节点概述

　　使用回归模型预测响应。该节点需要连接到回归节点模型和一些测试数据。只有当测试数据包含学习者模型使用的列时,它才是可执行的。该节点向包含每行预测的输入表追加一个新列。

　　可以使用"线性回归学习器"节点或"多项式回归学习器"节点来创建回归模型。

　　某工作流局部,典型的连接方式:

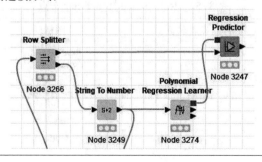

续表 8-51

"设置"选项卡

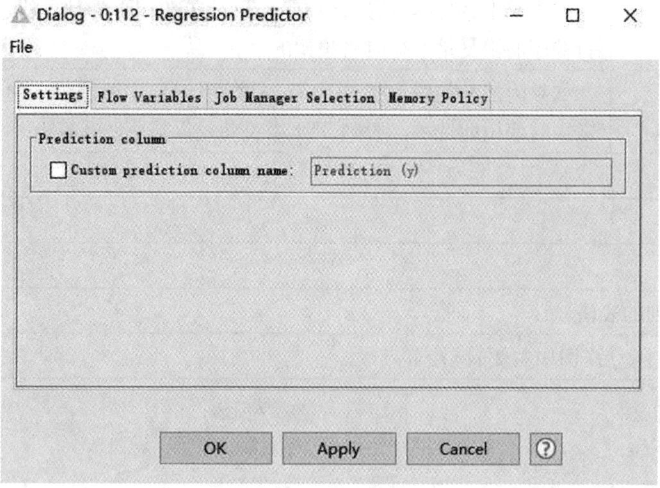

自定义预测列名称	允许为追加到输入表的预测列指定自定义名称。如果未选中该复选框,则默认使用"预测(目标)"(其中目标是所提供的回归模型的目标列的名称)

输入端口

端口一:回归模型。
端口二:预测表。缺失值将在输出中给出缺失值

输出端口

带有附加预测列的输入表

常用前(图中左侧)后(图中右侧)链接节点

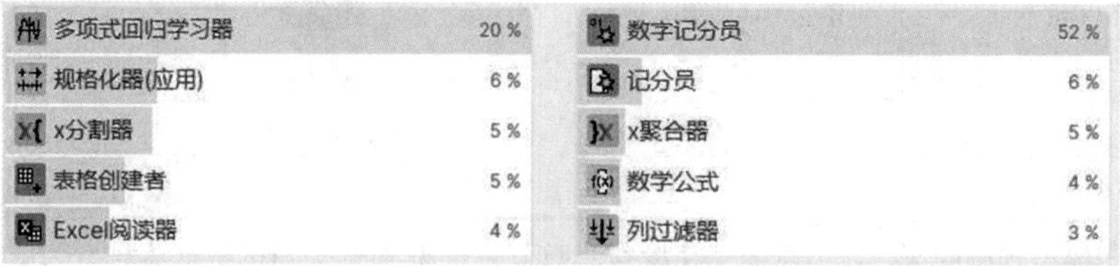

资料参考网站:https://nodepit.com/

表 8-52　Rule-based Row Filter 节点

节点编号	节点名称	图标	案例编号
R007	Rule-based Row Filter	 **Rule-based Row Filter** ▶▪→▶ ▪□□ Node 1	(23)(33)

节点概述

该节点获取用户定义的规则列表,并尝试将它们与输入表中的每一行进行匹配。如果第一个匹配规则具有"TRUE"结果,将选择该行进行包含。否则(即如果第一个匹配规则产生"FALSE")就会被排除。如果没有匹配的规则,该行将被排除。包含和排除可以颠倒,请参见下面的选项。

每条规则由一条语句表示。要添加注释,请用以下内容开始一行//(注释和规则不能放在同一行)。之后呢//不会被解释为规则。规则由条件部分(前提条件)组成,该条件部分的计算结果必须为"TRUE"或者"FALSE",以及一个结果(结果,在= >符号之后),它是"TRUE"或者"FALSE"。

如果没有匹配的规则,结果将被视为匹配"FALSE"。

列的名称用 $,数字用通常的十进制表示。请注意,字符串不得包含(双引号)(在这种情况下,请使用以下语法:/Oscar Wilde's wisdom: "Experience is simply the name we give our mistakes. "/)。流变量由下式表示" $ $ {TypeCharacterAndFlowVarName} $ $ "。对于双精度值,TypeCharacter 应为"D",对于整数值为"I",对于字符串应为"S"。

逻辑表达式可以用括号分组。它们的优先规则如下:NOT 结合最优先,然后是 AND, XOR, OR。比较运算符总是优先于逻辑连接词。所有运算符(及其名称)都区分大小写。

行索引表示行索引字符串,则 ROWINDEX 是行的索引(从 0 开始),而 ROWCOUNT 代表表格中的行数。

一些示例规则(每个规则应在一行中):

//This is a comment

$ Col0 $ > 0 = > TRUE

当 Col0 中的值大于 0 时,我们选择该行(如果没有先前的规则与 FALSE 结果匹配)。

$ Col0 $ = "Active" AND $ Col1 $ <= 5 = > TRUE

可以组合条件。

$ Col0 $ LIKE "Market Street * " AND

($ Col1 $ IN ("married", "divorced")

　　　OR $ Col2 $ > 40) = > FALSE

使用括号,可以组合多个条件。

$ Col0 $ MATCHES $ $ {SFlowVar0} $ $ OR $ $ ROWINDEX $ $ < $ $ {IFlowVar1} $ $
= > FALSE

流变量、表常量也可以出现在条件中。

可以使用 Ctrl+Space 插入预定义的部分,或者从上部控件中选择它们。

以下比较结果为真(其他值既不小于也不大于或等于缺失值和 NaN 值):

- ? = , <= , >= ?
- NAN = , <= , >= NAN

续表 8-52

"规则编辑"选项卡

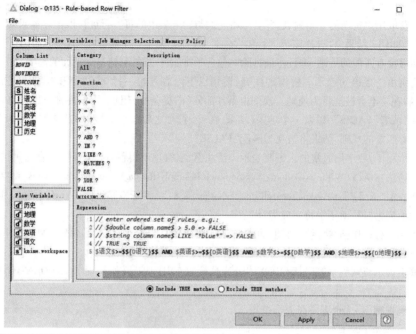

列列表	可用列,可用作规则中的变量
流变量列表	可用的流变量,可用作规则中的变量
种类	操作符类别
功能	所选类别中有效运算符的列表
描述	关于操作符的简短帮助
表示	规则编辑器。可以用 Ctrl+Space 完成表达式。每行代表一条规则。该行的红色背景表示有错误,编辑器的左侧会显示一个错误图标
包括真实匹配	一行将被包含,如果第一个匹配的规则具有"TRUE"结果,则在输出中包含。如果第一个匹配规则的结果为"FALSE",或者没有匹配的规则,则将在输出中排除该行
排除正确匹配	一排将被排除掉,如果第一个匹配的规则具有"TRUE"结果,则在输出中包含。如果第一个匹配规则的结果为"FALSE",或者没有匹配的规则,则将在输出中包含该行

输入端口
从中筛选行的任何数据表

输出端口
包含行形成的数据表

常用前(图中左侧)后(图中右侧)链接节点

续表 8-52

图标	名称	%	图标	名称	%
	基于规则的行过滤器	9 %		分组依据	15 %
	分组依据	9 %		基于规则的行过滤器	8 %
	行过滤器	6 %		列过滤器	7 %
	列过滤器	5 %		连锁的	4 %
	王匠	4 %		行过滤器	4 %

资料参考网站:https://nodepit.com/

表 8-53　Row Splitter 节点

节点编号	节点名称	图标	案例编号
R008	Row Splitter	**Row Splitter** Node 1	(31)

节点概述

此节点的功能与行筛选器节点完全相同,只是它有一个额外的输出,提供被筛选掉的行。出于性能和磁盘空间的原因,可能需要考虑使用行筛选器节点。根据过滤标准(节点设置),上部端口的表(索引为 0)包含结果中包含的行。较低的端口(索引为 1)提供了一个表,其中包含所有不符合过滤标准的行。两个输出表中的行数之和与输入表中的行数相同。

以下参考行筛选器节点的节点描述:

该节点允许根据特定标准进行行过滤。它可以包括或排除:特定范围(按行号)、具有特定行索引的行以及可选列(属性)中具有特定值的行。下面是如何在其配置对话框中配置节点的步骤。注意:节点不会改变数据表的域。即:即使一个边界或一个值被完全过滤掉,表"spec"中的上限和下限或可能值也不会被修改

"过滤标准"选项卡

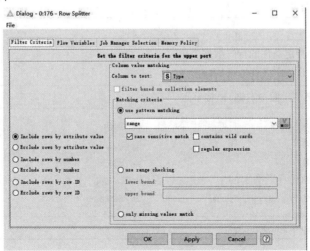

续表 8-53

根据条件包含或排除行	必须首先从左侧选择用于过滤的标准。还可以根据所选标准选择是"包括"还是"排除"行。根据您的选择,必须在右侧面板中调整过滤器参数
列值匹配	如果选择了按属性值筛选,请选择其值应匹配的列的名称。如果所选列是集合列,则"基于集合元素的筛选"选项允许根据集合的元素而不是其字符串表示来筛选每一行。然后,为字符串匹配输入模式,或为范围过滤输入值范围。使用模式匹配时,可以根据模式是包含通配符还是正则表达式来设置复选标记。通配符模式包含"＊"(匹配任何字符序列)和"?"(匹配任意一个字符)。下面给出了正则表达式的例子。此外,可以通过相应的复选标记启用区分大小写的匹配。注意:如果从模式文本字段的下拉菜单中选择一个模式,节点仍会对数据值的字符串表示形式进行比较 如果指定了一个范围,并且只指定了一个边界,则另一个边界将被设置为(正或负)无穷大。 以下是正则表达式的一些示例: "^foo.＊匹配任何以"foo"开头的内容。'^'-character 代表单词的开头,点号匹配任何(一个)字符,星号允许前一个字符的任何数字(包括零)。 "[0-9]＊匹配任何数字字符串(包括空字符串)。"[ ]"定义一组字符(它们可以单独添加,如[0123456789]或按范围)。该集合匹配集合中包含的任何(一个)字符
行号范围	如果选择了"按范围过滤",请指定要包含/排除的第一个行号。范围的结尾可以由行号指定,也可以设置为表的结尾,从而导致所有剩余的行被包含/排除
行索引模式	如果选择了"按行索引筛选",请指定一个正则表达式,该表达式将与每行的行索引相匹配。如果应该执行区分大小写的匹配,并且行索引应该以指定的模式开头,则可以设置复选标记

输入端口

从中筛选行的数据表

输出端口

端口一:包含符合指定条件的行的数据表;
端口二:包含不符合指定条件的行的数据表

常用前(图中左侧)后(图中右侧)链接节点

行分割器	6 %		连锁的	10 %	
行过滤器	6 %		分组依据	7 %	
分组依据	5 %		行分割器	6 %	
列过滤器	4 %		列过滤器	4 %	
规则引擎	3 %		行过滤器	3 %	

资料参考网站:https://nodepit.com/

表 8-54　Read Excel Sheet Names 节点

节点编号	节点名称	图标	案例编号
R009	Read Excel Sheet Names	**Read Excel Sheet Names**  Node 1	（34）

节点概述

该节点读取一个 Excel 文件，并在其输出端口提供包含的工作表名称。

节点的性能是有限的（由于 Apache POI 项目的底层库）。读取大文件需要很长时间。

该节点可以访问各种不同的文件系统

"设置"选项卡

从…读取	参考 E001 节点的相关设置说明
方式	参考 E001 节点的相关设置说明
过滤器选项	参考 E001 节点的相关设置说明
包括子文件夹	参考 E001 节点的相关设置说明
文件、文件夹或 URL	参考 E001 节点的相关设置说明

输入端口

文件系统连接

输出端口

工作簿中包含的工作表名称以及工作簿的路径

常用前（图中左侧）后（图中右侧）链接节点

资料参考网站：https://nodepit.com/

表 8-55　Sunburst Chart 节点

节点编号	节点名称	图标	案例编号
S001	Sunburst Chart	Sunburst Chart Node 1	（7）

节点概述

此图表以放射状布局显示分层数据：图表中心的圆圈代表分层的根节点。更靠外的部分表示位于层次结构更深处的节点。

每个叶子元素都有一个附加的值属性。对于对应于叶节点的部分，面积从叶节点的值属性中导出。对于不对应于叶节点的部分，面积从所有下行叶节点的累积值中导出。

该节点期望数据结构满足某些要求：

- 每行代表从根节点到叶节点的路径；
- 用户选择多个路径列，每个路径列给出了相应层次级别的标签；
- 路径列的数量对应于层次的最大深度；
- 比最大深度短的路径需要用缺失值填充；
- 用户选择的值列给出了叶节点的附加值属性

"选择"选项卡

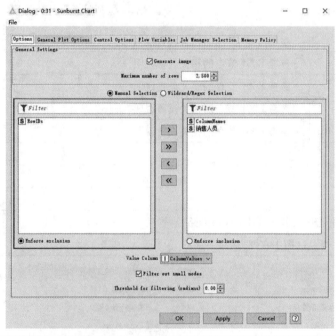

路径列	选择指示叶节点路径的列
频率栏（＊）	选择包含叶节点值信息的列
过滤掉小节点	选中时，不会显示非常小的节点

续表 8-55

过滤阈值(弧度)	无

"常规绘图"选项卡

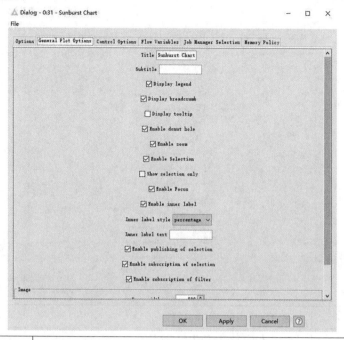

标题(＊)	图表标题
子标题(＊)	图表副标题
显示图例	选中后,将显示图表的图例
显示痕迹导航	选中时,会显示一个痕迹导航(鼠标经过时,等等)。痕迹导航描述了层次结构中的(子)路径
显示工具提示	选中时,当鼠标悬停在单元格上时会显示工具提示
启用环形孔	选中时,将显示一个环形孔
启用缩放	选中后,可以放大图表分区
启用选择	选中时,将启用用户选择
仅显示选择	选中时,仅显示选定的对象
启用焦点	选中时,将启用"聚焦于部分"
启用内部标签	选中时,会显示一个内部标签(鼠标悬停时等)
内部标签样式	选择内部标签使用的累积类型
内部标签文本(＊)	内部标签的文本
发布选择	选中以启用选择事件的发布
订阅选择事件	选中以启用选择事件的订阅
订阅过滤器事件	选中以启用过滤器事件的订阅

续表 8-55

图像	图像生成的设置

"常规绘图"选项卡

启用视图控制	选中以启用图表中的控件
启用标题编辑	选中此项可在视图中编辑标题
启用字幕编辑	选中此项可在视图中编辑字幕
启用过滤微小节点开关	选中此项可启用视图中小节点过滤的切换
启用图例切换	选中此项可启用视图中图例的切换
启用痕迹导航切换	选中此项可在视图中启用痕迹导航切换
启用工具提示切换	选中以启用视图中工具提示的切换
启用环形孔切换	选中以启用视图中环形孔的切换
启用内部标签切换	选中以启用视图内内部标签的切换
启用内部标签样式选择	选中此项可在视图中选择内部标签样式
启用内部标签编辑	选中此项可在视图中编辑内部标签
启用仅选择切换	选中此项可在视图中启用仅选择切换
启用发布选择切换	选中以启用视图中选择发布的切换
启用订阅选择切换	选中以启用视图中选择订阅的切换
启用订阅过滤器切换	选中可启用视图中过滤器订阅的切换

输入端口

端口一:层次结构中每个叶节点对应一行数据表。每个路径列都给出了相应层次级别的标签。值列给出叶节点的附加值属性。

端口二:指示旭日图所用颜色的颜色模型

续表 8-55

输出端口

端口一:旭日图的 SVG 图像。

端口二:输入表加上一个新列,提供视图中所做的选择

常用前(图中左侧)后(图中右侧)链接节点

资料参考网站:https://nodepit.com/

表 8-56　String Replacer 节点

节点编号	节点名称	图标	案例编号
S002	String Replacer	String Replacer Node 1	(8)

节点概述

如果字符串单元格中的值匹配特定的通配符模式,则替换这些值

"标准设置"选项卡

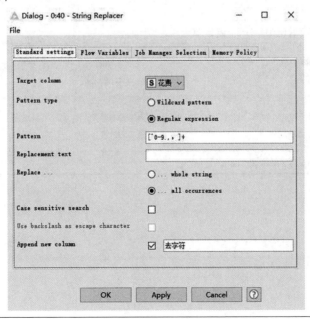

续表 8-56

目标列	应处理其单元格的列的名称
模式类型	选择想要使用的模式类型。如果选择通配符,那么" * "和"?"是(唯一的)元字符。它们分别匹配任意数量的字符或单个字符。如果选择正则表达式可以使用 Java 正则表达式的全部功能,包括替换文本中的反向引用
模式	通配符模式或正则表达式,具体取决于上面选择的模式类型
替换文本	如果模式与前一个值匹配,则替换单元格中前一个值的文本。如果使用正则表达式,还可以使用反向引用(例如" $ 1")
替换整个字符串	当它完全匹配搜索模式(包括元字符)时,整个字符串(即整个单元格内容)被替换" * "和"?"
替换所有子字符串	目标列中出现的所有输入模式都会被替换。元字符" * "和"?"在这种情况下,在模式中是不允许的
区分大小写的搜索	如果模式应该区分大小写,请选中此项
使用反斜杠作为转义字符	如果想替换通配符" * "和"?"本身,需要启用这个选项并使用反斜杠("\ * "或者"\?")。为了替换反斜杠,需要转义反斜杠(\\)
追加新列	使用在文本字段中输入的名称创建新列,而不是替换原始列中的值

输入端口
任意输入数据

输出端口
具有替换值或附加列的输入表

常用前(图中左侧)后(图中右侧)链接节点

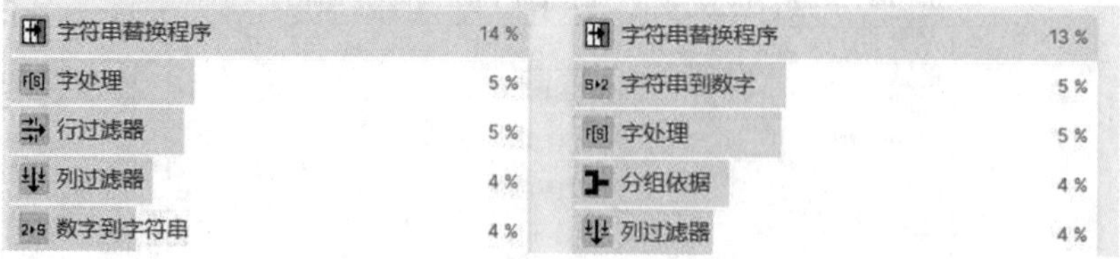 字符串替换程序	14 %	字符串替换程序	13 %
字处理	5 %	字符串到数字	5 %
行过滤器	5 %	字处理	5 %
列过滤器	4 %	分组依据	4 %
数字到字符串	4 %	列过滤器	4 %

资料参考网站:https://nodepit.com/

表 8-57   Shuffle 节点

节点编号	节点名称	图标	案例编号
S003	Shuffle	**Shuffle** ▶ ⋈ ▶ ◼◻◻ Node 1	（10）

节点概述
它打乱了输入表的行,使它们处于随机顺序

"种子"选项卡

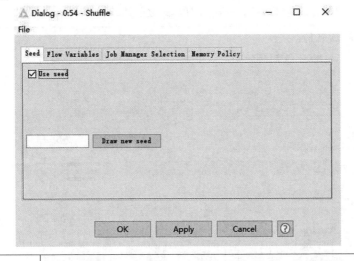

种子	输入随机数生成器的种子。输入种子将导致节点总是以相同的方式混洗相同的输入数据(例如,如果您重置并执行节点)。禁用此选项总是有一个不同的种子,即真正的随机性

输入端口
包含应该被打乱的行的输入表

输出端口
带有混排行的输入表

常用前(图中左侧)后(图中右侧)链接节点

⚖ 列过滤器	6 %	▦ 分割	10 %
⌖ 连锁的	5 %	⇥ 行过滤器	5 %
▦ 表格阅读器	5 %	⇅ 标准化者	4 %
▦ 分割	4 %	⚖ 列过滤器	3 %
⇥ 行过滤器	3 %	▦ 组块循环开始	3 %

资料参考网站:https://nodepit.com/

表 8-58　Sorter 节点

节点编号	节点名称	图标	案例编号
S004	Sorter	**Sorter**　▶ ↕ ▶　◼◻◻　Node 1	（10）（11）（18）

节点概述

　　此节点根据用户定义的标准对行进行排序。在对话框中，选择数据排序所依据的列。还可以选择是按升序还是按降序排序。此外，还提供了按字母数字顺序而不是字典顺序比较字符串兼容列的选项，例如，在"Row10"之前是"Row2"，而不是在"Row2"之前是"Row10"

　　"排列过滤器"选项卡

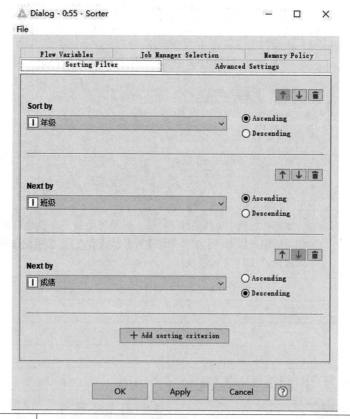

添加排序标准	允许通过添加额外的排序标准来优化排序
在内存中排序	如果选中，表格将在内存中排序，这需要更多内存，但速度更快。如果输入表很大且内存不足，建议不要选中此选项
将缺少的单元格移动到排序列表的末尾	如果选定的缺失值总是放在排序输出的末尾。这与排序顺序无关，即如果按升序排序，它们将被视为大于某个非缺失值，如果按降序排序，它们将小于任何非缺失值

续表 8-58

输入端口
要排序的表

输出端口
已排序的表格

常用前（图中左侧）后（图中右侧）链接节点

资料参考网站：https://nodepit.com/

表 8-59　String Manipulation 节点

节点编号	节点名称	图标	案例编号
S005	String Manipulation	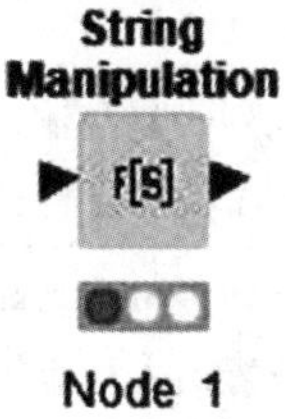 **String Manipulation** F[S] Node 1	（16）（18）（25）（26）

节点概述

操纵字符串，如搜索和替换，大写或删除前导和尾随空格。

示例：

从名为"c0"的列中删除前导空格和尾随空格，你可以用这样的表达：

`strip( $c0$ )`

如果列中有客户名称，以 Mr 和 Mister 字样开头的数据，如果希望规范化数据，以便只使用 Mr，可以使用以下表达式：

`replace( $names$, "Mister", "Mr")`

或者可以把它结合起来，完成多个替换：

`replace(replace( $names$, "Mister", "Mr"), "Miss", "Ms")`

或者，如果希望获取名称为"text"的列中包含的字符数：

`length( $text$ )`

请注意，属于表达式一部分且不是来自输入数据（或函数调用的结果）的字符串需要用双引号（""）括起来。此外，如果字符串包含引号字符，则必须使用反斜杠字符（"\"）对其进行转义。最后，其他特殊字符如单引号和反斜杠需要使用反斜杠进行转义。例如，字符串中的一个反斜杠被写成两个连续的反斜杠字符；第一个字符充当第二个字符的转义符

续表 8-59

"字符串处理"选项卡

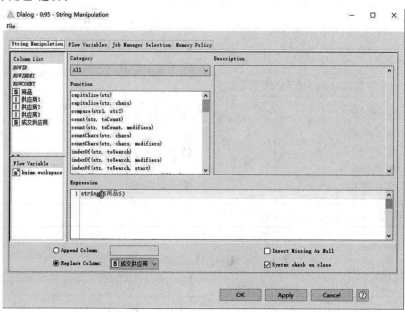

列列表	该列表包含输入表中可用的列。双击任意列名,在表达式编辑器中插入相应的字段。它将替换当前的选择,或者只是在当前插入符号位置插入
流变量列表	该列表包含当前在节点输入处可用的流变量。双击任何条目将在当前光标位置插入相应的标识符(替换选择,如果有的话)
功能	选择单个函数以显示其描述,双击将在表达式编辑器中插入函数。它将替换当前的选择,或者只是在当前插入符号位置插入。选择一个类别以缩小显示功能的列表
表达式	写下你的处理逻辑。可以通过 Ctrl+空格键获得自动完成框
替换/追加	如果希望将结果放入单独的或现有的列中,请在此指定
将缺失值插入为空	如果选中,输入表中缺失的值将由 null 替代。如果未选中,输入中的缺失值将在不计算表达式的情况下产生缺失的输出单元格
关闭时进行语法检查	如果未选中,即使表达式有语法错误,对话框也可以关闭
输入端口	
输入表	
输出端口	
添加了一个计算列或替换了一个列的输入表	
常用前(图中左侧)后(图中右侧)链接节点	

续表 8-59

字处理	11 %		字处理	11 %
行过滤器	5 %		分组依据	6 %
分组依据	4 %		列过滤器	5 %
列过滤器	4 %		连锁的	5 %
规则引擎	4 %		行过滤器	4 %

资料参考网站:https://nodepit.com/

表 8-60　String to Date&Time 节点

节点编号	节点名称	图标	案例编号
S006	String to Date&Time	String to Date&Time ▶ S⏱ ▶ ⬛⬜⬜ Node 1	(20)

节点概述

解析所选列中的字符串,并将它们转换为日期和时间单元格。预期的格式可以从许多常用的格式中选择,也可以手动指定(参见"类型和格式选择"一节)。

由于日期可能包含本地化术语,如月份或工作日名称,因此可以另外指定一个时区设置

"选择"选项卡

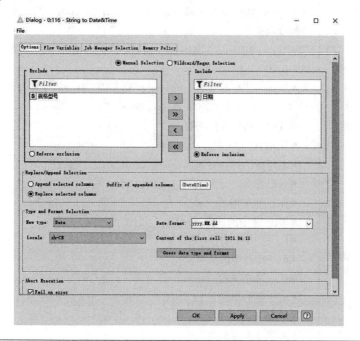

续表 8-60

"选择"选项卡→"列选择"	
列选择器	将只解析包含的列
"选择"选项卡→"替换/追加选择"	
追加选定的列	所选列将被追加到输入表中。可以在右侧的文本字段中提供附加列的后缀
替换选定的列	所选列将被转换后的列替换
"选择"选项卡→"类型和格式选择"	
新型	可以选择新数据单元的类型
日期格式	指定如何解释输入的模板（"格式字符串"）。该模板可能包含月份名称、工作日名称、月份和日期编号、年份编号等不同描述的占位符，以及预期会出现在输入字符串中的其他非字母字符。可以进行下拉菜单选择，也支持手动输入。 　　常用的占位符有：y-年，M-月，d——个月中的某一天，H-小时，m-分钟，s-秒。占位符的完整列表可以在下面找到。 　　单个占位符字母的计数定义了预期的格式。例如，工作日可以用全名（"星期一"），简称（"Mon"）或狭义名（"M"）来表示。常用的表达有： 　　• yyyy 匹配"2021"。yy 匹配相对于 2000 年的年份："21"将被解释为"2021"。 　　• MM 匹配月份数字，如"01"，MMM 匹配短月份名称，如"Jan"，MMMM 匹配完整的月份名称，如"一月"。 　　• d 匹配日期数字，如"5"和"05"。 　　示例： 　　• "yyyy.MM.dd HH:mm:ss.SSS"生成诸如"2001.07.04 12:08:56.000"之类的日期； 　　• "yyyy-MM-dd'T'HH:mm:ss.SSSZ"生成诸如"2001-07-04T12:08:56.235-0700"之类的日期； 　　• "yyyy-MM-dd'T'HH:mm:ss.SSSXXX'['VV']'"生成日期，如"2001-07-04t 12:08:56.235+02:00[Europe/Berlin]"。 　　模式中支持的占位符有： 　　• G：时代 　　• u：年份 　　• y：纪元年 　　• D：一年中的某一天 　　• M：一年中的月份（区分上下文） 　　• L：一年中的月份（独立形式） 　　• d：一个月中的某一天 　　• Q：一年的季度 　　• q：一年的季度 　　• Y：基于周的年度 　　• w：基于年度的周

续表 8-60

日期格式	• W:每月的第几周
	• E:星期几（文字）
	• e:本地化的星期几
	• c:本地化的星期几
	• F:星期几（数字）
	• a:上午/下午
	• h:上午/下午的时钟小时(1-12)
	• K:上午/下午的时间(0-11)
	• k:上午/下午的时钟小时(1-24)
	• H:一天中的小时(0-23)
	• m:一小时中的分钟
	• s:一分钟的秒
	• S:秒的分数
	• A:百万分之一天
	• n:毫微秒
	• N:毫微秒
	• V:时区 ID
	• z:时区名称
	• O:局部时区偏移
	• X:时区偏移（"z"代表零）
	• x:时区偏移
	• Z:时区偏移
	• p:下一个填充
	• ':文本转义
	• '':单引号
	• [:可选部分开始
	•]:可选部分结束
本地	本地可以选择，它决定了月份或工作日等术语的语言和地理区域
第一个单元格的内容	显示第一个包含列的第一个非缺失单元格的内容，以简化格式选择
猜测数据类型和格式	如果按下，将根据第一个单元格的内容猜测数据类型和格式。如果列表中没有合适的格式，类型和格式将不会改变
"选择"选项卡→"终止执行"	
出错时失败	如果选中，节点将中止执行并因错误而失败。如果未选中，将改为生成缺失值
输入端口	
输入表	
输出端口	
包含已解析列的输出表	

续表 8-60

常用前(图中左侧)后(图中右侧)链接节点

字处理	12 %		日期和时差	6 %
行过滤器	5 %		提取日期和时间字段	6 %
列过滤器	4 %		分组依据	5 %
数字到字符串	4 %		基于日期和时间的行过滤器	5 %
字符串的日期和时间	3 %		列过滤器	4 %

资料参考网站:https://nodepit.com/

表 8-61　Statistics 节点

节点编号	节点名称	图标	案例编号
S007	Statistics	**Statistics** Node 1	(22)

节点概述

此节点计算统计矩,如所有数值列的最小值、最大值、平均值、标准差、方差、中位数、总和、缺失值数和行数,并计算所有标称值及其出现次数。该对话框提供了两种选择"中位数"和/或"标称值"计算的选项

"选择"选项卡

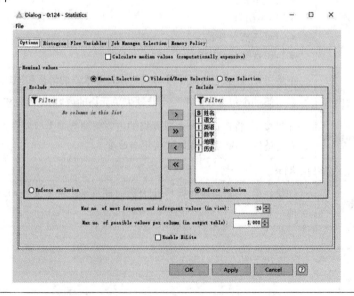

续表 8-61

计算中位数	如果计算所有数值列的中位数,请选择此选项。请注意,这种计算可能会很耗时,因为它需要单独对所有列进行排序,以找到将分布分成相同数量值的两半的值
列过滤器	用于计算所有可能值的筛选列
标称值	调整每列分类值的频繁和不频繁出现的最大数量(显示在节点视图中)
输出中的标称值	调整标称输出表中每列可能值的最大数量

"直方图"选项卡

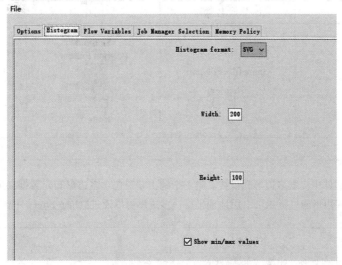

直方图格式	直方图单元格应该是 SVG 或 PNG 格式
宽度	直方图的宽度
高度	直方图的高度
显示最小值/最大值	在直方图上显示或不显示最小/最大数值

输入端口

用于计算统计数据的表

输出端口

端口一:带有数值的表格。
端口二:包含所有标称值直方图的表格。
端口三:所有标称值及其计数的表格

常用前(图中左侧)后(图中右侧)链接节点

续表 8-61

文件阅读器	7%	列过滤器	6%
Excel阅读器	7%	线性相关	5%
漏测值	6%	漏测值	5%
列过滤器	5%	分组依据	5%
行过滤器	5%	Excel Writer	4%

资料参考网站:https://nodepit.com/

表 8-62　Shapefile Polygon Reader 节点

节点编号	节点名称	图标	案例编号
S008	Shapefile Polygon Reader	**Shapefile Polygon Reader** SHP ▶ ▶ □□□ Node 1	(30)

节点概述

从 ESRI 形状文件中读取多边形和折线。第一个输出端口包含多边形和元数据。第二个输出端口包含地理坐标,多边形通过行索引引用地理坐标。多边形可以通过"Open Street Map"节点可视化

"选择"选项卡

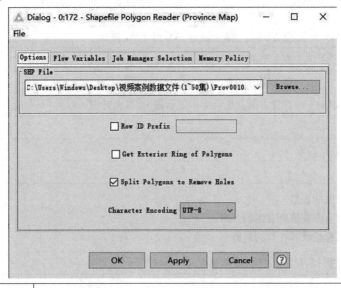

SHP 文件	请输入有效的.shp 文件在这里。相关的.dbf,.shx 和所有可选文件必须在同一文件夹中

续表 8-62

行索引前缀	地理坐标表中行索引的前缀。如果来自多个"Shapefile 多边形读取器"的数据被连接在一起以确保唯一的 ID,则必须使用
获取多边形的外部环	如果只应导入多边形的外环,请选择此项。这意味着跳过所有孔
分割多边形以移除孔洞	将每个带孔的多边形分割成多个不带孔的多边形。在某些情况下,带洞的多边形在"Open Street Map"节点中无法正确绘制

输入端口

无

输出端口

端口一:所有导入的多边形。引用第二个表中的地理坐标。可用作"OSM Map View"和"OSM Map To Image"的第二端口的输入。

端口二:导入的多边形的所有地理坐标。可用作"Open Street Map"节点的第一端口的输入

常用前(图中左侧)后(图中右侧)链接节点

行过滤器	20 %	多边形属性	11 %	
表格行到变量	20 %	OSM地图视图	9 %	
表格列到变量	17 %	坐标行过滤器	7 %	
表格行到变量循环开始	10 %	颜色管理器	5 %	
创建文件名(传统)	10 %	分组依据	4 %	

资料参考网站:https://nodepit.com/

表 8-63　Transpose 节点

节点编号	节点名称	图标	案例编号
T001	Transpose	**Transpose** ▶ ▦ ▶ ■ □ □ **Node 1**	(7)(15)(24)

节点概述

通过交换行和列来转置整个输入表。新的列名由以前的(旧的)行索引提供,新的行标识符是以前的(旧的)列名。新的列类型是最具体的基本类型,适用于一行中的所有单元格

续表 8-63

"选择"选项卡

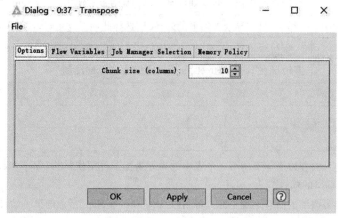

区块大小(列)	对表进行一次迭代时读取的列数,增加该值会加快执行速度,但也会增加内存消耗
根据可用内存推测区块大小	使用适应当前可用内存的动态块大小,读取的列数将最大化以提高性能

输入端口

要转置的输入数据

输出端口

通过交换行和列来转置表格

常用前(图中左侧)后(图中右侧)链接节点

资料参考网站:https://nodepit.com/

表 8-64　Table Creator 节点

节点编号	节点名称	图标	案例编号
T002	Table Creator	Table Creator Node 1	(15)(17)(19) (23)(25)

续表 8-64

节点概述
允许手动创建数据表,单元格和表头均可双击编辑。数据可以输入到节点表格中,而且支持与 Excel 相互拷贝

"表格创建设置"选项卡

列属性 (列标题的 上下文菜单)	名字和类型是可以改变的。可以输入一个模式,该模式将导致缺失单元格。此外,可以通过选择以下选项来更新列域的可能值域。并且,可以选择跳过此栏全部,即它将不会包括在输出表中
行索引属性(行标题的 上下文菜单)	使用它来更改所有行索引的命名。行索引有一个带有前缀和一个后缀。除了前缀和后缀,还可以指定第一行的索引

输入端口
无

输出端口
手动创建的表

常用前(图中左侧)后(图中右侧)链接节点

续表 8-64

表格行到变量	8%	细胞替代品	6%
表格行到变量循环开始	3%	参考行过滤器	4%
表格列到变量	3%	连锁的	4%
表格列到变量	3%	字处理	3%
合并变量	3%	表格行到变量循环开始	3%

资料参考网站:https://nodepit.com/

表 8-65 Table Difference Finder 节点

节点编号	节点名称	图标	案例编号
T003	Table Difference Finder	**Table Difference Finder** ▶ ▨ ▶ ⬤◯◯ Node 1	(15)(16)

节点概述

表差异查找器提供了通过值和表规格来比较两个表的功能。首先,比较两个表中所选列的值,并显示每行和每列的可能差异。其次,比较两个表中所选列的类型、域和位置,并显示每列的结果。所选列要么是两个表中的所有列,要么是引用表中列的子集,即第二个输入

"设置"选项卡

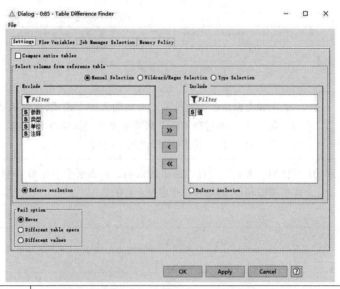

比较整个表格	如果选中此选项,第一个和第二个输入的所有列将相互比较。否则,这些表将只与参考的选定列,即第二输入表进行比较。 注意:没有比较行索引

续表 8-65

从引用表中选择列	该列表包含引用表中要进行比较的那些列的名称。它允许通过通配符/正则表达式(包括名称与通配符/正则表达式匹配的所有列)或通过类型选择(包括具有特定类型的所有列)来手动选择列(通过将它们移动到右侧面板)。在手动选择的情况下,新列(即在配置节点时不可用的列)的行为可以指定为强制排除(排除新列,因此不用于比较)或强制包含(包括新列,因此用于比较)
失败选项	从不:节点不会因为两个表之间的任何差异而失败。 不同表格规格:如果任何选定的列在另一个表中不存在,或者这些列的类型或域不同,则该节点将失败。注意不同的列位置被忽略。 不同的值:值中第一次出现差异时,节点将失败

输入端口

端口一:用于检查符合性的表。
端口二:参考表

输出端口

端口一:显示所有不同条目的表格。
端口二:每个唯一列对应一行的表

常用前(图中左侧)后(图中右侧)链接节点

资料参考网站:https://nodepit.com/

表 8-66　Table Column to Variable 节点

节点编号	节点名称	图标	案例编号
T004	Table Column to Variable	**Table Column to Variable** ▶ ▮ᵥ ◀ ▬ ●○○ Node 1	(23)

节点概述

将表列中的值转换为流变量,以行索引作为变量名,以选定列中的值作为变量值

续表 8-66

"选择"选项卡

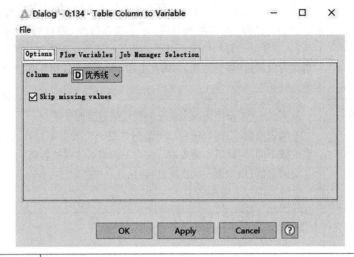

列名	值列的名称
跳过缺失值	选中时,将跳过选定列中缺失值的行。取消选中时,如果行在选定的列中包含缺失值,节点执行将失败

输入端口

一张表格

输出端口

名称来自行索引的新流变量(注意:是变量型接口)

常用前(图中左侧)后(图中右侧)链接节点

资料参考网站:https://nodepit.com/

表 8-67   Table Row to Variable 节点

节点编号	节点名称	图标	案例编号
T005	Table Row to Variable	Table Row to Variable Node 1	(33)

续表 8-67

节点概述	
该节点使用数据表的第一行来定义新的流变量。变量名由列名定义,变量赋值(即值)由行中的值给出。使用变量输出连接公开变量	

"设置"选项卡

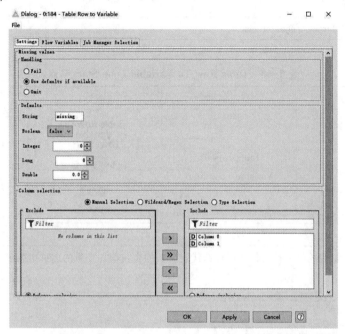

	允许指定如何处理缺失值。请注意,空表被视为仅包含缺失值。
缺失值处理	失败:确保如果输入表为空或要转换的列中包含缺失值,节点将在执行过程中失败; 如果可用,使用默认值:用(配置的)默认值替换任何缺失值。如果没有默认值与缺少的单元格类型相关联,执行将会失败; 省略:缺少的单元格不会被转换,因此会从输出中忽略
默认	允许指定的默认值 String,Boolean,Integer,Long 和 Double 单元格
列选择	允许选择其单元格必须转换为流变量的列

输入端口
第一行将构成变量值的表

输出端口
变量的连接(注意:是变量型接口)

常用前(图中左侧)后(图中右侧)链接节点

续表 8-67

分组依据	12%	行过滤器	4%
行过滤器	5%	合并变量	4%
字处理	4%	常量值列	4%
表格创建者	3%	Excel阅读器	3%
列重命名	3%	字符串操作(变量)	3%

资料参考网站:https://nodepit.com/

表 8-68　Table Row To Variable Loop Start 节点

节点编号	节点名称	图标	案例编号
T006	Table Row To Variable Loop Start	Table Row To Variable Loop Start ▶ Ⓥ ● ▢▢▢ Node 1	(34)

节点概述

该节点使用数据表的每一行为每次循环迭代定义新的变量值。变量的名称由列名定义

"设置"选项卡

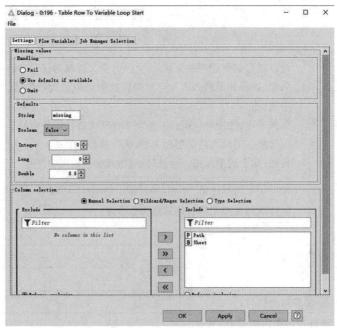

续表 8-68

缺失值处理	允许指定如何处理缺失值。请注意,空表被视为仅包含缺失值。 失败:确保如果输入表为空或要转换的列中包含缺失值,节点将在执行过程中失败。 如果可用,使用默认值:用(配置的)默认值替换任何缺失值。如果没有默认值与缺少的单元格类型相关联,执行将会失败。 省略:缺少的单元格不会被转换,因此会从输出中忽略
默认	允许指定的默认值 String, Boolean, Integer, Long 和 Double 单元格
列选择	允许选择其单元格必须转换为流变量的列

输入端口

该表的行将构成每次迭代的变量值

输出端口

变量的连接(注意:端口类型为变量)

常用前(图中左侧)后(图中右侧)链接节点

资料参考网站:https://nodepit.com/

表 8-69　Unpivoting 节点

节点编号	节点名称	图标	案例编号
U001	Unpivoting	**Unpivoting** ►🔲► ⬛⚪⚪ Node 1	(5)~(8)(13)(16) (22)(24)(34)(35)

节点概述

该节点将输入表中的选定列旋转为行(逆透视操作),同时通过将剩余的输入列追加到每个相应的输出行来复制它们

续表 8-69

"选择"选项卡

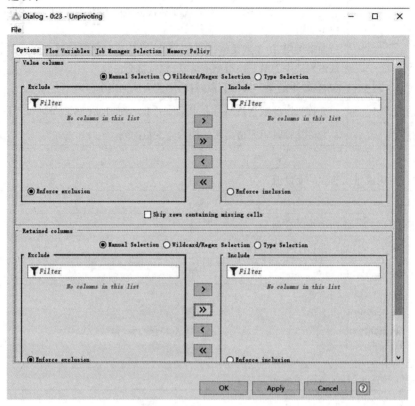

值列	
包括	此列表包含旋转到一列中的列的名称(逆透视)

保留列	
包括	此列表包含按选定值列数重复的列的列名(附加列)

手动选择	
过滤器	使用这些字段之一来筛选特定列名或名称子字符串的包含或排除列表
按钮	使用这些按钮在包括和排除列表之间移动列。单箭头按钮将移动所有选定的列。双箭头按钮将移动所有列(考虑过滤)。可以使用键盘的 Ctrl 和 Shift 键辅助列选择
强制包含	选择此选项可强制当前包含列表保持不变,即使输入表规格发生变化。如果某些被包含的列不再可用,将会显示一条警告(新列将自动添加到排除列表中)
强制排除	选择此选项可强制当前排除列表保持不变,即使输入表规格发生变化。如果某些被排除的列不再可用,则会显示一条警告(新列将自动添加到包含列表中)

续表 8-69

其他设置	
通配符/正则 表达式选择	键入与要移入包含或排除列表的列相匹配的搜索模式。可以指定使用哪个列表。可以使用通配符('?')匹配任何字符,"＊"匹配任何字符或者正则表达式。可以指定您的模式是否应该区分大小写
类型选择	选择要包含的列类型。当前不存在的列类型以斜体显示
启用高亮	如果在输入和输出数据之间启用了高亮化,则选择此项
跳过包含缺失 单元格的行	跳过所选值列中包含缺失单元格的所有行

输入端口

用于逆透视操作的至少有一个值列的输入表

输出端口

包含重复列和一个旋转值列及其相应列名的逆透视表

常用前(图中左侧)后(图中右侧)链接节点

列过滤器	8 %		列重命名	11 %
Excel阅读器	7 %		列过滤器	8 %
细胞分裂器	6 %		行过滤器	8 %
行过滤器	5 %		分组依据	5 %
分组依据	5 %		绕轴旋转	5 %

资料参考网站:https://nodepit.com/

表 8-70　Ungroup 节点

节点编号	节点名称	图标	案例编号
U002	Ungroup	**Ungroup** ▶ ◘ ▶ ■■□□ **Node 1**	(35)

节点概述

为每个集合值列表创建一个行列表,集合的值在一列中,所有其他列来自原始行。跳过集合为空的行,以及启用了"跳过缺失值"选项的集合单元格中仅包含缺失值的行

续表 8-70

"选择"选项卡

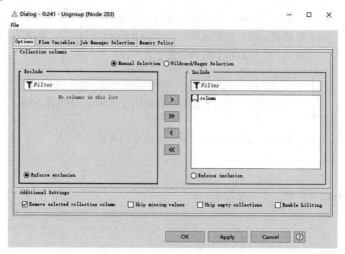

集合列	将要取消分组的集合列添加到包含列表中
删除选定的集合列	如果选中此选项,所选集合列将从结果表中删除
跳过缺失值	如果启用,将跳过所有选定集合列中缺失值的行,以及集合单元格中缺失值(如果它们出现在所有选定集合列中)的行
跳过空集合	如果启用,将跳过所有选定集合列为空的行
启用高亮凸显	如果启用,输入行的高亮化将导致高亮化未分组输出表的所有行(在集合单元格中给定),而如果所有输出行(在一个或多个集合单元格中表示)输入行也高亮化。根据行数,启用此功能可能会消耗大量内存

输入端口

要取消分组的输入表

输出端口

未分组的表格

常用前(图中左侧)后(图中右侧)链接节点

资料参考网站:https://nodepit.com/

表 8-71 Value Counter 节点

节点编号	节点名称	图标	案例编号
V001	Value Counter	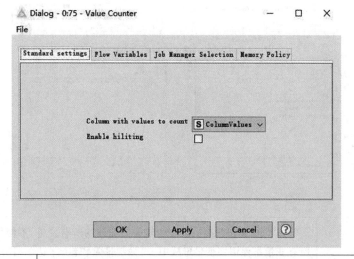	（13）

节点概述

此节点计算选定列中所有值的出现次数

"标准设置"选项卡

启用高亮凸显	如果要在输出表中的不同值和输入表中的相应行之间启用高亮凸显,请选中此框。但是请注意,如果表很大,这可能需要大量内存

输入端口

任何数据表

输出端口

一列表,不同的值作为行键,它们的出现次数作为唯一的列

常用前（图中左侧）后（图中右侧）链接节点

资料参考网站:https://nodepit.com/

表 8-72　Variable to Table Column 节点

节点编号	节点名称	图标	案例编号
V002	Variable to Table Column	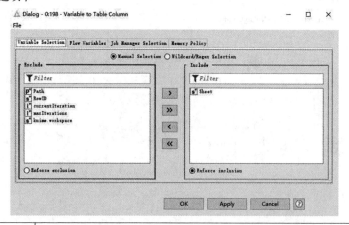 **Variable to Table Column** Node 1	（34）

节点概述

提取流中携带的变量,并将它们附加到输入表中

"变量选取"选项卡

变量选择	"包含"列表包含在结果表中转换为新列的所有变量,不使用排除的变量。所有变量都保留在变量堆栈中。"强制排除和包含"选项可分别用于强制包含或排除所有新变量

输入端口

端口一:一个或多个流变量(可选)。
端口二:作为列附加流变量的数据表

输出端口

带有附加列的输入表,每个附加列对应一个选定的变量。新列中的所有值都将相同

常用前(图中左侧)后(图中右侧)链接节点

资料参考网站:https://nodepit.com/

附　　录

附录 A

附表 A-1　B 站视频分析

视频名称	主要使用节点	解决何种问题	解决问题归类
KNIME 数据分析案例（1）统计数据分组	读取 Excel	数据分组	数据整理
	分组	数据统计	数据统计
	写出 Excel		
KNIME 数据分析案例（2）数据参照筛选	读取 Excel	数据筛选	数据整理
	行参照筛选	数据提取	数据提取
	写出 Excel		
KNIME 数据分析案例（3）数据分类统计	读取 Excel	数据分组	数据整理
	时间提取	数据统计	数据创建
	列表达式	数据逻辑构成	数据可视化
	分组	数据绘制箱形图	
	箱形图绘制		
KNIME 数据分析案例（4）数据透视计数	读取 Excel	数据分类	数据整理
	规则引擎	数据标签	数据统计
	数据透视表	数据透视	数据特征
KNIME 数据分析案例（5）多列品名汇总	读取 Excel	数据降维	数据转换
	数据逆透视	列字符串处理	字符串操作
	列合并	合并信息	数据统计
	行筛选	表表合并	表格集合操作
	分组		
	合并器		
KNIME 数据分析案例（6）统计表格计数	读取 Excel	数据降维	数据整理
	数据逆透视	数据次数统计	数据创建
	分组	分组统计	数据可视化
	数据透视表	填充缺失值	数据计算

续附表 A-1

视频名称	主要使用节点	解决何种问题	解决问题归类
	缺失值填充		
	柱状图绘制	数据绘制柱状图	
KNIME 数据分析案例(7)动态交互图表	读取 Excel	数据降维	数据整理
	数据逆透视	表格列顺序更改	表格处理
	行索引	建立行索引	数据可视化
	表格转置	转置表格	
	列重排列		
	旭日图绘制	数据绘制旭日图	
	折线图绘制	数据绘制折线图	
	柱状图绘制	数据绘制柱状图	
KNIME 数据分析案例(8)文字信息提取	读取 Excel	提取文字信息中的数据	数据整理
	字符串替换	对数据信息进行汇总	字符串操作
	分列		数据统计
	缺失值填充		
	数据逆透视		
	分组		
KNIME 数据分析案例(9)成绩分组排名	读取 Excel	对数据进行分组排名	数据排名
	规则引擎	特殊排名需求	数据运算
	排名		
	数学公式		
KNIME 数据分析案例(10)数据多重排序	排序	多重排序	数据排序
KNIME 数据分析案例(11)多列连续编号	读取 Excel	连续编号	数据处理
	数学公式	多列显示	数据排序
	排序		表格处理
	列转表格		
KNIME 数据分析案例(12)同比环比计算	读取 Excel	同比环比	财务分析
	错列	数据统计	数据处理
	行筛选	计算公式	数据运算
	列表达式		
KNIME 数据分析案例(13)统计到会人数	读取 Excel	人员参与表计数	日常办公
	行筛选	各类信息汇总	数据统计
	分列	数量统计	文件整理
	逆透视		

续附表 A-1

视频名称	主要使用节点	解决何种问题	解决问题归类
	计数		
	分组		
	行索引		
	合并器		
KNIME 数据分析案例(14)商品价格更新	读取 Excel	融合列数据	表格处理
	单元格替换	形成新的表格	数据整理
	列融合		
KNIME 数据分析案例(15)简易交互界面	表格创建	形成简易 GUI	工程计算
	列筛选	允许用户输入参数	交互界面
	行筛选	完成计算功能	Python 功能
	表格差异		
	合并器		
	Python 脚本		
	转置		
KNIME 数据分析案例(16)最低报价商家	读取 Excel	对商家报价分析	销售采购
	逆透视	对数据进行排名	日常办公
	单元格替换	找到各商品最低报价商家	数据分析
	去重		
	排名		
	行筛选		
	表格差异		
KNIME 数据分析案例(17)生成超级序号	表格创建	特殊的序号创建	表格创建
	一变多		日常办公
	行索引		
	类型转数		
KNIME 数据分析案例(18)字符序号排序	读取 Excel	字符串形式序号	表格整理
	字符串处理	对序号进行排序	日常办公
	排序		
KNIME 数据分析案例(19)公式系数拟合	读取 Excel	多项式拟合	工程计算
	多项式拟合器		工程研发
			数据延展
KNIME 数据分析案例(20)缺失数据处理	读取 Excel	填充 Excel 表格缺失内容	表格处理
	缺失值填充	填充之后进一步处理	文档操作

续附表 A-1

视频名称	主要使用节点	解决何种问题	解决问题归类
	字符串替换		数据统计
	字符串转日期		
	数据透视表		
KNIME 数据分析案例(21)数据占比计算	读取 Excel	计算数据占比	数据计算
	数学公式	采用柱形图展示结果	数据可视化
	柱形图绘制		
KNIME 数据分析案例(22)学生成绩统计	读取 Excel	对学生成绩进行总览	数据计算
	数据逆透视	数据进行变换计算	数据分类
	数理统计	成绩等级评定	数理统计
	数学公式	汇总分析	
	规则引擎		
	数据透视表		
KNIME 数据分析案例(23)寻找优秀学生	读取 Excel	对学生成绩进行评定	数据标签
	数学公式	根据变量灵活设定标准	数据计算
	行筛选	找到满足标准的学生	日常办公
	表格创建		界面交互
	行索引		
	列转变量		
	表格查看		
KNIME 数据分析案例(24)属性排列组合	读取 Excel	对多种属性进行排列组合	表格处理
	表格创建	形成新的表格	表格结构
	排列组合		日常办公
	行合并		
	行索引		
	转置		
	数据逆透视		
KNIME 数据分析案例(25)九九乘法表格	表格创建	利用排列组合功能	教学演示
	排列组合	创建一个九九乘法表	日常办公
	字符串处理		文本处理
	规则引擎		
	数据透视表		
KNIME 数据分析案例(26)出库入库统计	读取 Excel	对出库入库记录进行汇总	销售统计
	字符串处理	统计库存情况	日常办公

续附表 A-1

视频名称	主要使用节点	解决何种问题	解决问题归类
	分组		数据计算
	合并器		
KNIME 数据分析案例(27)趋势文字描述	读取 Excel	用文字表述数据趋势	文档报告
	列表达式	字符串处理形成描述	日常办公
			数值逻辑
KNIME 数据分析案例(28)数据累加求和	读取 Excel	数据累加求和	数据统计
	错列	可以使用移动汇总节点	日常办公
	行索引		数据处理
	数据逆透视		
	分组		
	列附加		
KNIME 数据分析案例(29)工程物性计算	读取 Excel	对接 Python 物性代码	工程计算
	Python 脚本	计算状态点物性参数	批量处理
KNIME 数据分析案例(30)地理信息数据	读取 Excel	读取地理信息文件	地理信息
	分组	读取数据表格	工程计算
	列筛选	二者融合绘制在交互环境	数据可视化
	shape 读取		交互界面
	合并器		
	规则引擎		
	颜色管理		
	OSM 地图		
KNIME 数据分析案例(31)点和范围关系	读取 Excel	读取坐标及范围信息	图像识别
	分列	对接 Python 判断包含性	工程算法
	列合并		拓扑关系
	列转变量		
	列附加		
	Python 脚本		
KNIME 数据分析案例(32)特定公式拟合	读取 Excel	对读取的数据进行公式拟合	工程计算
	Python 脚本	公式形式代码控制	数学模型
KNIME 数据分析案例(33)去除异常数据	读取 Excel	异常数据处理	数理统计
	Python 脚本	根据百分位数进行判断	数据处理
KNIME 数据分析案例(34)合并透视多表	读取 Excel	使用脚本融合多表	Python 功能
	Python 脚本	使用数据透视查看结果	数据透视

续附表 A-1

视频名称	主要使用节点	解决何种问题	解决问题归类
	数据透视表	可以使用循环节点完成	表格处理
KNIME 数据分析案例(35)空气物性计算	表格创建	将表格中的数据转为变量	工程计算
	行转变量	调用 Python 物性计算代码	代码封装
	Python 脚本		
KNIME 数据分析案例(36)管网交互设计	文件路径表	读取外部工具工程文件	工程计算
	Python 脚本	完成交互设计任务	交互界面
KNIME 数据分析案例(37)管路拓扑解析	文件路径表	读取外部工具工程文件	工程计算
	Python 脚本	完成拓扑解析任务	交互界面
	转置		拓扑解析
KNIME 数据分析案例(38)编辑网页数据	文件路径表	读取外部网页模板	网页处理
	路径转字符串	结合当前数据进行更新	数据融合
	列转变量	可以在新的网页上交互浏览	数据可视化
	读取 Excel		交互界面
	表格编辑		
	Python 脚本		
KNIME 数据分析案例(39)环比涨幅求解	读取 Excel	对于一个特定的目标求解	优化求解
	组件合并	达到一定要求的涨幅数据	工程计算
	数值微件	交互式输入目标并求解	交互界面
	Python 脚本		Web 控件
	变量融合		
	表格浏览		
KNIME 数据分析案例(40)曲面插值效果	读取 Excel	对于散点坐标进行交互查看	公式拟合
	行筛选	数据清洗后进行曲面拟合	工程计算
	3D 点绘图	三维交互环境查看拟合效果	数据可视化
	Python 脚本		
KNIME 数据分析案例(41)自动建立网络	建立文件夹	将拓扑信息读入工作流	拓扑分析
	路径转字符串	调用 Python 拓扑库整合信息	数据可视化
	读取 Excel	输出到工程文件查看	技术研发
	Python 脚本		
KNIME 数据分析案例(42)多维数据审视	读取 Excel	多维数据的交互式查看	数据可视化
	Python 脚本		数据分析
KNIME 数据分析案例(43)网页数据图表	读取 Excel	将数据读入工作流	数据可视化

续附表 A-1

视频名称	主要使用节点	解决何种问题	解决问题归类
	Python 脚本	利用 Python 库绘制网页交互图表	数据挖掘
	文件路径表		辅助决策
	路径转字符串		
KNIME 数据分析案例(44)图像参数对比	文件路径表	参数变化驱动结果改变	工程计算
	建立文件夹	可以将自变量因变量批量绘图	工程分析
	路径转字符串	工作流提供图形浏览对比	数据可视化
	图片读取	通过数据可视化进行优化设计	辅助决策
	图片浏览		优化设计
	列转表格		Python 功能
	Python 脚本		
KNIME 数据分析案例(45)爬取地理图形	读取 JSON	读取 JSON 文件中保存的地理信息	工程绘图
	建立文件夹	使用 Python 库绘制 dxf 文件	JSON 数据
	路径转字符串	可以在 AutoCAD 中使用	地理信息
	Python 脚本		参数驱动
KNIME 数据分析案例(46)批量单位转换	读取 Excel	调用 Python 编写的单位转换模块	工程计算
	Python 脚本		技术研发
KNIME 数据分析案例(47)坐标正则提取	建立文件夹	通过现成工具进行人机交互设计	人机交互
	路径转字符串	使用正则表达式获取交互信息	信息获取
	Python 脚本	也可以使用 jsonPath	正则表达式
	表格比较		JSON 数据
KNIME 数据分析案例(48)坐标字典提取	建立文件夹	通过现成工具进行人机交互设计	人机交互
	路径转字符串	使用字典方法获取交互信息	信息获取
	Python 脚本	也可以使用 jsonPath	正则表达式
	表格比较		JSON 数据
KNIME 数据分析案例(49)二元公式求值	表格创建	生成通用二维曲面表达式	工程计算
	排列组合	可以控制表达式的项数	技术研发
	数学公式	使用该公式进行计算	工程技巧

续附表 A-1

视频名称	主要使用节点	解决何种问题	解决问题归类
	行筛选		Python 功能
	排序		
	排名		
	字符串处理		
	Python 脚本		
	读取 Excel		
	行索引		
	列转变量		
	表格编辑		
KNIME 数据分析案例(50)自动公式拟合	表格创建	生成通用二维曲面表达式	工程计算
	行索引	可以控制表达式的项数	技术研发
	列转变量	使用该公式进行曲面拟合	工程技巧
	Python 脚本	拟合误差直方图可视化	公式拟合
	读取 Excel		数据可视化
	行筛选		Python 功能
	3D 点绘图		
	3D 面绘图		
	直方图		
KNIME 数据分析案例(51)对角计算公式	表格创建	构造 Excel 特殊公式	工程计算
	加入空行	为 Excel 自动化生成公式	工程技巧
	排名		Python 功能
	Python 脚本		
	表格编辑		
KNIME 数据分析案例(52)汇总格式数据	读取 JSON	读取 JSON 文件中保存的信息	JSON 数据
	JSON 转表格	对数据进行各类整理	信息获取
	转置	可以用 jsonPath 来替代	数据处理
	行索引		数据可视化
	行筛选		
	列筛选		
	字符串处理		
	列转表格		
	列附加		
	热力图		

续附表 A-1

视频名称	主要使用节点	解决何种问题	解决问题归类
KNIME 数据分析案例(53)特殊排序几法	读取 Excel	特殊的字符串排序	文本处理
	字符串处理	序号内嵌在字符串当中	日常办公
	排序	使用 Python 或者 KNIME 节点实现	数据整理
	Python 脚本		Python 功能
KNIME 数据分析案例(54)审视筛选效果	读取 Excel	交互式筛选 3D 散点数据	Web 控件
	组件合并		交互界面
	滑杆微件		数据审视
	3D 点绘图		数据可视化
KNIME 数据分析案例(55)批量文件汇总	读取 Excel 工作簿	使用 Python 批量读取文件	办公自动化
	表格创建	汇总文件中的信息	信息汇总
	Python 脚本		日常办公
	数据透视表		Python 功能
KNIME 数据分析案例(56)图片曲线取值	图像读取	从图片中获取数据信息	工程经验
	交互标注	利用图片交互节点 完成人机交互	工程技巧
	标签转图像	读取人工获取的曲线坐标信息	信息获取
	图像转数据		Python 功能
	Python 脚本		
	排序		
	表格创建		
	行索引		
	列转变量		
	折线图绘制		
KNIME 数据分析案例(57)发票数据统计	PDF 解析器	解析 PDF 发票当中的 数据内容	日常办公
	文档浏览	对数据进行整理分析汇总	财务分析
	文档数据提取		数据处理
	分列		Python 功能
	合并器		
	Python 脚本		
	字符串替换		

续附表 A-1

视频名称	主要使用节点	解决何种问题	解决问题归类
	字符串转数字		
	数学公式		
	数理统计		
KNIME 数据分析案例(58)总览调查问卷	读取 Excel	对数据表格进行数理统计分析	数据挖掘
	关联矩阵	查看各因素之间的相关性	数理统计
	条件箱形图	通过交互环境查看数据细节	交互浏览
	数理统计		
	数据查看器		
KNIME 数据分析案例(59)协同调整曲线	读取 JSON	利用外部工具作为交互环境	工程技巧
	JSON 转表格	获取图片中的坐标信息	工程经验
	转置		工具协同
	行索引		信息获取
	Python 脚本		Python 功能
	数据透视表		
	折线图绘制		
KNIME 数据分析案例(60)批量文件改名	读取 Excel	借助 Python 为批量文件改名	日常办公
	Python 脚本		Python 功能
	文件路径表		文档管理
KNIME 数据分析案例(61)连锁公式复用	表格创建	Excel 中的嵌套公式非常复杂	工程经验
	行索引	使用 Python 脚本解析公式	文档处理
	列转变量	完成公式的融合和复用	日常办公
	建立文件夹		Python 功能
	路径转字符串		
	Python 脚本		
KNIME 数据分析案例(62)转换系数查询	读取 JSON	从 JSON 文件中读取单位转换系数	工程经验
	JSON 转表格	在实际工程用应用转换系数	技术研发
	转置		信息获取
	行索引		数据格式
	行筛选		
	表格编辑		
KNIME 数据分析案例(63)散点曲线交点	读取 Excel	对两条散点曲线进行拟合	工程经验
	分列	获取两条曲线的交点坐标	技术研发

续附表 A-1

视频名称	主要使用节点	解决何种问题	解决问题归类
	数据透视表		公式拟合
	多项式拟合器		
	Python 脚本		
	折线图绘制		
KNIME 数据分析案例(64)距离数据筛选	读取 Excel	根据点距离曲线的距离筛选	工程经验
	数据透视表		技术研发
	折线图绘制		数据处理
	行筛选		
	相似搜索		
	固定值列		
	行合并		
	气泡图		
KNIME 数据分析案例(65)智能数据分组	2D 数据产生器	根据模糊算法对散点数据分组	工程经验
	列筛选		技术研发
	2D 密度图		数据处理
	模糊均值器		
	3D 散点图		
KNIME 数据分析案例(66)图 01 柱状成绩	读取 Excel	调用 matplotlib 绘制柱状图	数据可视化
	字符串处理		
	数据透视表		
	柱状图绘制		
	Python 脚本		
KNIME 数据分析案例(67)图 02 分组柱图	读取 Excel	调用 matplotlib 绘制分组柱状图	数据可视化
	字符串处理		
	数据透视表		
	柱状图绘制		
	Python 脚本		
KNIME 数据分析案例(68)图 03 船只分布	随机数据生成器	调用 matplotlib 绘制间断柱状图	数据可视化
	Python 脚本		
KNIME 数据分析案例(70)报价单据对比	读取 Excel	两个复杂的报价单据的对比	办公自动化
	规则引擎		财务分析

续附表 A-1

视频名称	主要使用节点	解决何种问题	解决问题归类
	缺失值填充		数据对比
	行筛选		数据统计
	列表达式		
	合并器		
	行索引		

附录 B

    Python script 节点中的典型代码样式及解释,参见 KNIME 快速入门案例(15)简易交互界面。

```python
# Copy input to output
import numpy as np
import pandas as pd
df = input_table_1.copy()
dictSphere = {row['para']:float(row['value']) for index, row in df.iterrows()}
def solveSphere(dictSphere):
    inVar    = {'[r]':'radius',
                '[ρ]':'density'}
    outVar   = {'[As]':'surfaceArea',
                '[V]':'volumn',
                '[d]':'diameter',
                '[M]':'mass',
                '[p]':'perimeter'}
    constant = {'π':'np.pi',
                '^':'**'}
    formula ='''
[As] = 4 * π * [r]^2
[V] = 4/3 * π * [r]^3
[d] = 2 * [r]
[M] = [ρ] * [V]
[p] = 2 * π * [r]
'''
    for key, value in {**inVar, **outVar}.items():
        formula = formula.replace(key, "dictSphere['" + value + "']")
    for key, value in constant.items():
        formula = formula.replace(key, value)
    formulaList = formula.strip().split('\n')
```

```
for formula in formulaList:
    exec(formula.strip())
return dictSphere
output_table_1 = pd.DataFrame([solveSphere(dictSphere)])
```

附录 C

Python script 节点中计算制冷剂物性的代码。需要预先安装 Python 环境及 CoolProp 库（该库当中包含了制冷剂物性计算和湿空气物性计算等工程物性计算功能），然后在 KNIME 当中进行 Python 环境配置，即可使用。参见 KNIME 快速入门案例（29）工程物性计算。

```
# Copy input to output
import pandas as pd  #①
import numpy as np  #②
from CoolProp.CoolProp import PropsSI  #③
df = input_table_1.copy()  #④
df['h'] = df.apply(lambda row: PropsSI('H', 'P', row['p'] * 1e5, \
'T', PropsSI('T', 'P', row['p'] * 1e5, 'Q', 1, 'R134a') + row['dTsh'], 'R134a'), axis
= 1)  #⑤
output_table_1 = df  #⑥
```

注释：

①加载 pandas 库，数据处理库，"Python script"节点当中经常需要使用库中的数据框数据结构。

②加载 numpy 库，数值运算库，上面加载的两个库在本例都不是必需的，因为本例计算过程非常简单。通常"Python script"节点中需要使用它们，故这里展示了如何加载。

③加载制冷剂物性计算库。

④从输入接口上获取数据框，将其命名为"df"，"df"为变量名，可以任意设置。

⑤这个语句比较复杂，整体来看，是在 df 数据框上施加了 apply 操作，操作的函数为 lambda 函数来定义，传播的方向为行方向，也就是对每行的数据都加以处理，所以 axis = 1。每行数据处理出的结果建立一个新列，这一列为"h"。所以在语句的开头写明了"df['h'] ="。

再来看对于每行的 row(lambda row:)如何进行函数计算，首先通过函数 PropsSI('T', 'P', row['p'] * 1e5, 'Q', 1, 'R134a')，获取每行 row 中的压力值(row['p']，1e5 是将压力单位由"bar"转"Pa"的系数)计算制冷剂 R134a 在干度(Q)为"1"，也就是饱和气体线下的温度('T')值。

将饱和温度值与过热度数值相加 PropsSI('T', 'P', row['p'] * 1e5, 'Q', 1, 'R134a') + row['dTsh']，就获得了该状态点下制冷剂的真实温度值，记为"T0"，那么就可以通过每行 row 中的压力值(row['p'])，还有获得的"T0"，通过函数 PropsSI('H', 'P', row['p'] * 1e5, 'T', T0, 'R134a')来计算该状态点下的制冷剂的焓值。这就是原代码中采用嵌套计算的原理。

⑥将更新后的数据框赋值到输出端口。

附录 D

Python script 节点中调用优化库算法。需要预先安装 Python 环境,然后在 KNIME 当中进行 Python 环境配置,即可使用。参见 KNIME 快速入门案例(31)点和范围关系。

```python
# Do pandas inner join
from scipy.spatial import ConvexHull    #①
from matplotlib.path import Path    #②
import numpy as np    #③
import pandas as pd    #④
dfPs = input_table_1.copy()    #⑤
dfTPs = input_table_2.copy()    #⑥
points = np.array(list(zip(dfPs.x, dfPs.y)))    #⑦
hull = ConvexHull(points)    #⑧
hull_path = Path(points[hull.vertices])    #⑨
dfTPs['in'] = dfTPs.apply(lambda row: hull_path.contains_point([row.x, row.y]), axis=1)    #⑩
output_table_1 = dfTPs    #⑪
```

注释:

①从优化算法库中加载凸包计算函数。

②从绘图库的路径计算库中加载路径计算函数。

③加载 numpy 库,数值运算库。

④加载 pandas 库,数据处理库。

⑤从输入接口上获取凸包构成点集数据框(内含点的 XY 坐标值),将其命名为"df-Ps","dfPs"为变量名,可以任意设置。

⑥从输入接口上获取测试点集数据框(内含点的 XY 坐标值),将其命名为"dfTPs"。

⑦使用凸包构成点集数据框中的 XY 坐标值来形成一个 numpy 数组。

⑧使用凸包计算函数来计算由凸包构成点集构成的凸包对象(不一定含有所有的点,是原始凸包构成点集的子集,由这个子集当中的点顺序组成的外轮廓,可以覆盖原始凸包构成点集中的所有点)。

⑨使用凸包对象的顶点来构成一个路径对象,路径对象下含有关于包含关系判断的函数。

⑩对测试点集数据框进行 apply 操作,操作的函数为 lambda 函数来定义,传播的方向为行方向。具体函数功能是对于测试点集每行的 XY 坐标("row.x, row.y"),首先形成一个列表对象("[row.x, row.y]"),然后调用路径对象的"contains_point"函数来判断包含关系。经过这样的处理,整个测试数据框中所有的测试点都完成了判断,生成一个布尔型的新列"in"(dfTPs['in']),记录判断结果。

⑪将更新后的数据框赋值到输出端口。

附录 E

Python script 节点中调用最小二乘拟合算法。需要预先安装 Python 环境,然后在 KNIME 当中进行 Python 环境配置,即可使用。参见 KNIME 快速入门案例(32)特定公式拟合。

```
# Copy input to output
import numpy as np  #①
from scipy.optimize import leastsq  #②
import pandas as pd  #③
df = input_table_1.copy()  #④
x = np.array(df.x)  #⑤
y = np.array(df.y)  #⑥
def func(coef):  #⑦
return coef[0] * np.exp(coef[1] * x)  #⑧
def residual(coef):  #⑨
    return y-func(coef)  #⑩
r = leastsq(residual, np.ones(2))  #⑪
coef = r[0]  #⑫
output_table_1 = pd.DataFrame(coef)  #⑬
```

注释:

①加载 numpy 库,数值运算库。

②从优化算法库中加载最小二乘计算函数。

③加载 pandas 库,数据处理库。

④从输入接口上获取自变量/因变量数据框(内含 x,y 值),将其命名为"df","df"为变量名,可以任意设置。

⑤将数据框中的自变量 x 列转变为 numpy 数组。

⑥将数据框中的因变量 y 列转变为 numpy 数组。

⑦定义一个名为"func"的函数,输入参数为系数列表"coef"。

⑧(* 重要 *)在这里定义拟合公式的形式,如果需要改变拟合公式,只需要在这里更新计算表达式的代码。返回的是因变量的值,计算公式为 $y = a * exp(b * x)$ (即:$coef[0] * np.exp(coef[1] * x)$)。

⑨定义"residual"残差方程函数,其给出的残差计算值将帮助 Scipy 的最小二乘函数来调整"公式系数"计算结果。

⑩定义残差计算值的形式,也就是用因变量真值(y)减去由公式计算出的因变量(func(coef))。

⑪将残差方程函数代入最小二乘函数当中,并给定两个系数的初值均为 1(np. ones(2)),最小二乘函数会依据残差计算结果,利用最小二乘算法,不断调整系数

值,知道满足残差方程的收敛标准。

　　⑫将第一组系数计算结果加以输出。

　　⑬将系数计算结果转化为数据框,然后赋值到输出端口。

附录 F

　　在 Python view 节点中使用 Python 代码,将可视化图形节点输出的 svg 图片转为 png 图片。需要预先安装 Python 环境,然后安装 cairosvg 库,最后在 KNIME 当中进行 Python 环境配置,即可使用。

　　代码示例如下:

```python
from io import BytesIO
import cairosvg
from PIL import Image
svg_path= flow_variables['svg_location']
png_path= flow_variables['png_location']
cairosvg.svg2png(url=svg_path, write_to=png_path,dpi=600)
im= Image.open(flow_variables['png_location'])
# Create buffer to write into
buffer= BytesIO()
# Create plot and write it into the buffer
im.save(buffer, format='png')
# The output is the content of the buffer
output_image= buffer.getvalue()
```

附录 G

　　在 Python script 节点中使用 Python 代码,将公式写入 Excel 文件。需要预先安装 Python 环境,然后安装 xlwt 库,最后在 KNIME 当中进行 Python 环境配置,即可使用。

　　代码示例如下:

```python
# Copy input to output
import pandas as pd
import xlwt
excel= xlwt.Workbook()
sh= excel.add_sheet("Sheet1")
df= input_table_1.copy()
for index, row in df.iterrows():
    sh.write(row['plateColumn'], row['plateRow'], \
        xlwt.Formula(row['code'].replace("=","")))
excel.save(flow_variables['base_folder_location'])
output_table_1= df
```

附录 H

　　典型的 Java Snippet 节点用法,支持 Java 语法的各种数据及字符串处理函数,计算速度快,适合于需要提高计算速度的场景下使用。

　　代码示例如下:

```
#// system imports
import org.knime.base.node.jsnippet.expression.AbstractJSnippet;
import org.knime.base.node.jsnippet.expression.Abort;
import org.knime.base.node.jsnippet.expression.Cell;
import org.knime.base.node.jsnippet.expression.ColumnException;
import org.knime.base.node.jsnippet.expression.TypeException;
import static org.knime.base.node.jsnippet.expression.Type.*;
import java.util.Date;
import java.util.Calendar;
import org.w3c.dom.Document;
// Your custom imports:
// system variables
public class JSnippet extends AbstractJSnippet {
  // Fields for input columns
  /* * Input column: "半径" */
  public Double c_半径;
  /* * Input column: "密度" */
  public Double c_密度;
  // Fields for output columns
  /* * Output column: "周长" */
  public Double out_周长;
  /* * Output column: "体积" */
  public Double out_体积;
  /* * Output column: "重量" */
  public Double out_重量;
  /* * Output column: "表面积" */
  public Double out_表面积;
// Your custom variables:
// expression start
    public void snippet() throws TypeException, ColumnException, Abort {
// Enter your code here:
var pi = 3.1415926;
  /* * Output column: "周长" */
out_周长 = 2 * pi * c_半径;
  /* * Output column: "体积" */
```

```
out_体积 = 4 /3 * pi * Math.pow(c_半径, 3);
    /* * Output column: "重量" */
out_重量 = out_体积 * c_密度;
    /* * Output column: "表面积" */
out_表面积 = 4 * pi * Math.pow(c_半径, 2);
//expression end
    }
}
```

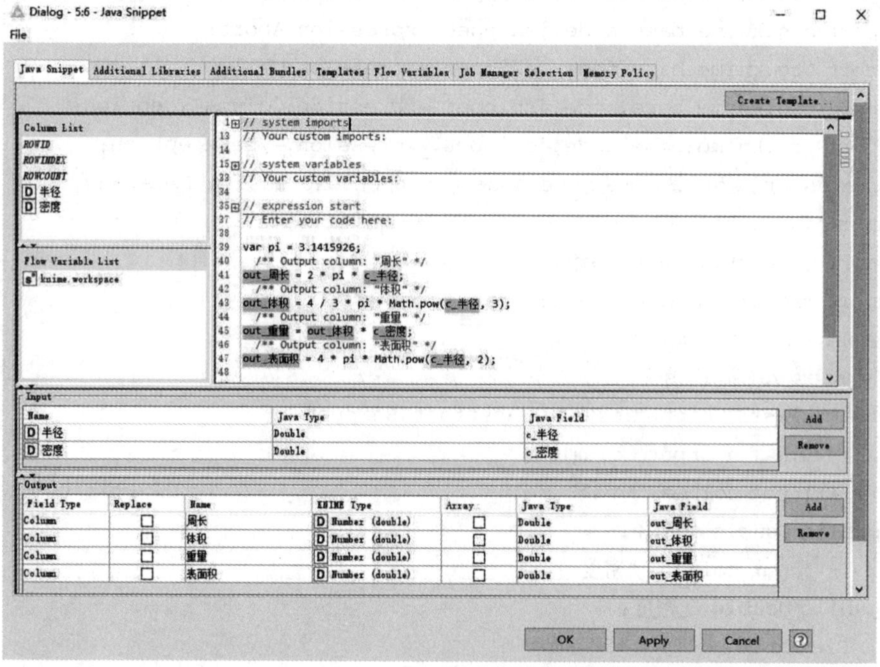

附图 H-1　Java Snippet 节点配置界面

附录 I

1. 正则表达式的基础概念和知识(详细内容可以参考网站)

基本上,正则表达式是描述一定数量文本的模式。正则表达式"引擎"是一个可以处理正则表达式的软件,试图将模式与给定的字符串匹配。通常,引擎是大型应用程序的一部分,不能直接访问引擎。相反,应用程序会在需要时为您调用它,确保将正确的正则表达式应用于 2. 正确的文件或数据

在软件世界中,不同的正则表达式引擎通常并不完全兼容。特定引擎的语法和行为称为正则表达式风格。

2. 正则表达式的编译表示

指定为字符串的正则表达式必须首先编译到该类的实例中。生成的模式可用于创建一个 Matcher 可以匹配任意字符序列。执行匹配所涉及的所有状态都驻留在匹配器

中,因此许多匹配器可以共享相同的模式。

因此,典型的调用序列是:

```
Pattern p= Pattern.compile("a*b");
Matcher m= p.matcher("aaaaab");
boolean b= m.matches();
```

匹配方法由该类定义,以方便正则表达式只使用一次。这个方法编译一个表达式,并在一次调用中根据它匹配一个输入序列。该声明:

```
boolean b= Pattern.matches("a*b", "aaaaab");
```

等效于上面的三条语句,尽管对于重复匹配来说,它的效率较低,因为它不允许重用编译过的模式。

这个类的实例是不可变的,对于多个并发线程来说是安全的。实例 Matcher 类这样使用是不安全的。

3. 正则表达式构造概述

构造	匹配
字符类别	
x	角色 x
\\	反斜杠字符
\0n	具有八进制值的字符 0n (0 <= n <= 7)
\0nn	具有八进制值的字符 0nn (0 <= n <= 7)
\0mnn	具有八进制值的字符 0mnn (0 <= m <= 3, 0 <= n <= 7)
\xhh	具有十六进制值的字符 0xhh
\uhhhh	具有十六进制值的字符 0xhhhh
\x{h...h}	具有十六进制值的字符 0xh...h (Character. MIN_CODE_POINT <= 0xh...h <= Character. MAX _ CODE _ POINT)
\t	制表符(\u0009 ')
\n	换行符(换行)字符(\u000A ')
\r	回车符(\u000D ')
\f	换页符(\u000C ')
\a	警报(铃声)字符(\u0007 ')
\e	转义字符(\u001B ')
\cx	对应于的控制字符 x
字符类别	
[abc]	a, b 或者 c(简单类)
[^abc]	任何字符,除了 a, b 或者 c(否定)
[a-zA-Z]	a 到 z 或者 A 到 Z,包括(范围)
[a-d[m-p]]	a 到 d,或者 m 到 p: [a-dm-p](合集)

［a-z&&［def］］	d,e 或者 f(交集)
［a-z&&［^bc］］	a 到 z,除了 b 和 c：［ad-z］(减法)
［a-z&&［^m-p］］	a 到 z,而不是 m 到 p：［a-lq-z］(减法)

预定义的字符类

.	任何字符(可能匹配也可能不匹配线路终结器)
\d	一个数字：［0-9］
\D	非数字：［^0-9］
\h	水平空白字符：［\ t \ xA0 \ u 1680 \ u180e \ u 2000 - \ u200a \ u202f \ u205f \ u 3000］
\H	非水平空白字符：［^\h］
\s	空白字符：［ \t\n\x0B\f\r］
\S	非空白字符：［^\s］
\v	垂直空白字符：［\n\x0B\f\r\x85\u2028\u2029］
\V	非垂直空白字符：［^\v］
\w	一个单词字符：［a-zA-z0-9］
\W	非单词字符：［^\w］

POSIX 字符类(仅限美国 ASCII)

\p{Lower}	小写字母字符：［a-z］
\p{Upper}	大写字母字符：［A-Z］
\p{ASCII}	所有 ASCII：［ \x00-\x7F］
\p{Alpha}	字母字符：［\p{Lower} \p{Upper}］
\p{Digit}	十进制数字：［0-9］
\p{Alnum}	字母数字字符：［\p{Alpha} \p{Digit}］
\p{Punct}	标点符号：以下之一!"#$%&'( ) * +,-./:;<=>? @［\］^_`{ |}~
\p{Graph}	可见字符：［\p{Alnum} \p{Punct}］
\p{Print}	可打印字符：［\p{Graph} \x20］
\p{Blank}	空格或制表符：［ \t］
\p{Cntrl}	控制字符：［\x00-\x1F\x7F］
\p{XDigit}	十六进制数字：［0-9a-fA-F］
\p{Space}	空白字符：［ \t\n\x0B\f\r］

字符类(简单 Java 字符类型)

\p{javaLowerCase}	相当于 Java . lang . character . islowercase( )
\p{javaUpperCase}	相当于 Java . lang . character . isupper case( )
\p{javaWhitespace}	相当于 Java . lang . character . iswhitespace( )

| \p{javaMirrored} | 相当于 java. lang. Character. isMirrored( ) |

Unicode 脚本、块、类别和二进制属性的类

\p{IsLatin}	拉丁文字字符(字母)
\p{InGreek}	希腊语块中的一个字符(块)
\p{Lu}	大写字母(种类)
\p{IsAlphabetic}	字母字符(二元属性)
\p{Sc}	货币符号
\P{InGreek}	除希腊字母组中的一个字符以外的任何字符(补集)
[\p{L}&&[^\p{Lu}]]	除大写字母以外的任何字母(减法)

边界匹配器

^	一行的开始
$	一行的结尾
\b	单词边界
\B	非单词边界
\A	输入的开始
\G	前一场比赛的结束
\Z	输入的结束,但是字符串的结尾可以有也可以没有终止
\z	输入的结束

换行匹配器

| \R | 任何 Unicode 换行符序列都等效于 \ u000D \ u000A \| [\ u000A \ u000B \ u000C \ u000D \ u 0085 \ u 2028 \ u 2029] |

贪婪量词

X?	X,一次或根本没有
X *	X,零次或多次
X+	X,一次或多次
X{n}	X,完全正确 n 次
X{n,}	X,至少 n 次
X{n,m}	X,至少 n 但不超过 m 次

勉强量词

X??	X,一次或根本没有
X * ?	X,零次或多次
X+?	X,一次或多次

X{n}?   X,完全正确 n 次
X{n,}?   X,至少 n 次
X{n,m}?   X,至少 n 但不超过 m 次

所有格量词
X? +   X,一次或根本没有
X * +   X,零次或多次
X++   X,一次或多次
X{n}+   X,完全正确 n 次
X{n,}+   X,至少 n 次
X{n,m}+   X,至少 n 但不超过 m 次

逻辑运算符
XY   X 然后 Y
X|Y   X 或者 Y
(X)   X,作为一组获取

反向引用
\n   不管是什么第 n 捕获组相匹配的
\k<名字>   不管是什么命名捕获组"名称"匹配

引用
\   什么都没有,但是引用了下面的字符
\Q   无,但引用所有字符,直到\E
\E   什么都没有,但结束引用开始于\Q

特殊构造(命名为捕获和非捕获)
(? <名字>X)   X,作为命名捕获组
(?:X)   X,作为非捕获组
(? idmsuxU-idmsuxU)   什么也没有,但使用给定的标志 i d m s u x U 开关
(? idmsux-idmsux:X)   X,作为一个非捕获组使用给定的标志 i d m s u x 开关
(? =X)   X,通过零宽度正向前查找
(?! X)   X,通过零宽度负向前查找
(? <=X)   X,通过零宽度正向后查找
(? <! X)   X,通过零宽度负向后查找
(? >X)   X,作为一个独立的,非捕获组

反斜杠、转义和引用

反斜杠字符(′\′)用于引入上面中定义的转义构造,以及引用否则会被解释为非转义构造的字符。因此有这样一句话\\匹配单个反斜杠和\{匹配一个左括号。

在任何不表示转义构造的字母字符前使用反斜杠是错误的;这些是为正则表达式语言的未来扩展保留的。可以在非字母字符之前使用反斜杠,而不管该字符是否属于非转义结构的一部分。

Java 源代码中字符串文字内的反斜杠被解释为 Java 语言规范,有必要在表示正则表达式的字符串中使用双反斜杠来保护它们不被 Java 字节码编译器解释。字符串文字" \b "例如,当解释为正则表达式时,匹配单个退格字符,而" \\b "匹配单词边界。字符串文字" \(你好\)"是非法的,会导致编译时错误;为了匹配字符串(你好)字符串文字" \\(你好\\)"必须使用。

字符类别

字符类可以出现在其他字符类中,并且可以有并集运算符(隐式)和交集运算符(&&)。Union 运算符表示包含至少一个操作数类中的每个字符的类。交集运算符表示包含两个操作数类中所有字符的类。

字符类运算符的优先级从高到低如下:

①字面转义　　　　　　　\x
②分组　　　　　　　　　[. . .]
③范围　　　　　　　　　无所不包的
④并集　　　　　　　　　[a-e][i-u]
⑤交集　　　　　　　　　[a-z&&[aeiou]]

请注意,字符类内部的元字符与字符类外部的元字符是不同的。例如,正则表达式.失去了它在字符类中的特殊意义,而表达式-成为范围形成元字符。

行终止符

行终止符是一个由一个或两个字符组成的序列,用于标记输入字符序列的行尾。以下是公认的行终止符:

换行符(换行)(\n ′),

回车符后紧跟换行符(" \r\n "),

独立的回车符(\r ′),

下一行字符(\u0085 ′),

行分隔符(′u2028 ′),或者段落分隔符(\u2029).

如果 UNIX_LINES 模式被激活,那么只能识别换行符。

正则表达式.匹配除行结束符以外的任何字符。

默认情况下,正则表达式^和 $ 忽略行终止符,只分别匹配整个输入序列的开头和结尾。如果 MULTILINE 然后模式被激活^,匹配输入的开头和任何行结束符之后,除了输入的结尾。当在 MULTILINE 方式 $ 匹配行结束符之前或输入序列的结尾。

分组和采集

组号

捕获组通过从左到右计算它们的左括号来编号。在表达式中((A)(B(C)))例如，有四个这样的组：

1((A)(B(C)))

2(一)

3(B(C))

4(三)

零组总是代表整个表达式。

捕获组如此命名是因为在匹配期间,匹配这样一个组的输入序列的每个子序列都被保存。捕获的子序列可以稍后通过反向引用在表达式中使用,也可以在匹配操作完成后从匹配器中检索。

组名

还可以为捕获组分配一个"名称"命名捕获组,然后通过"名称"反向引用。组名由以下字符组成。第一个字符必须是字母。

大写字母 A 到 Z ′ (\u0041 ′到\u005a ′),

小写字母 a 到 z ′ (\u0061 ′到\u007a ′),

数字′0′到′9′ (\u0030 ′到\u0039 ′),

一个命名捕获组仍按上面所述进行编号组号。

与一个组相关联的被捕获的输入总是该组最近匹配的子序列。如果由于量化而对一个组进行第二次评估,那么如果第二次评估失败,将保留其先前捕获的值(如果有)。在每次匹配开始时,所有捕获的输入都会被丢弃。

附录 J

Math Formula 节点中的函数列表。

附表 J-1　Math Formula 节点函数列表

函数名称	英文原注释	汉语翻译
ROWCOUNT	Total row count in table	表中的总行数
ROWINDEX	Current row index, starting with 0	当前行索引,从 0 开始
pi	Value of π (3. 141 592 653 589 793)	π 值(3. 141 592 653 589 793)
e	Value of e (base of natural logarithm, 2. 718 281 828 459 045)	e 的值(自然对数的底数, 2. 718 281 828 459 045)
COL_MIN(col_name)	minimum in column	列中的最小值
COL_MAX(col_name)	maximum in column	列中的最大值
COL_MEAN(col_name)	mean in column	列中的平均值

续附表 J-1

函数名称	英文原注释	汉语翻译
COL_MEDIAN(col_name)	median in column	列中的中位数
COL_SUM(col_name)	sum in column	列中的总和
COL_STDDEV(col_name)	standard deviation in column	列中标准偏差
COL_VAR(col_name)	variance in column	列中的方差
ln(x)	Natural Logarithm	自然对数
log(x)	Logarithm base 10	对数基数 10
loglp(x)	ln(1+x)	ln(1+x)
exp(x)	Exponential	指数
pow(x,y)	Computes the power (^) of a number	计算数字的幂(^)
abs(x)	Absolute Value/ Magnitude	绝对值/幅值
sqrt(x)	Square Root	平方根
rand(x)	Random number (between 0 and 1)	随机数(介于 0 和 1 之间)
mod(x,y)	Modulus	模数
if(x,y,z)	If – Condition: if (cond, trueval, falseval)	If 条件:If(条件,是值,否值)
round(x)	Round (to integer)	舍入(到整数)
round(x,y)	Round: round(value, precision) using the half_even method	舍入:使用 half_even 方法舍入(值,精度)
roundHalfUp(x,y)	Round: round(value, precision) using the half_up method	舍入:使用 half_up 方法舍入(值,精度)
roundHalfDown(x,y)	Round: round(value, precision) using the half_down method	舍入:使用 half_down 方法舍入(值,精度)
ceil(x)	Smallest integer above the number; e.g. ceil(pi) returns 4	数字上方的最小整数:例如,ceil(pi)返回4
floor(x)	Largest integer below the number, e.g. floor(pi) returns 3	数字下方的最大整数:例如,floor(pi)返回3
binom(x,y)	Binomial coefficients	二项式系数
sin(x)	Sine	正弦
cos(x)	Cosine	余弦
tan(x)	Tangent	切线
asin(x)	Arc Sine	弧形正弦曲线
acos(x)	Arc Cosine	圆弧余弦
atan(x)	Arc Tangent	圆弧切线

续附表 J-1

函数名称	英文原注释	汉语翻译
atan2(x,y)	Arc Tangent (with 2 parameters), atan2(y, x) is the angle in radians between the positive x – axis of a plane and the point given by the co-ordinates (x, y) on it. IMPORTANT: Please note that the first parameter is the y–coordinate and the second the x–coordinate of the point to translate to polar coordinates.	Arc Tangent(带 2 个参数),atan2(y,x)是平面的正 x 轴与坐标(x,y)给出的点之间的角度(弧度)。重要提示:请注意,第一个参数是 y 坐标,第二个参数是要转换为极坐标的点的 x 坐标
sinh(x)	Hyperbolic Sine	双曲正弦
cosh(x)	Hyperbolic Cosine	双曲余弦
tanh(x)	Hyperbolic Tangent	双曲正切
asinh(x)	Inverse Hyperbolic Sine	正弦
acosh(x)	Inverse Hyperbolic Cosine	反双曲余弦
atanh(x)	Inverse Hyperbolic Tangent	反双曲正切
max_in args(x,y,z)	maximum in argument list max_in_args(x, y, z, ...), if all of them is NaN, the result is also NaN	参数列表 max_in_args(x,y,z,…)中的最大值,如果它们都是 NaN,则结果也是 NaN
min_in args(x,y,z)	minimum in argument list min_in_args(x, y, z,...), if all of them is NaN, the result is also NaN	参数列表 min_in_args(x,y,z,…)中的最小值,如果它们都是 NaN,则结果也是 NaN
argmin(x,y,z)	Finds the minimal value within the parameters and selects its index. If no such value was available (for example all values are NaNs, or no values were present) NaN is the result, else the index of the first minimal argument (starting from 1)	查找参数中的最小值并选择其索引。如果没有这样的值可用(例如,所有值都是 NaN,或者不存在任何值),则 NaN 是结果,否则是第一个最小参数的索引(从 1 开始)
argmax(x,y,z)	Finds the maximal value within the parameters and selects its index. If no such value was available (for example all values are NaNs, or no values were present) NaN is the result, else the index of the first maximal argument (starting from 1)	查找参数中的最大值并选择其索引。如果没有这样的值可用(例如,所有值都是 NaN,或者不存在任何值),则 NaN 是结果,否则是第一个最大参数的索引(从 1 开始)

续附表 J-1

函数名称	英文原注释	汉语翻译
colMin(x,y,z)	Selects the column index from the column arguments with minimal value, the smallest index will be returned, or NaN if no real number was among the arguments.	从具有最小值的列参数中选择列索引,将返回最小索引,如果参数中没有实数,则返回 NaN
colMax(x,y,z)	Selects the column index from the column arguments with maximal value, the smallest index will be returned, or NaN if no real number was among the arguments.	从具有最大值的列参数中选择列索引,将返回最小索引,如果参数中没有实数,则返回 NaN
average(x,y,z)	average in argument list: avg(x, y, z, ...); NaNs are skipped.	参数列表中的平均值:avg(x,y,z,…),跳过 NaN
median(x,y,z)	median in argument list: median (x, y, z, ...), if all of them is NaN, the result is also NaN, but the NaN values are filtered before otherwise.	参数列表中的中值:中值(x,y,z,…),如果所有值都是 NaN,则结果也是 NaN,但 NaN 值在其他值之前进行过滤
signum(x)	signum function (signum of NaN is NaN)	符号函数(NaN 的符号为 NaN)
between(x,y,z)	Checks whether the middle argument is between the left and right: between(a, x, b)= 1, if none of the arguments is NaN and a<x and x<b. For any NaNs, it returns NaN, else 0.	检查中间参数是否在左右之间:介于(a,x,b)=1 之间,如果没有参数是 NaN 且 a<x 和 x<b。对于任何 NaN,它返回 NaN,否则返回 0
isNaN(x)	If the argument is NaN its value is 1, else 0.	如果参数为 NaN,则其值为 1,否则为 0
isInfinite(x)	If the argument is positive or negative infinity its value is 1, else 0.	如果参数为正或负无穷大,则其值为 1,否则为 0
x+y	Adds two numbers.	添加两个数字
x−y	Substracts the right value from the left.	从左侧减去右侧值
x^y	base exponent − rise base on the power of exponent.	基本指数基于指数的幂上升

续附表 J-1

函数名称	英文原注释	汉语翻译
！x	Logical negation, anything not 0 becomes 0, 0 becomes 1.	逻辑否定,任何非 0 的值变为 0, 0 变为 1
+x	The unary plus sign, optional.	一元加号,可选
-x	Negation	负值
x%y	Modulus using double numbers	使用双数的模数
x/y	Division between two numbers	两个数字之间的除法
x * y	Multiplication between two numbers.	两个数字之间的乘法
x<=y	1 if the left operand is less than or equal to the right operand, else 0.	如果左操作数小于或等于右操作数,则为 1,否则为 0
x>=y	1 if the left operand is greater than or equal to the right operand, else O.	如果左操作数大于或等于右操作数,则为 1,否则为 0
x<y	1 if the left operand is less than the right operand, else 0.	如果左操作数小于右操作数,则为 1,否则为 0
x>y	1 if the left operand is greater than the right operand, else 0.	如果左操作数大于右操作数,则为 1,否则为 0
x！=y	O if the left operand is equal to the right operand, else 1.	如果左操作数等于右操作数,则为 0,否则为 1
x==y	1 if the left operand is equal to the right operand, else 0.	如果左操作数等于右操作数,则为 1,否则为 0
x&&y	1 if both operands are not 0, else 0.	如果两个操作数都不是 0,则为 1,否则为 0
x||y	1 if at least one of the operands is not 0, else 0.	如果至少一个操作数不为 0,则为 1,否则为 0

附录 K

String Manipulation 节点中的函数列表。

附表 K-1　String Manipulation 节点函数列表

函数名称	英文原注释	汉语翻译
capitalize（str）	Capitalizes all white space separated words in a string, so that each word is made up of a titlecase character and then a series of lowercase characters.	将字符串中所有空格分隔的单词大写,以便每个单词由一个标题字符和一系列小写字符组成
capitalize(str, chars)	Capitalizes all delimiter separated words in a string, so that each word is made up of a titlecase character and then a series of lowercase characters.	将字符串中所有分隔符分隔的单词大写,以便每个单词由一个标题字符和一系列小写字符组成
ompare（str1, str2）	Compares two strings lexicographically. The function returns a negative integer, zero, or a positive integer as the str1 is less than, equal to, or greater than str2.	以字典方式比较两个字符串。当 str1 小于、等于或大于 str2 时,函数返回负整数、零或正整数
count（str, toCount）	Counts the number of times the string toCount appears in a string.	统计字符串 toCount 在字符串中出现的次数
count（str, toCount, modifiers）	Counts the number of times the string to Count appears in a string. modifiers gives options to control the method:	统计字符串 toCount 在字符串中出现的次数。修改器提供了控制方法的选项: i:忽略大小写 w:整个单词(单词边界是空白字符)
countChars（str, chars）	Counts the number of specific characters in a string.	统计字符串中特定字符的数量
countChars（str, chars, modifiers）	Counts the number of specific characters in a string. modifiers gives options to control the method:	统计字符串中特定字符的数量。修改器提供了控制方法的选项: i:忽略大小写 v:查找不在字符集中的任何字符

续附表 K-1

函数名称	英文原注释	汉语翻译
indexOf（str, toSearch）	Gives the first positon of toSearch in the string or -1 if toSearch is not found in the string. The returned value is an integer between 0（the first character）and length（str）-1（the last character）.	在字符串中给出 toSearch 的第一个位置,如果在字符串中找不到 toSearch,则为 -1。返回的值是介于 0(第一个字符)和长度(str)-1(最后一个字符)之间的整数
indexOf（str, toSearch, modifiers）	Gives the first position of toSearch in the string. modifiers gives several options to control the search：	给出字符串中 toSearch 的第一个位置。修饰符提供了几个选项来控制搜索: i:忽略大小写 b:向后搜索 w:整个单词(单词边界是空白字符)
indexOf（str, toSearch, start）	Gives the first position of toSearch in the string. The search is performed from the start to the right. The function returns -1 if toSearch is not found. A negative value of start is treated as zero.	给出字符串中 toSearch 的第一个位置。搜索从开始向右执行。如果未找到 toSearch,则函数返回 -1。开始的负值被视为零
indexOf（str, toSearch, start, modifiers）	Gives the first position of toSearch in the string. The search is performed from the character at start. modifiers gives several options to control the search：	给出字符串中 toSearch 的第一个位置。搜索从开始时的字符开始。修饰符提供了几个选项来控制搜索: i:忽略大小写 b:向后搜索 w:整个单词(单词边界是空白字符)
indexOfChars（str, chars）	Search a string to find the first position of any character in the given set of characters.	搜索字符串以查找给定字符集中任何字符的第一个位置
indexOfChars（str, chars, modifiers）	Search a string to find the first position of any character in the given set of characters. modifiers gives several options to control the search：	搜索字符串以查找给定字符集中任何字符的第一个位置。修饰符提供了几个选项来控制搜索: i:忽略大小写 b:向后搜索 v:查找不在字符集中的任何字符

续附表 K-1

函数名称	英文原注释	汉语翻译
indexOfChars （str, chars, start）	Search a string to find the first position of any character in the given set of characters. The search is performed from the character at start.	搜索字符串以查找给定字符集中任何字符的第一个位置。搜索从开始时的字符开始
indexOfChars （str, chars, start, modifiers）	Search a string to find the first position of any character in the given set of characters. The search is performed from the character at start. modifiers gives several options to control the search:	搜索字符串以查找给定字符集中任何字符的第一个位置。搜索从开始时的字符开始。修饰符提供了几个选项来控制搜索： i:忽略大小写 b:向后搜索 v:查找不在字符集中的任何字符
join （str.）	Joins to or more strings into a single string.	将一个或多个字符串合并为一个字符串
joinSep （sep, str...）	Joins two or more strings into a single string, where sep is placed between two elements.	将两个或多个字符串连接成一个字符串,其中 sep 位于两个元素之间
lastIndexOfChar （str, char）	Returns the index within this string of the last occurrence of the specified character.	返回此字符串中指定字符最后一次出现的索引
length （str）	To determine the length of the string.	确定字符串的长度
lowerCase （str）	Converts all characters in a String to lower case.	将字符串中的所有字符转换为小写
md5Checksum（str）	Computes MD5 checksum of string.	计算字符串的 MD5 校验和
padLeft （str, size）	Left pads string with spaces （' '） such that the length of the string equals the provided size.	左侧用空格（""）填充字符串,使字符串的长度等于提供的大小
padLeft （str, size, chars）	Left pads string with the provided chars such that the length of the string equals the provided size. For chars equal to null or the empty string spaces （' '） are used as a padding.	左侧用提供的字符填充字符串,使字符串的长度等于提供的大小。对于等于 null 的字符或空字符串空格（""）用作填充

续附表 K-1

函数名称	英文原注释	汉语翻译
padRight（str, size）	Right pads string with spaces（''）such that the length of the string equals the provided size.	右侧用空格（""）填充字符串，使字符串的长度等于提供的大小
padRight（str, size, chars）	Right pads string with the provided chars such that the length of thestring equals the provided size. For chars equal to null or the empty string spaces（''）are used as a padding.	右侧用提供的字符填充字符串，使字符串的长度等于提供的大小。对于等于 null 的字符或空字符串空格（""）用作填充
regexllatcher（str, regex）	Applies regex to string and returns true if regex matches.	将正则表达式应用于字符串，如果正则表达式匹配，则返回 true
regexReplace（str, xegex, replaceStr）	Applies regex to string and replaces str if regex matches.	将正则表达式应用于字符串，如果正则表达式匹配，则替换 str
removeChars（str）	Removes all space characters.	删除所有空格字符
removeChars（str, chars）	Removes specific characters.	删除特定字符
removeDiacritic（str）	Removes all diacritics in a string.	删除字符串中的所有变音符号
removeDuplicates（str）	Replaces all occurrences of two or more spaces with a single space character.	用单个空格字符替换两个或多个空格的所有出现
replace（str, search, replace）	Replaces all occurrences of a String within another String.	替换另一个字符串中的所有字符串
replace（str, search, replace, modifiers）	Replaces all occurrences of a String within another String. modifiers gives several options to control the search:	替换另一个字符串中的所有字符串。修饰符提供了几个选项来控制搜索： i:忽略大小写 w:整个单词(单词边界是空白字符)
replaceChars（str, chars, replace）	Replaces multiple characters in a String in one go.	一次性替换字符串中的多个字符
replaceChars（str, chars, replace, modifiers）	Replaces multiple characters in a String in one go. modifiers gives the option to ignore cases:	一次性替换字符串中的多个字符。修饰符提供了忽略大小写的选项： i:忽略大小写
replaceUmlauts（str, omitE）	Replaces all umlauts in a string.	替换字符串中的所有变音

续附表 **K-1**

函数名称	英文原注释	汉语翻译
reverse（str）	Reverses a string.	反转字符串
string（x）	Converts input to string.	将输入转换为字符串
strip（str...）	Strips any whitespace characters from the beginning and end of given strings.	从给定字符串的开头和结尾删除任何空白字符
stripEnd（str...）	Strips any whitespace characters from the end of given strings.	从给定字符串的末尾删除任何空白字符
stripStart（str.）	Strips any whitespace characters from the start of given strings.	从给定字符串的开头删除所有空白字符
substr（str, start）	Get the substring from start to the end of the string. start is zero based, i. e. to start from the beginning use start = 0. A negative value of start is treated as zero.	从字符串的开头到结尾获取子字符串。start 是从零开始的，即从开始使用 start = 0。开始的负值被视为零
substr（str, start, length）	Get length characters starting from start. start is zero based, i. e. to start from the beginning use start = 0. A negative value of start is treated as zero. A length of zero or a negative value of length gives an empty string. If start + length exceeds the length of the string, the remainder characters are returned.	获取从开头开始的长度字符。start 是从零开始的，即从开始使用 start = 0。开始的负值被视为零。长度为零或长度为负值将给出空字符串。如果 start + length 超过字符串长度，则返回剩余字符
toBoolean（x）	Converts input to a boolean value.	将输入转换为布尔值
toDouble（）	Converts input to a double value.	将输入转换为双精度值
toEmpty（str...）	Converts null inputs to empty strings.	将空输入转换为空字符串
to Int（x）	Converts input to an integer value.	将输入转换为整数值
toLong（x）	Converts input to a long value. Long is a 64bit integer. You can use toInt for standard integer values.	将输入转换为长值。Long 是 64 位整数。可以对标准整数值使用 toInt
tolull（str...）	Converts empty strings to null.	将空字符串转换为 null
upperCase（str）	Converts all characters in a String to upper case.	将字符串中的所有字符转换为大写

续附表 K-1

函数名称	英文原注释	汉语翻译
ur lDecode (str)	Reverts the effect of the urlEncode string manipulator.	恢复 urlEncode 字符串操纵器的效果
urlEncode (str)	Replaces forbidden characters in a URL. This includes non-ascii characters (e. g. , umlaut) and reserved characters (e. g. , ? is reserved to denote the query part of a URL). The resulting string is percent encoded, i. e. , non-alphanumeric values are replaced as shown below. The resulting string is safe to use in a HTTP POST request, as it would be for instance when sending data via an HTML form (application/x-www-form-urlencoded format). The method uses the UTF-8 encoding scheme to obtain the bytes for unsafe characters.	替换 URL 中的禁用字符。这包括非 ascii 字符(例如元音变音)和保留字符(例如? 保留以表示 URL 的查询部分)。生成的字符串是百分比编码的,即非字母数字值被替换。生成的字符串可以安全地用于 HTTP POST 请求,例如通过 HTML 表单(application/x-www-form-urlencoded 格式)发送数据时。该方法使用 UTF-8 编码方案获取不安全字符的字节

参考文献

[1] 雒玉玺. KNIME 视觉化数据分析[M]. 北京:电子工业出版社,2023.

[2] BAKOS G. Knime essentials[M]. Farnham：Packt Publishing, 2014.

[3] WEISINGER C. Codeless time series analysis with KNIME：A practical guide to implementing forecasting models for time series analysis applications[M]. Farnham：Packt Publishing, 2022.

[4] KATHRIN M, ROSARIA S. Codeless deep learning with KNIME：Build, train, and deploy various deep neural network architectures using KNIME analytics platform[M]. Farnham：Packt Publishing, 2020.

[5] TOON B. Analyzing flow cytometry data using KNIME workflows[M]. Saarbrücken：LAP Lambert Academic Publishing, 2012.

[6] 奥雷利安·杰龙. 机器学习实战:基于 Scikit-Learn 和 TensorFlow[M]. 王静源, 等译. 北京:机械工业出版社, 2018.

[7] 麦金尼. 利用 Python 进行数据分析[M]. 唐学韬,等译. 北京:机械工业出版社, 2013.

[8] 弗朗索瓦·肖莱. Python 深度学习[M]. 张亮,译. 北京:人民邮电出版社,2018.

致　　谢

2021年6月,在机缘巧合之下,我接触到了KNIME。KNIME以图形化节点的方式封装了大量的数据处理、机器学习、行业算法方面的模块。可以像"抓药方"一样,灵活迅速地解决实际工作当中遇到的各种技术问题,而且方便复用和拓展,也可以分享给其他工程师,达成高效的协作,我被这种新颖的工具形态所吸引,开始对KNIME进行系统学习。在学习的过程中,我将解决的一个个具体的技术点,使用视频的方式加以记录,分享在B站(UP:星汉长空),并得到了网友们的正面反馈和鼓励。2022年上半年,我开始有想法将这些心得和体会整理成一本书,来与广大的读者朋友们分享,帮助大家按照我的学习过程,通过案例快速入门KNIME,希望KNIME也能对大家的工作产生助力作用,在各行各业的数据科学领域创造价值。

在本书的成书过程当中,得到了哈尔滨工业大学出版社多位老师的大力支持和热情帮助,还有很多朋友们在背后付出了大量细致的工作,在这里一并表示感谢,正是因为有您们认真负责的工作,这本书才能顺利与读者见面。

感谢家人在我写作期间的默默陪伴和给予的理解,也感谢朋友、同事们的倾力相助。谨以此书作为向我的母校——哈尔滨工业大学的一份献礼。

书中案例的配套数据详见二维码。